国产32位微控制器APM32E103原理与应用

丁 励 郜超军 侯广乾 主 编
王 军 张 强 副主编
张 楠 谷肖飞 丁锌源 孙明洲 参 编

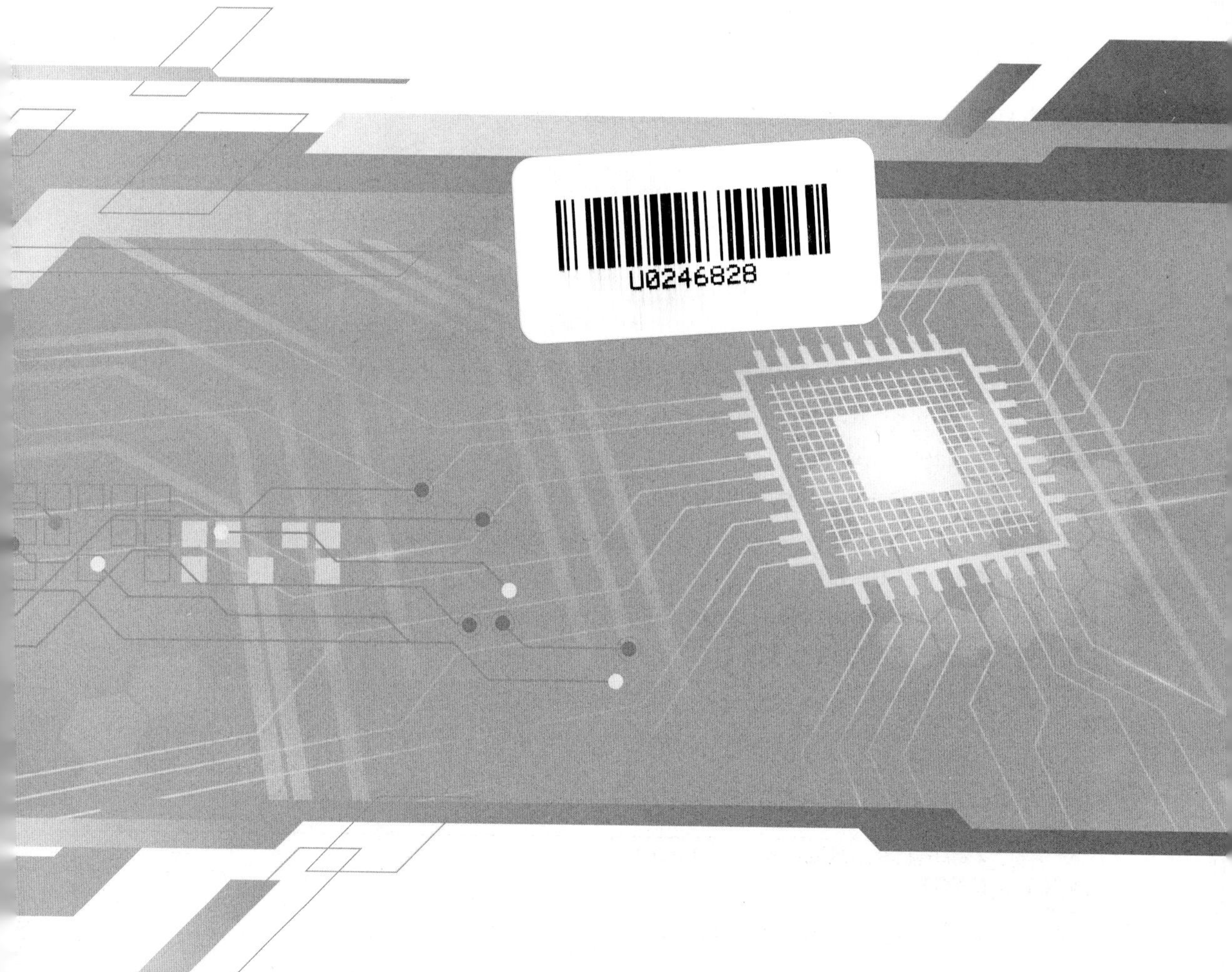

内 容 简 介

本书以珠海极海半导体有限公司设计生产的 APM32E103 微控制器为例，详细讲解了 ARM Cortex-M3 处理器内核的基本原理及 APM32E103 微控制器的外设接口、SDK 库和编程。主要内容包括 ARM Cortex-M3 处理器内核、APM32E103 微控制器及 SDK 库、通用输入输出、中断和事件、定时器、USART 接口、I2C 接口、模拟量模块 AD/DA、DMA 控制器、SPI 接口、SDIO 接口、实时时钟和备份寄存器、CAN 接口、EMMC 控制器和 USB 接口及其他外设应用实例。本书在重视基础知识的同时，还列举了大量翔实的实例，这些实例大部分源自编者在微控制器测试过程中的积累与沉淀。

本书可作为高等院校计算机、自动化、电子信息、测控技术、电气工程等专业开设嵌入式微控制器课程的教材，也可作为从事嵌入式微控制器开发及应用的相关工程技术人员的参考用书。

图书在版编目(CIP)数据

国产 32 位微控制器 APM32E103 原理与应用/丁励，郜超军，侯广乾主编. --北京：北京大学出版社，2024.9. -- (高等院校电子信息类专业“互联网+”创新规划教材). -- ISBN 978-7-301-35314-1

Ⅰ. TP368.1

中国国家版本馆 CIP 数据核字第 2024WS9822 号

书　　名　国产 32 位微控制器 APM32E103 原理与应用

GUOCHAN 32 WEI WEIKONGZHIQI APM32E103 YUANLI YU YINGYONG

著作责任者　丁　励　郜超军　侯广乾　主编

策 划 编 辑　郑　双

责 任 编 辑　杜　鹃

数 字 编 辑　金常伟

标 准 书 号　ISBN 978-7-301-35314-1

出 版 发 行　北京大学出版社

地　　址　北京市海淀区成府路 205 号　100871

网　　址　http://www.pup.cn　新浪微博：@北京大学出版社

电 子 邮 箱　编辑部 pup6@pup.cn　总编室 zpup@pup.cn

电　　话　邮购部 010-62752015　发行部 010-62750672　编辑部 010-62750667

印 刷 者　天津中印联印务有限公司

经 销 者　新华书店

787 毫米×1092 毫米　16 开本　19.5 印张　470 千字

2024 年 9 月第 1 版　2024 年 9 月第 1 次印刷

定　　价　58.00 元

前　言

党的二十大报告指出，要“推动战略性新兴产业融合集群发展，构建新一代信息技术、人工智能、生物技术、新能源、新材料、高端装备、绿色环保等一批新的增长引擎”。随着物联网和人工智能等新兴交叉学科的兴起，具有信息收集、处理和联网功能且体积、成本严格可控的嵌入式系统走入人们的生活。作为嵌入式系统核心的微控制器（单片机）也从早期的 8 位、16 位微控制器变为目前流行的处理能力更强的 32 位微控制器。而具有 ARM 内核的微控制器无疑已经主导了当今的微控制器市场，从消费电子产品、智能家居、物联网，到工业测控、汽车电子、医疗电子和航空航天系统，无一不存在着 ARM 技术的身影。其中，作为 ARM 内核微控制器的一个典型系列，ARM Cortex-M3 内核微控制器有较高的性价比，得到了广泛的应用。市场对 ARM 工程技术人员的需求，也促使众多高校把 ARM 内核微控制器的学习引入大学的培养体系。

APM32E103 微控制器是由珠海极海半导体有限公司设计的 32 位工业级微控制器，基于 ARM Cortex-M3 处理器内核，与其他同类型微控制器相比，具有优异的产品性能，如主频可达 120MHz，支持 FPU、SDRAM 等。该处理器也具有良好的可移植性。

参与本书编写的编者都是多年从事 ARM 内核微控制器设计、应用、教学和科研工作的专家学者，具有丰富的实践经验。通过阅读本书，读者不仅可以学习到 ARM 内核微控制器的基础知识，还可以丰富自身的实践经验，提高自身的创新水平。

本书共 15 章，第 1 章分析 ARM Cortex-M3 处理器内核的基本结构和工作原理；第 2 章讲解 APM32E103 微控制器的特点、开发流程及配套 SDK 库；第 3 章至第 13 章为主要外部设备讲解，包括 GPIO、中断和事件、定时器、USART 接口、I2C 接口、模拟量模块 AD/DA、DMA 控制器、SPI 接口、SDIO 接口、实时时钟和备份寄存器、CAN 接口等；第 14 章讲解 EMMC 控制器和 USB 接口；第 15 章是其他外部设备应用实例，包括 SysTick 定时器使用、看门狗编程、Flash 编程、ISP 和 IAP 编程、FPU 编程、低功耗编程及实现。每章的本章小结方便读者回顾和复习本章知识。

本书第 3、5 章由丁励编写，第 11、12 章由郜超军编写，第 6、14 章由侯广乾编写，第 7、10 章由王军编写，第 1、2 章由张强编写，第 4、13 章由张楠编写，第 8、9 章由谷肖飞编写，第 15 章由丁锌源编写。本书的全部实例由孙明洲负责调试完成。本书由郑州大学-艾派克集成电路设计与应用研究院组织人员编写，研究院的研究生李子允、杨慧芳、张兵兵、冯嘉豪、武旭阳、邓超爱等参与了书籍的资料整理、绘图和实例测试工作。

本书具有以下特色。

（1）关注基础知识和基本原理，关注细节。目前，国内很多高校在开设微控制器方面的课程时，跳过了传统的 8 位微控制器，直接讲述 ARM 内核的 32 位微控制器，导致学生在微控制器基础知识方面的缺失。针对这一问题，本书在讲解微控制器常用外部设备时，首先详细描述了该外部设备的基本工作原理，再举实例讲解外部设备的使用方法，使学生能够循序渐进地掌握该外部设备的使用方法。

（2）突出理论联系实际。“学中做、做中学”，这样才能归纳、理解、总结出共性的知识，并建立起某个领域的知识体系。本书编者既是学校一线教师，又是长期从事芯片检测和 SDK 库开发的科研及工程技术人员，书中的很多实例都是编者在实际工作中用到的，对初学者起到较好的示范作用，对有经验的开发者也有较好的参考意义。

（3）全面覆盖，重点突出。在编写过程中，对一些常用外部设备，进行了重点细致的描述，以利于初学者能够深入掌握这些外部设备的使用方法。本书力求完整地描述 APM32E103 微控制器的全部外部设备，对 FPU 等一些不常用的外部设备，仅举出实例并讲解使用方法。

（4）本书制作了教学 PPT，部分章节实例配备了演示和讲解视频，每章都附有习题并配备了习题答案。

（5）市面上的教材基本都是以国外微控制器为例来讲解 ARM 内核微控制器，本书是一本完整讲解国产 ARM 内核微控制器的教材，这对推动国产微控制器的发展有特殊的意义。

本书的编写得到了珠海极海半导体有限公司的大力支持，公司为本书的编写提供了软、硬件开发平台，本书的全部实例在珠海极海半导体有限公司 APM32E103ZE EVAL Board 开发板上完成。在此表示衷心的感谢！

由于本书涉及内容广泛，编者水平有限，书中不妥和疏漏之处在所难免，欢迎广大读者批评指正。

编　者

2024 年 4 月

目　　录

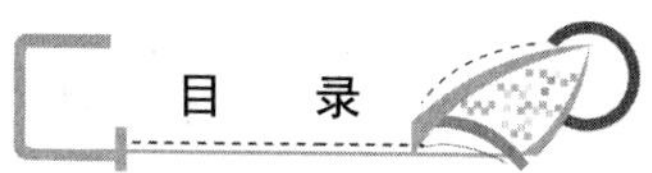
目 录

第 1 章

ARM Cortex-M3 处理器内核

在现代微控制器设计中，ARM Cortex-M3 处理器内核扮演着核心角色。本章将深入探讨 ARM Cortex-M3 处理器内核的架构和功能。

ARM
Cortex-M3
处理器概述

1.1 ARM Cortex-M3 处理器概述

本节将对 ARM Cortex-M3 处理器及其主要特征进行介绍。

1.1.1 ARM Cortex-M3 处理器简介

ARM Cortex-M3 处理器是一款高性能的 32 位微处理器，其内部数据总线、寄存器与存储器接口均为 32 位。ARM Cortex-M3 的优点如下：具有出色的处理器性能，可以迅速处理中断；拥有广泛的断点与追踪功能的调试系统及高效的内核、系统与内存；具有集成的睡眠模式与可选的深度睡眠模式的超低功耗设计；具有一个集成存储器保护单元（Memory Protection Unit，MPU），保证系统的安全性。

基于高性能的处理器内核，且采用三级流水线哈佛结构，使得 ARM Cortex-M3 处理器适用于对性能要求较高的嵌入式系统。该处理器采用了一套高效的指令集，并对其进行了全面的优化，其核心技术主要有：采用 IEEE754 标准的单精度浮点运算；具有一系列单周期运算指令，例如乘法和累加乘法；具有单指令多数据流（Single Instruction Multiple Data，SIMD）功能，允许一个指令处理多个数据；可以进行饱和运算；具有专用硬件单元，从而达到极高的能效。

为方便进行成本敏感器件的设计，ARM Cortex-M3 处理器采用了一个紧耦合的系统组件，在降低处理器面积的前提下，极大地提高了中断处理和系统调试能力。以 Thumb-2 技术为基础，ARM Cortex-M3 处理器采用 Thumb 指令集，在保证高代码密度的前提下，减少了对程序的存储需求。ARM Cortex-M3 处理器的指令集提供了 8 位和 16 位的高代码密度，同时提供了现代 32 位架构所需的优越性能。

ARM Cortex-M3 处理器紧密集成了一个可配置的嵌套向量中断控制器（Nested Vectored Interrupt Controller，NVIC），以提供业界领先的中断性能。NVIC 包括一个不可屏蔽中断（Non-Maskable Interrupt，NMI），能够支持多达 256 个中断优先级。通过处理器内核和 NVIC 的紧密集成使得中断服务程序（Interrupt Service Routines，ISR）能够快速执行，显著降低了中断延迟。这是通过寄存器的硬件堆叠和挂起功能来实现挂载多个和存储多个寄存器的操作。中断处理程序不需要从ISR中包装汇编程序代码或者删除任何代码开销。尾链优化也显著减少了从一个ISR切换到另一个ISR时的开销。为了优化低功耗设计，NVIC集成了休眠模式，其中包括可选的深度睡眠功能，能够让整个设备快速断电的同时仍保留程序状态。

1.1.2 ARM Cortex-M3处理器特性

ARM Cortex-M3处理器是专为嵌入式应用设计的32位处理器，它基于ARMv7架构，具有以下特性。

（1）采用哈佛结构，拥有独立的指令总线和数据总线，允许取指令与数据访问并行进行。

（2）ARM Cortex-M3处理器拥有三级流水线，包括取指、译码和执行阶段，且在译码阶段包含分支预测功能。

（3）具备内建嵌套向量中断控制器（NVIC），支持多达240条外部中断输入，中断延迟短，支持中断嵌套和优先级设置。

（4）支持3种功耗管理模式，包括立即睡眠、异常/中断退出时睡眠和深度睡眠，有效控制功耗。

（5）具有高性能，许多指令为单周期执行，包括乘法指令，整体性能出色。

（6）支持新型Thumb-2指令集，可以提供更高的代码密度和性能，简化了软件开发和维护。

（7）具备可选的存储器保护单元（MPU），增强了系统的安全性。

（8）支持位寻址操作，增强了对特定应用的支持。

（9）具备内建调试组件，支持硬件断点、数据观察点等，可选的高级调试组件，如指令跟踪。

由于ARM Cortex-M3处理器采用哈佛结构，拥有独立的指令总线和数据总线，可以让取指令与数据访问并行执行。因数据访问不再占用指令总线，从而提升了处理器的性能。为实现这个特性，ARM Cortex-M3处理器内部含有多条总线接口，每条总线接口都被各自的应用场合优化过，并且它们可以并行工作。另外，指令总线和数据总线共享同一个存储器空间。换句话说，虽然拥有两条总线，但是可寻址空间仍然为4GB。

较复杂的应用可能需要更多的存储系统功能，为此ARM Cortex-M3处理器提供了一个可选的MPU，而且在需要的情况下也可以使用外部的Cache。另外，在ARM Cortex-M3处理器中，支持大小端模式。

1.2 ARM Cortex-M3处理器架构

在对ARM Cortex-M3处理器进行讲解后，本节主要介绍ARM Cortex-M3处理器的内部架构、操作模式、寄存器。

1.2.1　架构简介及模块框图

针对微控制器领域，ARM 公司于 2006 年推出了 ARM Cortex-M3 处理器内核，其功耗低、门数少、中断延时短、调试成本低。ARM Cortex-M3 处理器采用的 v7 指令集，其速度比 ARM7 快 1/3，功耗低 3/4，并且芯片面积更小，利于将更多功能整合在更小的芯片中。ARM Cortex-M3 处理器具有 32 位处理器内核，其内部的数据总线、寄存器和存储器接口都是 32 位的。ARM 提供的 ARM Cortex-M3 处理器由处理器内核、嵌套向量中断控制器（NVIC）、总线接口、调试接口、选配的存储器保护单元（MPU）与嵌入式跟踪宏单元（Embedded Trace Macrocell，ETM，通常称跟踪单元）等组件组成。ARM Cortex-M3 处理器的内部结构如图 1.1 所示。

（1）CM3Core：ARM Cortex-M3 处理器的中央处理单元。

（2）嵌套向量中断控制器（NVIC）：NVIC 是一个在 CM3 中内建的中断控制器。中断的具体路数由芯片厂商定义。NVIC 与 CPU 紧密耦合，它还包含了若干个系统控制寄存器。采用向量中断的机制，在中断发生时，它会自动取出对应的服务例程入口地址，并且直接调用，无须软件判定中断源，极大地缩短了中断延时。

（3）SysTick 定时器：系统滴答定时器是一个基本的倒计时定时器，用于在每隔一定的时间产生一个中断，即使是系统在睡眠模式下也能工作。它使得操作系统在各 ARM Cortex-M3 处理器件之间的移植中不需要对系统定时器进行代码修改，极大地简化了移植工作。

（4）存储器保护单元（MPU）：MPU 是一个选配的单元，有些 ARM Cortex-M3 处理器芯片可能没有配备此组件。如果有此组件，则它可以把存储器分成一些区域，并分别予以保护。

（5）BusMatrix：BusMatrix 是 ARM Cortex-M3 处理器内部总线系统的核心。它是一个高级高性能总线（Advanced High Performance Bus，AHB）互连的网络，通过它可以让数据在不同的总线之间并行传送，只要两个总线主机不访问同一块内存区域。BusMatrix 还提供了附加的数据传送管理设施，包括一个写缓冲及一个按位操作的逻辑位段（bit-band）。

（6）AHB to APB：它是一个总线桥，用于把若干个高级外设总线（Advanced Peripheral Bus，APB）设备连接到 ARM Cortex-M3 处理器的私有外设总线上（内部的和外部的）。这些 APB 设备常见于调试组件。ARM Cortex-M3 处理器还允许芯片厂商把附加的 APB 设备挂在这条 APB 上，并通过 APB 接入其外部的私有外设总线。

（7）SW-DP/SWJ-DP：串行线调试端口（SW-DP）/串口线 JTAG 调试端口（SWJ-DP）都与 AHB 访问端口（AHB-AP）协同工作，以使外部调试器可以发起在 AHB 上的数据传送，从而执行调试活动。SWJ-DP 支持串行线协议和 JTAG 协议，而 SW-DP 只支持串行线协议。

（8）AHB-AP：AHB 访问端口通过少量的寄存器提供了对全部 ARM Cortex-M3 处理器的访问功能。该功能块由 SW-DP/SWJ-DP 通过一个调试适配协议（Debug Adapter Protocol，DAP）来控制。当外部调试器需要执行动作的时候，就要通过 SW-DP/SWJ-DP 来访问 AHB-AP，从而产生所需的 AHB 数据传送。

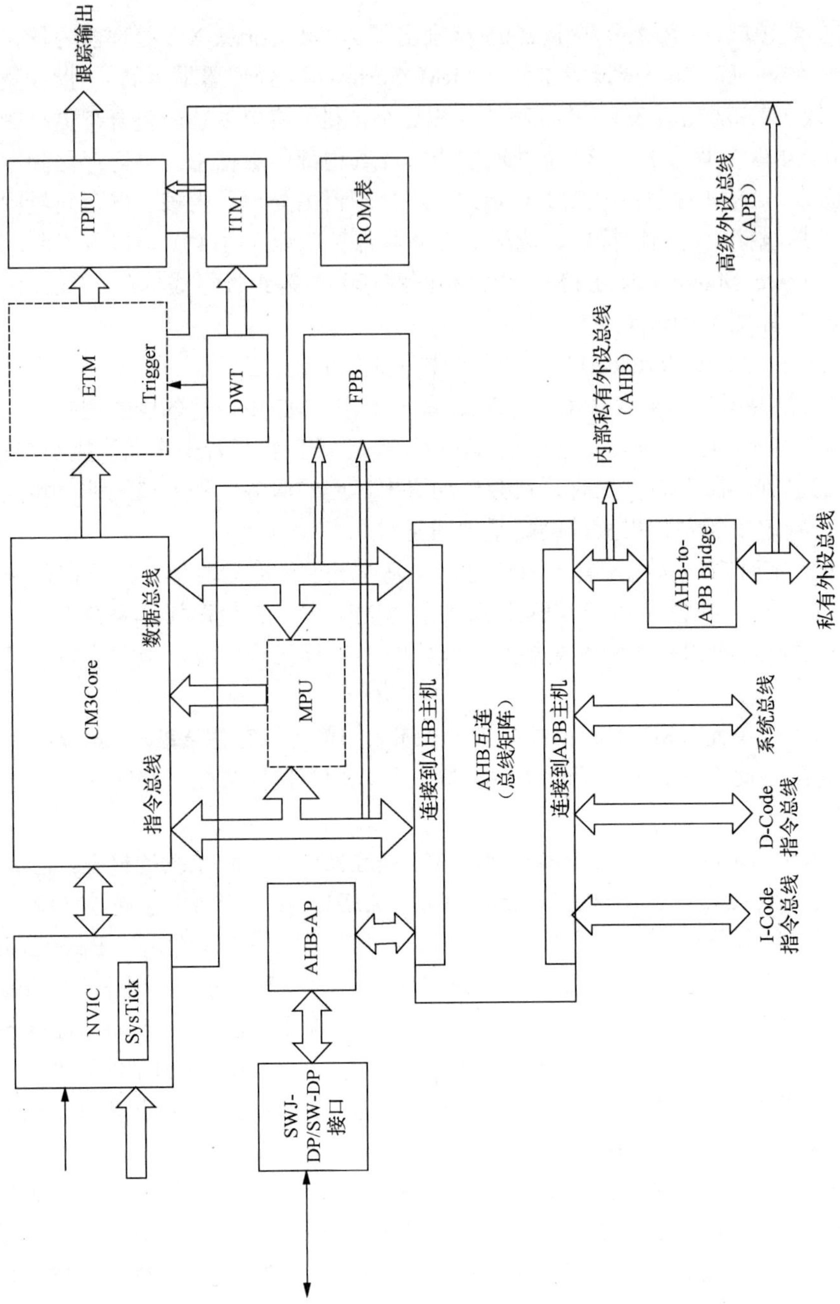

图 1.1　ARM Cortex-M3 处理器的内部结构

1.2.2 操作模式和状态

ARM Cortex-M3 处理器有两种操作状态和两种操作模式。另外，ARM Cortex-M3 处理器还分为特权访问等级和非特权访问等级。特权访问等级可以访问处理器中的所有资源，而非特权访问等级则意味着有些存储器区域是不能访问的，有些操作也是无法使用的。在一些文献中，非特权访问等级还被称作“用户”状态。

1. 操作状态

ARM Cortex-M3 处理器有调试和 Thumb 两种操作状态。

调试状态：当处理器被暂停后（如通过调试器或触发断点后），就会进入调试状态并停止指令执行。

Thumb 状态：当处理器执行程序代码（Thumb 指令）时，就会处于 Thumb 状态。

2. 操作模式

ARM Cortex-M3 处理器有处理和线程两种处理模式。

处理模式：执行 ISR 等异常处理。在处理模式下，处理器总是具有特权访问等级。

线程模式：在执行普通的应用程序代码时，处理器可以处于特权访问等级，也可以处于非特权访问等级。实际的访问等级由特殊寄存器 CONTROL 控制。

软件可以将处理器从特权线程模式切换到非特权线程模式，但无法将自身从非特权线程模式切换到特权线程模式，若要进行此切换，处理器必须借助异常机制。

除了存储器访问权限和几个指令的差异，特权访问等级和非特权访问等级的编程模型基本上是一样的。需要注意的是，几乎所有的 NVIC 寄存器都只支持特权访问。

同样地，线程模式和处理模式的编程模型也很类似。不过，线程模式可以切换使用独立的影子栈指针。这种设计使得应用任务的栈空间可以和操作系统内核相互独立，因此极大地提高了系统的可靠性。

调试状态仅用于调试操作，可以通过两种方式进入调试状态：一是调试器发起的暂停请求，二是处理器中的调试部件产生的调试事件。在调试状态下，调试器可以访问或修改处理器寄存器的数值。无论在 Thumb 状态还在调试状态，调试器都可以访问处理器内外的外设等系统存储器。

1.2.3 寄存器

ARM Cortex-M3 处理器在处理器内核中有多个执行数据处理和控制的寄存器，这些寄存器大多以寄存器组的形式进行分组。每个数据处理指令都指定了所需的操作和源寄存器，而且若需要，还有目的寄存器。对于 ARM 架构，若处理的是存储器中的数据，就需要将其从存储器加载到寄存器组中的寄存器。在处理器内处理完后，若有必要，还要写回存储器，这种方式一般被称作“加载—存储架构”。由于寄存器组中有丰富的寄存器，这种设计使用起来非常方便，而且可以用 C 编译器生成高效的程序代码。在处理其他数据时，寄存器组中可以临时存储一些数据变量，而无须更新到系统存储器及在使用时将它们读回。

ARM Cortex-M3 处理器的寄存器组中有 16 个寄存器，其中 13 个为 32 位通用目的寄存器，其他 3 个则有特殊用途。寄存器组中的寄存器如图 1.2 所示。

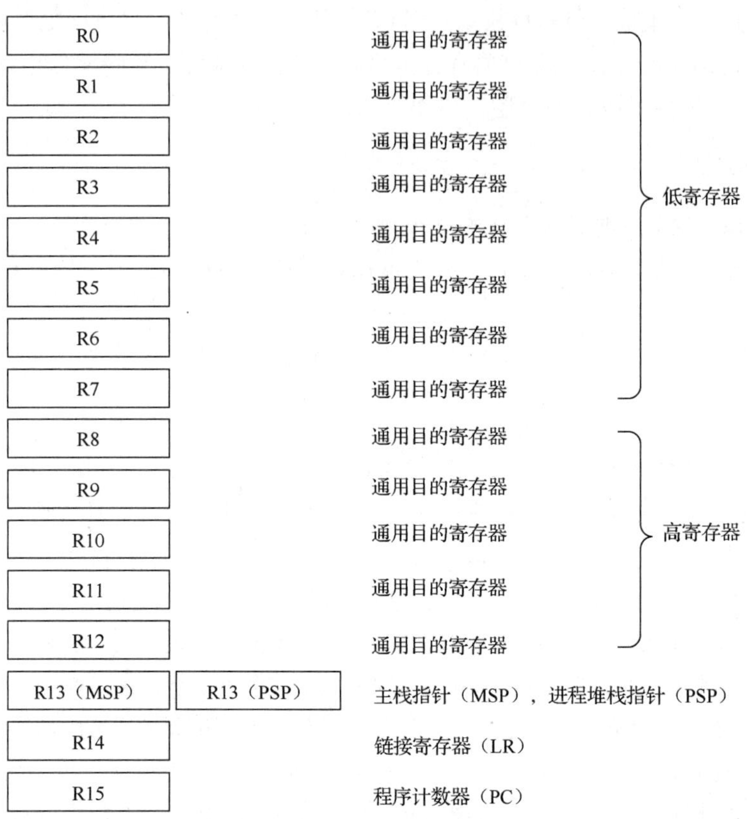

图 1.2 寄存器组中的寄存器

1. R0～R12

R0～R12 为通用目的寄存器，初始值未定义。R0～R7 被称作低寄存器，由于指令中可用的空间有限，许多 16 位指令只能访问低寄存器。R8～R12 被称作高寄存器，可以用于 32 位指令和个别 16 位指令，如 MOV（move）。

2. R13——栈指针

R13 为栈指针（Stack Pointer，SP），可通过 PUSH 和 POP 操作实现栈存储的访问。物理上存在两个栈指针：主栈指针（Main Stack Pointer，MSP）为默认的栈指针，在复位后或处理器处于处理模式时，其会被处理器选择使用。另外一个栈指针名为进程堆栈指针（Process Stack Pointer，PSP），其只能用于线程模式。栈指针的选择由特殊寄存器 CONTROL 决定。

MSP 和 PSP 都是 32 位的，栈指针（MSP 或 PSP）的最低两位总是 0，对于这两位，写操作不起作用。对于 ARM Cortex-M3 处理器，PUSH 和 POP 总是 32 位的，栈操作的地

址也必须对齐到 32 位的字边界上。PSP 的初始值未定义，而 MSP 的初始值则需要在复位流程中从存储器的第一个字中取出。

3. R14——链接寄存器

R14 也被称作链接寄存器（Link Register，LR），用于函数或子程序调用时返回地址的保存。在函数或子程序结束时，程序控制可以将 LR 的数值加载到程序计数器（Program Counter，PC）中，再返回调用程序处并继续执行。当执行函数或子程序调用后，LR 的数值会自动更新。若某函数需要调用另外一个函数或子程序，则它需要首先将 LR 的数值保存在栈中，否则，当执行了函数调用后，LR 的当前值会丢失。

在异常处理期间，LR 也会被自动更新为特殊的 EXC_RETURN（异常返回）数值，之后该数值会在异常处理结束时触发异常返回。

ARM Cortex-M3 处理器中的返回地址数值总是偶数（由于指令会对齐到半字地址上，因此，第 0 位为 0），LR 的第 0 位是可读可写的，有些跳转/调用操作需要将 LR（或正使用的任何寄存器）的第 0 位置 1 以表示 Thumb 状态。

4. R15——程序计数器

R15 为程序计数器（PC），是可读可写的，读操作返回当前指令地址加 4（由于设计的流水线特性及同 ARM7TDMI 处理器兼容的需要）。写 PC（例如，使用数据传输/处理指令）会引起跳转操作。

由于指令必须对齐到半字或字地址，PC 的最低有效位（Least Significant Bit，LSB）为 0。不过，在使用一些跳转/读存储器指令更新 PC 时，需要将程序计数器的 LSB 置 1 以表示 Thumb 状态，否则就会由于试图使用不支持的 ARM 指令（如 ARM7TDMI 中的 32 位 ARM 指令）而触发错误异常。对于高级编程语言（包括 C 和 C++），编译器会自动将跳转目标的 LSB 置位。

大多数情况下，跳转和调用是由专门的指令实现的，利用数据处理指令更新 PC 的情况较为少见。不过，在访问位于程序存储器中的字符数据时，PC 的数值非常有用，因此，会经常发现存储器读操作将 PC 作为基地址寄存器，而地址偏移则由指令中的立即数生成。

1.3 指令集

架构是硬件的基础，而指令集是实现软件功能的关键。本小节将探讨 ARM Cortex-M3 处理器的指令集，这是理解和编写高效程序的核心。

1.3.1 指令集背景简介

ARM Cortex-M3 处理器只使用 Thumb-2 指令集，可以将 32 位指令和 16 位指令直接混编。其强大的代码密度和处理性能易于被使用。

在过去，进行 ARM 开发时，处理器必须处理好两个状态：使用 32 位的 ARM 指令集的 ARM 状态和使用 16 位的 Thumb 指令集的 Thumb 状态。处理器在 ARM 状态下时，所有的指令均是 32 位的（哪怕只是 NOP 指令），此时处理性能相当高。处理器在 Thumb 状态下，所有的指令均是 16 位的，其代码密度提高了一倍。不过，Thumb 状态下的指令功能只是 ARM 状态下的一个子集，结果可能需要更多条指令去完成相同的工作，导致处理性能下降。为了取长补短，很多应用程序都混合使用 ARM 和 Thumb 代码段。然而，这种混合使用方式在状态切换时会有额外的时间和空间上的开销。另外，ARM 代码和 Thumb 代码需要以不同的方式编译，增加了软件开发管理的复杂度。

Thumb-2 指令集可以在单一的操作模式下完成所有的处理。事实上，ARM Cortex-M3 处理器内核不支持 ARM 指令，中断是在 Thumb 状态下进行处理的，使 ARM Cortex-M3 处理器在以下 3 个方面都比传统的 ARM 处理器更先进。

（1）消除了状态切换时的额外开销，节省了执行时间和指令空间。

（2）不再需要把源代码文件分成按 ARM 编译的和按 Thumb 编译的，大大减轻了软件开发的管理工作。

（3）无须反复地求证和测试究竟该在何时何地切换到何种状态下，使得程序的效率最高。

1.3.2　指令集分类

ARM Cortex-M3 处理器的指令包括：处理器内传送数据指令、存储器访问指令、算术运算指令、逻辑运算指令、移位和循环移位运算指令、转换（展开和反转顺序）运算指令、位域处理指令、程序流控制（跳转、条件跳转、条件执行和函数调用）指令、乘法和乘累加（Multiply Accumulate，MAC）指令、除法指令、存储器屏障指令、异常相关指令、休眠模式相关指令以及其他指令。

算术运算指令、乘法和乘累加指令、逻辑运算指令、移位和循环移位运算指令、饱和运算指令见表 1.1 至表 1.5。

表 1.1　算术运算指令

常用算术运算指令（可选后缀未列出来）	操作
ADD　Rd,Rn,Rm;Rd = Rn + Rm	ADD 运算
ADD　Rd,Rn,# immed;Rd = Rn + # immed	
ADC　Rd,Rn,Rm;Rd = Rn + Rm+进位	带进位的 ADD
ADC　Rd,# immed;Rd = Rd + # immed+进位	
ADDW　Rd,Rn,# immed;Rd = Rn + # immed	寄存器和 12 位立即数相加
SUB　Rd,Rn,Rm;Rd = Rn − Rm	减法
SUB　Rd,# immed;Rd = Rd − # immed	
SUB　Rd,Rn,# immed;Rd = Rn − # immed	
SBC　Rd,Rn,# immed;Rd = Rn − # immed−借位	带借位的减法
SBC　Rd,Rn,Rm;Rd = Rn − Rm−借位	
SUBW　Rd,Rn,# immed;Rd = Rn − # immed	寄存器和 12 位立即数相减

续表

常用算术运算指令（可选后缀未列出来）	操作
RSB　Rd,Rn,# immed;Rd = # immed −Rn	减反转
RSB　Rd,Rn,Rm;Rd = Rm− Rn	
MUL　Rd,Rn,Rm;Rd =Rn * Rm	乘法（32 位）
UDIV　Rd,Rn,Rm;Rd = Rn / Rm	无符号数据和有符号数据除法
SDIV　Rd,Rn,Rm;Rd = Rn / Rm	

表 1.2　乘法和乘累加指令

指令	操作
MLA　Rd,Rn,Rm,Ra;Rd = Ra + Rn * Rm	32 位 MAC 指令，32 位结果
MLS　Rd,Rn,Rm,Ra;Rd = Ra – Rn * Rm	32 位乘减指令，32 位结果
SMULL RdLo,RdHi,Rn,Rm;{RdHi,RdLo}=Rn*Rm	有符号数据的 32 位乘 & MAC 指令，64 位结果
SMLAL RdLo,RdHi,Rn,Rm;(RdHi,RdLo}+=Rn*Rm	
UMULL RdLo,RdHi,Rn,Rm;{RdHi,RdLo}=Rn* Rm	无符号数据的 32 位乘 & MAC 指令，64 位结果
UMLAL RdLo,RdHi,Rn,Rm;{RdHi,RdLo}+=Rn*Rm	

表 1.3　逻辑运算指令

指令	操作
AND Rd,Rn;Rd = Rd & Rn	按位与
AND Rd,Rn,#immed;Rd = Rn & # immed	
AND Rd,Rn,Rm;Rd = Rn & Rm	
ORR Rd,Rn;Rd = Rd | Rn	按位或
ORR Rd,Rn,#immed;Rd = Rn | # immed	
ORR Rd,Rn,Rm;Rd = Rn | Rm	
BIC Rd,Rn;Rd = Rd & (～Rn)	位清除
BIC Rd,Rn,#immed;Rd = Rn & (～#immed)	
BIC Rd,Rn,Rm;Rd = Rn & (～Rm)	
ORN Rd,Rn,#immed;Rd = Rn | (w # immed)	按位或非
ORN Rd,Rn,Rm;Rd = Rn | (wRm)	
EOR Rd,Rn;Rd = Rd ^ Rn	按位异或
EOR Rd,Rn,#immed;Rd = Rn | # immed	
EOR Rd,Rn,Rm;Rd = Rn | Rm	

表 1.4　移位和循环移位运算指令

指令	操作
ASR Rd,Rn,#immed;Rd=Rn>>immed	算术右移
ASR Rd,Rn;Rd=Rd>>Rn	
ASR Rd,Rn,Rm;Rd=Rn>>Rm	
LSL Rd,Rn,#immed;Rd=Rd<< immed	逻辑左移
LSL Rd,Rn;Rd=Rd<<Rn	
LSL Rd,Rn,Rm;Rd=Rn<<Rm	
LSR Rd,Rn,#immed;Rd=Rn>>immed	逻辑右移
LSR Rd,Rn;Rd=Rd>>Rn	
LSR Rd,Rn,Rm;Rd=Rn>>Rm	
ROR Rd,Rn;Rd 右移 Rn	循环右移
ROR Rd,Rn,Rm;Rd=Rn 右移 Rm	
RRX Rd,Rn;{C,Rd}={Rn,C}	循环右移并展开

表 1.5　饱和运算指令

指令	操作
SSAT <Rd>,#<immed>,<Rn>,{,<shift>}	有符号数据的饱和
USAT <Rd>,#<immed>,<Rn>,{,<shift >}	有符号数据转换为无符号数据的饱和

1.4　异常和中断

本节将讨论处理器的异常和中断处理机制。异常和中断是嵌入式系统中不可或缺的组成部分，它们允许程序响应外部事件并进行相应的处理。

1.4.1　异常

异常是改变程序流的事件，当其产生时，处理器会暂停当前正在执行的任务，转而执行一段被称作异常处理的程序。在异常处理程序执行结束后，处理器继续正常地执行程序。对于 ARM 架构，中断就是异常的一种，它一般由外设或外部输入产生，有时也可以由软件触发。中断的异常处理被称作中断服务程序（ISR）。

ARM Cortex-M3 处理器具有多个异常源。

（1）NVIC 处理异常。NVIC 可以处理多个中断请求（IRQ）和一个不可屏蔽中断（NMI）请求，IRQ 一般由片上外设（处理器内核之外的部件）或外部中断输入并通过 I/O 端口产生，NMI 可用于看门狗定时器或掉电检测，处理器内部有个名为 SysTick 的定时器，用来产生周期性的定时中断请求。

（2）处理器自身也是一个异常事件源（简称异常源），其中包括表示系统错误状态的错误事件以及软件产生、支持嵌入式 OS 操作的异常。这些异常类型如表 1.6 所示。

表 1.6　ARM Cortex-M3 处理器中的异常类型

异常编号	类型	优先级	简介
1	复位	-3（最高）	复位
2	NMI	-2	不可屏蔽中断（来自外部 NMI 输入脚）
3	硬件错误	-1	对于所有等级的错误，若相应的错误处理由于被禁止或被异常屏蔽（FAULTMASK）阻止而未被激活，都将向上越级触发成硬件错误
4	MemManage 错误	可编程	存储器管理访问犯规以及访问非法位置均可引发
5	总线错误	可编程	从总线系统收到了错误响应，原因是预取终止，或者数据终止
6	使用错误	可编程	由于程序错误导致的异常。通常是使用了一条无效指令，或者是非法的状态转换，如尝试切换到 ARM 状态
7～10	保留	N/A	N/A
11	SVC	可编程	执行系统服务调用指令（SVC）引发的异常
12	调试监视器	可编程	调试监视器（断点、数据观察点，或者外部调试请求）
13	保留	N/A	N/A
14	PendSV	可编程	为系统设备而设的“可悬挂请求”（pendable request）
15	SysTick	可编程	系统滴答定时器
16	IRQ#0	可编程	外中断#0
17	IRQ#1	可编程	外中断#1
⋮	⋮	⋮	⋮
255	IRQ#239	可编程	外中断#239

每个异常源都有一个异常编号，编号 1～15 被归为系统异常，编号 16 及以上的则用于中断。ARM Cortex-M3 处理器在设计上支持最多 240 个中断输入，不过能实现的中断数量要小得多，一般在 16～100 个。

异常编号在多个寄存器中都有所体现，其中包括用于确定异常向量地址的中断程序状态寄存器（IPSR）。异常向量存储在向量表中，在异常入口流程中，处理器会读取这个表格以确定异常处理的起始地址。

1.4.2　嵌套向量中断控制器（NVIC）

NVIC 为 ARM Cortex-M3 处理器的一部分，它是可编程的，且寄存器位于存储器映射的系统控制空间（System Control Space，SCS）。NVIC 可以处理异常和中断配置、优先级以及中断屏蔽。NVIC 具有以下特性。

1. 灵活的中断和异常管理

每个中断（除了NMI）都可以被使能或禁止，而且都具有可由软件设置或清除的挂起状态。NVIC可以处理多种类型的中断源。

（1）脉冲中断请求。中断请求至少持续一个时钟周期，当NVIC在某中断输入收到一个脉冲时，挂起状态就会置位且保持到中断得到处理。

（2）电平触发中断请求。在中断得到处理前需要将中断源的请求保持为高。

NVIC输入信号为高电平、有效，实际微控制器中的外部中断输入的设计可能会有所不同，被片上系统逻辑转换为有效的高电平信号。

2. 嵌套向量/中断支持

每个异常都有一个优先级，中断等一些异常具有可编程的优先级，而其他的异常可能会有固定的优先级。当异常产生时，NVIC会将异常的优先级和当前的等级相比较。若新异常的优先级较高，当前正在执行的任务就会暂停，有些寄存器则会被保存在栈空间，处理器开始执行新异常的异常处理，这个过程叫作“抢占”。当更高优先级的异常处理完成后，它就会被异常返回操作终止，处理器自动从栈中恢复寄存器内容，并且继续执行之前的任务。利用这种机制，异常服务嵌套不会带来任何软件开销。

1.4.3 向量表

当一个发生的异常被ARM Cortex-M3处理器内核接收后，对应的异常handler（异常处理程序）就会执行。ARM Cortex-M3处理器使用了“向量表查表机制”，决定handler的入口地址。ARM Cortex-M3处理器异常向量表见表1.7。

表1.7 ARM Cortex-M3处理器异常向量表

异常类型	表项地址偏移量	异常向量
0	0x00	MSP的初始值
1	0x04	复位
2	0x08	NMI
3	0x0C	硬件错误
4	0x10	MemManage错误
5	0x14	总线错误
6	0x18	使用错误
7～10	0x1C～0x28	保留
11	0x2C	SVC
12	0x30	调试监视器
13	0x34	保留
14	0x38	PendSV

续表

异常类型	表项地址偏移量	异常向量
15	0x3C	SysTick
16	0x40	IRQ #0
17	0x44	IRQ #1
18～255	0x48～0x3FF	IRQ #2～IRQ #239

向量表其实是一个 Word（32 位整数）数组，每个下标对应一种异常，该下标元素的值则是该异常 handler 的入口地址。向量表的存储位置是可以设置的，通过 NVIC 中的一个重定位寄存器来指出向量表的地址。在复位后，该寄存器的值为 0。因此，在地址 0 处必须包含一张向量表，用于初始时的异常分配。

1.5 存储器系统

存储器是程序执行和数据保存的场所，本节将介绍 ARM Cortex-M3 处理器的存储器架构，包括其特性介绍和映射机制。

1.5.1 存储器特性简介

ARM Cortex-M3 处理器可以对 32 位存储器进行寻址，因此存储器空间能够达到 4GB。存储器空间是统一的，指令和数据共用相同的地址空间。根据架构定义，4GB 的存储器空间被分为了多个区域。另外，ARM Cortex-M3 处理器的存储器系统支持以下功能。

（1）具有多个总线接口，指令和数据可以同时访问（哈佛总线架构）。

（2）基于 AMBA（高级微控制器总线架构）的总线接口设计，实际上也是一种片上总线标准，用于存储器和系统总线流水线操作的 AHB（AMBA）Lite 协议，以及用于和调试部件通信的 APB 协议。同时支持小端和大端的存储器系统。

（3）支持非对齐数据传输。

（4）具有可位寻址的存储器空间（位段）。

（5）具有不同存储器区域的存储器属性和访问权限。

（6）具有可选的存储器保护单元（MPU）。若存储器中有 MPU，则可以在运行时设置存储器属性和访问权限配置。

1.5.2 存储器映射

存储器本身不具备地址信息，它的地址由芯片厂商或用户分配，给存储器分配地址的过程称为存储器映射。在 4G 可寻址的存储器空间中，ARM 已粗略地将存储器空间在架构上分为几大块，有些固定空间部分被指定为处理器中的片上外设，如 NVIC 和调试部件等，如图 1.3 所示。

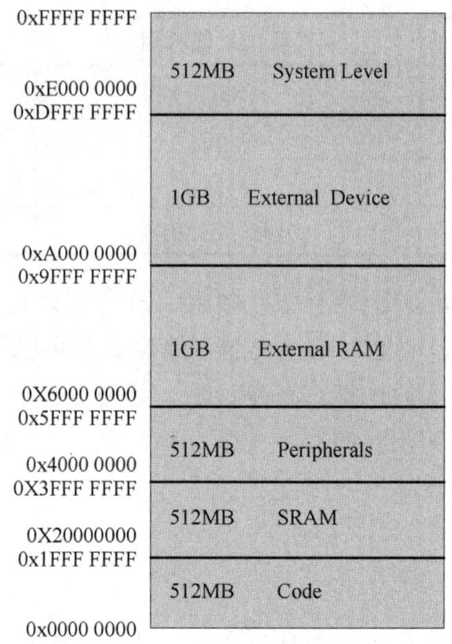

图 1.3　存储器映射

1.6　复位

对于典型的 ARM Cortex-M3 处理器，复位类型共有以下三种。

（1）上电复位。复位处理器中的所有部分，包括处理器、调试支持部件和外设等。

（2）系统复位。只复位处理器和外设，不复位处理器的调试支持部件。

（3）处理器复位。只复位处理器。

在系统复位或处理器复位操作过程中，ARM Cortex-M3 处理器中的调试支持部件不会复位，这样可以保持调试主机（如运行在计算机上的调试器软件）和微控制器之间的连接。调试主机可以通过系统控制块（SCB）中的寄存器产生系统复位或处理器复位。

上电复位和系统复位的持续时间取决于实际的微控制器设计。有些情况下，由于复位控制器需要等待晶振等时钟源稳定下来，因此，复位要持续若干毫秒。

在处理器复位后及处理器开始执行程序前，ARM Cortex-M3 处理器会从存储器中读取前两个字，如图 1.4 所示。向量表位于存储器的开头部分，它的前两个字为主栈指针（MSP）的初始值，当代表复位处理起始地址的复位向量处理器读取这两个字后，就会将这些数值赋给 MSP 和程序计数器（PC）。

MSP 的设置是非常必要的，这是因为在复位的很短时间内有产生 NMI 或硬件错误的可能，在异常处理程序开始执行之前，处理器必须将其当前状态保存到栈中。MSP 指向的栈用于存储这些状态信息，以便在异常处理完成后能够恢复到异常发生前的状态。

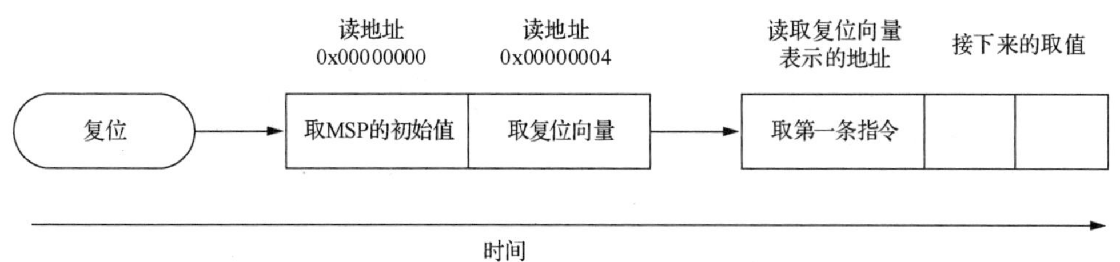

图 1.4　复位流程

对于多数 C 开发环境，C 启动代码会在进入主程序 main( )前更新 MSP 的数值。通过这两次对栈的设置，具有外部存储器的微控制器可以将外部存储器用作栈。例如，启动时，栈可能位于片上静态随机存取存储器（Static Random-Access Memory，SRAM），在复位处理过程中，先初始化外部存储器，然后执行 C 启动代码，此时会将栈设置为外部存储器。

1.7　调试

ARM Cortex-M3 处理器集成了若干与调试相关的特性，最主要的就是程序执行控制，包括停机（halting）、单步执行（stepping）、指令断点、数据观察点、寄存器和存储器访问、性能速写（profiling）以及各种跟踪机制。

ARM Cortex-M3 处理器的调试系统基于 ARM 的 CoreSight 架构。在嵌入式系统开发中，调试与测试是非常重要的，ARM Cortex M3 处理器也针对不同场景和需求，提供了专门的调试技术，一般在 ARM Cortex M3 架构的 IC 内都会集成 CoreSight 模块专门用于调试，包括 JTAG 调试接口（JTAG-DP）和串行调试接口（SW-DP）。其中，JTAG 调试接口（JTAG-DP）为 AHP-AP 模块提供 5 针标准 JTAG 接口；串行调试接口（SW-DP）为 AHP-AP 模块提供 2 针（时钟+数据）接口，调试接口如表 1.8 所示。

表 1.8　调试接口

SWJ-DP 端口引脚名称	JTAG 调试接口		SW 调试接口		引脚分配
	类型	描述	类型	调试功能	
JTMS/SWDIO	输入	JTAG 模式选择	输入/输出	串行数据输入/输出	PA13
JTCK/SWCLK	输入	JTAG 时钟	输入	串行时钟	PA14
JTDI	输入	JTAG	—	—	PA15
JTDO/TRACESWO	输出	JTAG	—	跟踪时为 TRACESWO	PB3
JNTRST	输入	JTAG	—	—	PB4

硬件调试步骤如下。

（1）在 Debug 选项卡中进行如图 1.5 所示的设置，然后在 Utilities 选项卡中选中 Use Debug Driver、Update Target before Debugging 复选框，如图 1.5 和图 1.6 所示。

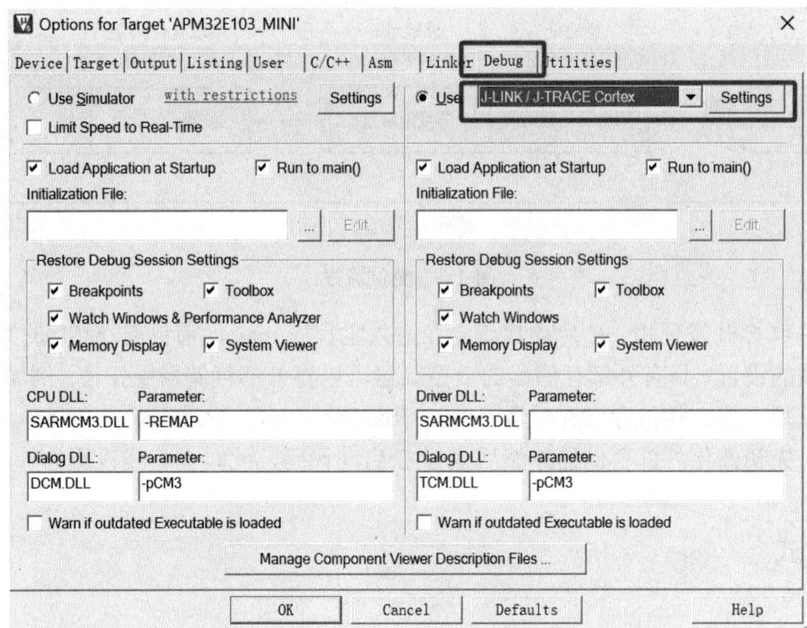

图 1.5　Debug 选项卡设置

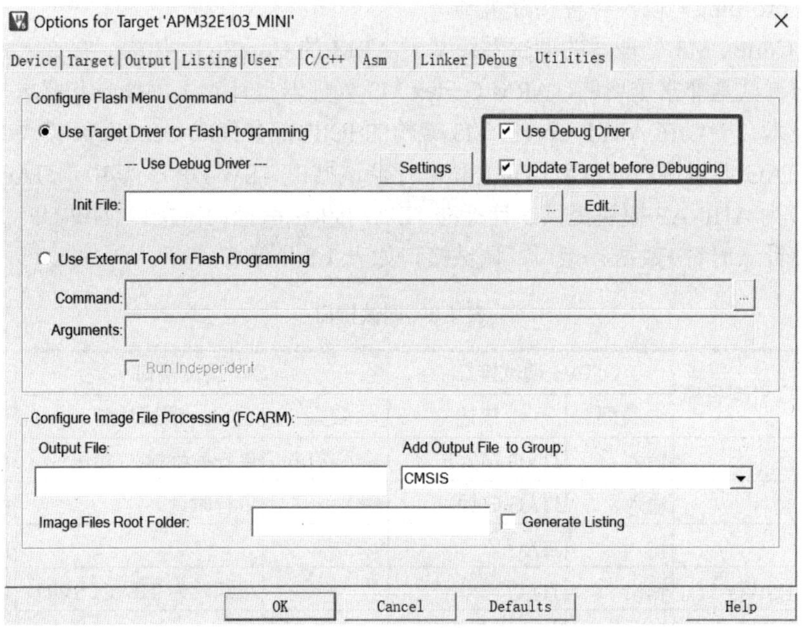

图 1.6　Utilities 选项卡设置

（2）回到 Debug 选项卡（图 1.5），在 J-LINK/J-TRACE Cortex 旁边单击 Settings 按钮，使用 J-LINK 连接开发板和计算机进行下一步设置。Port 选择 JTAG，其他的根据需要修改，如图 1.7 所示。

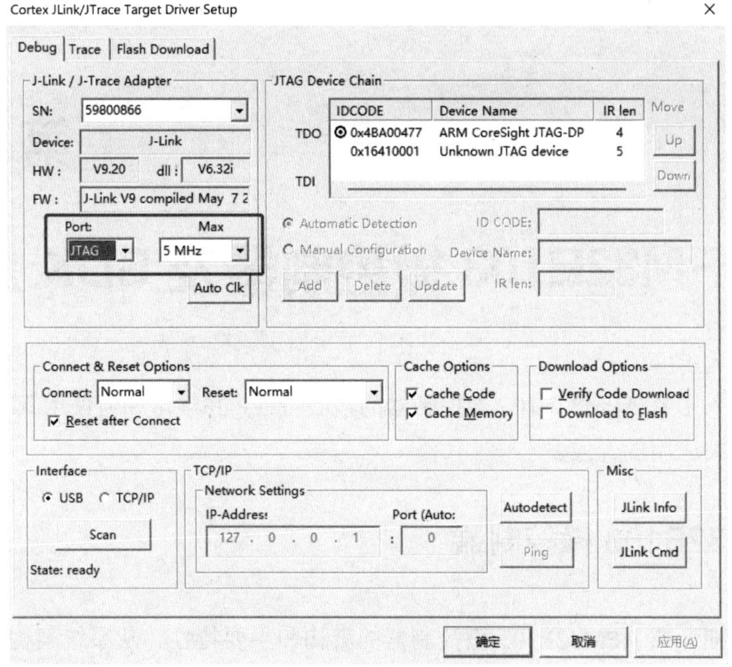

图 1.7　设置选项

（3）先单击图 1.8 中的 Build（图标 1）和 Load（图标 2）按钮进行编译下载，再单击图标 3 进行调试。

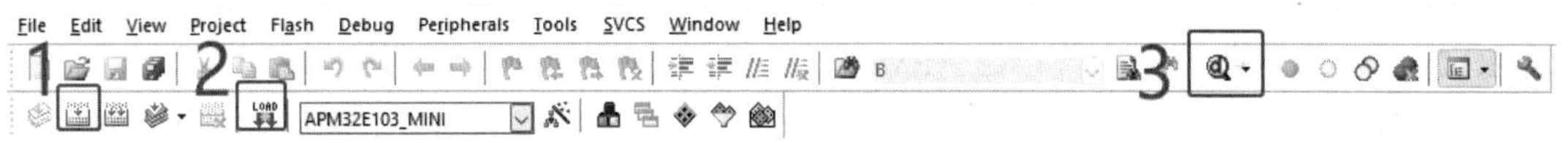

图 1.8　下载调试图标

本 章 小 结

本章主要介绍了 ARM Cortex-M3 处理器特性、ARM Cortex-M3 处理器架构、指令集的背景简介及分类、异常和中断，存储器系统的特性简介及存储器映射，复位的类型和复位流程，讲述了 ARM Cortex-M3 处理器提供的调试接口及进行调试的相关步骤。

习题 1

1．ARM Cortex-M3 处理器由哪几部分组成？
2．ARM Cortex-M3 处理器支持哪些种类的调试端口？
3．Thumb-2 指令集有哪些特点？
4．内核寄存器组中 R0～R15 的用途是什么？

第 2 章

APM32E103 微控制器及 SDK 库

本章将深入了解 APM32E103 微控制器的核心特性，并学习如何使用其 SDK 库，以便加速嵌入式相关应用的开发。

2.1　APM32E103 微控制器

本节将详细介绍 APM32E103 微控制器的架构和主要特性。从系统架构开始，逐步介绍存储器映射及其他关键特性。

2.1.1　概述

APM32E103 微控制器（Microcontroller Unit，MCU）是基于 32 位 ARM 架构，使用 ARM Cortex-M3 处理器内核，在 APM32F103 系列产品上进行升级的微控制器。其最高工作频率可达 120MHz，供电电压为 2.0～3.6V，工作温度范围为-40～105℃，这些有助于产品在工业级温度场景下稳定运行。其芯片 ESD 等级达 5kV，可以满足工业级高可靠性的产品性能标准需求。APM32E103 微控制器配置了丰富的片上资源，能够以最合理的功能、高性价比为用户的应用场景提供更好的选择。

APM32E103 微控制器可实现高速运算；内建 AHB，结合高速存储器及直接存储器存取（Direct Memory Access，DMA），可实现数据的快速存储和处理；内建 APB，结合丰富的外设及增强型 I/O，能保障产品的快速连接、灵活控制；C 系列拥有 6 种通信接口，R、V 和 Z 系列增加了一个安全数字输入输出（Secure Digital Input and Output，SDIO）接口，不仅兼容传统的 SD 卡，还可以连接 SDIO 接口设备，如蓝牙、Wi-Fi、照相机等；支持睡眠、停机、待机 3 种低功耗模式，可依据实际应用场景进行选择。

2.1.2　系统架构

APM32E103 微控制器的主系统主要由 ARM Cortex-M3 处理器内核和片上外设两大部分组成。ARM Cortex-M3 处理器内核由 ARM 公司设计，内核之外的部件被称为片上外设，如通用输入输出（General Purpose Input/Output，GPIO）、通用同步/异步串行接收/发送器

（Universal Synchronous/Asynchronous Receiver/Transmitter，USART）、I2C、SPI 等。片上外设部分的设计工作则由芯片生产厂商 Geehy 负责完成。系统和外设主要术语全称与缩写如表 2.1 所示。

表 2.1 系统和外设主要术语全称与缩写

中文全称	英文全称	英文缩写
外部存储控制器	External Memory Controller	EMMC
静态存储控制器	Static Memory Controller	SMC
闪存存储器控制器	Flash Memory Controller	FMC
动态存储控制器	Dynamic Memory Controller	DMC
复位与时钟管理单元	Reset and Clock Management Unit	RCM
电源管理单元	Power Management Unit	PMU
备份寄存器	Backup Register	BAKPR
嵌套向量中断控制器	Nested Vector Interrupt Controller	NVIC
外部中断/事件控制器	External Interrupt /Event Controller	EINT
直接存储器存取	Direct Memory Access	DMA
调试 MCU	Debug MCU	DBG MCU
通用输入/输出引脚	General-Purpose Input Output Pin	GPIO
复用功能输入/输出引脚	Alternate Function Input Output Pin	AFIO
定时器	Timer	TMR
看门狗定时器	Watchdog Timer	WDT
独立看门狗	Independent Watchdog Timer	IWDT
窗口看门狗	Windows Watchdog Timer	WWDT
实时时钟	Real-Time Clock	RTC
通用同步/异步收发器	Universal Synchronous Asynchronous Receiver Transmitter	USART
内部集成电路接口	Inter-Integrated Circuit Interface	I2C
串行外设接口	Serial Peripheral Interface	SPI
片上音频接口	Inter-IC Sound Interface	I2S

续表

中文全称	英文全称	英文缩写
四线串行外围接口	Quad Serial Peripheral Interface	QSPI
控制器局域网	Controller Area Network	CAN
安全数字输入/输出	Secure Digital Input and Output	SDIO
全速 USBD 接口	Universal Serial Bus Full-Speed Device	USBD
模拟数字转换器	Analog-to-Digital Converter	ADC
数字模拟转换器	Digital-to-Analog Converter	DAC
循环冗余校验计算单元	Cyclic Redundancy Check Calculation Unit	CRC
浮点运算单元	Float Point Unit	FPU

芯片内核与外设之间是通过各种总线进行连接的。总线是连接多个部件的信息传输线，是各部件共享的传输介质。总线是一种电路，是 ARM Cortex-M3 处理器内核、DMA 控制器、外设和存储器等设备传递信息的公共通道，充当数据在芯片内传输的高速公路。

多条总线连接在一起构成了总线矩阵（Bus Matrix），总线矩阵上连接 4 个驱动单元和 4 个被动单元。可以将驱动单元理解成内核部分，被动单元理解成外设。4 个驱动单元分别是连接 ARM Cortex-M3 处理器内核的 D-Code 总线（D-bus）、系统总线（S-bus）、通用 DMA1 和 DMA2。4 个被动单元分别是内部 SRAM、内部闪存存储器控制器（Flash Memory Controller，FMC）、外部存储控制器（External Memory Controller，EMMC）和 AHB 到 APB 的桥（AHB/APBx），其中，AHB/APBx 连接所有的 APB 设备。这些都是通过一个多级的 AHB 总线构架相互连接的。除此之外，还有 I-Code 总线，其中的 I 代表 Instruction（指令）。该总线将 ARM Cortex-M3 处理器内核指令总线和闪存指令接口相连，指令的预取在该总线上面完成。在编写程序后，经过编译，程序将转化为一条条指令并存储在 Flash 存储器中。系统总线连接 ARM Cortex-M3 处理器内核的系统总线（外设总线）与总线矩阵。DMA 总线连接 DMA 的 AHB 主控接口与总线矩阵。ARM Cortex-M3 处理器内核通过 I-Code 总线读取这些指令，进而执行程序。

总线矩阵协调内核和 DMA 的访问，协调 CPU 的 D-Code 和 DMA 到 SRAM、Flash 和外设的访问，AHB 外设通过总线矩阵与系统总线相连，允许 DMA 访问。

APM32E103 微控制器的统架构框图如图 2.1 所示。

1. 驱动单元

（1）D-Code 总线。D-Code 总线中的 D 表示 Data（数据），表明这条总线的功能是用来存取数据的。在用户编写程序的时候，数据分为常量和变量两种，常量是固定不变的，使用 C 语言中的 const 关键字进行修饰，通常会存放到内部的 Flash 存储器中；变

量是可变的数据，不管是全局变量还是局部变量都放在内部的 SRAM 中。因此将 ARM Cortex-M3 处理器内核的 D-Code 总线与闪存存储器的数据接口相连，可以实现常量、变量的加载和访问调试。

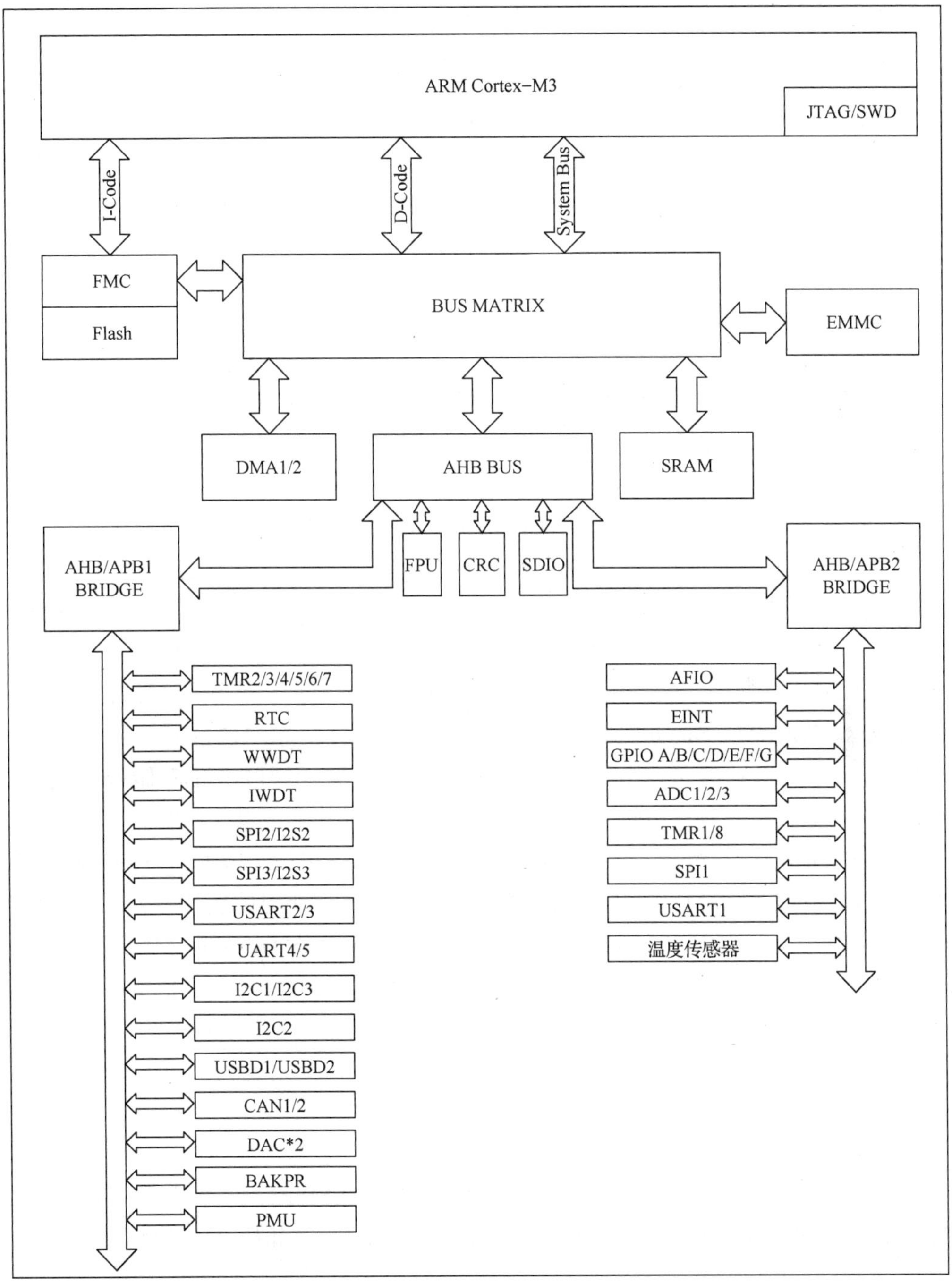

图 2.1　APM32E103 微控制器系统架构框图

（2）系统总线（System Bus）。它的作用将ARM Cortex-M3处理器内核的系统总线连接到总线矩阵。因为数据可以被D-Code总线和DMA总线访问，所以为了避免访问冲突，通过总线矩阵来协调ARM Cortex-M3处理器内核与DMA之间的访问。

通用直接存储器存取（Direct Memory Access，DMA）无须CPU干预，也可实现外设与存储器或存储器与存储器之间数据的高速传输，从而节省 CPU 资源进行其他操作。APM32E103微控制器一共有两个DMA控制器，DMA总线将DMA的AHB主机接口连接到总线矩阵。DMA1有7个通道，DMA2有5个通道。每个通道可管理多个DMA请求，但每个通道同一时刻只能响应1个DMA请求。每个通道可设置优先级，仲裁器可根据通道的优先级协调各个DMA通道对应的DMA请求的优先级。

2. *被动单元*

（1）SRAM。SRAM的起始地址是0x20000000，APM32E103微控制器的SRAM容量有64KB与128KB两种类型可选。CPU能以0等待周期，以字节、半字（16位）或全字（32位）进行访问（读/写）。SRAM不需要刷新电路即能保存它内部存储的数据，其利用寄存器存储信息，读写速度快，但面积消耗大，在嵌入式系统中，一般作为CPU和主存之间的高速缓存。

（2）Flash（内部闪存）存储器。APM32E103微控制器内部Flash存储器容量为256KB与512KB两种类型。Flash存储器结构分为主存储区和信息块。主存储区容量最高为512KB。信息块分为系统存储区、选项字节区，系统存储区容量大小为2KB，存放BootLoader程序、96位唯一用户身份证明、主存储区容量信息；选项字节区容量大小为16B。

（3）EMMC。EMMC包括SMC、DMC。SMC用来管理扩展静态存储器的外设，负责控制SRAM、PSRAM、NandFlash、NorFlash、PCCard；可以将AHB传输信号转换到适当的外部设备；内部中有4个存储块，每个存储块都对应控制不同类型的存储器，通过片选信号加以区分；任一时刻只访问一个外部设备；每个存储块都可以单独配置，时序可编程以适用外部设备。DMC外接片外SDR-SDRAM。APM32E103微控制器内部的DMC数据宽度为16位；最大支持2MB 片外SDR-SDRAM，其时序和大小可配置；支持 SDR-SDRAM power-down模式、SDR-SDRAM auto-refresh模式和SDR-SDRAM self-refresh模式。

（4）AHB到APB的桥。两个桥在AHB和APB总线之间提供同步连接，当对APB寄存器进行非32位访问时，访问会被自动转换成32位。

2.1.3 存储器映射

存储器映射地址容量为4GB，分配的地址包括内核（包括内核外设）、片上Flash（包括主存储区、系统存储区、选项字节区）、片上SRAM、EMMC、总线外设（包括AHB、APB外设），APM32E103微控制器地址映射如图2.2所示，具体信息请参考极海官方数据手册。

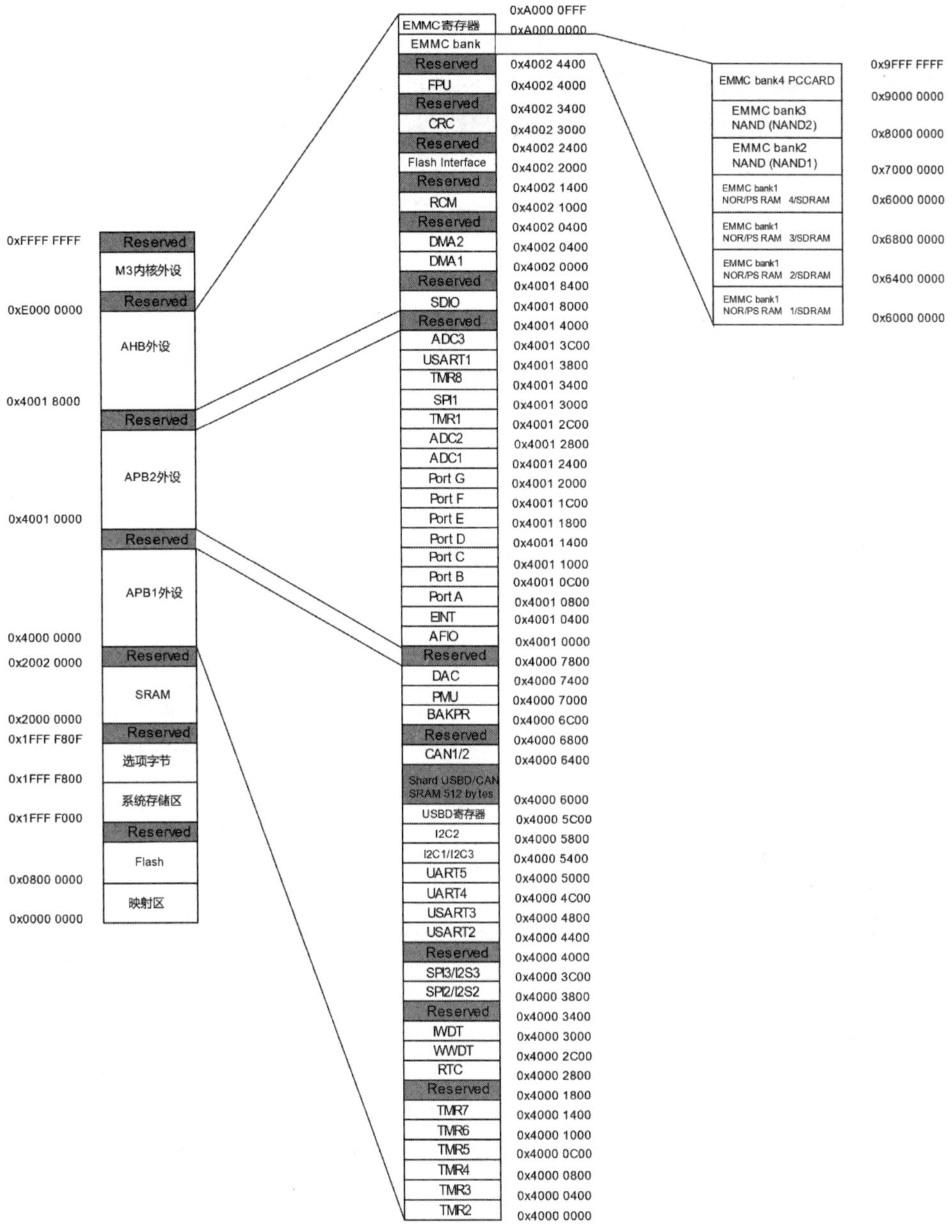

0xFFFF FFFF	Reserved
	M3内核外设
0xE000 0000	Reserved
	AHB外设
0x4001 8000	Reserved
	APB2外设
0x4001 0000	Reserved
	APB1外设
0x4000 0000	Reserved
0x2002 0000	SRAM
0x2000 0000	Reserved
0x1FFF F80F	选项字节
0x1FFF F800	系统存储区
0x1FFF F000	Reserved
	Flash
0x0800 0000	映射区
0x0000 0000	

	0xA000 0FFF
EMMC寄存器	0xA000 0000
EMMC bank	
Reserved	0x4002 4400
FPU	0x4002 4000
Reserved	0x4002 3400
CRC	0x4002 3000
Reserved	0x4002 2400
Flash Interface	0x4002 2000
Reserved	0x4002 1400
RCM	0x4002 1000
Reserved	0x4002 0400
DMA2	0x4002 0400
DMA1	0x4002 0000
Reserved	0x4001 8400
SDIO	0x4001 8000
Reserved	0x4001 4000
ADC3	0x4001 3C00
USART1	0x4001 3800
TMR8	0x4001 3400
SPI1	0x4001 3000
TMR1	0x4001 2C00
ADC2	0x4001 2800
ADC1	0x4001 2400
Port G	0x4001 2000
Port F	0x4001 1C00
Port E	0x4001 1800
Port D	0x4001 1400
Port C	0x4001 1000
Port B	0x4001 0C00
Port A	0x4001 0800
EINT	0x4001 0400
AFIO	0x4001 0000
Reserved	0x4000 7800
DAC	0x4000 7400
PMU	0x4000 7000
BAKPR	0x4000 6C00
Reserved	0x4000 6800
CAN1/2	0x4000 6400
Shard USBD/CAN SRAM 512 bytes	0x4000 6000
USBD寄存器	0x4000 5C00
I2C2	0x4000 5800
I2C1/I2C3	0x4000 5400
UART5	0x4000 5000
UART4	0x4000 4C00
USART3	0x4000 4800
USART2	0x4000 4400
Reserved	0x4000 4000
SPI3/I2S3	0x4000 3C00
SPI2/I2S2	0x4000 3800
Reserved	0x4000 3400
IWDT	0x4000 3000
WWDT	0x4000 2C00
RTC	0x4000 2800
Reserved	0x4000 1800
TMR7	0x4000 1400
TMR6	0x4000 1000
TMR5	0x4000 0C00
TMR4	0x4000 0800
TMR3	0x4000 0400
TMR2	0x4000 0000

EMMC bank	地址
	0x9FFF FFFF
EMMC bank4 PCCARD	0x9000 0000
EMMC bank3 NAND (NAND2)	0x8000 0000
EMMC bank2 NAND (NAND1)	0x7000 0000
EMMC bank1 NOR/PS RAM 4/SDRAM	0x6000 0000
EMMC bank1 NOR/PS RAM 3/SDRAM	0x6800 0000
EMMC bank1 NOR/PS RAM 2/SDRAM	0x6400 0000
EMMC bank1 NOR/PS RAM 1/SDRAM	0x6000 0000

图 2.2　APM32E103 微控制器地址映射

2.1.4　位段

ARM Cortex-M3 处理器的存储器映射有两个位段（bit-band）区，它将每个在别名存储区中的字映射到位段存储器的一个位。在别名存储区写入一个字，会有对位段区的目标位执行读、改、写操作的相同效果。外设寄存器和 SRAM 都被分别映射到一个位段区里，允许执行单一的位段的写和读操作。

下面给出一份映射公式：

bit_word_addr=bit_band_base+（byte_offset×32）+（bit_number×4）

其中，bit_word_addr 是别名存器区中字的地址，它映射到某个目标位；bit_band_base 是别名存储区的起始地址；byte_offset 是包含目标位的字节在位段里的序号；bit_number 是目标位所在位置（0—31）。

详细信息请参考 ARM 公司发布的《Cortex-M3 技术参考手册》。

2.1.5　启动配置

由于 ARM Cortex-M3 内核的 CPU 从 I-Code Bus（指令总线）获取复位向量，导致启动只能从代码区开始，典型为 Flash 存储器启动。但是，APM32E103 微控制器实现了一个特殊的机制，通过配置 BOOT[1:0]引脚参数，可以使用 3 种不同的启动模式，即系统不仅可以从 Flash 存储器或系统存储器启动，还可以从内置 SRAM 启动。被选作启动区域的存储器是由选择的启动模式决定的，如表 2.2 所示。

表 2.2　启动模式配置及其访问方式

启动模式选择引脚		启动模式	访问方式
BOOT0	BOOT1		
0	X	主闪存存储器（Flash）	主闪存存储器被映射到启动空间，但仍然能够在它原有的地址访问它，即主闪存存储器的内容可以在两个地址区域访问
1	0	系统存储器	系统存储器被映射到启动空间（0x00000000），但仍然能够在它原有的地址访问它
1	1	内置 SRAM	只能在开始的地址区访问 SRAM

注：

（1）启动空间地址为 0x00000000。

（2）Flash 原有地址为 0x08000000。

（3）系统存储器原有地址为 0x1FFFF000。

（4）SRAM 的起始地址为 0x20000000。

用户可以通过设置 BOOT1 和 BOOT0 引脚的状态，来选择在复位后的启动模式。BOOT 引脚应在待机模式下保持用户需要的启动配置，当从待机模式退出时，引脚的值会被锁存。如果选择从内置 SRAM 启动，那么在编写应用代码时，必须使用 NVIC 的异常表和偏移寄存器，重新将向量表映射至 SRAM 中。

2.1.6　电源

电源是一个系统稳定运行的基础，工作电压为 2.0～3.6V，可以通过内置的电压调节器提供 1.3V 的电源，若主电源 V_{DD} 掉电，则通过 V_{BAT} 给后备供电区域供电。电源方案如表 2.3 所示。

表 2.3　电源方案

名称	电压范围	说明
V_{DD}	2.0～3.6V	通过 V_{DD}/V_{SS} 引脚供电，给电压调节器、待机电路、IWDT、HSECLK、I/O（除了 PC13、PC14、PC15 引脚），唤醒逻辑供电
V_{DDA}/V_{SSA}	2.0～3.6V	为 ADC、DAC、复位模块、RC 振荡器和 PLL 的模拟部分供电；使用 ADC 或 DAC 时，V_{DDA} 不得小于 2.4V，V_{DDA} 和 V_{SSA} 必须分别连接到 V_{DD} 和 V_{SS}
V_{BAT}	1.8～3.6V	当关闭 V_{DD} 时，通过内部电源切换器为 RTC、外部 32kHz 振荡器和后备寄存器供电

调压器的工作模式如表 2.4 所示。

表 2.4　调压器的工作模式

名称	说明
主模式（MR）	用于运行模式
低功耗模式（LPR）	用于停机模式
掉电模式	用于待机模式，此时调压器高阻输出，内核电路掉电，调压器功耗为零，寄存器和 SRAM 的数据会全部丢失

APM32E103 微控制器内部集成了上电复位和掉电复位电路。这两种电路始终处于工作状态。当掉电复位电路监测到电源电压低于规定的阈值时，使用外部复位电路，系统保持复位状态。

该系列产品内置能够监测 V_{DD} 并将其与 V_{PVD} 阈值比较的可编程电源电压监控器（Power Voltage Detector，PVD），当 V_{DD} 在 V_{PVD} 阈值范围外且中断使能时会产生中断，可通过中断服务程序将 MCU 设置成安全状态。

2.1.7　复位

APM32E103 微控制器支持的复位包括系统复位、电源复位、备份区域复位 3 种复位形式。

1. 系统复位

系统复位的复位源分为外部复位源和内部复位源。外部复位源有 NRST 引脚上的低电平；内部复位源有窗口看门狗终止计数（WWDT 复位）、独立看门狗终止计数（IWDT 复位）、软件复位（SW 复位）和低功耗管理复位。电源复位发生时，也产生系统复位。以上任一事件发生时，都能产生一个系统复位。另外，可以通过查看 RCM_CSTS（控制/状态寄存器）中的复位标志位识别复位事件来源。一般来说，系统复位时，会将除 RCM_CSTS（控制/状态寄存器）的复位标志位和备份区域中的寄存器以外的所有寄存器复位到复位状态。

将 ARM Cortex-M3 处理器中断应用和复位控制寄存器中的 SYSRESETREQ 置 1，可实现软件复位。

低功耗管理复位的产生有两种模式，一种是进入待机模式，另一种是进入停止模式。在这两种模式下，如果把用户选项字节区中的 RSTSTDB 位（待机模式时）或 RSTSTOP 位（停止模式时）清 0，系统将被复位而不是进入待机模式或停止模式。有关用户选项字节区的详细信息，请参考“Flash 存储器”。

在系统复位电路中，复位源均作用于 NRST 引脚，该引脚在复位过程中保持低电平。内部复位源通过脉冲发生器在 NRST 引脚产生的脉冲至少持续 20μs，使得 NRST 保持低电平产生复位；外部复位源则直接将 NRST 引脚电平拉低产生复位。系统复位电路如图 2.3 所示。

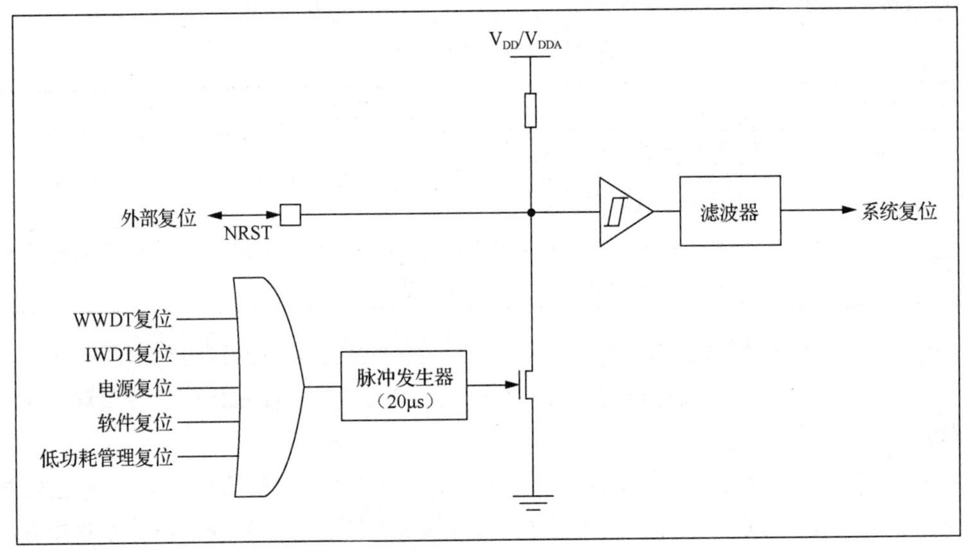

图 2.3　系统复位电路

2. 电源复位

电源复位的复位源包括上电复位、掉电复位和从待机模式返回，以上任一事件发生时，都产生电源复位。电源复位将复位除备份区域外的所有寄存器。

3. 备份区域复位

备份区域复位的复位源如下：一是软件复位，用于设置 RCM_BDCTRL（备份区域控制寄存器）中的 BDRST 位；二是 V_{DD} 和 V_{BAT} 掉电，V_{DD} 或 V_{BAT} 上电。以上任一事件发生时，都产生备份区域复位。备份区域复位拥有两个专门的复位，它们只影响备份区域。

2.1.8　时钟

APM32E103 微控制器的时钟树如图 2.4 所示。

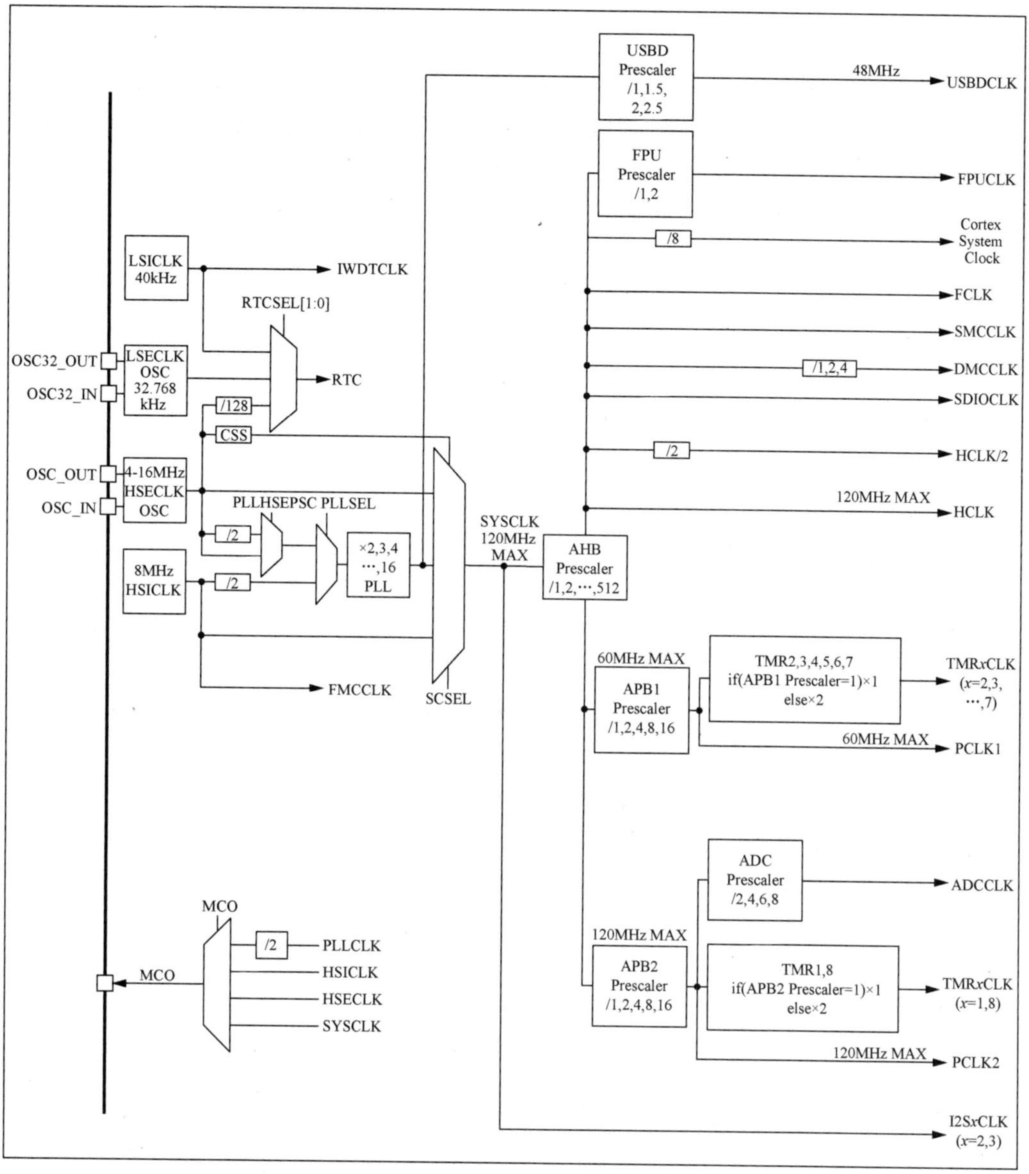

图 2.4　APM32E103 微控制器的时钟树

1. 时钟源

按速度划分，时钟源分为高速时钟和低速时钟，高速时钟有 HSICLK、HSECLK，低速时钟有 LSECLK、LSICLK；按片内/外划分，时钟源分为内部时钟和外部时钟，内部时钟有 HSICLK、LSICLK，外部时钟有 HSECLK、LSECLK，其中 HSICLK 在出厂时会校准精度至±1%。

2. 系统时钟

可选择 HSICLK、PLLCLK、HSECLK 作为系统时钟，PLLCLK 的时钟源可选择 HSICLK、HSECLK 中的一种，配置 PLL 的倍频系数、分频系数可获得所需的系统时钟。

产品复位启动时，默认选择 HSICLK 作为系统时钟，之后用户可自行选择上述时钟源中的一种作为系统时钟。当检测到 HSECLK 失效时，系统将自动地切换回 HSICLK，如果使能中断了，软件可以接收到相应的中断。

3. 总线时钟

内置的 AHB、APB1、APB2 总线。AHB 的时钟源是 SYSCLK，APB1、APB2 的时钟源是 HCLK；配置分频系数可获得所需的时钟，AHB 和高速 APB2 的最高频率为 120MHz，APB1 的最高频率是 60MHz。

2.2 APM32E103 微控制器的 SDK 库

APM32E103 微控制器的 SDK 库

2.2.1 SDK 库概述

软件开发工具包（Software Development Kit，SDK）是一些为特定的软件包、软件框架、硬件平台、操作系统等创建应用软件的开发工具的集合。库（Library）是用于开发软件的子程序集合。库和可执行文件的区别在于，库不是独立程序，而是向其他程序提供服务的代码。SDK 库是已封装好的代码，通过调用开放的函数获取相应的功能。

1. SDK 库下载

APM32E103 微控制器的 SDK 库可登录极海官网直接下载。

2. SDK 库本质

SDK 库是由开发人员已经封装好的函数的合集，它把一系列的寄存器操作通过层层包装形成可调用的函数，省去了翻看数据手册与参考手册的麻烦。就像 C 语言编程，我们要想显示一段文本，直接调用 printf 函数即可，不必再进行复杂的底层操作。通过库函数编程，使用者可以方便地对片上外设进行操作，大大降低了编程的复杂性；同时库函数的层层包装，既提高了代码的可读性和可移植性，又降低了代码的维护成本。

3. SDK 库目录结构

APM32E103_PeripheralLibrary 是对外输出外设库的名称。外设库包含 Library、Example 和 Board 三部分内容，如图 2.5 所示。

（1）Library：外设库的驱动代码。其目录结构如图 2.6 所示。

（2）Example：外设库例程，存放 MCU 每个外设的例程。其目录结构如图 2.7 所示。

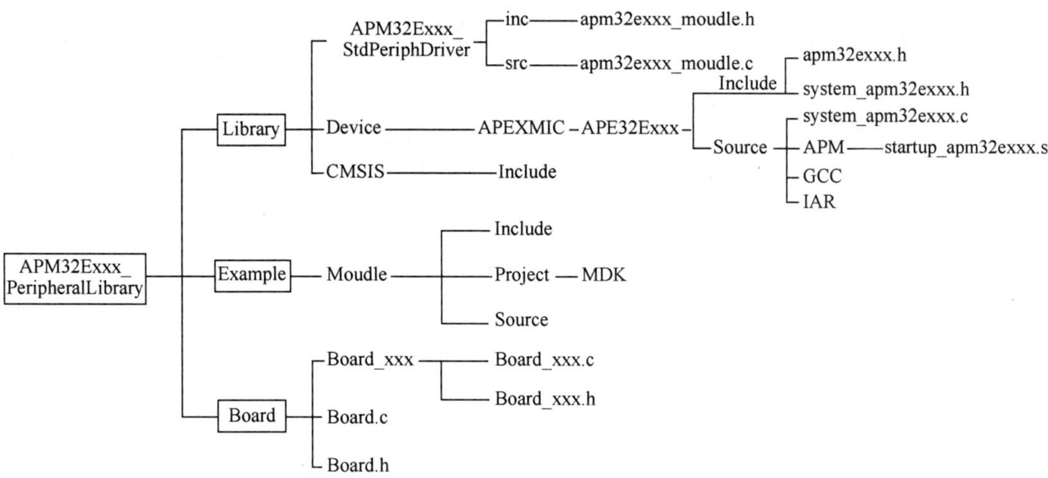

图 2.5　APM32E103 微控制器的 SDK 库目录结构

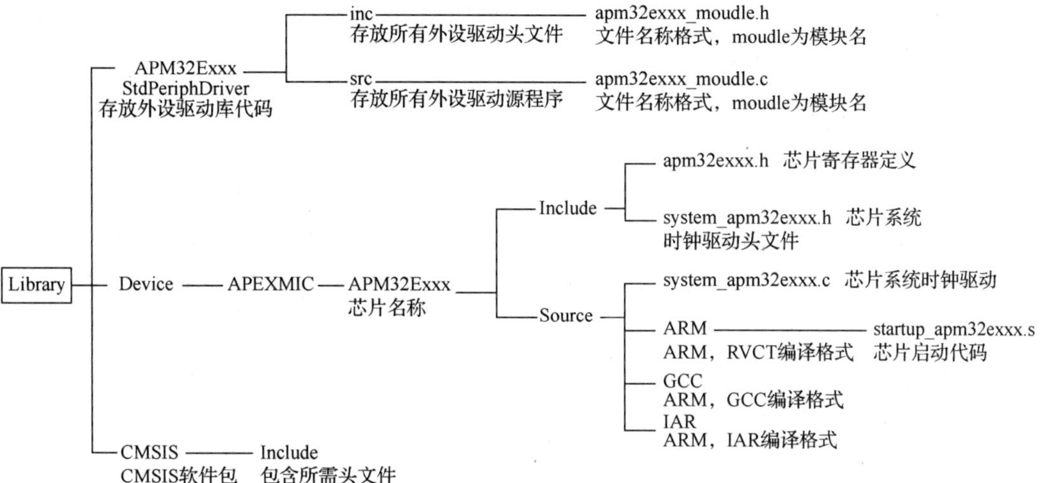

图 2.6　APM32E103 微控制器外设库目录结构

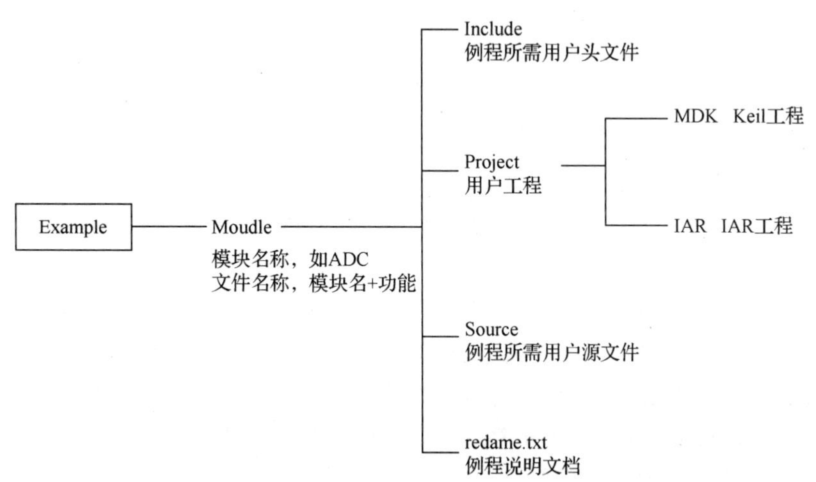

图 2.7　APM32E103 微控制器例程目录结构

（3）Board：评估板驱动代码，存放例程所需的评估板驱动代码，其目录结构如图 2.8 所示。

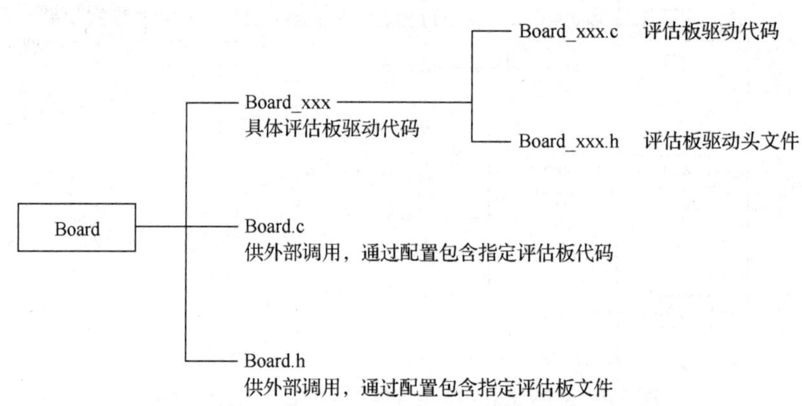

图 2.8　APM32E103 微控制器评估板驱动代码目录结构

以上模板皆可在极海官网下载。

2.2.2　SDK 库的使用

在使用 Keil 之前，先创建所需的文件夹目录，建立文件夹 Template，并添加 3 个子文件夹：source、include 和 project，文件夹目录如图 2.9 所示。然后从 SDK 库例程中复制两个文件到 source 目录下，分别为 apm32e103_int.c 与 system_apm32e10x.c。这两个文件内分别是 APM32E103 微控制器芯片的中断向量函数与系统函数，头文件 apm32e103_int.h 复制到 include 文件夹中。在 source 目录下创建一个 main.c 文件，作为该工程的主函数文件，include 目录下创建头文件 main.h。

图 2.9　创建文件夹目录

所有的文件都可以直接添加到下载的 SDK 文件包中，并增添编译路径。但是这 3 个文件被更改的频率较高，所以建议复制到自己所建工程目录中，而对于固件库函数等文件，基本不会出现更改的情况，可以直接添加到 SDK 文件包中，增添编译路径后就可以使用。

下面介绍工程模板的创建流程。在极海官网下载 APM32E103 微控制器的芯片包——APM32E1xx_DFP pack，并按照提示完成安装。打开 Keil 界面，选择 Project→New μVision Project 命令，如图 2.10 所示。

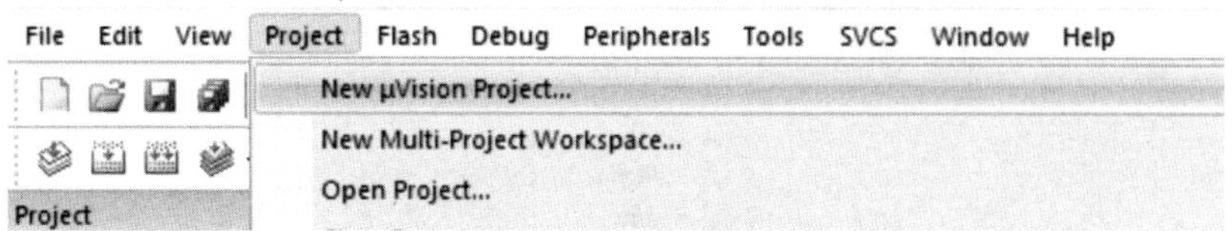

图 2.10 选择新建命令

将工程文件保存在新建的文件夹 Template 下的 project 文件夹中，并命名为 temple，单击“保存”按钮。然后选择自己需要的芯片型号，如图 2.11 所示。

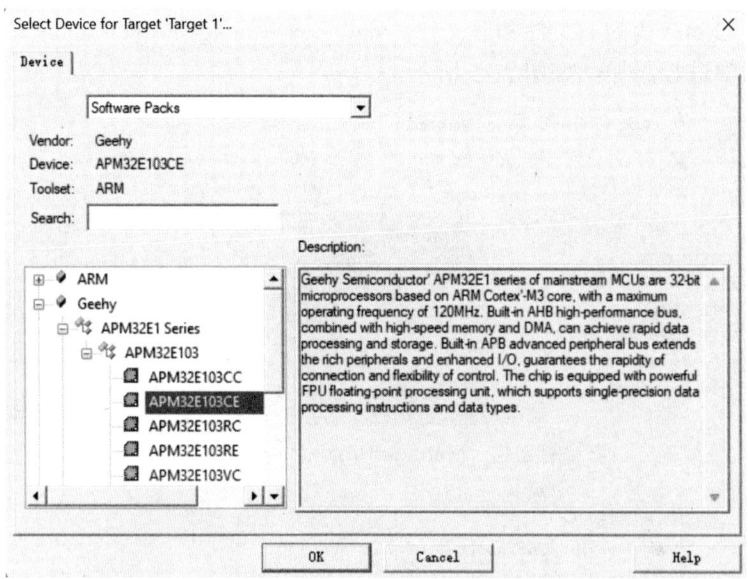

图 2.11 目标芯片型号选择界面

单击图 2.11 中的 OK 按钮，后面设置保持默认，会进入工程管理界面，如图 2.12 所示。

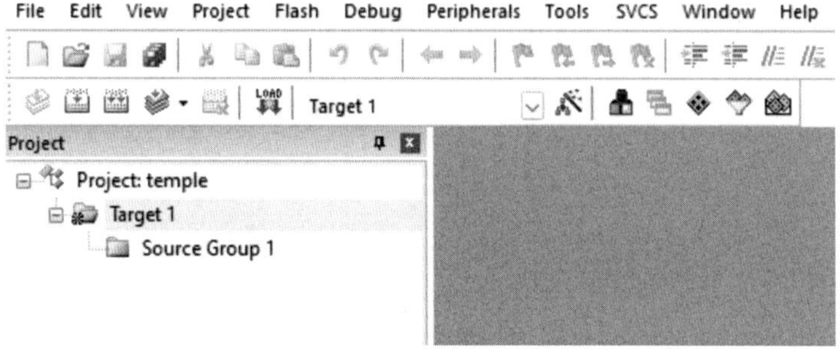

图 2.12 工程管理界面

在图 2.12 中，可以看到有三级目录，第一级目录为 Project，第二级目录为 Target1，第三级目录为 Source Group1。

双击 Target1 可更改它的名称，这里更改为 APM32E103_MINI。然后右击 Target1，在弹出的快捷菜单中选择 Add Group 命令，可创建 4 个 Group，分别双击 Group，重命名为 Application、CMSIS、StdPeriphDriver 和 Boards，如图 2.13 所示。

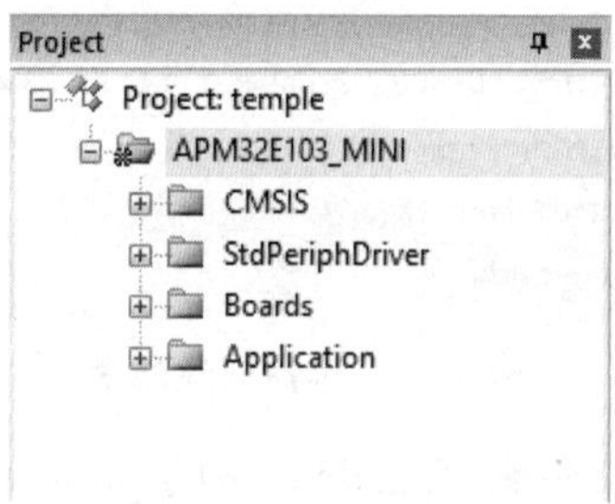

图 2.13　工程目录界面

对于各个 Group 内的.c 文件和.h 文件，可以选择 Manage Project Items 命令（图 2.14），在打开的界面中进行添加，如图 2.15 所示。

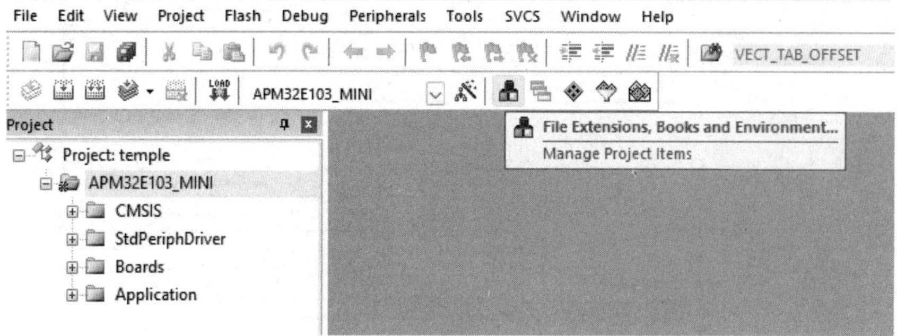

图 2.14　Manage Project Items 命令

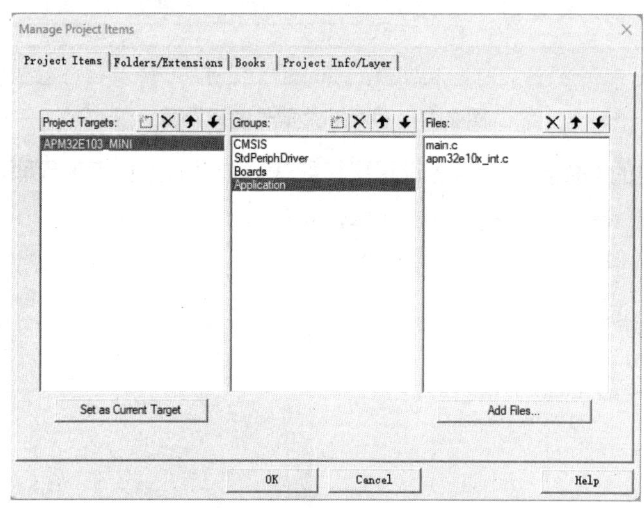

图 2.15　Manage Project Items 界面

在 Groups 一栏选中要添加文件的 Group 名称，在 Files 一栏单击 Add Files 按钮，然后添加两个文件，分别是系统函数文件 system_apm32e10x.c 与启动文件 startup_apm32e10x_hd.s。其中，system_apm32e10x.c 已经复制到此工程目录的 source 目录下（如本节开头所述），而 startup_apm32e10x_hd.s 在 APM32 的 SDK 库文件包内的路径是：APM32E10x_SDK_V1.2\Libraries\Device\Geehy\APM32E10x\Source\arm\startup_apm32e10x_hd.s。

然后按照同样的操作，在 StdPeriphDriver、Application 和 Boards 目录下添加相应的文件，所需文件路径如下。

StdPeriphDriver 路径：APM32E10x_SDK_V1.2\Libraries\APM32E10x_StdPeriphDriver\src（src 目录下所有.c 文件都要添加到此 Group 内）。

完成文件添加界面如图 2.16 所示。

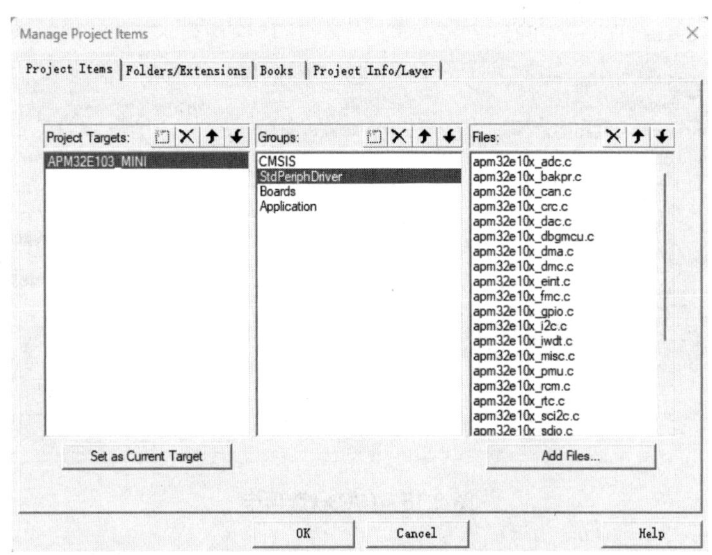

图 2.16　完成文件添加界面

Application 路径：main.c 与 apm32e10x_int.c（在之前创建的 Source 目录下）。

Boards 路径：APM32E10x_SDK_V1.2\Boards\Board.c。

这样一个通用的工程模板就创建成功了。

工程模板创建完成后还需要添加文件的编译路径，只要包含刚刚添加的所有文件的路径即可，操作如下。

（1）选择 Configure target options 命令，如图 2.17 所示。

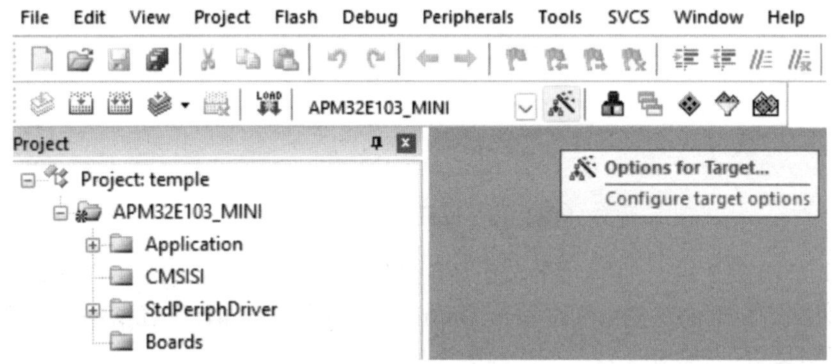

图 2.17　选择命令

（2）在打开的界面中选择 C/C++选项卡，如图 2.18 所示。设置 Include Paths，如图 2.19 所示。

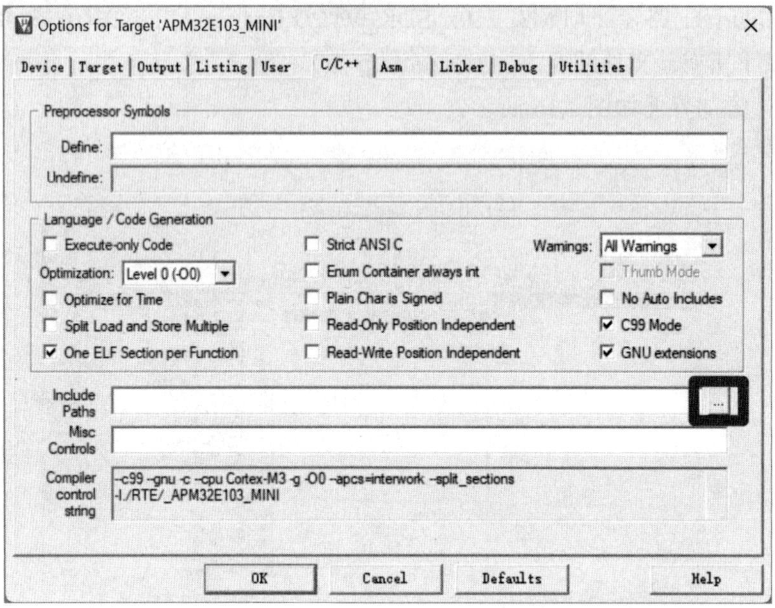

图 2.18　C/C++选项卡

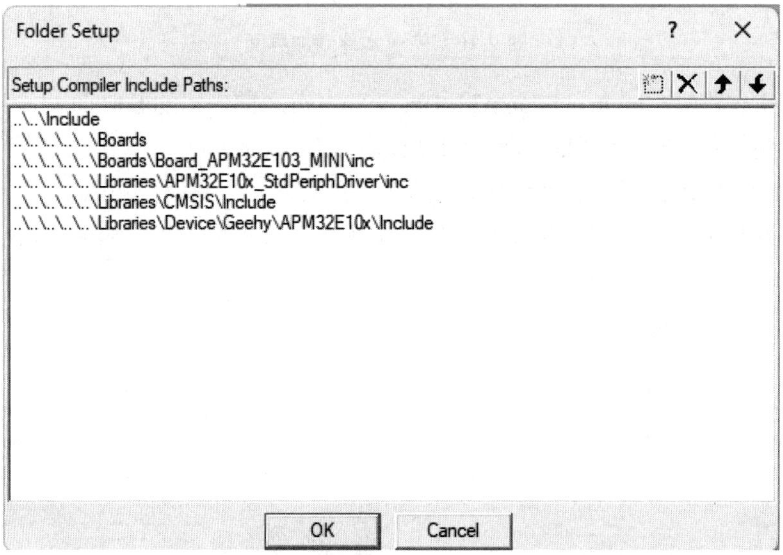

图 2.19　设置包含路径界面

（3）先单击图 2.19 上面标记的按钮新建路径，然后单击图 2.19 下面标记的按钮，选择目标文件夹。全部添加完成后，单击 OK 按钮（如果担心编译路径漏添加，可以将目标路径的上级目录也添加进去）。

用户自己创建的工程文件保存目录尽量统一，以便在编译时不用再重复添加路径。

2.2.3　SDK 例程使用

打开一个例程时，先打开 APM32E10x_SDK_V1.2 文件夹，再打开 Examples 文件夹，选择自己需要使用到的外设，这里我们选择比较常用的 GPIO 例程，如图 2.20 所示。

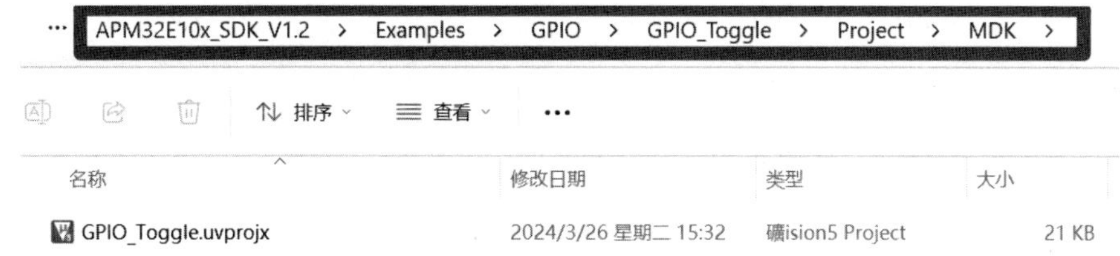

图 2.20　选择 GPIO 例程

打开 GPIO 例程后，先编译文件，Keil 中有 3 个编译按钮，如图 2.21 所示，从左到右，第一个编译按钮是编译当前源文件；第三个编译按钮是编译工程内全部文件；第二个编译按钮在第一次编译时与第三个按钮作用相同，但修改代码后，单击第二个编译按钮只会编译改动过的文件，不会进行全部编译。

如果显示无法编译，可能是没有选择编译器，单击图 2.22 所示的按钮 1（Configure target options）和按钮 2（Manage Project Items），选择合适的编译器版本即可。

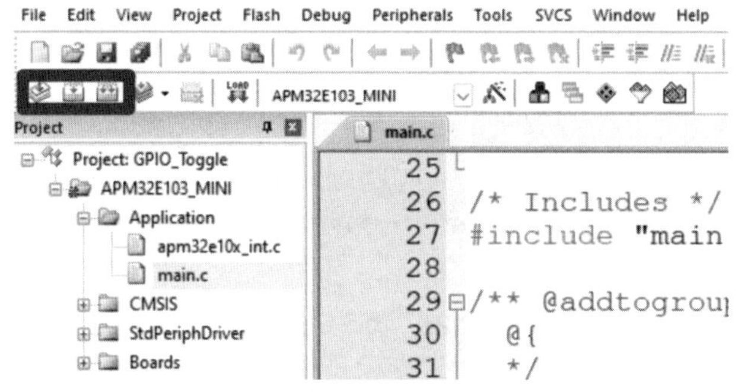

图 2.21　编译按钮

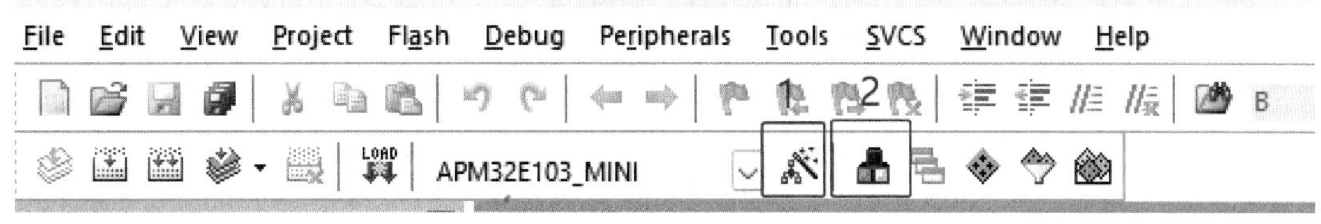

图 2.22　编译器选择界面

编译完成后，可以看到 main.c 文件内已经写好了一些代码，对于代码中用到的函数，可以右击函数，在弹出的快捷菜单中选择 Go To Definition Of‘×××’命令，如图 2.23 所示，查看函数的定义，如图 2.24 所示。

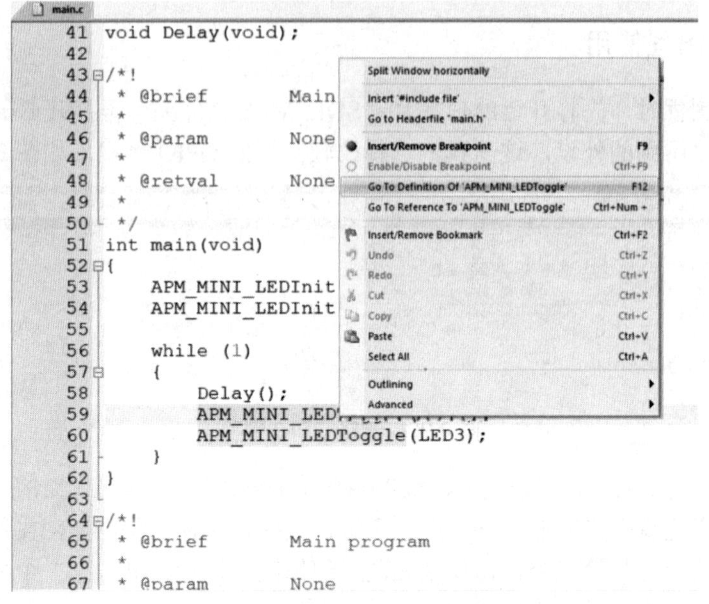

图2.23 代码定位选择命令

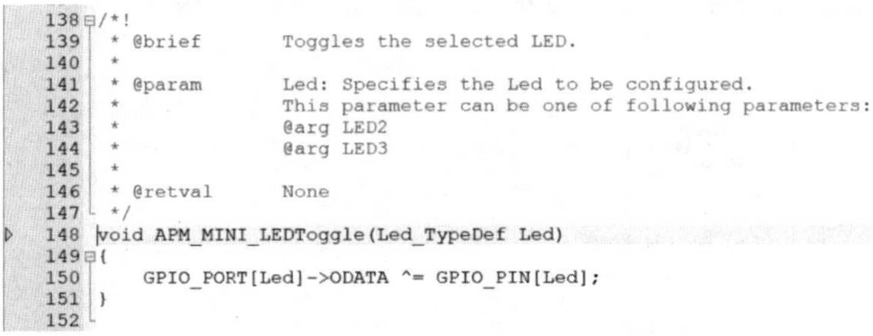

```
/*!
 * @brief       Toggles the selected LED.
 *
 * @param       Led: Specifies the Led to be configured.
 *              This parameter can be one of following parameters:
 *              @arg LED2
 *              @arg LED3
 *
 * @retval      None
 */
void APM_MINI_LEDToggle(Led_TypeDef Led)
{
    GPIO_PORT[Led]->ODATA ^= GPIO_PIN[Led];
}
```

图2.24 代码定位界面

通过函数定义旁边的注释，可以了解到此函数的作用是打开所选择的LED，函数内的变量可以是LED2或者LED3。对于其他函数，都可以使用这种方法进行操作。

SDK库中有很多已经写好的例程，文件夹Examples中已包含所有与外设相关的例程，打开文件夹Examples后，先阅读readme文档，了解例程所提供的代码功能。如果有需要改动的地方，可直接将例程复制到自己的工程中更改。用户自定义的文件保存在Application文件夹内，其他文件夹内的例程都是通用的，不必更改。如果需要对多个外设进行配置，只需重复上述操作即可。由此可见，基于SDK库内的例程的可移植性，可以大幅地降低编写代码的时间消耗。

编译结果显示无错误、无警告后，可以把编译好的工程烧录到APM32E103微控制器中运行，然后单击Keil中的LOAD按钮，如图2.25所示。

下载成功后，Build Output窗口出现下载成功提示说明，如图2.26所示，按开发板上的复位键可观察实验现象。

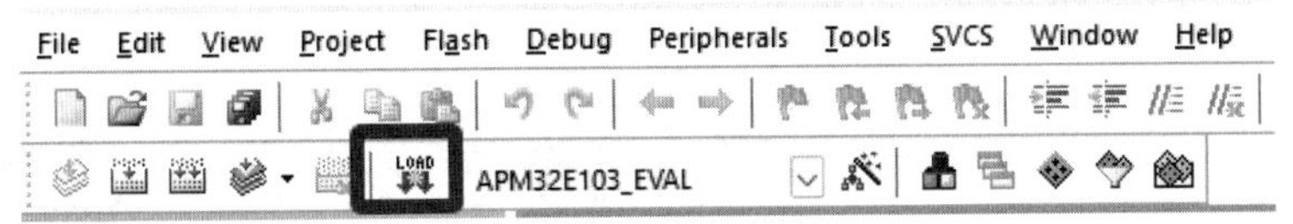

图 2.25　LOAD 按钮

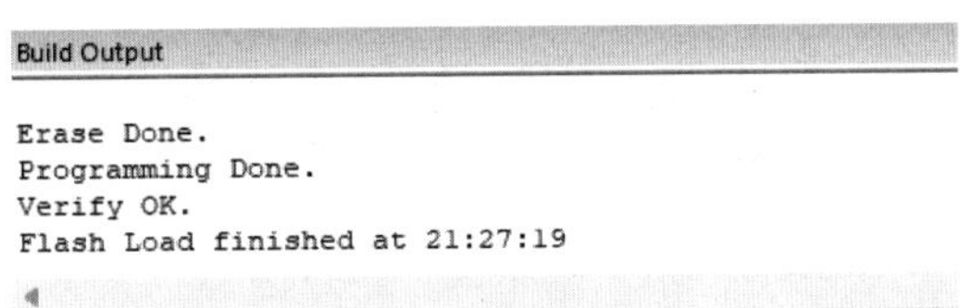

图 2.26　下载成功

2.3　本章小结

本章不仅全面介绍了 APM32E103 微控制器的硬件结构和关键技术特性，还详细讲解了其存储器体系和 SDK 开发资源，为使用这一系列微控制器进行产品设计和开发提供了坚实的基础。通过深入理解这些核心内容，开发者能够更好地把握 APM32E103 微控制器的性能和应用范围，从而设计出更为高效、稳定的产品解决方案。

习题 2

1．APM32E103 微控制器的核心是基于哪种架构？请简述其主要运行频率和工作温度范围。

2．APM32E103 微控制器的系统结构包括哪些驱动单元和被动单元？请列举并简述其功能。

3．APM32E103 微控制器支持的存储器映射空间是多少？存储器映射空间被划分成哪几大块？

4．APM32E103 微控制器的 SDK 库提供了哪些类型的开发资源？这些资源的主要作用是什么？

第 3 章

通用输入输出

3.1 通用输入输出概述

通用输入输出（GPIO）是 APM32E103 微控制器芯片上的一种片上外设资源，被用来表示为APM32E103 微控制器芯片上I/O类型的引脚集合。这类I/O 引脚可以通过操作 GPIO 寄存器来自由设置引脚的使用方式，每个 I/O 引脚，既可以独立配置为输入引脚使用，也可以配置为输出引脚使用，这也是“通用输入输出”的意义。

在 APM32E103 微控制器芯片的引脚中，I/O 引脚数量占了很大一部分，为了更好地区分与操作，将这类引脚进行分组，每组含有 16 个 I/O 引脚，这样的一组 I/O 引脚定义为一个 GPIO 端口（Port），如型号为 APM32E103VET6S 的芯片共有 100 个引脚，其中 I/O 引脚的数量为 64 个，被划分为 4 个 GPIO 端口，分别对应 GPIOA、GPIOB、GPIOC 和 GPIOD。

GPIO 的主要功能是与外设（芯片外接设备）进行通信，其中，GPIO 引脚的输出功能是由 APM 微控制器控制引脚输出高电平、低电平，从而实现开关信号的控制，如可以直接用作控制功率较小的 LED 的亮灭等。对于大功率的外设控制，则可借助于继电器或者三极管等来实现间接的电路通断控制。GPIO 引脚的输入功能是用来检测外部接入该引脚的电平信号的高低，如用来检测键盘的按键状态，还可用来对接入该引脚的外部电路电平信号的数据采集等。

在芯片内部，除了 Cortex 内核，还提供了很多其他片内外设（或片上外设）资源可供使用，这些片内外设资源也需要芯片的引脚与外部电路进行通信。为了进一步实现芯片上引脚资源的利用最大化，GPIO 引脚除了用作通用输入、输出功能，还常用作片内外设的对外接口引脚，这就是 GPIO 的功能复用，又被称为 AFIO（Alternate Function Input/Output，复用功能输入输出）。通过操作 AFIO 寄存器来实现 GPIO 的功能复用，将片内外设的 I/O 功能映射到 GPIO 引脚，而 GPIO 引脚将不再支持原来的功能，因为同一时刻只能支持一种功能。

3.1.1 GPIO 功能及配置

GPIO端口的使用是通过操作GPIO相关的寄存器GPIO*x*_CFGLOW和GPIO*x*_CFGHIG

实现的（x 表示 GPIO 的端口号，即 x 可以为 A、B、C 等），这两个寄存器分别用来配置 GPIO 端口的低 8 位和 GPIO 端口的高 8 位。由于每个寄存器共 32 位（bit），所以每个 GPIO 引脚可分配 4 位的控制域，从高到低依次为 2 位的 CFG*y*[1:0]和 2 位的 MOD*y*[1:0]（y 表示 GPIO 端口中的 16 个引脚索引，即在 GPIO*x*_CFGLOW 中的 y=0,1,2,…,7，在 GPIO*x*_CFGHIG 中，y=8,9,10,…,15），GPIO*x*_CFGLOW 寄存器存储位与端口低 8 位的控制域对应关系如表 3.1 所示。GPIO 端口的每个位都可以由软件进行独立自由编程，通过对 I/O 端口位对应的 CFG 和 MODE 进行不同赋值，可实现多种不同的功能操作。

表 3.1　GPIO*x*_CFGLOW 寄存器存储位与端口低 8 位的控制域对应关系

位索引	31	30	29	28	27	26	25	24	23	22	21	20	19	18	17	16
控制域	CNF7[1:0]		MODE7[1:0]		CNF6[1:0]		MODE6[1:0]		CNF5[1:0]		MODE5[1:0]		CNF4[1:0]		MODE4[1:0]	
位索引	15	16	13	12	11	10	9	8	7	6	5	4	3	2	1	0
控制域	CNF3[1:0]		MODE3[1:0]		CNF2[1:0]		MODE2[1:0]		CNF1[1:0]		MODE1[1:0]		CNF0[1:0]		MODE0[1:0]	

1. 输入模式特征及配置

GPIO 输入模式分类及特征如下。

（1）模拟输入模式。在该模式下，I/O 引脚直接读取外部的电平模拟信号。此时，芯片内部的上/下拉电阻被禁用，以避免对外部信号造成干扰。禁止施密特触发器输入，施密特触发器的输出值强置为 0。这种模式主要用于片内外设（如 ADC）的信号输入。

（2）浮空输入模式。该模式特征是配置 I/O 引脚输入未接任何信号源，处于悬空状态，外部接入该 I/O 引脚的电平模拟信号，需要经过芯片内部的肖特基触发器转化为电平数字信号，从而在输入数据寄存器中可以读取接入信号的电平值：高电平值为 1，低电平值为 0。浮空输入模式也是芯片复位后的 I/O 引脚默认模式，常用作 I/O 引脚上的外部按键检测时的输入模式，在实际使用中，一般不建议该模式下的 I/O 引脚悬空，容易受到干扰。

（3）上拉输入模式。该模式特征是激活上拉电阻，将芯片内输入引脚线通过上拉电阻接入电源（V_{DD}），从而将输入的不确定信号嵌位在高电平。

（4）下拉输入模式。该模式特征是激活下拉电阻，将芯片内输入引脚线通过下拉电阻接入地（V_{SS}），从而将输入的不确定信号嵌位在低电平。

GPIO 端口引脚配置为输入模式，需要配置 MODE[1:0]=00。

通过配置 CFG[1:0]可得到不同的输入模式：模拟输入模式需要配置 CFG[1:0]=00；浮空输入模式需要配置 CFG[1:0]=01；上拉/下拉输入模式需要配置 CFG[1:0]=10，上拉输入模式还需要配置 GPIO*x*_ODATA 中的相应引脚位为 1，反之，下拉输入模式需要配置 GPIO*x*_ODATA 中的相应引脚位为 0。根据上拉/下拉输入模式的配置结果，芯片内部的上拉电阻和下拉电阻分别被激活启用，相关配置如表 3.2 所示。在 APM32E103 微控制器芯片中，CFG[1:0]=11 的配置作为保留项，该配置下 I/O 引脚功能未定义。

表 3.2　输入模式配置

<table>
<tr><th rowspan="2">输入模式</th><th colspan="4">4bit 控制位</th></tr>
<tr><th>CFG[1]</th><th>CFG[0]</th><th>MODE[1]</th><th>MODE[0]</th></tr>
<tr><td>模拟输入</td><td>0</td><td>0</td><td rowspan="4">0</td><td rowspan="4">0</td></tr>
<tr><td>浮空输入（复位后状态）</td><td>0</td><td>1</td></tr>
<tr><td>上拉/下拉输入</td><td>1</td><td>0</td></tr>
<tr><td>保留（未定义）</td><td>—</td><td>—</td></tr>
</table>

在浮空输入模式和上拉/下拉输入模式中，可通过软件读取 GPIO*x*_IDATA 寄存器，来查看 I/O 引脚上的电平状态。

2. 输出模式特征及配置

I/O 输出模式可以分为以下几类。

（1）通用推挽（Push-Pull）输出模式。该模式特征是芯片内部输出信号需要经过 P-MOS 管（P-channel Metal Oxide Semiconductor，P 通道金属氧化物半导体）和 N-MOS 管（N-channel Metal Oxide Semiconductor，N 通道金属氧化物半导体）组成的电路结构单元，可提供较快的输出电平切换速率，较强的驱动负载能力，输出数据寄存器写入 1 或者 0 时，外部 I/O 引脚分别提供 3.3V 的高电平或 0V 的低电平。

（2）通用开漏（Open-Drain）输出模式。该模式特征是芯片内部输出信号需要经过 P-MOS 管和 N-MOS 管组成的电路结构单元，但是只有 N-MOS 管工作，输出数据寄存器写入 1 或者 0 时，外部 I/O 引脚分别呈现高阻态或 0V 的低电平。

（3）复用推挽（Push-Pull）输出模式。该模式特征是 I/O 引脚上的信号线将与通用输出数据寄存器断开，并与其他片上外设的输出信号线相连。这意味着 I/O 引脚将用于驱动外设的信号，而不是直接从数据寄存器输出。后续的信号输出及输出特征与通用推挽输出模式相似，但具体的输出行为和特征因外设的类型和配置而有所不同。此外，在该模式下，可以通过读取输入数据寄存器得到 I/O 引脚状态。

（4）复用开漏（Open-Drain）输出模式。该模式特征是 I/O 引脚上的信号线将与通用输出数据寄存器断开，并与其他片上外设的输出信号线相连。这意味着 I/O 引脚将用于驱动外设的信号，而不是直接从数据寄存器输出。后续的信号输出及输出特征与通用开漏输出模式类似，但具体的输出行为和特征因外设的类型和配置而有所不同，此外，在该模式下，可以通过读取输入数据寄存器得到 I/O 引脚状态。

采用以上 4 种 I/O 输出模式配置的引脚的最大输出频率都可以独立编程设定，都支持 2MHz、10MHz 或者 50MHz 的配置，且都是通过修改 MODE[1:0]的方式实现。其中，MODE[1:0]＝01，表示将引脚的最大输出频率配置为 10MHz；MODE[1:0]＝10，表示将引脚的最大输出频率配置为 2MHz；MODE[1:0]＝11，表示将引脚的最大输出频率配置为 50MHz。

在上述 I/O 端口输出模式中，用 CFG[1:0]来区分不同输出驱动方式：CFG[1:0]=00 配

置为通用推挽输出模式；CFG[1:0]=01 配置为通用开漏输出模式；CFG[1:0]=10 配置为复用推挽输出模式；CFG[1:0]=11 配置为复用开漏输出模式。

在通用推挽输出和通用开漏输出模式下，可通过软件写入输出数据寄存器（GPIO*x*_ODATA）来操纵 I/O 引脚输出状态，也可通过设置 GPIO*x*_BSC 和 GPIO*x*_BC 来修改 GPIO*x*_ODATA 的值。

3. 端口位锁定功能及配置

GPIO 的锁定机制可以保护 I/O 引脚的功能配置。通过端口配置锁定寄存器（GPIO*x*_LOCK）可以锁定 I/O 的配置，一个端口位执行了锁定程序，到下一次复位之前，将不能再修改该端口位的配置。

GPIO 端口操作相关寄存器列表如表 3.3 所示，详细的寄存器配置可查阅《APM32E103 用户手册》。

表 3.3　GPIO 端口操作相关寄存器列表

寄存器名称	寄存器描述
GPIO*x*_CFGLOW（低 8 位端口配置寄存器）	用于 GPIO 端口低 8 位引脚功能配置
GPIO*x*_CFGHIG（高 8 位端口配置寄存器）	用于 GPIO 端口高 8 位引脚功能配置
GPIO*x*_IDATA（端口输入数据寄存器）	用于 GPIO 端口输入数据位读取操作
GPIO*x*_ODATA（端口输出数据寄存器）	用于 GPIO 端口输出数据位读写操作
GPIO*x*_BSC（端口位设置/清除寄存器）	用于 GPIO 端口输出数据位设置/清除操作
GPIO*x*_BC（端口位清除寄存器）	用于 GPIO 端口输出数据位清除操作
GPIO*x*_LOCK（端口配置锁定寄存器）	用于 GPIO 端口配置保护

注：*x* 用来表示 APM32E103 微控制器芯片支持的端口号（*x*=A,B,C…）

3.1.2　AFIO 功能及配置

复用功能输入输出（Alternate Function Input/Output，AFIO）是指将原来支持 GPIO 功能的空闲 I/O 引脚复用给 APM32E103 微控制器芯片上的一些片上外设资源（如 ADC、USART、I2C 等），用作这些片上外设的信号引脚，而不再支持原来的 GPIO 的功能，以达到引脚资源的利用最大化。

在系统复位后，APM32E103 微控制器芯片引脚会被赋予一个默认的功能，当对应的外设被使能，就可以激活该引脚的复用功能，这些芯片引脚及默认复用功能定义详见《APM32E103 用户手册》。

不同的 AFIO 复用功能类型与端口配置要求不同，如表 3.4 所示。

（1）当配置为复用输入功能时，芯片内的 I/O 引脚输入线上的上拉电阻和下拉电阻是被禁止的，其他的端口配置和 GPIO 输入一样。

（2）当配置为复用输出功能时，端口必须配置为复用推挽输出模式或复用开漏输出模式，此时，I/O 引脚和输出数据寄存器是断开的，并和片上外设的输出信号连接，如果连接后该片上外设没有被激活，则该引脚的输出将不确定，其他的端口配置和 GPIO 输出一样。

（3）当配置为双向复用功能时，I/O 引脚必须配置为复用功能输出模式，而输入驱动器需要配置为浮空输入模式。

表 3.4　不同 AFIO 复用功能类型及对应的 I/O 端口配置

复用功能类别	I/O 端口位配置
复用输入功能	配置为输入模式（浮空、上拉、下拉），且输入引脚必须由外设驱动
复用输出功能	配置为复用输出模式（复用推挽输出模式或复用开漏输出模式）
双向复用功能	配置为复用输出模式，输入驱动器被配置为浮空输入模式

在 APM32E103 微控制器芯片上，需要用到 AFIO 功能的片上外设有 TMR、USART、SPI、I2S、I2C、CAN、USBD、SDIO、ADC/DAC、SMC、DMC 等，由于这些片上外设的功能不同，因此相关的 AFIO 的端口配置也不同，AFIO 相关配置寄存器列表如表 3.5 所示，详细的片上外设配置及 I/O 配置可以参见《APM32E103 用户手册》。

表 3.5　AFIO 相关配置寄存器列表

寄存器名称	寄存器描述
AFIO_EVCTR（事件控制寄存器）	用于配置内核中的 EVENTOUT 的输出端口引脚
AFIO_REMAP1（复用重映射寄存器 1）	用于 AFIO 的复用重映射 I/O 配置
AFIO_EINTSEL1（外部中断配置寄存器 1）	用于 AFIO 作为外部中断线 0～3 的输入源 I/O 引脚配置
AFIO_EINTSEL2（外部中断配置寄存器 2）	用于 AFIO 作为外部中断线 4～7 的输入源 I/O 引脚配置
AFIO_EINTSEL3（外部中断配置寄存器 3）	用于 AFIO 作为外部中断线 8～11 的输入源 I/O 引脚配置
AFIO_EINTSEL4（外部中断配置寄存器 4）	用于 AFIO 作为外部中断线 12～15 的输入源 I/O 引脚配置
AFIO_REMAP2（复用重映射寄存器 2）	用于 AFIO 的复用重映射 I/O 配置

AFIO 可以作为 ARM Cortex-M3 处理器内核中的 EVENTOUT 信号的输出引脚，需要使用 AFIO_EVCTR 进行配置。

AFIO 支持重映射功能配置，还可以把一些复用功能重新映射到其他引脚上，注意不能使用引脚的默认复用功能，而是使用重定义的引脚功能，且已经重映射的 AFIO 复用功能就不再映射到它们的原始引脚上，需要用 AFIO_REMAP1 和 AFIO_REMAP2 进行配置。

AFIO 可以作为外部中断/事件控制器（EINT）的线路 0～线路 15 的输入源引脚，需要使用 AFIO_EINTSEL1～AFIO_EINTSEL4 进行配置。

3.2　GPIO 框图剖析及原理

GPIO 作为一种重要的片上外设资源，其操作方法和功能与 GPIO 底层结构框图逻辑实现方式紧密关联。GPIO 的结构框图包含了 GPIO 的核心内容，掌握了 GPIO 结构框图，将对 GPIO 的功能特征以及操作方式有一个整体的把握及深入的理解。

由于 GPIO 端口的任意端口位功能和操作都是相似的，下面将以一个端口位的结构框图为例，进行线路信号分析，如图 3.1 所示。在结构框图中，最右边表示 APM32E103 微控制器的芯片引出的 GPIO 引脚，其余部分则表示芯片内部的硬件电路实现逻辑。一方面，在软件中可以修改 GPIO 寄存器来配置不同 GPIO 功能下结构框图中的电路逻辑。另一方面，在软件中也可以直接操作 GPIO 寄存器实现 GPIO 端口引脚的数据输入/输出交互。通过分析 GPIO 端口位的结构框图，可以从整体上了解 GPIO 片上外设的硬件特征、应用模式以及操作方法。

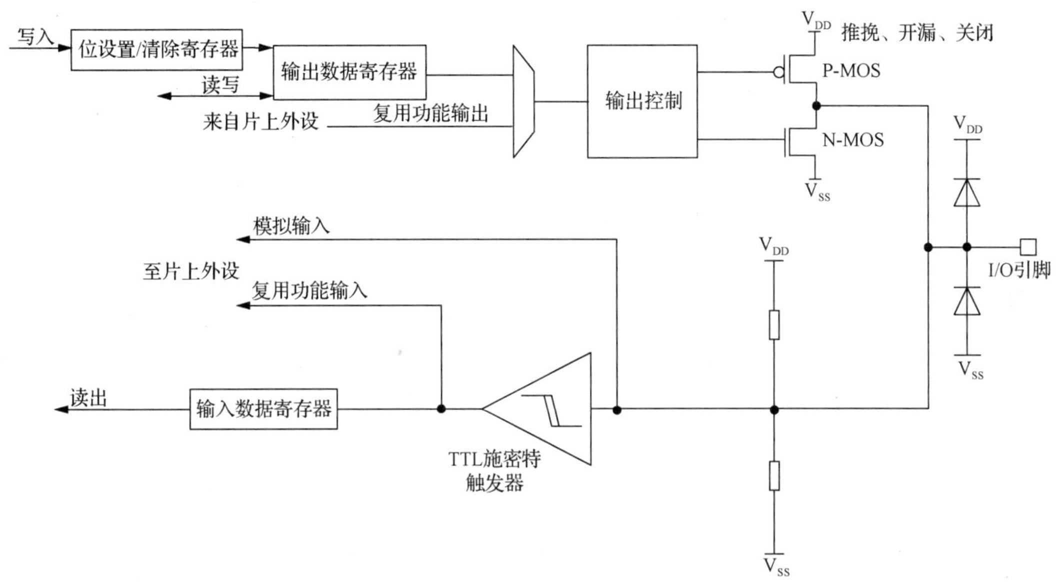

图 3.1　GPIO 引脚的结构框图

I/O 引脚首先接入两个保护二极管，用来防止外部引脚接入的电压过高或者过低，从而对芯片内部电路进行保护。当引脚所接的电压高于 V_{DD} 时，则上方的二极管导通，当引脚所接的电压低于 V_{SS} 时，则下方的二极管导通，从而确保 I/O 引脚所接入的电压处于 V_{SS}～V_{DD}，防止 I/O 引脚接入异常电压而导致 APM32E103 控制器的芯片烧毁。

GPIO 的引脚线经过两个保护二极管之后会形成两路流向，一路引脚线向下流向输入模式结构，另一路引脚线向上接入输出模式结构。

3.2.1　GPIO 输入模式剖析

根据 GPIO 引脚的结构框图，GPIO 引脚线作为输入模式结构，如图 3.2 所示。

（1）引脚线接入上拉电阻与下拉电阻，它们可以被激活或者断开，所以可配置为上拉输入模式或下拉输入模式。

（2）引脚线形成两路信号，一路直接作为模拟输入信号，供其他片内外设作为输入信号，如 ADC（Analog-to-Digital Converter，模数转换器）等；另一路接入施密特触发器，将输入的模拟信号转化为数字信号（高电平 1 或低电平 0）。然后形成两路引脚线，一路引脚线将数字信号结果直接存入输入数据寄存器中，可用软件直接读取 I/O 引脚输入的电平高低；另一路引脚线则作为复用功能的输入信号，如将某个 GPIO 端口位的引脚作为片上外设 USART 串口通信的接收引脚，此时需要将该 GPIO 端口位引脚配置成 USART 串口复用功能，从而由 USART 负责处理接入的数字信号。

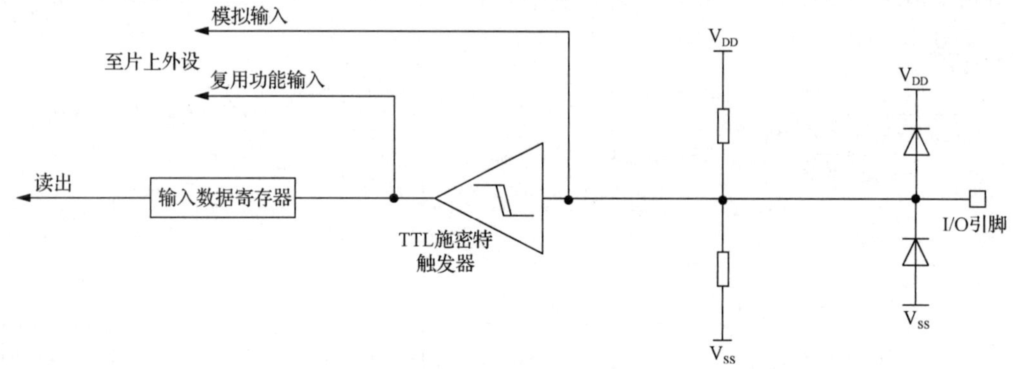

图 3.2 GPIO 引脚作为输入模式的结构

在 GPIO 输入模式中，可通过读取输入数据寄存器（GPIO*x*_IDATA）来获得该 I/O 位的输入引脚的电平状态。

3.2.2 GPIO 输出模式剖析

根据 GPIO 引脚的结构框图，GPIO 引脚线作为输出模式的结构如图 3.3 所示。从输出线路的反向流程来看，首先线路经过一个由 P-MOS 管和 N-MOS 管组成的电路结构单元，形成典型的推挽输出、开漏输出等功能模式。

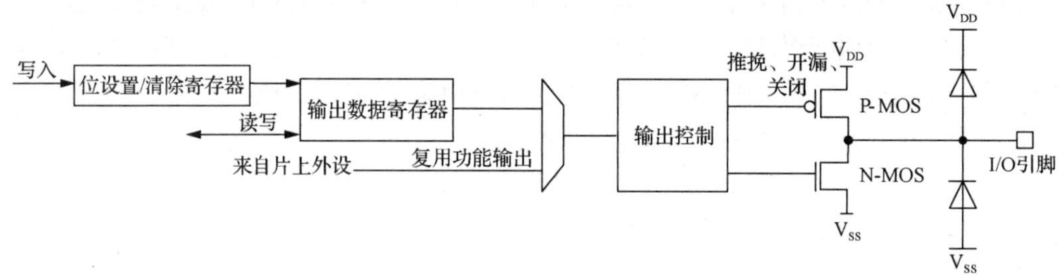

图 3.3 GPIO 引脚作为输出模式的结构图

所谓的推挽输出功能模式是根据这两个 MOS 管的工作方式来命名的。在该电路结构单元中，如果输出控制输出的是高电平，经过反相后，则上方的 P-MOS 管导通，下方的 N-MOS 管关闭，则对外输出由 V_{DD} 提供的高电平。如果输出控制输出的是低电平，经过反相后，则下方的 N-MOS 管导通，上方的 P-MOS 管关闭，推挽输出由 V_{SS} 提供的低电平（0V）。因此，当输出控制进行高低电平切换输出时，两个 MOS 管轮流导通，形成 P-MOS 管负责向外“灌”电流，电流由芯片内部 V_{DD} 流向外部 I/O 引脚所接负载，可以理解为“推”（Push）；N-MOS 管负责向内“拉”电流，电流由外部 I/O 引脚所接负载流向芯片内部 V_{SS}，可以理解为“挽”（Pull），这便是推挽（Push-Pull）输出模式的典型电路特征。

在推挽输出模式下，可提供高电平 3.3V 和低电平 0V 输出，输出信号切换速度快，负载驱动能力强，工作电流相对比较大，能够提供 25mA 的电流驱动能力，在芯片的 TTL 电路中，可直接用来点亮 LED。

在开漏输出模式中，该双 MOS 管电路结构单元上方的 P-MOS 管不工作（关闭状态），只有下方的 N-MOS 管工作。如果输出控制输出为低电平，经过反相后，则下方的 N-MOS 管导通，P-MOS 管关闭，输出由 V_{SS} 提供的低电平。如果输出控制输出的是高电平，经过反相后，则下方的 N-MOS 管关闭，P-MOS 管也关闭，则此时 I/O 引脚对外呈现高阻态，既不输出高电平，也不输出低电平。在实际应用中，开漏输出模式的 I/O 引脚需要外接上拉电阻进行使用。使用开漏模式时，高电平输出呈现高阻态特征，可将多个具有开漏模式的引脚并联，形成“线与”功能，只有当所有的 I/O 引脚都输出高阻态时，并联电路电平才由外部上拉电阻提供高电平，此高电平的电压大小为外接上拉电阻所接电源提供的电压值。如果其中一个 I/O 引脚输出低电平，则并联电路电平相当于短路接芯片内部 V_{SS}，使得并联电路都为低电平。

在开漏输出模式下，输出数据寄存器可控制 I/O 引脚输出低电平或者高阻态。此模式一般应用于 I2C、SMBUS 通信等需要“线与”功能的总线电路中。此外，还可用于电平不匹配的应用场景，如需要端口引脚提供 5V 的高电平输出。常用的做法是配置该 GPIO 端口引脚为开漏输出模式，同时将 I/O 引脚外接上拉电阻接到 5V 的电源上，当控制该 I/O 引脚输出为 1 时，则可对外提供 5V 的 I/O 引脚高电平。

从输出线路的反相流程来看，输出控制单元的输入信号是经由一个梯形结构的开关切换选择器处理后的输出信号，该开关切换选择器有如下两路输入信号。

（1）一路是来自片上外设的复用功能输出信号，如将 USART 的输出功能映射到 GPIO 端口引脚，若将 GPIO 引脚配置为 USART 功能复用，则 USART 发送的输出信号作为复用功能输出信号。开关切换选择器会选择复用功能输出信号作为输出控制单元的输入信号。

（2）另一路是来自输出数据寄存器（GPIO*x*_ODATA）的输出，有两种方式可操作该输出数据寄存器中的值：一种方式是在软件中可直接操作 GPIO*x*_ODATA 进行读写，可读取或者修改该输出数据寄存器的值，从而可以读取或者修改 I/O 引脚的输出状态；另一种方式是通过操作位设置/清除寄存器（GPIO*x*_BSC），可通过修改输出数据寄存器中的值，从而影响 GPIO 端口引脚的输出状态。

在输出模式下，还支持配置 2MHz、10Mhz、50MHz 的输出频率，该输出频率是指 I/O 引脚高电平切换的频率，支持的频率越高，所需要的功耗就越大。输入线路中的施密特触发器是打开的，可以通过输入数据寄存器 GPIO*x*_IDATA 来读取 I/O 引脚的实际状态。

在复用功能输出模式中，输出信号源来自其他片上外设，GPIO 的输出数据寄存器是无效的，但是输入线路是可用的，因此可以通过 GPIO 的输入数据寄存器来获取 I/O 引脚的实际状态，最直接的方式还是使用该片上外设的寄存器来获取复用输出模式下 I/O 引脚的实际状态。

3.2.3　GPIO 位带操作原理

位带（bit-band）操作就是以字（Word）的访问方式来实现位带区中的单个比特（bit）的原子操作。

在 APM32E103 微控制器编程中，对内存单元的访问是常以字节（Byte，8bit）、半字（Half Word，16bit）或者字（Word，32bit）的方式进行的，且以字的访问方式最高效。尽管可以通过“读—改—写”的操作来实现对内存单元中单个比特（bit）的位操作，但是这样的操作流程并不是原子操作（Atomic Operation），这与 51 单片机编程中可以直接用 sbit 关键字实现单个比特的原子操作不同，APM32E103 微控制器需要用到位带操作的功能实现内存单元单个比特的原子操作，从而满足 APM32E103 微控制器特殊的应用场景，如需要高频操作的 I/O 端口位等。

APM32E103 微控制器芯片支持的最大寻址空间是 4GB，通过存储器映射将 4GB 地址存储空间分配给了内核（内核外设）、片上外设 Flash、片上 SRAM、EMMC、总线外设（包括 AHB、APB 外设）。APM32E103 微控制器只在 SRAM 区的最低 1MB 存储空间和总线外设区的最低 1MB 存储空间实现了位带操作。这两个区的最低 1MB 的存储空间又被称为位带区，位于位带区内的比特位通过比特膨胀的方式，把 1 位的比特膨胀为 32 位的字，从而形成 32MB 的存储空间，此空间被称为“位带别名区”。位于位带别名区中的每个字分别对应位于位带区中的每个比特，对位带别名区中的字访问操作具有原子性、高效性和便捷性，从而对位带区中的比特操作也具有原子性、高效性和便捷性。

1．位带区和位带别名区

SRAM 存储区的位带地址为 0X20000000～0X20100000，大小为 1MB，经过膨胀后的位带别名区的地址为 0X22000000～0X23FFFFFF，大小为 32MB。在 APM32E103 微控制器编程中，通过对 SRAM 存储区的位带操作，可以把多个布尔型数据打包放在一个字中，然后从位带别名区中像访问普通内存一样来使用它们。

总线外设区的位带地址为 0X400000000～0X40100000，大小为 1MB，经过膨胀后的位带别名区地址为 0X42000000～0X43FFFFFF，大小为 32MB。在 APM32E103 微控制器编程中，通过对总线外设存储区的位带操作，可以高效便捷地访问外设寄存器，实现外设寄存器中的控制位、状态位等比特的原子操作。对于 APM32E103 微控制器芯片，经过膨胀后的位带别名区地址范围不会与片上外设的其他寄存器地址重合，因此可放心使用。此外，对于总线外设的位带区内存操作，有时采用常规的按字节、半字或字的访问方式会更加高效。

2．位带别名区的地址计算

位带别名区的地址是位带区的比特位地址膨胀 4 字节后的地址，通过指针的形式来操作位带别名区地址就可以达到操作位带区相应比特位的效果。

对于 SRAM 的位带区，假定某个比特所在字节的地址为 A，该比特位在字节中的位序为 n（$0 \leqslant n \leqslant 7$），则该比特位对应的位带别名区的地址计算方法如下：

$$\text{SRAM\_AliasAddr} = \text{0X22000000} + (\text{A} - \text{0X20000000}) \times 8 \times 4 + n \times 4 \tag{3-1}$$

其中，0X22000000 是片上 SRAM 的位带别名区的起始地址，0X20000000 是片上 SRAM 位带区的起始地址，“A – 0X20000000”表示从位带区起始地址开始到该比特位之间的字节数量，每个字节含有 8 比特，所以需要乘以 8，而每个比特膨胀 4 字节，因而再乘以 4。$n \times 4$ 表示在 1 个字节内的位序为 n 的比特膨胀 4 字节后的字节数。

对于总线外设的位带区，同样假定某个比特所在字节的地址为 A，该比特在字节中的位序为 n（$0 \leqslant n \leqslant 7$），则该比特位对应的位带别名区的地址计算方法如下：

$$\text{PERIPH\_AliasAddr} = \text{0X42000000} + (\text{A} - \text{0X40000000}) \times 8 \times 4 + n \times 4 \tag{3-2}$$

其中，0X42000000 是总线外设的位带别名区的起始地址，0X40000000 是总线外设的位带区的起始地址，公式分析同上。

上面两个位带别名区地址计算公式可以进一步统一，见式（3-3）。

$$\text{AliasAddr}=\text{bit\_band\_base} + \text{byte\_offset} \times 32 + \text{bit\_number} \times 4 \tag{3-3}$$

其中，bit_band_base 是位带区起始地址，byte_offset 是该比特位所在字节地址相对位带起始地址的偏移字节数，byte_offset×32 表示的是该数量的字节膨胀后的字节数量，bit_number 是该比特所在字节内的位序，bit_number×4 表示的是当前字节中的比特位膨胀后的字节数。

在进行 APM32E103 微控制器编程时，可以采用宏定义的方式来计算位带别名区地址，代码如下：

```
//参数 byte_addr 为位带区比特所在字节的地址，参数 bit_number 为比特所在字节内的位序
//计算结果为对应比特的位带别名区地址
#define BBAliasAddr(byte_addr, bit_number)  (byte_addr & 0XF000 0000)+
0X0200 0000+((byte_addr & 0X000F FFFF) << 5 )+(bit_number)<<2)
```

其中，(byte_addr & 0XF0000000）所计算的是位带别名区的起始地址。(byte_addr & 0X000F FFFF）<< 5，表示先计算该比特位所在字节地址相对位带起始地址的偏移字节数，然后计算膨胀 32 倍后的字节数。(bit_number）<< 2 表示当前字节中的比特位膨胀后的字节数。

3.2.4　GPIO 初始化结构体

APM32E103 微控制器的库文件 apm32e10x_gpio.h 和 apm32e10x_gpio.c 提供了 GPIO 外设初始化结构体以及相关操作的库函数，从而简化了 GPIO 外设的配置与使用。GPIO 初始化结构体代码如下：

```
/**
 * @brief   GPIO Config structure definition
 */
```

```
typedef struct
{
   uint16_t        pin;
   GPIO_SPEED_T    speed;
   GPIO_MODE_T     mode;
}GPIO_Config_T;
void GPIO_Config(GPIO_T* port, GPIO_Config_T* gpioConfig);
```

这些结构体成员的说明如下，其中括号中的文字是 APM32E103 微控制器的标准库中定义的宏变量或者枚举值。

（1）pin。该成员用于设置当前需要配置的 GPIO 端口引脚类型，可以设置为任意 16 个端口引脚（GPIO_PIN_SOURCE_0/2/3/…/14/15）。

（2）speed。该成员用于设置当前需要配置的 GPIO 端口引脚的最大输出通信频率，可以设置为 10MHz（GPIO_SPEED_10MHz）、2MHz（GPIO_SPEED_2MHz）或者 50MHz（GPIO_SPEED_50MHz）。

（3）mode。该成员用于设置当前需要配置的 GPIO 引脚的工作模式，可以设置为模拟输入（GPIO_MODE_ANALOG）、浮空输入（GPIO_MODE_IN_FLOATING）、下拉输入（GPIO_MODE_IN_PD）、上拉输入（GPIO_MODE_IN_PU）、推挽输出（GPIO_MODE_OUT_PP）、开漏输出（GPIO_MODE_OUT_OD）、推挽复用（GPIO_MODE_AF_PP）和开漏复用（GPIO_MODE_AF_OD）等模式。

配置完该 GPIO 初始化结构体对象后，将其作为函数参数，通过调用库函数 GPIO_Config 将设置的结构体对象参数写入需要配置的 GPIO 端口（GPIO_PORT_SOURCE_A/C/D/E/F/G）的相关寄存器中，从而完成 GPIO 引脚初始化配置。还可以通过阅读该库函数源码的方式，进一步增加对 GPIO 引脚初始化过程的理解。

3.3 APM32-GPIO 编程实例

3.3.1 实例目标

通过本实例的学习，掌握 APM32E103 微控制器的 GPIO 编程，实现开发板上 LED 的点亮和熄灭控制。本实例需要实现的功能：通过编程设置，实现 APM32E103 微控制器开发板上 LED1 和 LED2 的交替闪烁效果。

3.3.2 硬件设计

在本实例中，APM32E103 微控制器引脚与 LED 连接电路原理如图 3.4 所示。本实例用到的 LED1 和 LED2 分别对应电路中 D5 和 D6 两个 LED，且分别连接 GPIOD 端口的 P13 引脚和 P14 引脚。只要我们控制 GPIO 引脚电平的输出状态，即可控制 LED 的亮灭。

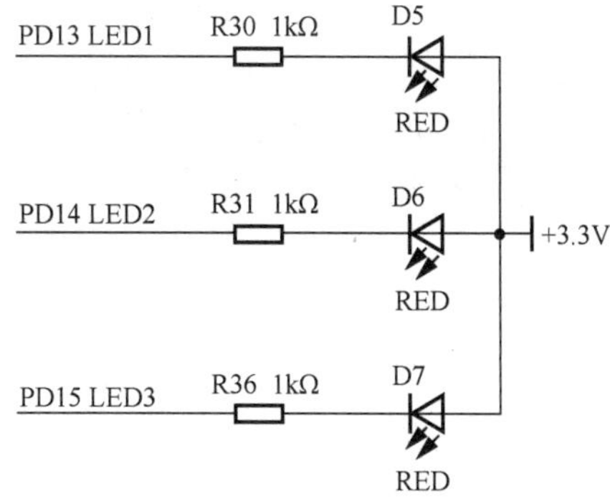

图 3.4　APM32E103 微控制器与 LED 的连接

3.3.3　软件设计

1. 编程要点

本实例需要使用 GPIO 外设模块的基本输出功能来实现 LED 的亮灭，通过配置 GPIOD 端口 P13 引脚和 P14 引脚的循环反转，从而可实现 LED1 和 LED2 的交替闪烁。软件上需要进行以下操作：

（1）使能 GPIO 端口时钟；

（2）初始化 GPIO 对应引脚（引脚需配置为推挽输出模式）；

（3）控制 GPIO 引脚的高低电平变化。

2. 代码分析

由于篇幅限制，这里只针对部分核心代码进行说明。

（1）LED 引脚定义。

在编写应用程序的过程中，要考虑更改硬件环境的情况。例如，LED 的控制引脚与当前的不一样，我们希望程序只需要做最小的修改即可在新的环境正常运行。通过使用枚举类型，增强代码可读性和提高可移植性；为函数变量定义有意义的符号名称，也可以提高代码的可读性和可维护性，还可以让代码更易于理解，减少了使用数字常量造成的混淆。

本实例中，LED 引脚的枚举定义以及所对应的端口引脚定义的代码如下。

```
//LED 引脚定义
typedef enum
{
    LED1= 0,
    LED2= 1
} Led_TypeDef;
//LED1 对应端口引脚定义
#define LED1_PIN                        GPIO_PIN_13
#define LED1_GPIO_PORT                  GPIOD
```

```
#define LED1_GPIO_CLK                   RCM_APB2_PERIPH_GPIOD
//LED2 对应端口引脚定义
#define LED2_PIN                        GPIO_PIN_14
#define LED2_GPIO_PORT                  GPIOD
#define LED2_GPIO_CLK                   RCM_APB2_PERIPH_GPIOD
```

（2）LED 对应 GPIO 端口引脚初始化函数。

调用 APM_EVAL_LEDInit 函数实现 LED 对应端口引脚初始化。

```
void APM_EVAL_LEDInit(Led_TypeDef Led)
{
    GPIO_Config_T  configStruct;

    /* Enable the GPIO_LED Clock */
    RCM_EnableAPB2PeriphClock(GPIO_CLK[Led]);

    /* Configure the GPIO_LED pin */
    configStruct.pin = GPIO_PIN[Led];
    configStruct.mode = GPIO_MODE_OUT_PP;
    configStruct.speed = GPIO_SPEED_50MHz;

    GPIO_Config(GPIO_PORT[Led], &configStruct);
    GPIO_PORT[Led]->BC = GPIO_PIN[Led];
}
```

其中，使用 GPIO InitTypeDef 定义 GPIO 初始化结构体变量，以便后面用于存储 GPIO 配置。

```
GPIO_Config_T  configStruct;
```

调用库函数 RCC APB2PeriphClockCmd 来使能 LED 的 GPIO 端口时钟。

```
RCM_EnableAPB2PeriphClock(GPIO_CLK[Led]);
```

向 GPIO 初始化结构体赋值，把对应的引脚设置为 GPIO_MODE_OUT_PP（推挽输出模式），速度设置为 50MHz，其中的 pin 使用 GPIO_PIN[Led]来赋值，使函数的实现便于移植。

```
configStruct.pin = GPIO_PIN[Led];
configStruct.mode = GPIO_MODE_OUT_PP;
configStruct.speed = GPIO_SPEED_50MHz;
```

使用以上初始化结构体的配置，调用 GPIO_Config 函数向寄存器写入参数，完成 GPIO 的初始化。这里的 GPIO 端口使用 GPIO_PORT[Led]来赋值，也是为了程序移植方便。

```
GPIO_Config(GPIO_PORT[Led], &configStruct);
```

此处，通过将 LED 对应引脚的位清除寄存器 BC 写 1，控制对应端口引脚输出低电平，从而实现对应 LED 默认为点亮状态。

```
GPIO_PORT[Led]->BC = GPIO_PIN[Led];
```

（3）LED 引脚电平翻转。

调用 APM_EVAL_LEDToggle 函数实现 LED 对应端口引脚电平翻转。

```
void APM_EVAL_LEDToggle(Led_TypeDef Led)
{
    GPIO_PORT[Led]->ODATA ^= GPIO_PIN[Led];
}
```

首先将 LED 对应端口引脚的 ODATA 寄存器对应的位与 1 进行异或处理，然后将计算结果赋值给对应的 ODATA 寄存器，通过上述方式，实现 LED 引脚电平反转。

（4）main 函数。

首先对 LED1 和 LED2 对应的引脚进行初始化配置，然后延时 10s 后，在 while 循环体内对两个引脚的电平进行依次循环翻转，实现两个 LED 灯的不断闪烁变化。代码如下：

```
int main(void)
 {
     APM_EVAL_LEDInit(LED1);
     APM_EVAL_LEDInit(LED2);
     APM_EVAL_DelayInit();
     APM_EVAL_DelayMs(10000);
     while (1)
     {
         APM_EVAL_LEDToggle(LED1);
         APM_EVAL_DelayMs(2000);
         APM_EVAL_LEDToggle(LED2);
     }
 }
```

3.3.4　下载验证

1. 下载目标程序

将目标程序编译完成后下载到开发板微控制器的 Flash 存储器中，复位运行即可查看运行效果。

2. 运行效果

程序启动后，PD13 引脚和 PD14 引脚完成初始化，两个 LED 同时点亮；10s 后，进入 while 循环体，PD13 引脚和 PD14 引脚电平状态依次进行交替翻转，两个 LED 开始交替闪烁，分别如图 3.5 和图 3.6 所示。

图 3.5

图 3.6

图 3.5　进入 while 循环体之前

图 3.6　进入 while 循环体之后

本 章 小 结

本章主要介绍 GPIO 的原理和应用。首先介绍了 GPIO 的常用功能和配置，并配合 GPIO 相关操作寄存器进行概述；然后结合 GPIO 结构框图进行原理分析，重点介绍了 GPIO 输入模式、GPIO 输出模式以及 GPIO 的位带操作原理，并围绕 GPIO 初始化结构体进行介绍；最后通过 GPIO 编程实例，涵盖 GPIO 的实例目标、硬件设计以及软件设计等环节，并对编程要点和关键代码进行分析，对实例结果进行验证，从而使读者基本掌握对 GPIO 应用的编程方法。本章在结构编排上，围绕 GPIO 内容分别从功能、原理、应用三个层次进行设计，内容讲解力求深入浅出、易于理解。

习题 3

1．GPIO 引脚的输入模式分为哪几种？
2．GPIO 引脚的输出模式分为哪几种？
3．GPIO 引脚作为外部按键检测使用时，需要配置为哪种输入模式？
4．简述 GPIO 编程的操作步骤。

第 4 章

中断和事件

本章将深入了解 APM32E103 微控制器的中断和事件部分，该部分在 APM32E103 微控制器应用开发中占有非常重要的地位，可以确保紧急任务或者突发事件得到及时响应处理。

4.1 中断和事件概述

中断（Interrupt）是指处理器在运行过程中，出现某些意外情况需要内核干预时，内核能够自动停止正在运行的程序并转入处理新情况的程序，处理完毕后又返回原来被暂停的程序继续运行的机制。与中断常常混合使用的术语为异常（Exception），异常同样能够打断程序正常执行流程，所涵盖的范畴比中断更大。从某种程度上，中断可以被认为是特殊的异常。

在 ARM Cortex-M3 处理器内核中，对中断和异常的处理都是基于内核水平中的异常响应系统实现的，并通过 NVIC 内核外设资源进行管理。ARM Cortex-M3 处理器内核将所支持的系统异常类型统一进行编号处理，并将异常来源位于 ARM Cortex-M3 处理器内核之内的异常称为系统异常，可支持 1～15 个系统异常类型；而将异常来源位于 ARM Cortex-M3 处理器内核之外的异常称为外部中断，可支持 1～240 个外部中断类型。

系统异常和外部中断统一定义在“系统异常清单”中，前者分配在 1～15 范围内异常编号空间，后者则分配在 16～255 范围内异常编号空间，注意，在异常编号为 0 的位置没有分配任何异常类型。ARM Cortex-M3 处理器为了保持内核设计上冗余，15 个系统异常清单中的一些编号仅作保留使用，并没有分配具体的异常类型。此外，对于 16～255 编号空间内的 240 个外部中断类型，需要芯片设计者重新定义实现。如没有特别说明，本章中提到的异常特指系统异常，所提到的中断特指外部中断。

APM32E103 微控制器芯片是基于 ARM Cortex-M3 处理器内核设计的，通过修改 ARM Cortex-M3 处理器中的硬件描述源码，进一步细化所支持的系统异常和外部中断。例如，型号为 APM32E103 微控制器芯片，支持 10 个系统异常，同时支持 65 个可屏蔽中断通道（不包括 16 个 ARM Cortex-M3 处理器中断线），支持 16 个可编程的中断优先级。

事件（Event）是相对于中断过程来定义的，可以理解为事件是中断过程中的“副产物”。如果中断可以表示为由某种中断源产生，然后执行中断对应的中断服务函数，则事件是指在上述中断过程中引起中断源产生的一个触发信号，该信号常用来触发特定的片上外设模块或者内核本身。中断和事件显著的区别是，中断必须经过 NVIC 并执行对应的中断服务函数，而事件则不需要经过 NVIC 且没有对应的中断服务函数。

在 APM32E103 微控制器芯片中，事件特指 APM32E103 微控制器所支持的 19 个外部中断/事件，并通过 EINT（External Interrupt/Event Controller，外部中断/事件控制器）片上外设资源进行管理。EINT 支持 19 个边沿检测器，每个边沿检测器包含边沿检电路、中断/事件请求产生电路，可配置为上升沿、下降沿或者双边触发等方式，同时支持单独屏蔽。

4.2 NVIC 原理及配置

内嵌向量中断控制器（Nested Vectored Interrupt Controller，NVIC）是 APM32E103 微控制器芯片上的一类内核外设资源，它与芯片中的 ARM Cortex-M3 处理器内核紧密集成在一起，负责 APM32E103 微控制器芯片所支持的异常和中断等相关的控制。由于 APM32E103 微控制器芯片已经对 ARM Cortex-M3 处理器内核中的 NVIC 进一步裁剪与细化，本章中所提到的 NVIC 是 ARM Cortex-M3 处理器内核中的 NVIC 的一个子集。如果没有特殊说明，文中提到的 NVIC 特指 APM32E103 微控制器芯片内的 NVIC。

4.2.1 中断和异常向量表

NVIC 管理着一个中断和异常向量表，简称为 NVIC 向量表。NVIC 向量表支持 10 个系统异常，同时支持 65 个可屏蔽中断通道（不包括 16 个 ARM Cortex-M3 处理器中断线），如表 4.1 所示。

表 4.1 APM32E103 微控制器中断和异常向量表

异常类型	向量编号	优先级	向量地址	描述
—	—	—	0x0000_0000	保留
Reset	—	-3	0x0000_0004	复位
NMI	—	-2	0x0000_0008	不可屏蔽中断
HardFault	—	-1	0x0000_000C	各种硬件故障
MemManage	—	可设置	0x0000_0010	存储器管理
BusFault	—	可设置	0x0000_0014	—
UsageFault	—	可设置	0x0000_0018	—
—	—	—	0x0000_001C～0x0000_002B	保留
SVCall	—	可设置	0x0000_002C	SWI 指令实现系统服务调用
Debug Monitor	—	可设置	0x0000_0030	调试监控器
—	—	—	0x0000_0034	保留
PendSV	—	可设置	0x0000_0038	可挂起系统服务请求
SysTick	—	可设置	0x0000_003C	系统节拍定时器

续表

异常类型	向量编号	优先级	向量地址	描述
WWDT	0	可配置	0x0000_0040	窗口看门狗中断
PVD	1	可配置	0x0000_0044	电源电压检测中断
TAMPER	2	可配置	0x0000_0048	侵入检测中断
RTC	3	可配置	0x0000_004C	RTC 中断
FLASH	4	可配置	0x0000_0050	闪存全局中断
RCM	5	可配置	0x0000_0054	RCM 中断
EINT0	6	可配置	0x0000_0058	EINT 线 0 中断
⋮	⋮	⋮	⋮	⋮
—	—	—	0x0000_0130～0x0000_0133	保留
USBD2_HP_CAN2_TX	61	可配置	0x0000_0134	USBD2 高优先级中断/CAN2 发送中断
USBD2_LP_CAN2_RX0	62	可配置	0x0000_0138	USBD2 低优先级中断/CAN2 接收 0 中断
CAN2_RX1	63	可配置	0x0000_013C	CAN2 接收 1 中断
CAN2_SCE	64	可配置	0x0000_0140	CAN2 SCE 中断

在 NVIC 向量表中，这些系统异常和外部中断的优先级，部分是可供用户配置的，部分是不支持配置的。用户可以自由设定 16 个可配置的优先级别。NVIC 向量表同样为每个系统异常和外部中断提供了向量编号，由于 APM32E103 微控制器芯片对 ARM Cortex-M3 处理器内核提供的原有 NVIC 进行了裁剪与细化，因此这些向量编号与 ARM Cortex-M3 处理器内核中原有 NVIC 中的向量编号不一致。这些向量编号还具有优先级比较的作用，只有当这些可配置的系统异常和外部中断配置为相同的优先级且同时发生时，向量编号越小的异常或中断，相应的优先级越高，对应的服务例程则优先被执行。

向量表中的向量地址分配，是从 APM32E103 微控制器芯片的片上外设 Flash 的 0x00000000 地址开始分配，并按照 4 字节地址对齐，所分配的地址即为异常或中断对应的服务例程入口地址。在 Flash 地址 0x00000000 的位置并不是服务例程的入口地址，而是给出复位后的内核的 MSP（Master Stack Pointer，主堆栈指针）的初始值，MSP 是默认复位后使用的堆栈指针，由内核、异常服务例程以及需要特权访问的应用程序来使用。向量表本质上是一个 WORD（32 位整数）的数组，每个数组下标对应一个异常或中断类型，每个数组项存储着对应的服务例程在内存中的地址位置，如 Reset（复位）异常类型对应的异常服务例程地址是 0x00000004，当 APM32E103 微控制器芯片上的复位信号触发后，程序自动跳转到 Flash 内存地址为 0x00000004 的存储位置执行对应的复位异常服务例程。

NVIC 的中断和异常向量表的初始化工作是在系统上电复位后通过执行启动文件（startup_apm32e10x_hd.s）中的汇编程序完成的，在启动文件的两个变量__Vectors 和__Vectors_End 之间定义汇编指令内容，便是向量表数组初始化过程。代码如下：

```
__Vectors       DCD     __initial_sp                  ; Top of Stack
                DCD     Reset_Handler                 ; Reset Handler
                DCD     NMI_Handler                   ; NMI Handler
                DCD     HardFault_Handler             ; Hard Fault Handler
                DCD     MemManage_Handler             ; MPU Fault Handler
                DCD     BusFault_Handler              ; Bus Fault Handler
                DCD     UsageFault_Handler            ; Usage Fault Handler
                DCD     0                             ; Reserved
                DCD     0                             ; Reserved
                DCD     0                             ; Reserved
                DCD     0                             ; Reserved
                DCD     SVC_Handler                   ; SVCall Handler
                DCD     DebugMon_Handler              ; Debug Monitor
                                                        Handler
                DCD     0                             ; Reserved
                DCD     PendSV_Handler                ; PendSV Handler
                DCD     SysTick_Handler               ; SysTick Handler

                ; External Interrupts
                DCD     WWDT_IRQHandler               ; Window Watchdog
                DCD     PVD_IRQHandler                ; PVD through EINT Line
                                                        detect
                DCD     TAMPER_IRQHandler             ; Tamper
                DCD     RTC_IRQHandler                ; RTC
                DCD     FLASH_IRQHandler              ; Flash
                DCD     RCM_IRQHandler                ; RCM
             省略
                DCD     DMA2_Channel1_IRQHandler      ; DMA2 Channel1
                DCD     DMA2_Channel2_IRQHandler      ; DMA2 Channel2
                DCD     DMA2_Channel3_IRQHandler      ; DMA2 Channel3
                DCD     DMA2_Channel4_5_IRQHandler    ; DMA2 Channel4 &
                                                        Channel5
                DCD     0                             ; Reserved
                DCD     USBD2_HP_CAN2_TX_IRQHandler     ; USBD2 High
                                                          Priority or
                                                          CAN2 TX
                DCD     USBD2_LP_CAN2_RX0_IRQHandler    ; USBD2 Low
                                                          Priority or CAN2
                                                          RX0
                DCD     CAN2_RX1_IRQHandler             ; CAN2 RX1
                DCD     CAN2_SCE_IRQHandler             ; CAN2 SCE
__Vectors_End
```

在启动文件中同样预先定义了这些服务例程的实现，当系统异常或外部中断到来时，程序根据异常或中断类型，在 NVIC 的向量表中查找这些预定义的服务例程地址，执行相应的中断服务例程。所不同的是，在启动文件中，有些预定义的服务例程是空的，当程序跳转执行到这些空的服务例程函数体时，程序只在这里做死循环，其他什么也不做。在其他程序文件中没有定义这些服务例程时，这种预定义空服务例程的默认实现方式确保程序链接成功。

此外，这些预定义的服务例程函数实现使用 WEAK 关键字进行弱定义修饰，通知编译器这些服务例程的定义可能会在其他文件中进行重新定义，如果在其他文件的编译结果中发现这些服务例程函数符号，则优先链接其他文件中定义的服务例程。上述处理策略给用户进行 APM32E103 微控制器芯片编程提供了极大的便捷性，对于用户用不到的异常或中断服务例程，则不需要再一一进行定义，只需要在项目源文件中重写所需要的异常或中断服务例程即可。需要注意的是，用户重定义的服务例程名字切不可写错，否则内核无法根据异常或中断类型来定位到用户重写的服务例程中。

APM32E103 微控制器库文件 apm32e10x.h 提供了枚举类型 IRQn_Type 的定义，代码如下：

```
typedef enum IRQn
{
/******  Cortex-M3 Processor Exceptions Numbers*********************/
  NonMaskableInt_IRQn    = -14, /*!< 2 Non Maskable Interrupt         */
  MemoryManagement_IRQn = -12, /*!< 4 Cortex-M3 Memory Management
                                    Interrupt                         */
  BusFault_IRQn          = -11, /*!< 5 Cortex-M3 Bus Fault Interrupt
                         */
  UsageFault_IRQn        = -10, /*!< 6 Cortex-M3 Usage Fault Interrupt
                         */
  SVCall_IRQn            = -5,  /*!< 11 Cortex-M3 SV Call Interrupt */
  DebugMonitor_IRQn      = -4,  /*!< 12 Cortex-M3 Debug Monitor Interrupt
                         */
  PendSV_IRQn            = -2,  /*!< 14 Cortex-M3 Pend SV Interrupt */
  SysTick_IRQn           = -1,  /*!< 15 Cortex-M3 System Tick Interrupt */
/******  APM32 specific Interrupt Numbers **************************/
  WWDT_IRQn              = 0,   /*!< Window WatchDog Interrupt        */
  PVD_IRQn               = 1,   /*!< PVD through EINT Line detection
                                    Interrupt                         */
  TAMPER_IRQn            = 2,   /*!< Tamper Interrupt                 */
  RTC_IRQn               = 3,   /*!< RTC global Interrupt             */
  省略
  USBD2_LP_CAN2_RX0_IRQn        = 62, /*!< USB Device 2 Low Priority or
                                    CAN2 RX0 Interrupts               */
  CAN2_RX1_IRQn          = 63,  /*!< CAN2 RX1 Interrupts              */
```

```
    CAN2_SCE_IRQn           = 64,   /*!< CAN2 SCE Interrupts                              */
  } IRQn_Type;
```

该枚举类型列举了芯片所支持的上述系统异常和外部中断类型的标识符。借助于 IRQn_Type，同时配合 APM32E103 微控制器提供的其他工具函数，可以非常便捷地实现 APM32E103 微控制器的中断功能。

4.2.2 中断优先级

在 NVIC 向量表中，对于系统异常和外部中断来说，优先级是非常关键的配置项，它决定着一个异常或外部中断类型是否能被屏蔽（Mask），以及在未被屏蔽情况下是否抢占执行，或者是否嵌套执行等中断行为。优先级的数值越小，则优先级越高。

在 NVIC 向量表中，系统异常类型的优先级配置需要操作 SHP（System Handlers Priority，系统处理优先级）寄存器，而对于外部中断类型的优先级需要操作 IP（Interrupt Priority，中断优先级）寄存器。除此之外，在 APM32E103 微控制器编程中，系统异常和外部中断在配置和调用流程等操作上都是一样的，为了便于描述，下面内容将系统异常和外部中断都统一称为“中断”进行描述。

NVIC 提供了一个专门的 IP 寄存器组，每个寄存器具备 8bit 位域，用来配置不同的中断优先级，原则上可以提供 2^8=256 个优先级数值可供配置。APM32E103 微控制器芯片在设计过程中对优先级进一步精简设计，只支持 IP 寄存器中的高 4 位，而低 4 位未使用，可以忽略低 4 位的写操作且低 4 位读取值总是 0，因此在 APM32E103 微控制芯片中，NVIC 提供可配置的优先级的级数为 2^4=16 个。此外，由于提供配置的优先级数值都是正整数，可以发现 NVIC 向量表中的 Rest、NMI 及 HardFault 中断具有最高的优先级，且可以抢占其他任何可配置中断。

NVIC 中的 4bit 位域的优先级配置空间，还可进一步细分为抢占优先级（Pre-emption Priority）和子优先级（SubPriority），并通过 NVIC 的 AIRCR（Application Interrupt and Reset Control Register，应用程序中断及复位寄存器）中的“优先级组”（GRIGROUP[10:8]）位段名进行控制，APM32E103 微控制器芯片中可以提供 5 种优先级组的配置方式，具体如表 4.2 所示。

表 4.2 优先级组的配置方式

GRIGROUP[2:0]	IP[7:4]位域划分		级数	
	抢占优先级位域	子优先级位域	抢占优先级	子优先级
0b 011	[7:4]	无	16	0
0b 100	[7:5]	[4]	8	2
0b 101	[7:6]	[5:4]	4	4
0b 110	[7]	[6:4]	2	8
0b 111	无	[7:4]	0	16

NVIC 中断优先级的比较顺序：如果有多个中断同时响应，首先比较这些中断的抢占优先级级别，抢占优先级高的中断服务例程会优先执行；如果抢占优先级都相同，再比较子优先级，子优先级高的中断服务例程会优先执行；如果抢占优先级和子优先级都相同，则比较这些中断的 NVIC 向量表中的向量编号，编号越小的中断优先级越高。

在 APM32E103 微控制器库文件 apm32e10x_misc.h 中，提供了便捷的工具函数进行中断的优先级配置，代码如下：

```
// apm32e10x_misc.h 提供
void NVIC_ConfigPriorityGroup(NVIC_PRIORITY_GROUP_T priorityGroup);

//core_cm3.h 提供
 #define NVIC_SetPriorityGrouping        __NVIC_SetPriorityGrouping
 #define NVIC_GetPriorityGrouping        __NVIC_GetPriorityGrouping
 #define NVIC_SetPriority                __NVIC_SetPriority
 #define NVIC_GetPriority                __NVIC_GetPriority
```

其中，NVIC_ConfigPriorityGroup 函数是用来配置整个 NVIC 中断优先级分组，在该函数内是通过修改系统控制块（System Control Block，SCB）的 AIRCR 的方式实现中断优先级的配置。此外，在 APM32E103 微控制器库文件 core_cm3.h 中，同样提供了用于配置中断优先级相关的工具函数。例如，NVIC_SetPriorityGrouping 和 NVIC_GetPriorityGrouping 两个函数分别用于设置中断优先级分组和读取中断优先级分组，同样，这两个函数也是通过修改 SCB 的 AIRCR 的方式实现的。NVIC_SetPriority 和 NVIC_GetPriority 两个函数分别用于设置中断优先级以及读取中断优先级，这两个函数是通过修改 IP 寄存器的方式实现的。

4.2.3　中断挂起与解挂

当中断发生时，如果正在执行的中断服务例程具有相同或者更高的优先级，则新产生的中断请求将不能立即得到响应，这种情况下的中断请求将被挂起（Pending，或者称为悬起），与中断挂起相关的寄存器是 ISPR（Interrupt Set Pending Register，中断设置挂起寄存器）和 ICPR（Interrupt Clear Pending Register，中断清除挂起寄存器）。通过访问 ISPR，可以查看中断的挂起状态；通过设置 ISPR，还可以手动挂起指定中断；通过设置 ICPR，可以手动将特定中断解悬。

APM32E103 微控制器库文件 core_cm3.h 提供了便捷的工具函数供用户直接调用，代码如下：

```
#define NVIC_GetPendingIRQ              __NVIC_GetPendingIRQ
#define NVIC_SetPendingIRQ              __NVIC_SetPendingIRQ
#define NVIC_ClearPendingIRQ            __NVIC_ClearPendingIRQ
```

其中，NVIC_GetPendingIRQ 函数用于读取保存的中断请求状态，NVIC_SetPendingIRQ

函数用于设置中断的请求状态，被用作实现软件触发中断功能，这两个函数实现过程中都需要设置 ISPR。NVIC_ClearPendingIRQ 函数用于取消中断的请求状态，该函数实现过程中需要设置 ICPR。

4.2.4 中断活动与使能控制

每个外部中断都有一个活动状态。当一个中断响应后，程序跳转进入 ISR 并执行 ISR 第一条指令后，该中断就处于活动（Active）状态，直到该中断执行完 ISR 返回时，该中断的活动状态才取消。需要注意的是，当一个正处在执行的 ISR，因高优先级中断抢占而处于挂起状态时，被挂起的中断仍然处于活动状态，是由于程序没有从该 ISR 执行完毕并返回。与中断活动状态相关的寄存器是中断活动标志位寄存器（Interrupt Active Bit Register，IABR），通过访问 IABR，可以查看中断是否处于活动状态。

此外，与中断控制相关的操作是中断使能与中断失能，分别由中断使能寄存器（Interrupt Set Enable Register，ISER）和中断失能寄存器（Interrupt Clear Enable Register，ICER）实现，都是直接将这两个寄存器中断对应的控制位置 1。

在 APM32E103 微控制器库文件 apm32e10x_misc.h 和 apm32f10x_emmc.c 中，定义了中断使能和中断失能相关的工具函数，可以方便地对中断进行控制操作，代码如下：

```
    // apm32e10x_misc.h 提供
    void NVIC_EnableIRQRequest(IRQn_Type irq, uint8_t preemptionPriority,
uint8_t subPriority);
    void NVIC_DisableIRQRequest(IRQn_Type irq);
    //core_cm3.h 提供
      #define NVIC_GetActive              __NVIC_GetActive
      #define NVIC_EnableIRQ              __NVIC_EnableIRQ
      #define NVIC_GetEnableIRQ           __NVIC_GetEnableIRQ
      #define NVIC_DisableIRQ             __NVIC_DisableIRQ
```

其中，NVIC_EnableIRQRequest 函数是对中断的优先级初始化和中断使能进行了统一封装，该函数实现操作 IP 寄存器和 ISER。NVIC_DisableIRQRequest 函数用于对选择的中断类型进行失能处理，该函数通作设置 ICER 实现。此外，APM32E103 内核库文件 core_cm3.h 同样提供了使寄存器操作更为细化的工具函数，如 NVIC_GetActive 函数用于获取选择的中断类型的中断活动状态，该函数通过设置 IABR 实现。NVIC_EnableIRQ 和 NVIC_GetEnableIRQ 函数分别用来使能选择的中断和用来查看选择的中断的使能状态，两个函数都通过设置 ISER 实现。NVIC_DisableIRQ 函数用于取消选择的中断的使能状态，该函数通过设置 ICER 实现。

4.2.5 中断编程要点

在配置 NVIC 的中断时，一般遵循以下编程要点。

（1）配置中断关联的外设中断控制位。

根据系统异常关联的外设，使能相关外设的中断控制位，比如串口有发送完成中断和

接收完成中断，这两个中断都由串口控制寄存器相关的中断使能位控制。还要记得打开外设相关的时钟，确保该外设能够正常工作。

（2）配置 NVIC 的中断优先级分组。

可以利用 APM32E103 微控制器库文件 apm32e10x_misc.h 中的 NVIC 中断优先级分组专用工具函数 NVIC_ConfigPriorityGroup，以及配合使用中断优先级分组枚举变量类型 NVIC_ PRIORITY_GROUP_T 中的标识符进行中断优先级分组设置。

（3）使能中断并配置中断抢占优先级和子优先级。

可以利用 APM32E103 微控制器库文件 apm32e10x_misc.h 中的 NVIC 中断使能工具函数 NVIC_EnableIRQRequest，同时配合使用中断枚举类型 IRQn_Type 中的标识符配置使能中断，以及设置中断的抢占优先级和子优先级。

（4）实现中断服务例程。

在项目工程的源文件中，重新实现该中断对应的服务例程函数。一定要注意中断服务例程函数名称不能写错，可直接从 APM32E103 微控制器芯片启动文件 startup_apm32e10x_hd.s 中找到该中断服务例程函数名称并复制，然后在其他项目工程源文件中进行粘贴并实现中断服务例程函数。比较推荐的做法是，一般在 APM32E103 微控制器模板工程项目的 apm32e10x_int.c 文件中重新定义中断服务例程函数。

4.3　EINT 原理及框图分析

外部中断/事件控制器（External Interrupt/Event Controller，EINT）是 APM32E103 微控制器芯片上的一种片上外设资源，负责外部中断/事件的功能控制。

4.3.1　EINT 中断/事件线路

在 APM32E103 微控制器芯片中，EINT 提供了 19 条外部中断/事件线路。在这 19 条外部中断/事件线路中，涵盖了 16 条从外部 I/O 类型引脚输入信号引起的中断/事件线路，反映在 NVIC 向量表中特指 ENITx 类型的外部中断类型，任何端口的任意引脚都可以配置为 EINT 外部中断/事件的输入线路，分别占据着 EINT 线路编号 EINT0～EINT15。

还有 3 条外部中断线路，主要用于特定片上外设事件，反映在 NVIC 向量表中特指 PVD（电源电压检测）、RTC_Alarm（RTC 闹钟）和 USBD_WakeUP（USBD 唤醒）等中断类型，分别占据着 EINT 线路编号 EINT16、EINT17 及 EINT18。APM32E103 微控制器芯片 EINT 线路通道与中断类型的映射如表 4.3 所示。

表 4.3　APM32E103 微控制器芯片 EINT 线路通道与中断类型的映射

EINT 通道名称	EINT 线路编号	NVIC 中断类型
GPIO 端口 *X* 引脚 0 通道（*X*=A，B，C…）	EINT0	EINT0
GPIO 端口 *X* 引脚 1 通道（*X*=A，B，C…）	EINT1	EINT1
GPIO 端口 *X* 引脚 2 通道（*X*=A，B，C…）	EINT2	EINT2

续表

EINT 通道名称	EINT 线路编号	NVIC 中断类型
GPIO 端口 *X* 引脚 3 通道（*X*=A，B，C…）	EINT3	EINT3
GPIO 端口 *X* 引脚 4 通道（*X*=A，B，C…）	EINT4	EINT4
GPIO 端口 *X* 引脚 5 通道（*X*=A，B，C…）	EINT5	EINT9_5
GPIO 端口 *X* 引脚 6 通道（*X*=A，B，C…）	EINT6	
GPIO 端口 *X* 引脚 7 通道（*X*=A，B，C…）	EINT7	
GPIO 端口 *X* 引脚 8 通道（*X*=A，B，C…）	EINT8	
GPIO 端口 *X* 引脚 9 通道（*X*=A，B，C…）	EINT9	
GPIO 端口 *X* 引脚 10 通道（*X*=A，B，C…）	EINT10	EINT15_10
GPIO 端口 *X* 引脚 11 通道（*X*=A，B，C…）	EINT11	
GPIO 端口 *X* 引脚 12 通道（*X*=A，B，C…）	EINT12	
GPIO 端口 *X* 引脚 13 通道（*X*=A，B，C…）	EINT13	
GPIO 端口 *X* 引脚 14 通道（*X*=A，B，C…）	EINT14	
GPIO 端口 *X* 引脚 15 通道（*X*=A，B，C…）	EINT15	
电源电压检测通道	EINT16	PVD
RTC 闹钟通道	EINT17	RTC_Alarm
USBD 唤醒通道	EINT18	USBD_WakeUP
保留	EINT19	保留
保留	EINT20	保留
⋮	⋮	⋮
保留	EINT31	保留

4.3.2 EINT 结构框图分析

EINT 作为一种重要的片上外设资源，其操作方法和功能与 EINT 底层结构框图逻辑实现方式紧密关联。EINT 的结构框图包含了 EINT 的核心内容，掌握了结构框图将会对 EINT 的功能特征、操作方式有一个整体的把握和深入的理解。由于 EINT 中断/事件线路在配置和操作上都是相同的，下面将以一条中断/事件线路的结构框图为基础进行线路信号分析，如图 4.1 所示。此外，对中断/事件线路的结构框图的理解还要配合 EINT 相关的寄存器，如表 4.4 所示，这些寄存器可用来配置 EINT 中断/事件线路结构框图中的线路控制逻辑。

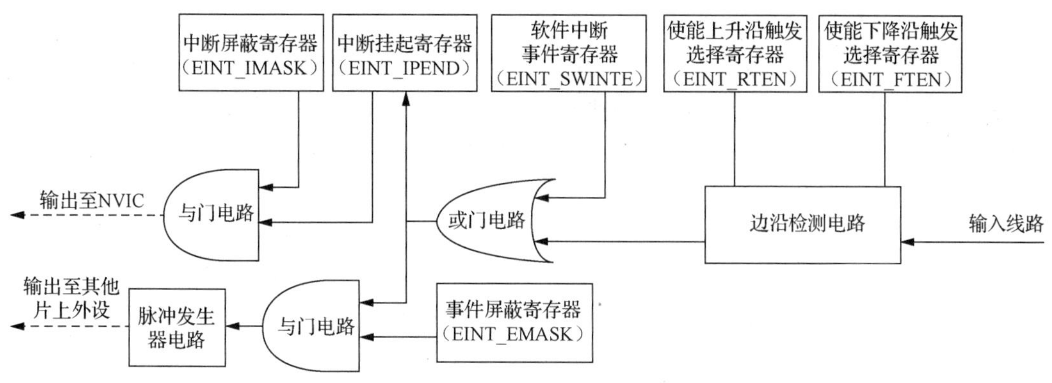

图 4.1　EINT 中断/事件线路结构框图

表 4.4　EINT 中断/事件相关寄存器列表

寄存器名称	寄存器描述
EINT_IMASK（中断屏蔽寄存器）	用于屏蔽中断/事件线路上的中断请求
EINT_EMASK（事件屏蔽寄存器）	用于屏蔽中断/事件线路上的事件请求
EINT_RTEN（使能上升沿触发选择寄存器）	用于使能中断/事件线路上的上升沿触发设置
EINT_FTEN（使能下降沿触发选择寄存器）	用于使能中断/事件线路上的下升沿触发设置
EINT_SWINTE（软件中断事件寄存器）	用于模拟中断/事件线路上的中断请求
EINT_IPEND（中断挂起寄存器）	用于读取或清除中断/事件线路上的中断挂起

对 EINT 中断/事件线路的结构框图理解，可以分为两条线路信号流，一条是产生中断的中断线路信号流，另一条是产生事件的事件线路信号流。在 EINT 中，由于事件线路是在中断线路基础之上构建的，因此可以先分析完整的中断线路信号流，然后在此基础上分析事件线路信号流。

中断线路的作用是将采集到的中断信号进行处理，最后传递给 NVIC。从结构框图右侧可以看到用于传入中断信号的输入线路，接入该输入线的可以是 GPIO 的端口引脚，也可以是特定片上外设的事件线路，具体的配置内容将在 EINT 的实验章节进行介绍。输入线路上的信号变化一般具有电平跳变特征，如电平上升、电平下降等。

（1）线路信号流入边沿检测电路单元，该电路单元可以根据配置的信号上升沿触发、下降沿触发、上升沿和下降沿都触发等触发方式，产生输出信号。在软件中，可以通过操作 EINT 的使能上升沿触发选择寄存器和使能下降沿触发选择寄存器来配置不同的触发类型。如果检测到输入信号符合触发条件，就产生有效输出信号 1，否则产生无效的输出信号 0，输出信号沿着电路继续向下传递流入一个或门电路单元。

（2）或门电路单元的输入是两条信号线路，一条是边沿检测电路的输出信号线，另一条是由 EINT 的软件中断事件寄存器（EINT_SWINTE）控制的软件中断输出信号线。EINT_SWINTE 是 APM32E103 微控制器软件中断概念的电路实现基础，可以在程序中直接操作 EINT_SWINTE 模拟产生 EINT 任意中断/事件线路上的中断请求。两条输入的信号线路中，只要任意一条产生高电平信号 1，则或门电路单元就输出有效信号 1，否则输出无效信号 0。或门电路单元的输出信号分为两条线路，一条流入中断挂起寄存器，另一条流入事件线路中。

中断挂起寄存器（EINT_IPEND）用来保存中断/事件线路中已经产生的中断请求信号。当 EINT_IPEND 的输入线路中产生有效信号 1 时，该中断/事件线路的中断挂起位将被硬件自动设置为 1，用来保存当前中断/事件线路产生的中断信号。当中断信号顺利传送到 NVIC，开始执行 ISR 中的程序指令时，该中断/事件线路的中断挂起位将被硬件再次自动清除并设置为 0。在软件中，可以直接读取 EINT_IPEND 中数据，从而查看当前中断/事件线路的中断请求状态，也可以通过直接向 EINT_IPEND 写 1 的方式，来手动清除相应中断/事件线路的中断请求状态。此外，如果边沿检测电路中的触发条件发生改变，也会导致该中断/事件线路的中断挂起位被硬件自动清除并设置为 0。中断挂起寄存器会将输出的有效信号 1 或者无效信号 0 输入一个与门电路单元中。

（3）与门电路单元有两条输入信号线路，一条来自 EINT_IPEND 的输出线路，另一条来自中断屏蔽寄存器（EINT_IMASK）控制的输出线路。与门电路特征是只有两条输入信号线路同时为有效信号 1 时，它才输出有效信号 1，否则输出无效信号 0。中断屏蔽寄存器用于屏蔽中断线路上的中断请求，该寄存器默认初始值为 0，即触发的中断信号都会在该位置被屏蔽掉，可以在软件中通过直接向 EINT_IMASK 中写 1 的方式来开放相应中断线路的中断请求。

（4）整个中断线路的输出信号将流入 NVIC，然后由 NVIC 根据该中断类型来触发相应的中断服务例程。

以上便是 EINT 中完整的外部中断线路的中断控制。

前面介绍事件是中断过程中的“副产物”，整个事件过程不需要执行中断服务函数，因此事件不需要最终流向 NVIC。从 EINT 中断/事件结构框图中可以看出，事件线路从或门电路输出的位置与中断过程线路“分道扬镳”，在此之前，二者是共用相同的控制线路。

在事件线路中，或门电路的输出线路和事件屏蔽寄存器（EINT_EMASK）的输出线路共同流入与门电路单元。类似地，只有当两条输入信号线同时为有效信号 1 时，与门电路才输出有效信号 1，否则输出无效信号 0。事件屏蔽寄存器用于屏蔽事件线路上的事件请求，该寄存器默认初始值为 0，即触发事件信号都会在该位置被屏蔽掉，可以在软件中通过直接向 EINT_ EMASK 中写 1 的方式来开放相应事件线路的中断请求。

与门电路单元的输出信号进入脉冲发生器电路。如果脉冲发生器输入端是有效电平 1，它的输出端将会产生一个脉冲信号；如果其输入端是无效电平 0，则不会产生脉冲信号。

事件线路产生的脉冲信号还会传递至其他片上外设，这些脉冲信号将作为事件脉冲用于驱动外设功能，如 TIM、ADC 等。具体的寄存器配置详情可查阅《APM32E103 用户手册》。

4.3.3 EINT 中断/事件配置

1. EINT 线路的库函数配置

EINT 中断/事件支持 19 条外部中断/事件线路，其中 16 条类型为 EINT0～EINT15 的线路，与 I/O 端口的 16 个端口位一一对应，在 APM32E103 微控制器中使用较为广泛，下面将着重讲解 EINT0～EINT15 线路的配置和使用。另外 3 条线路 EINT16、EINT17 及

EINT18 则用于特定的外设事件，分别对应着 PVD、RTC_Alarm 及 USBD_Wakeup，关于这 3 条线路的具体配置和使用说明，可以参考《APM32E103 用户手册》。

I/O 端口位作为外部中断/事件的输入信号源，需要用到 I/O 端口的复用功能，在软件中可以配置 AFIO 的 4 个 32 位的外部中断配置寄存器，由 AFIO_EINTSEL1、AFIO_EINTSEL2、AFIO_EINTSEL3 和 AFIO_EINTSEL4 组成。每个外部中断配置寄存器只用到了低 16 位，可以用来配置 4 条外部中断线的输入源，每个输入源分配 4bit 的配置位域，通过设置 4bit 位域为不同值的方式来选择对应的不同 I/O 端口号。注意，通过 AFIO_EINTSEL 寄存器配置 GPIO 线上的外部中断/事件，还需要先使能 AFIO 时钟。

APM32E103 微控制器库文件 apm32e10x_gpio.h 提供了便捷的工具函数 GPIO_ConfigEINTLine，代码如下：

```
    void GPIO_ConfigEINTLine(GPIO_PORT_SOURCE_T portSource, GPIO_PIN_SOURCE_T pinSource);
```

该文件中还定义了用于表示端口源的枚举类型 GPIO_PORT_SOURCE_T 和用于表示端口引脚源的枚举类型 GPIO_PIN_SOURCE_T，这些枚举类型的标识符值可直接作为函数参数进行配置，从而将任意端口的任意引脚源配置为外部中断线的输入源。

2. EINT 寄存器的库函数配置

APM32E103 微控制器库文件 apm32e10x_eint.h 定义了用于表示外部中断/时间线类型的枚举类型 EINT_LINE_T，以及用于操作 EINT 寄存器的相关工具函数，代码如下（这些工具函数为操作 EINT 寄存器提供了统一的接口，极大地方便了 APM32E103 微控制器编程）：

```
    void EINT_SelectSWInterrupt(uint32_t line);
    uint8_t EINT_ReadStatusFlag(EINT_LINE_T line);
    void EINT_ClearStatusFlag(uint32_t line);
    uint8_t EINT_ReadIntFlag(EINT_LINE_T line);
    void EINT_ClearIntFlag(uint32_t line);
```

其中，EINT_SelectSWInterrupt 函数用于在选定的 EINT 外部中断线上产生软件中断，该函数实现直接操作 EINT_SWINTE 寄存器。EINT_ReadStatusFlag 函数是用于读取选择的中断线上的中断挂起状态，EINT_ClearStatusFlag 函数用于清除选择的中断线上的中断挂起标志位，这两个函数都是通过设置 EINT_IPEND 实现。EINT_ReadIntFlag 函数用于读取选择的中断线上的中断标志，如果特定中断线路没有被屏蔽且已经触发了中断，函数将返回 1，否则返回 0，该函数实现操作 IMASK 寄存器和 IPEND 寄存器。EINT_ClearIntFlag 函数用于清除选择的中断线上的中断挂起状态，该函数通过设置 IPEND 实现。

3. EINT 初始化结构体

在 APM32E103 微控制器库文件 apm32e10x_eint.h 和 apm32f10x_eint.c 中，定义了 EINT 外设的初始化结构体，代码如下：

```
    /**
```

```
 * @brief    EINT Config structure definition
 */
typedef struct
{
    uint32_t          line;
    EINT_MODE_T       mode;
    EINT_TRIGGER_T    trigger;
    uint8_t           lineCmd;
} EINT_Config_T;
```

EINT 初始化结构体成员涵盖了 EINT 中断/事件线路初始化相关的配置项，这些结构体成员的说明如下，其中括号中的文字是 APM32E103 微控制器标准库中定义的宏变量或枚举值。

（1）line。该成员用于配置当前 EINT 线路类型，可以设置外部中断线 0 至外部中断线 18（EINT_LINE_0/1/2…/17/18）。

（2）mode。该成员用于配置当前 EINT 线路的工作模式，可以配置为中断模式（EINT_MODE_INTERRUPT），或者事件模式（EINT_MODE_EVENT）。

（3）trigger。该成员用于配置当前 EINT 线路的边沿触发方式，可以配置为上升沿触发（EINT_TRIGGER_RISING）、下降沿触发（EINT_TRIGGER_FALLING）、上升与下降沿同时触发（EINT_TRIGGER_RISING_FALLING）。

（4）lineCmd。该成员用于配置是否激活当前 EINT 线路（DISABLE/ ENABLE）。

此外，apm32e10x_eint.h 提供了初始化 EINT 外设的初始化函数 EINT_Config，该函数直接使用上面定义的 EINT 初始化结构体 EINT_Config_T 类型作为参数，从而可以方便地实现 EINT 线路的初始化工作。

4.3.4 EINT 中断、事件线对比

按照触发源、配置及执行过程特征，可以将 EINT 中的中断和事件分为外部硬件中断、外部硬件事件、外部软件中断和外部软件事件等。EINT 外部中断和事件的分类及差异点如表 4.5 所示。

表 4.5 EINT 外部中断和事件的分类及差异点

名称	触发源	差异点
外部硬件中断	外部信号	设置触发方式，允许中断请求，使能对应外设中断线（在 NVIC 中使能）。 当外部中断线上产生和配置一致的边沿时，产生中断请求，对应的挂起位被置 1；在中断挂起寄存器对应位写 1，将清除该中断请求
外部硬件事件	外部信号	设置触发方式，允许事件请求： 当外部事件线上产生了和配置一致的边沿时，产生 1 个事件脉冲，对应的挂起位不被置 1

续表

名称	触发源	差异点
外部软件中断	软件中断事件寄存器（EINT_SWINTE）	允许中断请求，使能对应外设中断线（在 NVIC 中使能）。对应中断线的软件中断寄存器写 1，产生中断请求，对应的挂起位被置 1；在中断挂起寄存器对应位写 1，将清除该中断请求
外部软件事件	软件中断寄存器/发送事件（SEV）指令	允许事件请求： 对应事件线的软件中断寄存器写 1，产生 1 个事件请求脉冲，对应的挂起位不被置 1

4.4　中断和事件编程实例

IENT 编程实例

4.4.1　实例目标

本实例的目标有两个：一是学习外部中断控制，可以使用开发板上的按键来作为触发源，使得控制器产生中断；二是学习如何使用 NVIC 优先级，将不同事件中断配置为不同的中断优先级，并在中断服务函数中实现控制 LED。需要实现的具体功能如下。

（1）启动时，按 KEY1（PF9）按键，进入 EINT9 中断，设备将进入无限循环模式。

（2）如果按 KEY2 按键，设备将进入更高优先级的 EINT13 中断。

（3）先按 KEY2 按键，再按 KEY1 按键不会进入 EINT9。

（4）设备的状态通过 USART1 显示在串口助手上。

4.4.2　硬件设计

按键在按下时接通引脚，通过电路设计可以使得按键按下时产生电平变化，按键电路设计如图 4.2 所示，实例中用到的两个按键为 S1 和 S2。

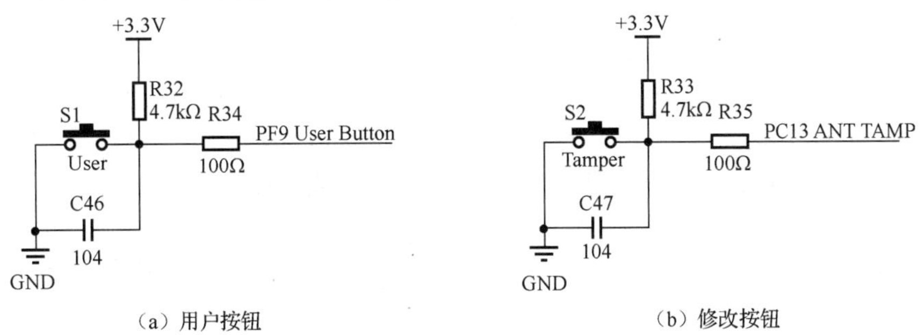

（a）用户按钮　　（b）修改按钮

图 4.2　按键电路设计

4.4.3　软件设计

1. 编程要点

（1）初始化用来产生中断的 GPIO 引脚。

将与按键相连的 GPIO 引脚配置为输入模式，并根据需求选择合适的上/下拉模式（内部上拉、内部下拉或浮空）。

（2）初始化 EINT。

配置相关的 EINT 线路与所使用的 GPIO 引脚关联，并设置触发方式（如上升沿、下降沿、任意边沿或低电平/高电平保持触发）。

（3）配置 NVIC。

开启对应的 EINT 中断请求，并设定合适的中断优先级。

（4）编写中断服务函数。

编写一个函数作为按键中断的服务程序，当中断发生时，处理器将跳转到此函数执行相应的操作，如清除中断标志。

2. 代码分析

（1）按键定义。

为了提高代码的可读性和可维护性，使用枚举的形式定义按键类别和功能，采用宏定义的方式实现按键使用的引脚配置和 EINT 配置，代码如下：

```
typedef enum
{
    BUTTON_KEY1 = 0,
    BUTTON_KEY2 = 1
} Button_TypeDef;
typedef enum
{
    BUTTON_MODE_GPIO = 0,
    BUTTON_MODE_EINT = 1
} ButtonMode_TypeDef;
//按键 1
#define KEY1_BUTTON_PIN                     GPIO_PIN_9
#define KEY1_BUTTON_GPIO_PORT               GPIOF
#define KEY1_BUTTON_GPIO_CLK                RCM_APB2_PERIPH_GPIOF
#define KEY1_BUTTON_EINT_LINE               EINT_LINE_9
#define KEY1_BUTTON_EINT_PORT_SOURCE        GPIO_PORT_SOURCE_F
#define KEY1_BUTTON_EINT_PIN_SOURCE         GPIO_PIN_SOURCE_9
#define KEY1_BUTTON_EINT_IRQn               EINT9_5_IRQn
//按键 2
#define KEY2_BUTTON_PIN                     GPIO_PIN_13
#define KEY2_BUTTON_GPIO_PORT               GPIOC
#define KEY2_BUTTON_GPIO_CLK                RCM_APB2_PERIPH_GPIOC
#define KEY2_BUTTON_EINT_LINE               EINT_LINE_13
#define KEY2_BUTTON_EINT_PORT_SOURCE        GPIO_PORT_SOURCE_C
#define KEY2_BUTTON_EINT_PIN_SOURCE         GPIO_PIN_SOURCE_13
#define KEY2_BUTTON_EINT_IRQn               EINT15_10_IRQn
```

（2）EINT 中断配置。

首先，使用 GPIO_Config_T 和 EINT_Config_T 结构体定义两个用于 GPIO 和 EINT 初始化配置的变量。代码如下：

```
GPIO_Config_T     GPIO_configStruct;
EINT_Config_T     EINT_configStruct;
```

使用 GPIO 之前，必须开启 GPIO 端口的时钟；使用 EINT 时，必须开启 AFIO 时钟。代码如下：

```
RCM_EnableAPB2PeriphClock(BUTTON_CLK[Button] | RCM_APB2_PERIPH_AFIO);
```

作为中断/事件输入线路时，需把 GPIO 配置为浮空输入模式，由外部电路完全决定引脚的状态。代码如下：

```
GPIO_configStruct.mode=GPIO_MODE_IN_PU;
GPIO_configStruct.pin=BUTTON_PIN[Button];
GPIO_Config(BUTTON_PORT[Button],&GPIO_configStruct);
```

GPIO_ConfigEINTLine 函数用来指定中断/事件线路的输入源，它实际是设定外部中断配置寄存器的 AFIO_ EINTSEL*x* 值，该函数接收两个参数：第一个参数指定 GPIO 端口源，第二个参数为选择对应 GPIO 引脚源编号。代码如下：

```
GPIO_ConfigEINTLine(BUTTON_PORT_SOURCE[Button],BUTTON_PIN_SOURCE[Button]);
```

实例目标是产生中断，并执行中断服务函数，EINT 选择中断模式，按键使用下降沿触发方式，并使能 EINT 线。代码如下：

```
/* Configure Button EINT line */
EINT_configStruct.line=BUTTON_EINT_LINE[Button];
EINT_configStruct.mode=EINT_MODE_INTERRUPT;
EINT_configStruct.trigger=EINT_TRIGGER_FALLING;
EINT_configStruct.lineCmd=ENABLE;
EINT_Config(&EINT_configStruct);
```

（3）NVIC 优先级配置。

这里配置两个中断软件优先级，如果出现了两个按键同时按下的情况，也就是中断来临时，具体先执行哪个中断服务函数由中断的抢占优先级决定，优先级编号越小，优先级越高。当然，也可以把抢占优先级设置成一样，子优先级设置成不一样，来区别两个按键同时按下的情况。代码如下：

```
NVIC_EnableIRQRequest(EINT15_10_IRQn,0,1);
NVIC_EnableIRQRequest(EINT9_5_IRQn,1,1);
```

（4）中断服务函数。

在按键1对应的中断服务函数中，先判断是否产生了EINT Line中断，若产生，则清除中断标志位，循环翻转LED2电平。代码如下：

```
void EINT9_5_IRQHandler(void)
{
    if(EINT_ReadStatusFlag(KEY1_BUTTON_EINT_LINE)==SET)
    {
        EINT_ClearStatusFlag(KEY1_BUTTON_EINT_LINE);
        while(1)
        {
            Delay(0x8FFFFF);
            APM_EVAL_LEDToggle(LED2);
            printf("working in EINT1_IRQHandler\r\n");
            printf("push KEY2 to enter higher interrupt.\r\n\r\n");
        }
    }
}
```

在按键2对应的中断服务函数中，先判断是否产生了EINT Line中断，若产生，则清除中断标志位，关闭LED2，循环翻转LED3电平。代码如下：

```
void EINT15_10_IRQHandler(void)
{
    if(EINT_ReadStatusFlag(KEY2_BUTTON_EINT_LINE)==SET)
    {
        EINT_ClearStatusFlag(KEY2_BUTTON_EINT_LINE);
        APM_EVAL_LEDOff(LED2);
        while(1)
        {
            Delay(0x8FFFFF);
            APM_EVAL_LEDToggle(LED3);
            printf("working in EINT0_IRQHandler\r\n");
            printf("It is higher interrupt.\r\n\r\n");

        }
    }
}
```

4.4.4 下载验证

1. 下载目标程序

将目标程序编译完成后下载到开发板微控制器的Flash存储器中，复位运行即可查看运行效果，注意串口调试助手的串口设置，需与程序中一致。

2. 运行结果

观察开发板上 LED2 和 LED3 的情况，并在串口助手中接收信息。复位后，LED2 和 LED3 均处于点亮状态，串口助手接收的信息为：

```
push KEY1 to enter interrupt
```

界面如图 4.3 所示。

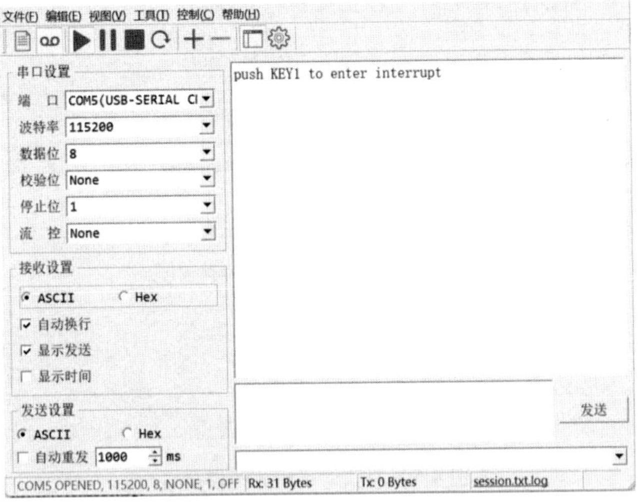

图 4.3　串口助手接收的信息 1

按照提示按下按键 KEY1，LED2 开始闪烁，串口助手接收的信息为：

```
working in EINT9_5_IRQHandler
push KEY2 to enter higher interrupt
```

界面如图 4.4 所示。

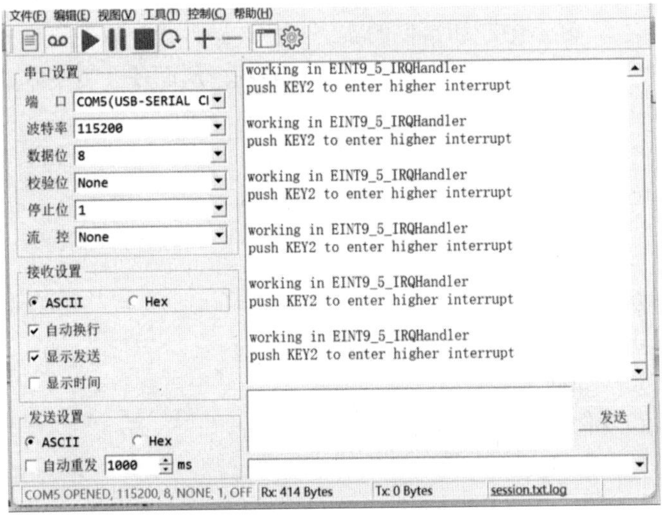

图 4.4　串口助手接收的信息 2

按照提示按下按键 KEY2，LED 2 熄灭，LED3 开始闪烁，串口助手接收的信息为：

```
working in EINT15_10_IRQHandler
it is higher interrupt
```

界面如图 4.5 所示。

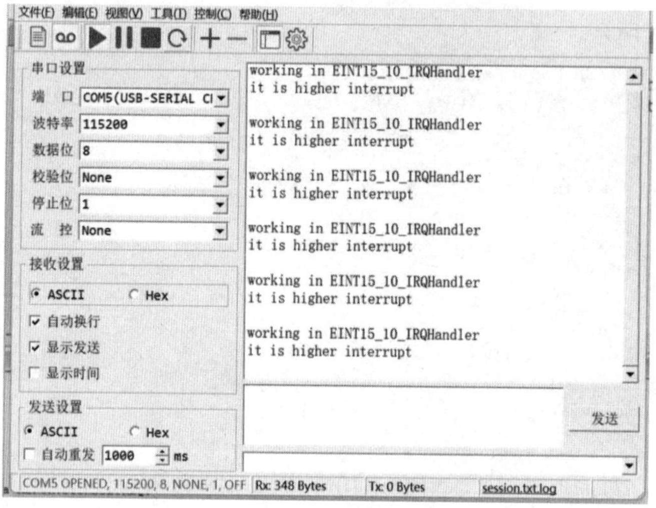

图 4.5　串口助手接收的信息 3

本 章 小 结

本章主要介绍中断和事件的原理和应用。首先讲述了 NVIC，重点介绍了中断相关的概念，如中断向量表、中断优先级、中断挂起和解挂、中断活动与使能控制等内容；然后从 EINT 结构框图层面进行原理分析，同时介绍了与此相关的寄存器和库函数；最后通过中断和事件编程实例，涵盖中断和事件的实例目标、硬件设计以及软件设计等环节，并对编程要点和关键代码进行分析，对实例结果进行验证，从而使读者基本掌握对中断与事件应用的编程方法。

习题 4

1．什么是中断？
2．中断的优先级涉及哪些相关的寄存器？
3．中断的优先级如何定义？
4．简述中断和事件编程的基本流程。

第 5 章

定　时　器

定时器（Timer，TMR）是微控制器的基本外设，其本质是一个计数器。当其对内部特定频率（特定周期）的脉冲进行计数时，可以实现精确的延时，称为定时功能。在定时功能的基础上，定时器增加了比较功能，可以实现 PWM 波等信号波形的输出，用于驱动电机等设备。

定时器对外部输入信号进行计数时，可以累计信号的数量，称为计数功能。在计数功能的基础上，定时器可以实现输入信号的频率、占空比测量及测量外部事件的发生次数等功能。

定时器在使用时不占用 CPU 资源，并且是可编程的。

5.1　APM32E103 微控制器的定时器

APM32E103 微控制器最多包含 8 个定时/计数器，其中，TMR6 和 TMR7（TMR6/7）为基本定时器，TMR2、TMR3、TMR4、TMR5（TMR2/3/4/5）为通用定时器，TMR1 和 TMR8（TMR1/8）为高级定时器。APM32E103 微控制器三类定时器的功能依次增强，它们的功能对比如表 5.1 所示。

表 5.1　APM32E103 微控制器的三类定时器功能对比

项目	具体内容/类别	高级定时器	通用定时器	基本定时器
名称	—	TMR1/8	TMR2/3/4/5	TMR6/7
时基单元	计数器	16 位	16 位	16 位
	预分频器	16 位	16 位	16 位
	计数模式	向上 向下 中央对齐	向上 向下 中央对齐	向上

续表

项目	具体内容/类别	高级定时器	通用定时器	基本定时器
通道	输入通道	4 路	4 路	0 路
	捕获比较通道	4 路	4 路	0 路
	输出通道	7 路	4 路	0 路
	互补输出通道	3 组	0 组	0 组
功能	产生 DMA 请求	可以	可以	可以
	PWM 模式	有	有	无
	单脉冲模式	有	有	无
	强制输出模式	有	有	无
	死区插入	有	无	无

APM32E103 微控制器的定时器除了可以实现定时/计数功能，还具有一些高级功能，如输入捕获、输出比较、PWM 模式、单脉冲模式、编码器接口等。

基本定时器 TMR6/7 只具有基本的定时功能，不具有输入、输出或外部时钟输入引脚功能。通用定时器 TMR2/3/4/5 和高级定时器 TMR1/8 对应的默认引脚如表 5.2 所示。定时器引脚还可以进行重映射，重映射后对应的引脚可以参考《APM32E103 用户手册》。

表 5.2　APM32E103 微控制器定时器输入/输出使用的默认引脚

种类	定时器	ETR 外部脉冲输入	CH1 通道 1	CH2 通道 2	CH3 通道 3	CH4 通道 4	BKIN 刹车引脚	CHN1 互补通道 1	CHN2 互补通道 2	CHN3 互补通道 3
通用定时器	TMR2	PA0	PA0	PA1	PA2	PA3	无	无	无	无
	TMR3	PD2	PA6	PA7	PB0	PB1	无	无	无	无
	TMR4	PE0	PB6	PB7	PB8	PB9	无	无	无	无
	TMR5	无	PA0	PA1	PA2	PA3	无	无	无	无
高级定时器	TMR1	PA12	PA8	PA9	PA10	PA11	PB12	PB13	PB14	PB15
	TMR8	PA0	PC6	PC7	PC8	PC9	PA6	PA7	PB0	PB1

此外，在 APM32E103 微控制器中还有两个看门狗定时器（WatchDog）和一个 ARM Cortex-M3 处理器内核中的系统滴答定时器（SysTick Timer）。

5.2 APM32E103 微控制器的基本定时器（TMR6/7）

基本定时器TMR6和TMR7只具有基本的定时功能，可以为通用定时器提供时间基准，还可以为数字模拟转换器（DAC）提供时钟。通过配置TMR6/7可以产生中断和DMA请求。

5.2.1 基本定时器的主要结构

如图 5.1 所示，基本定时器的时基单元主要由一个无符号的 16 位计数器（TMR*x*_CNT）、自动重装载寄存器（TMR*x*_AUTORLD）、16 位预分频器（TMR*x*_PSC）和触发控制器组成。

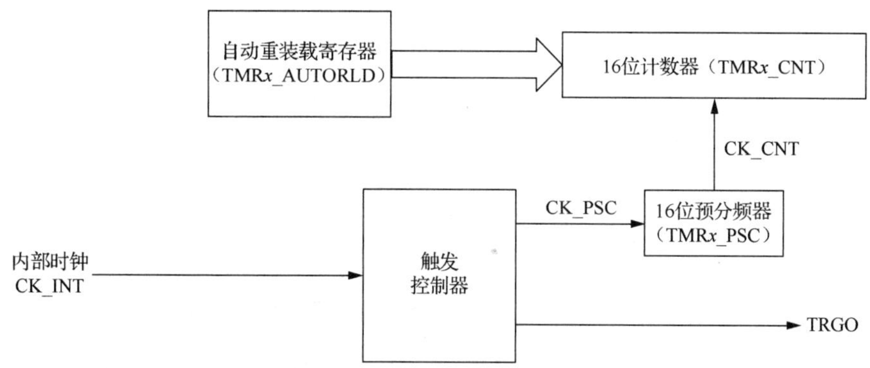

图 5.1 基本定时器结构框图

TMR*x*_AUTORLD 和 TMR*x*_PSC 都具有影子寄存器。对 TMR*x*_AUTORLD 来说，物理上对应着两个寄存器，一个是程序员可以写入或读取的寄存器，称为预装载寄存器（Preload Register），另一个是程序员看不见的，但在操作中真正起作用的寄存器，称为影子寄存器（Shadow Register）。如果使能影子寄存器，则只有在发生更新事件后，预装载寄存器内容才转移到真正有效的影子寄存器。这样做的目的，是可以对多个通道进行同步操作。

触发输出信号（TRGO）具有基本定时器的触发信号输出功能，在定时器的定时时间到达时触发一个事件，如触发模拟数字转换器（ADC）的同步转换。

5.2.2 时钟源选择

计数器（CNT）是基本定时器 TIM6 和 TIM7 的核心，定时器开始工作后，计数器不断累计 CK_CNT 脉冲数。从图 5.1 可以看出，CK_CNT 脉冲来自内部时钟 CK_INT。

如图 5.2 所示，内部时钟 CK_INT 来自 RCM 的 TMR*x*CLK，TMR*x*CLK 则来自 APB1 预分频器的输出 PCLK1。

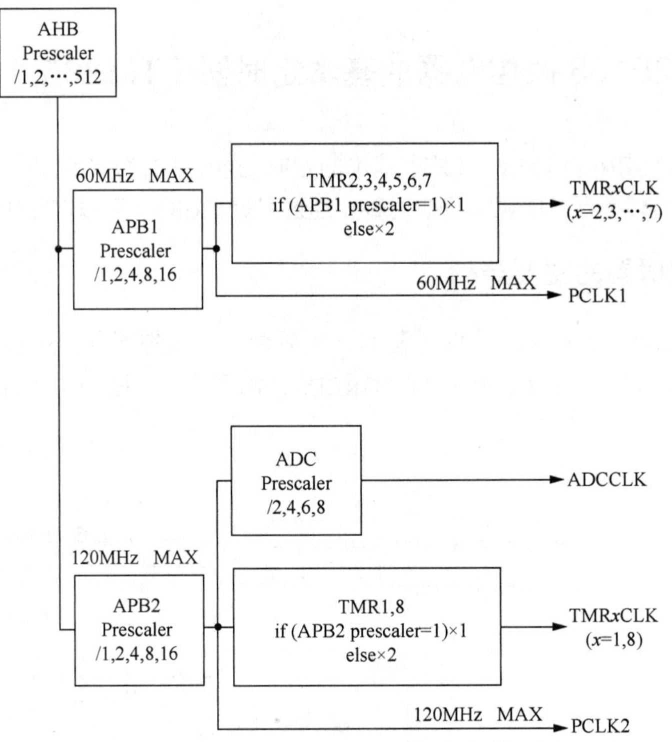

图 5.2 APM32E103 微控制器定时器的 TMRxCLK 时钟源

APM32E103 微控制器定时器上电后，AHB 的时钟频率默认为 72MHz，APB1 的分频系数默认为 2，所以 PCLK1 时钟频率为 36MHz；TMR*x*CLK 的频率等于 2×PCLK1，即 72MHz。

来自 TMR*x*CLK 的内部时钟（CK_INT）经过预分频器（TMR*x*_PSC）产生计数脉冲 CK_CNT，驱动计数器开始计数。CK_CNT 的频率等于 CK_INT/（TMR*x*_PSC+1），也等于 TMR*x*CLK/（TMR*x*_PSC+1）。

5.2.3 计数方式

基本定时器的计数方式只有向上计数方式。

置位 TMR*x*_CTRL1 的 CNTEN 位，使能计数器（TMR*x*_CNT）。在 CK_CNT 脉冲的驱动下，计数器（TMR*x*_CNT）从 0 开始累加计数到自动重装载寄存器（TMR*x*_AUTORLD）预设的数值，产生一个计数溢出事件，该事件可以触发中断或 DMA 请求。然后，TMR*x*_CNT 再重新从 0 开始计数，不断重复上述动作。

由上述可见，基本定时器的延时时间可以由式（5-1）计算：

$$\text{延时时间}=(\text{TMR}x\_\text{AUTORLD}+1)\times(\text{TMR}x\_\text{PSC}+1)/\text{TMR}x\text{CLK} \tag{5-1}$$

若要禁止更新事件，可置位 TMR*x*_CTRL1 寄存器中的 UD 位。若要产生更新中断或

DMA 请求，可置位 TMR*x*_CTRL1 中的 URSSEL 位。在发生更新事件时，自动重装载寄存器和预分频器都会被更新。

预分频器（TMR*x*_PSC）和自动重装载寄存器（TMR*x*_AUTORLD）都具有影子寄存器，能够在运行中动态修改两个寄存器的值。

5.2.4 基本定时器的寄存器

基本定时器的使用较为简单，这里只列出相关寄存器的名称，见表 5.3。更为详细的使用，请参考《APM32E103 用户手册》。

表 5.3 APM32E103 微控制器的基本定时器的寄存器

寄存器名称	描述
TMR*x*_CTRL1	控制寄存器 1
TMR*x*_CTRL2	控制寄存器 2
TMR*x*_DIEN	DMA/中断使能寄存器
TMR*x*_STS	状态寄存器
TMR*x*_CEG	控制事件产生寄存器
TMR*x*_CNT	计数器寄存器
TMR*x*_PSC	预分频器
TMR*x*_AUTORLD	自动重装载寄存器

5.3 APM32E103 微控制器的通用定时器（TMR2/3/4/5）

通用定时器（TMR2/3/4/5）以时基单元为核心，具有输入捕获和输出比较等功能，可以用来测量脉冲宽度、频率、占空比及输出特定波形。通用定时器（TMR2/3/4/5）含有一个 16 位的自动重装载计数器，可以实现向上、向下和中央对齐 3 种计数方式，可以产生中断和 DMA 请求。定时器和定时器之间相互独立，可以实现同步和级联。

5.3.1 通用定时器的主要结构

通用定时器（TMR2/3/4/5）的结构框图如图 5.3 所示，其主要由 3 部分组成。

1. 时基单元

同基本定时器类似，时基单元主要由一个无符号的 16 位计数器（TMR*x*_CNT）、自动重装载寄存器（TMR*x*_AUTORLD）、16 位预分频器（TMR*x*_PSC）和触发控制器组成。

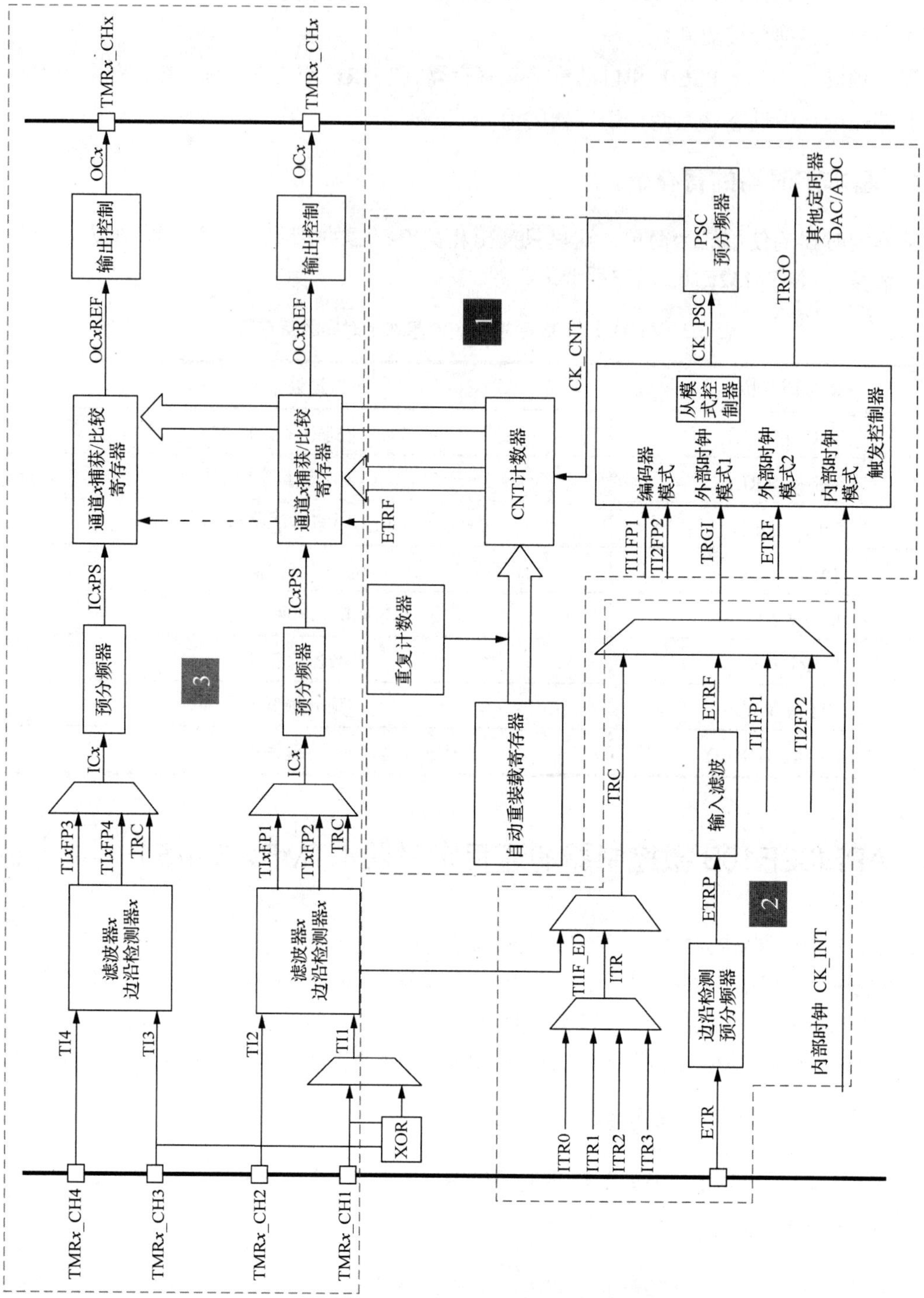

图 5.3 通用定时器的结构框图

2. 时钟源

基本定时器只能使用内部时钟源，但通用定时器一共有 4 种时钟源。

（1）内部时钟（CK_INT）。

同基本定时器一样，CK_INT 由来自 RCM 的 TMR*x*_CLK，经预分频器（TMR*x*_PSC）分频后得到。

（2）内部触发输入 ITR*x*。

内部触发输入 ITR*x* 来自其他定时器的触发输出 TRGO，这样可以完成定时器的级联。ITR*x* 包含 ITR0、ITR1、ITR2、ITR3，意味着可以有 4 个定时器的 TRGO 输出接入该定时器。

（3）外部时钟模式 1。

外部时钟模式 1 的输入来源有：外部输入捕获引脚 TI1 经过滤波和边沿检测后得到的信号 TI1FP1、TI1 的双边沿信号 TI1F_ED（上升、下降沿均视为有效的信号）、外部输入捕获引脚 TI2 经过滤波和边沿检测后得到的信号 TI2FP2、外部触发输入引脚的 ETR 信号。

（4）外部时钟模式 2。

外部时钟模式 2 的输入来自外部触发输入引脚 ETR。计数器在外部触发输入信号 ETR 的上升沿或下降沿计数。需要注意的是，ETR 信号也可以作为外部时钟模式 1 的输入。

3. 输入捕获和比较输出

同基本定时器相比，通用定时器多了捕获输入和比较输出部分。该部分主要包括：捕获输入部分（数字滤波和边沿检测器、多路选择器和预分频器）、捕获/比较寄存器（TMR*x*_CC*x*）、比较输出部分（输出控制器）。

定时器工作在捕获输入方式时，一旦被捕获的信号电平发生变化，计数器（TMR*x*_CNT）的当前值就被存储在捕获/比较寄存器（TMR*x*_CC*x*）中。

定时器工作在比较输出方式时，捕获/比较寄存器（TMR*x*_CC*x*）中保存一个脉冲数值，将该数值与计数器（TMR*x*_CNT）的当前值进行比较，根据比较结果输出不同的电平。

5.3.2 计数模式

通过配置 TMR*x*_CTRL1 的 CNTDIR 位，可以设置计数模式。通用定时器的计数器（TMR*x*_CNT）有 3 种计数模式：向上计数模式、向下计数模式、中央对齐模式。在计数器开始工作前，自动重装载寄存器内的设定值必须提前写入。

当计数器溢出时，会产生更新事件，此时自动重装载寄存器和预分频器对应的影子寄存器都将会被更新，还可以发出中断或 DMA 请求。可以通过配置 TMR*x*_CTRL1 的 UD 位，禁止更新事件。

1. 向上计数模式

当计数器处于向上计数模式时，计数器从 0 开始向上计数，每个 CK_CNT 脉冲到来时，计数器就会增加 1，当计数器值与自动重装载寄存器的值相等时，计数器会再次从 0 开始计数，此时产生一个计数器向上溢出事件，此时触发中断或 DMA 请求。

图 5.4 所示为向上计数模式时序图。当 TMR*x*_PSC=1 时，预分频系数 PSC=2，自动重装载寄存器的预设值为 26。当定时器使能（CNT_CN=1）后，计数器在一个时钟周期后，在时钟脉冲（CK_CNT）的驱动下开始累加计数。当计数值等于 26 时，计数值变为 0 重新开始计数，此时产生计数器向上溢出事件，触发中断或 DMA 请求。

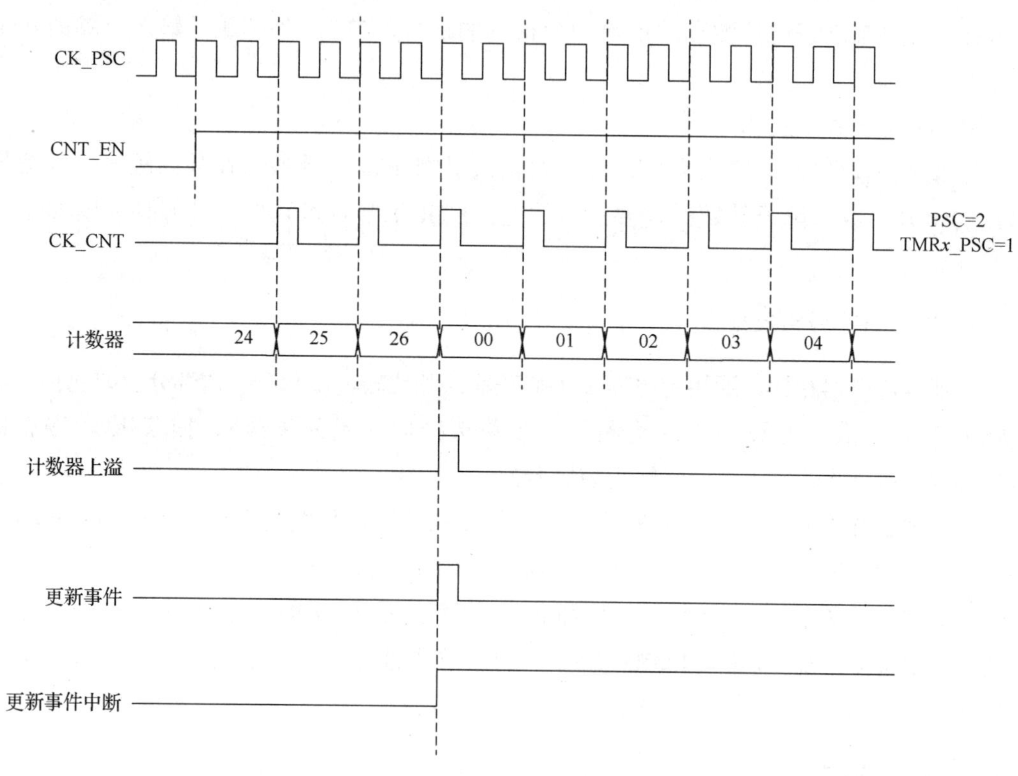

图 5.4　向上计数模式时序图

2. 向下计数模式

当计数器处于向下计数模式时，计数器从自动重装载寄存器的值开始向下计数，每个 CK_CNT 脉冲到来时，计数器就会减 1，当减到 0 时，计数器会重新从自动重装载寄存器的值开始计数。与此同时，会产生一个计数器向下溢出事件，此时触发中断或 DMA 请求。

图 5.5 所示为向下计数模式时序图。

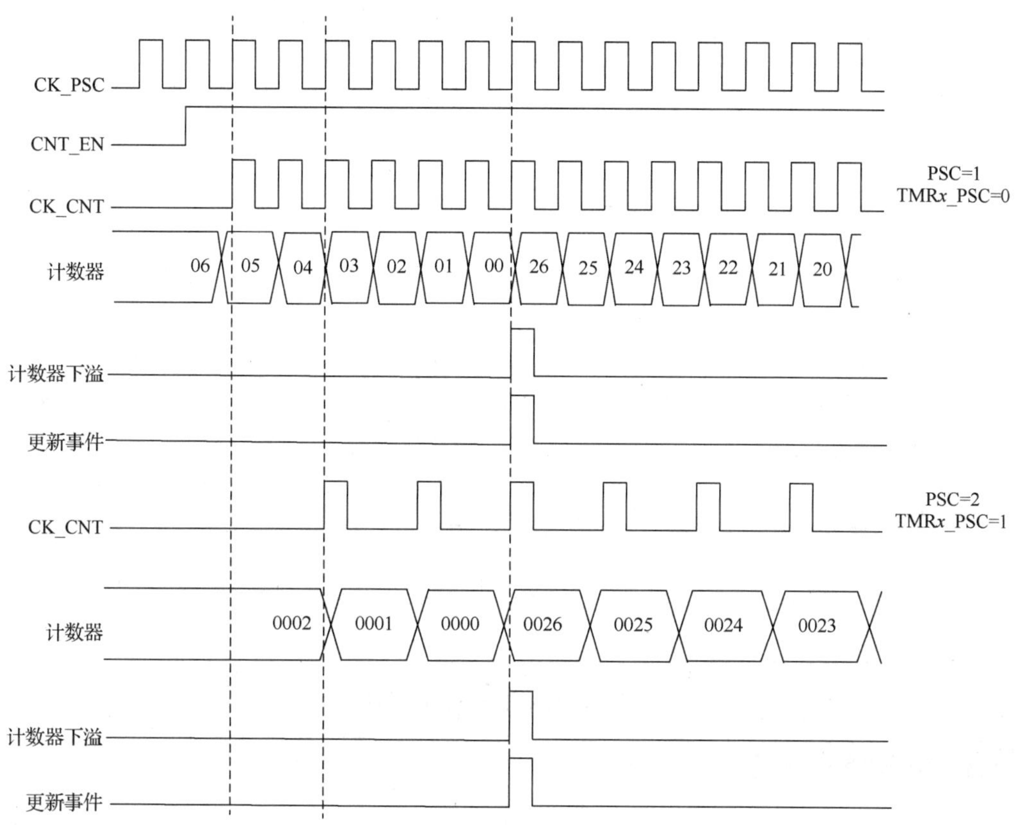

图 5.5　向下计数模式时序图

3. 中央对齐模式

当计数器处于中央对齐模式时，计数器从 0 开始向上计数到自动重装载寄存器的设定值，然后从该值向下计数到 0，以此往复。当向上计数，计数器的值为 AUTORLD-1 时，会产生一个计数器上溢事件；当向下计数，计数器的值为 1 时，会产生一个计数器下溢事件。上溢事件或下溢事件都会触发中断或 DMA 请求。

图 5.6 所示为中央对齐模式时序图。

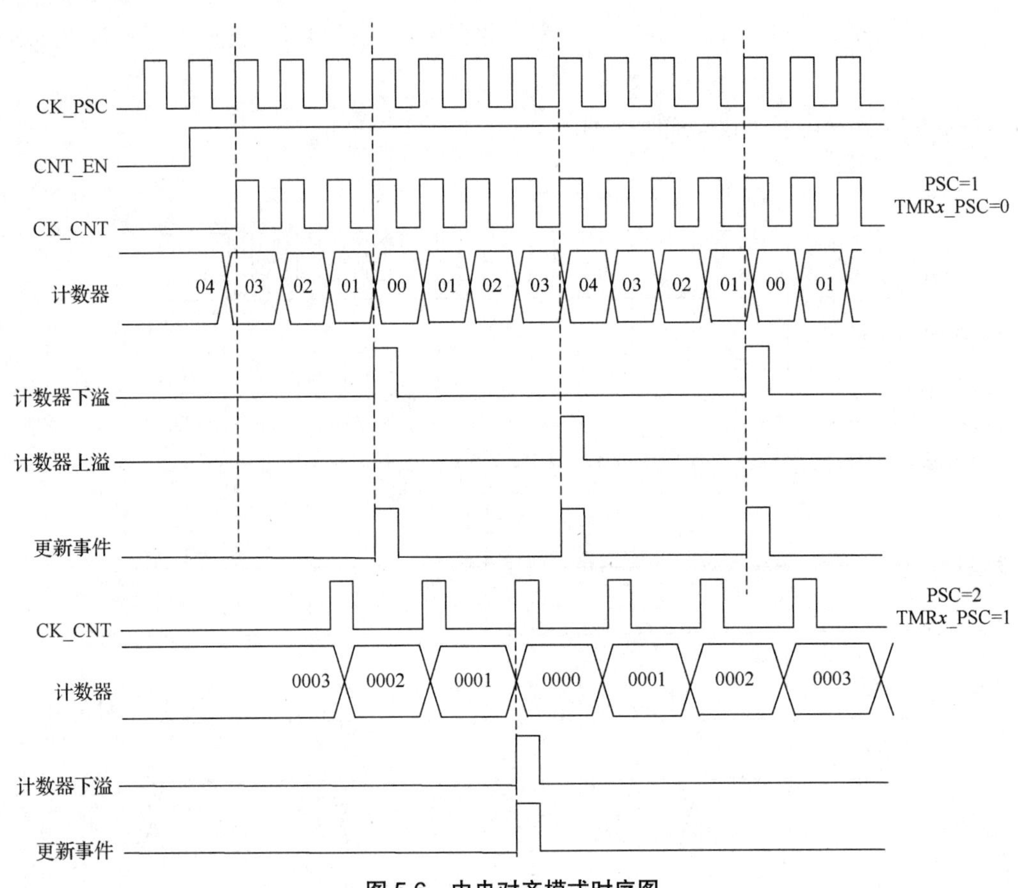

图 5.6 中央对齐模式时序图

5.3.3 输入捕获模式

通用定时器有 4 个独立的捕获/比较独立通道。

在输入捕获模式中，被测量的信号会从定时器的外部引脚 T1、T2、T3、T4 输入，首先经过边沿检测器和输入滤波器，然后进入捕获通道，每个捕获通道都有相对应的捕获寄存器。当发生捕获时，计数器的值将会被锁存在捕获寄存器（CC*x*）中。在进入捕获寄存器之前，信号还会经过预分频器，用于设定经过多少事件进行一次捕获。

输入捕获是用来捕获外部事件且可以赋予时间标记表明事件的发生时刻。在输入引脚上如果出现了被选择的信号边沿，TMR*x*_CC*x* 会捕获计数器当前的值，同时状态寄存器（TMR*x*_STS）的 CC*x*IFLG 位被置 1，如果 CC*x*IEN=1，便会产生中断。

在捕获模式下，可以测量一个波形的时序、频率、周期和占空比。在输入捕获模式中，将边沿选择设定为上升沿检测，当捕获通道出现上升沿时，发生第一次捕获，此时计数器的值会被锁存在捕获寄存器（CC*x*）中，同时会进入捕获中断，在中断服务程序中记录一次捕获，并记下此时的值，当检测到下一个上升沿时，发生第二次捕获，计数器的值会再次锁存在捕获寄存器（CC*x*）中，此时再次进入捕获中断，读取捕获寄存器的值，通过两次捕获的值和 CK_CNT 的周期，就可以得出此脉冲信号的周期。

5.3.4 比较输出模式

在比较输出模式中，通过比较 TMR*x*_CNT 和 TMR*x*_CC*x* 值的关系，可以控制输出信号的波形，也可以通过输出波形指示某一段时间的时长。

通过配置 TMR*x*_CCM*x* 的 OC*x*MOD 位，可以得到 8 种比较输出模式：冻结、匹配时通道为有效电平、匹配时通道为无效电平、翻转、强制为无效、强制为有效、PWM 模式 1 和 PWM 模式 2。

在比较输出模式中，定时器产生的脉冲的位置、极性、频率和时间都是可以控制的。当计数器的值和捕获/比较寄存器的值相等时，通过配置 TMR*x*_CCM*x* 的 OC*x*MOD 位和输出寄存器 TMR*x*_CCEN 的 CC*x*POL 位，通道的输出可以被置高电平、低电平或者翻转。

当 TMR*x*_STS 的 CC*x*IFLG=1 时，若 TMR*x*_DIEN 的 CC*x*IEN=1，则会产生中断请求；如果 TMR*x*_CTRL2 的 CCDSEL=1，则会产生 DMA 请求。

5.3.5 PWM 输出模式

PWM 输出模式是一种特殊的输出模式，在电力电子和电机控制领域得到广泛应用。APM32E103 微控制器的通用定时器 TMR2/3/4/5 可以产生 4 路的 PWM 输出。

下面结合图 5.7 来说明 PWM 输出模式的工作原理。假设计数器（CNT）工作为向上计数模式。自动重载寄存器（TMR*x*_AUTORLD）和捕获/比较寄存器（TMR*x*_CC*x*）都已经预置数值。在 CK_CNT 脉冲的驱动下，CNT 不断向上计数，当 CNT<TMR*x*_CC*x* 时，通用定时器输出通道（OC*x*）输出高电平；当 CNT≥TMR*x*_CC*x* 时，通用定时器输出通道（OC*x*）输出低电平。当 CNT 值达到 TMR*x*_AUTORLD 值时，计数器清 0，重新开始计数，依此循环。这样，在输出通道就输出了高低电平反复变化的 PWM 周期波形。

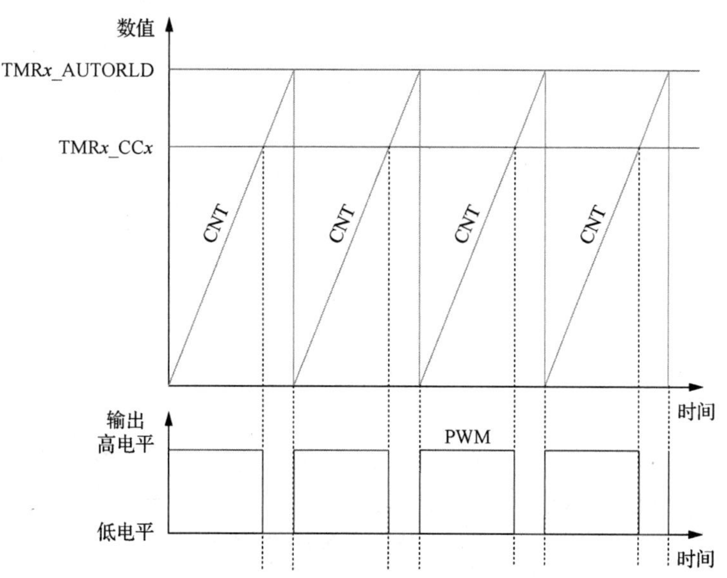

图 5.7 PWM 输出模式的工作原理

根据上述 PWM 产生原理，可以得出下述结论：PWM 波的周期等于 TCK_CNT×（TMR*x*_AUTORLD+1），其中 TCK_CNT 是定时器时钟（CK_CNT）的周期；PWM 波的占空比等于 TMR*x*_CC*x*/（TMR*x*_AUTORLD+1）。

PWM 输出模式分为 PWM 模式 1 和 PWM 模式 2。在 PWM 模式 1 和 PWM 模式 2 中，计数器（TMR*x*_CNT）的计数模式又分为向上计数、向下计数和中央对齐计数。

在 PWM 模式 1 中，如果计数器（CNT）的值小于比较寄存器（CC*x*）的值，输出有效电平，否则，输出无效电平。在 PWM 模式 2 中，如果计数器（CNT）的值小于比较寄存器（CC*x*）的值，输出无效电平，否则，输出有效电平。

5.3.6 PWM 输入模式

PWM 输入模式是输入捕获模式的一个特例。

在 PWM 输入模式中，需要使用从模式控制器，从图 5.3 中可以看出，只有 TI1FP1、TI2FP2 连接了从模式控制器，所以只能从通道 TMR*x*_CH1 或 TMR*x*_CH2 输入 PWM 信号。将触发控制器中的从模式控制器配置为复位模式，在 TI1FP1 或 TI2FP2 信号作用下，复位 TMR*x*_CNT 为 0。

在图 5.8 中，将要测量的 PWM 信号输入 TMR*x*_CH1 通道，即 TI1 信号。经过滤波和边沿检测器，TI1 信号会被分成两路，一路 TI1FP1 通过选择器进入 IC1，另一路 TI1FP2 通过选择器进入 IC2。

（1）当 TI1 输入信号的上升沿到达时，触发 IC1、IC2 捕获输入中断，复位计数器（CNT）从 0 开始计数。

（2）当 TI1 的下降沿到来时，触发 IC2 捕获输入事件，TMR*x*_CNT 的当前值被保存在 TMR*x*_CC2 中，而 TMR*x*_CNT 继续累加。

（3）TI1 信号的第二个上升沿到来时，触发 IC1 捕获输入事件，TMR*x*_CNT 的当前值被保存在 TMR*x*_CC1。

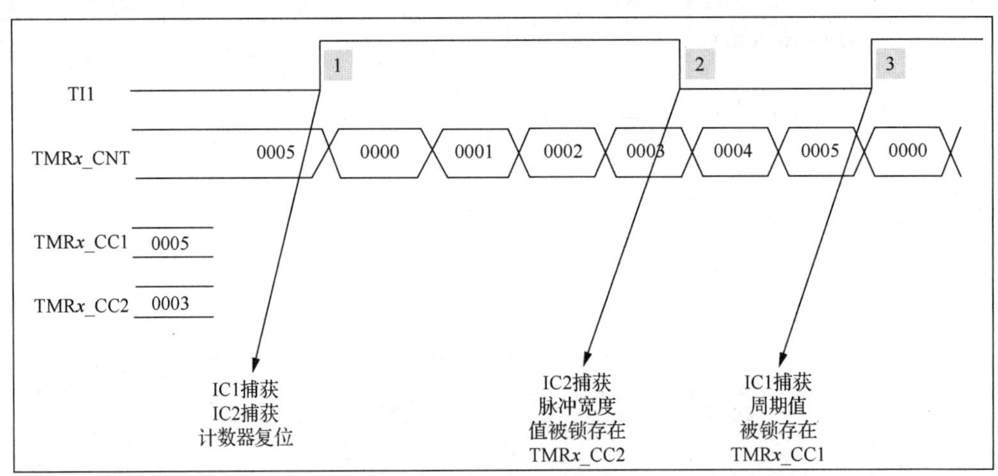

图 5.8 PWM 输入模式时序图

假设 TCK_CNT 是定时器的时钟周期。可以看出，待测 PWM 信号的脉宽=

（TMRx_CC2+1）×TCK_CNT，待测 PWM 信号的高电平的周期=（TMRx_CC1+1）× TCK_CNT。在图 5.8 中，TMRx_CC2=3，TMRx_CC1=5，则 PWM 占空比=（3+1）/（5+1）≈66.7%。

PWM 捕获输入方式需要同时占用 TMRx_CC1、TMRx_CC2 两个捕获/比较寄存器。

5.3.7 单脉冲模式

所谓单脉冲就是通过配置定时器，使其在一个可控延时后，产生一个脉宽可控的脉冲。单脉冲模式是定时器比较输出中的一种特殊情况，也是 PWM 输出模式的特例。

5.3.8 编码器接口模式

编码器通常用于测量运动系统的位置和速度。APM32E103 微控制器的编码器接口可接收增量（正交）编码器的信号，根据编码器产生的正交脉冲信号，自动控制 CNT 增减，从而指示运动物体的位置、旋转方向和旋转速度。编码器信号可以看作带有方向控制的外部时钟。编码器输出有 A 相和 B 相两个信号，分别接入输入捕获单元的 CH1 和 CH2 通道，由 TI1FP1 和 TI2FP2 引入从模式控制器。

5.3.9 强制输出模式

在强制输出模式下，忽略比较结果，直接根据配置指令，强制输出特定的电平。通过设置 TMRx_CCMx 的 CCxSEL=00，设定 CCx 通道为输出，再设置 TMRx_CCMx 的 OCxMOD=100/101，即可强制设定 OCxREF 信号为无效/有效状态。

5.3.10 中断和 DMA 请求

定时器在事件发生时，会请求中断。这些事件包括：更新事件（计数器上/下溢出、计数器初始化）、触发事件（计数器启动、停止、内/外部触发）和捕获/比较事件。其中一些内部中断事件可以产生 DMA 请求。

5.4 APM32E103 微控制器的高级定时器（TMR1/8）

高级定时器与通用定时器的结构基本一致，其功能要更为复杂一些，增加了刹车控制（BRK）、死区控制（DTS）和重复计数器，如图 5.9 所示。高级定时器的内部时钟（CK_INT）来自 TMRxCLK，TMRxCLK 则来自 APB2 预分频器的输出 PCLK2。

高级定时器总共可以输出 7 路 PWM 信号，其中 3 组（6 路）PWM 具有互补输出、可编程死区的 PWM 波。互补是指 OCx 和 OCxN 输出极性相反的信号。使用 PWM 控制 MOS 管的通断，进而控制电机时，不加死区控制的 PWM 信号易造成同一桥臂上的两个 MOS 管同时导通，使电源短路。如图 5.10 所示，在互补 PWM 信号上加入死区延时，就可以避免这个问题的出现。配置 TMRx_BDT 的 DTS 位可以控制死区的持续时间。

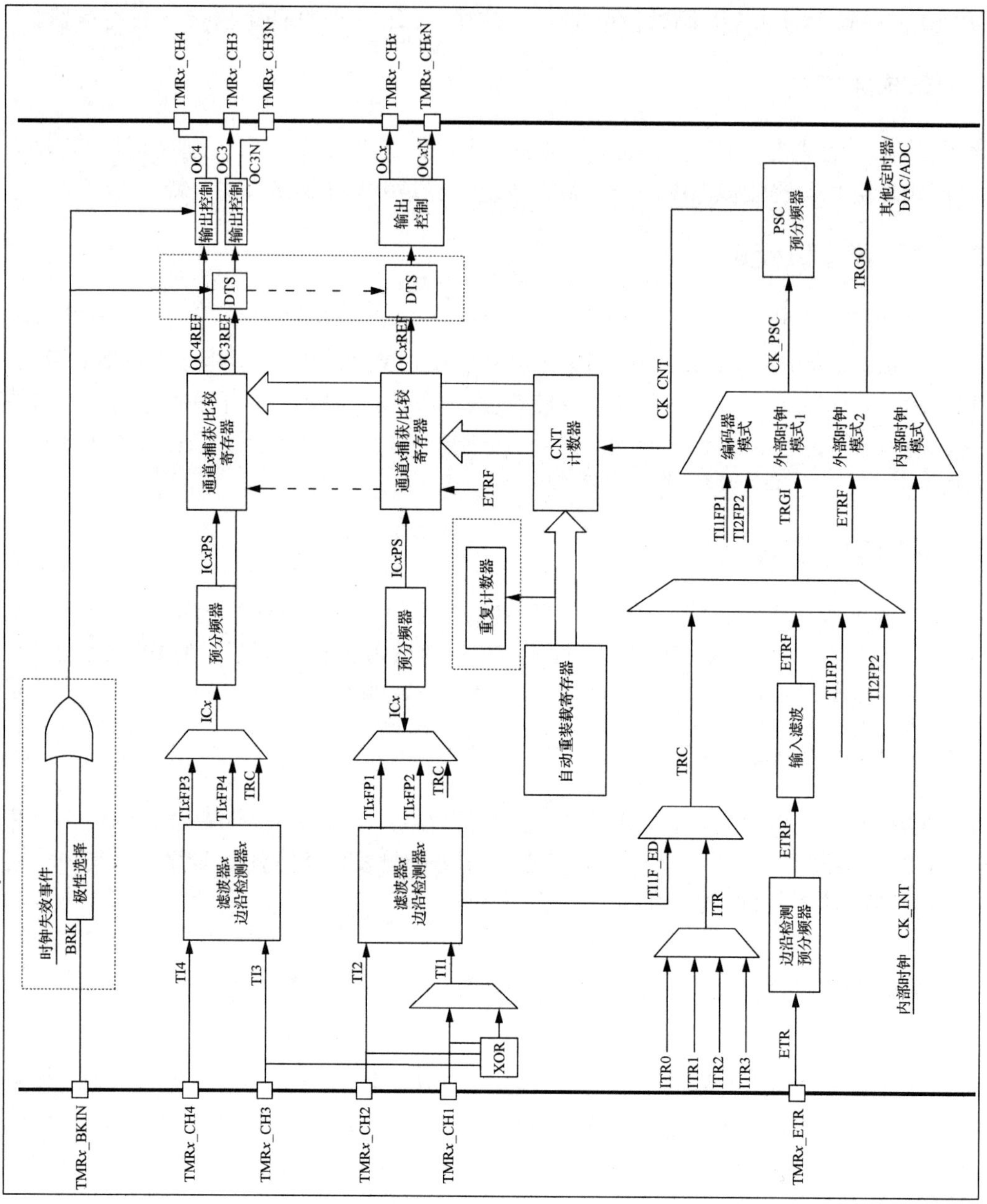

图 5.9　高级定时器结构框图

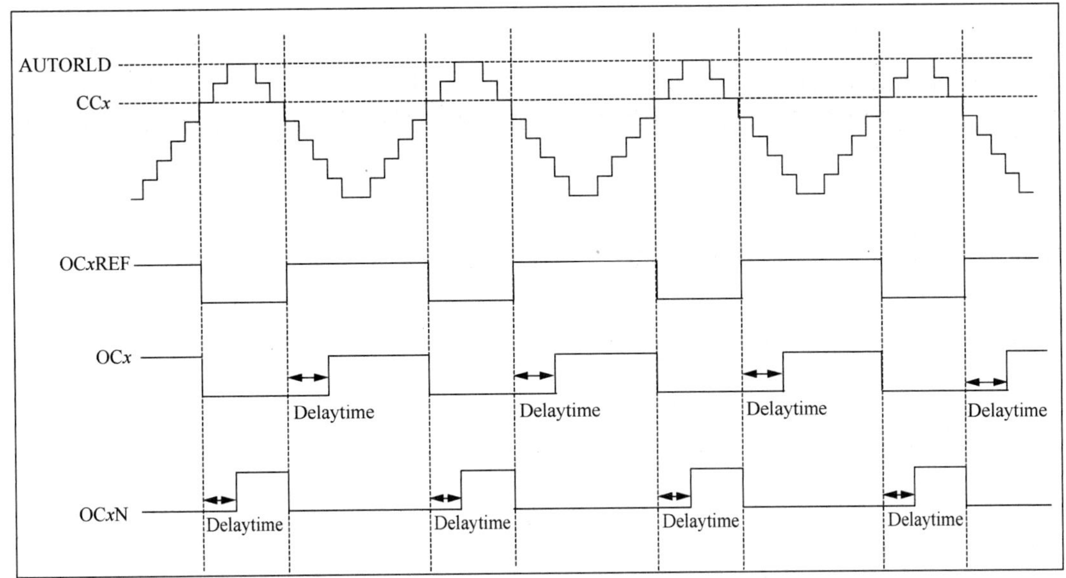

图 5.10 在互补输出 PWM 上插入死区延时

刹车的信号源为时钟故障事件和外部输入接口。设置 TMRx_BDT 的 BRKEN 位，可以使能刹车功能；设置 TMRx_BDT 的 BRKPOL 位，可以修改刹车输入信号的极性。发生刹车事件时，可以根据相关控制位的状态修改输出脉冲信号电平，如图 5.11 所示，从图中可以看出，在刹车事件发生后，输出 OCx 有不同的电平。

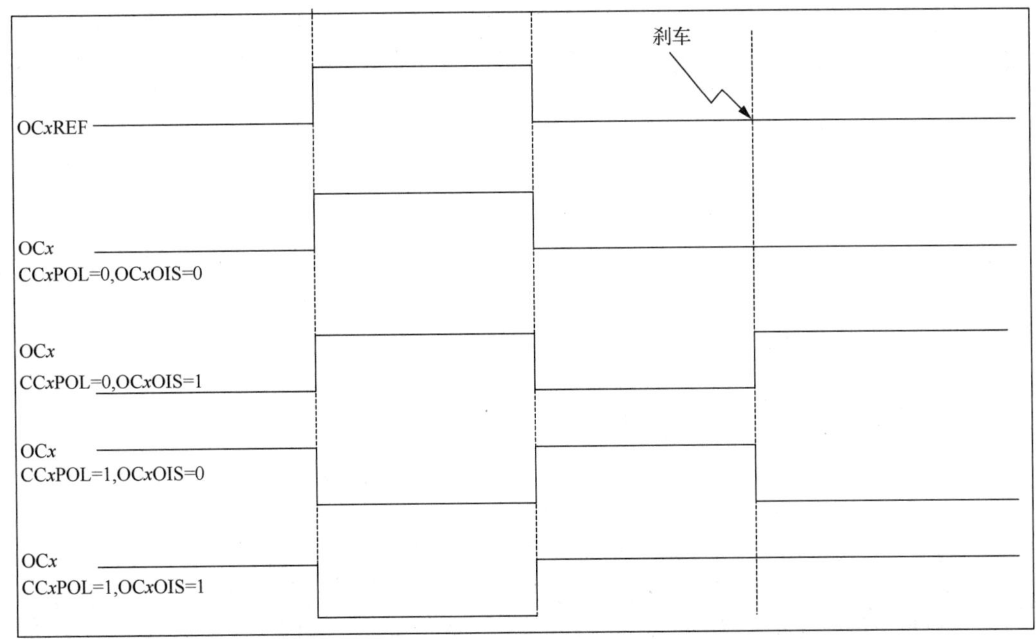

图 5.11 发生刹车事件的时序图

重复计数器（REPCNT）的值只有在定时器发生上溢或下溢事件时，才会递减。当重复计数器递减为 0 时，会生成更新事件。例如，设 N 为重复计数器的值，在定时器计数器发生 N+1 个上溢或下溢事件时，产生更新事件。该更新事件可产生中断。

插入死区延时的互补输出 PWM 具有刹车、重复计数器等功能，特别适合用于电机控制。

5.5 APM32E103 微控制器的定时器编程

5.5.1 与定时器相关的库函数

APM32E103 微控制器提供了完整的用于定时器操作的库函数。与定时器操作相关的结构体、宏定义及库函数的声明放在头文件 apm32e10x_tmr.h 中，库函数的实现放在源码文件 apm32e10x_tmr.c 中。

1. 定时器配置结构体

使用定时器的配置结构体，要注意区分基本定时器、通用定时器和高级定时器，因为这些定时器所具有的功能是不同的，结构体中的一些成员可能不需要初始化。

定时器时基配置结构体的定义如下：

```
typedef struct
{
    TMR_COUNTER_MODE_T      countMode;              //计数模式
    TMR_CLOCK_DIV_T         clockDivision;          //预分频器系数
    uint16_t                period;                 //定时器的周期
    uint16_t                division;               //时钟分频因子
    uint8_t                 repetitionCounter;      //重复计数器的值
} TMR_BaseConfig_T;
```

定时器输出比较配置结构体的定义如下：

```
typedef struct
{
    TMR_OC_MODE_T           mode;               //输出模式选择
    TMR_OC_STATE_T          outputState;        //输出使能
    TMR_OC_NSTATE_T         outputNState;       //互补输出使能
    TMR_OC_POLARITY_T       polarity;           //输出极性
    TMR_OC_NPOLARITY_T      nPolarity;          //互补输出极性
    TMR_OC_IDLE_STATE_T     idleState;          //空闲状态下输出状态
    TMR_OC_NIDLE_STATE_T    nIdleState;         //空闲状态下互补输出状态
    uint16_t                pulse;              //脉冲宽度
} TMR_OCConfig_T;
```

定时器输入捕获配置结构体的定义如下：

```
typedef struct
{
    TMR_CHANNEL_T           channel;            //输入通道选择
    TMR_IC_POLARITY_T       polarity;           //输入捕获边沿触发选择
    TMR_IC_SELECTION_T      selection;          //输入捕获通道选择
    TMR_IC_PSC_T            prescaler;          //输入捕获通道预分频器系数
    uint16_t                filter;             //输入捕获滤波器设置
} TMR_ICConfig_T;
```

定时器刹车和死区配置结构体的定义如下：

```
typedef struct
{
    TMR_RMOS_STATE_T        RMOS;               //运行模式下的关闭状态选择
    TMR_IMOS_STATE_T        IMOS;               //空闲模式下的关闭状态选择
    TMR_LOCK_LEVEL_T        lockLevel;          //锁存配置
    uint16_t                deadTime;           //死区时间
    TMR_BRK_STATE_T         BRKState;           //刹车输入使能控制
    TMR_BRK_POLARITY_T      BRKPolarity;        //刹车输入极性
    TMR_AUTOMATIC_OUTPUT_T automaticOutput;     //自动输出极性
} TMR_BDTConfig_T;
```

2. 定时器的库函数

在对定时器接口编程时，常用的库函数如表 5.4 所示。

表 5.4 定时器常用的库函数

函数原型	备注
void TMR_Reset(TMR_T* tmr);	复位 TMR*x* 为启动时的默认值
void TMR_ConfigTimeBase(TMR_T* tmr, TMR_BaseConfig_T *baseConfig);	初始化 TMR*x* 时基
void TMR_ConfigOC1(TMR_T* tmr, TMR_OCConfig_T *OC1Config);	初始化比较输出通道 1
void TMR_ConfigOC2(TMR_T* tmr, TMR_OCConfig_T *OC2Config);	初始化比较输出通道 2
void TMR_ConfigOC3(TMR_T* tmr, TMR_OCConfig_T *OC3Config);	初始化比较输出通道 3
void TMR_ConfigOC4(TMR_T* tmr, TMR_OCConfig_T *OC4Config);	初始化比较输出通道 4
void TMR_ConfigIC(TMR_T* tmr, TMR_ICConfig_T *ICConfig);	初始化输入捕获通道
void TMR_ConfigBDT(TMR_T* tmr, TMR_BDTConfig_T *BDTConfig);	刹车和死区配置
void TMR_ConfigOC1Preload(TMR_T* tmr, TMR_OC_PRELOAD_T OCPreload);	使能或禁止 CC1 上的预装载寄存器

续表

函数原型	备注
void TMR_ConfigOC2Preload(TMR_T* tmr, TMR_OC_PRELOAD_T OCPreload);	使能或禁止 CC2 上的预装载寄存器
void TMR_ConfigOC3Preload(TMR_T* tmr, TMR_OC_PRELOAD_T OCPreload);	使能或禁止 CC3 上的预装载寄存器
void TMR_ConfigOC4Preload(TMR_T* tmr, TMR_OC_PRELOAD_T OCPreload);	使能或禁止 CC4 上的预装载寄存器
void TMR_EnablePWMOutputs(TMR_T* tmr);	使能或禁止 PWM 主输出
uint16_t TMR_ReadStatusFlag(TMR_T* tmr, TMR_FLAG_T flag);	读取标志位的状态
void TMR_ClearStatusFlag(TMR_T* tmr, uint16_t flag);	清除待处理标志位
uint16_t TMR_ReadIntFlag(TMR_T* tmr, TMR_INT_T flag);	读取中断标志位
void TMR_ClearIntFlag(TMR_T* tmr, uint16_t flag);	清除中断标志位
void TMR_EnableInterrupt(TMR_T* tmr, uint16_t interrupt);	使能指定的中断
void TMR_DisableInterrupt(TMR_T* tmr, uint16_t interrupt);	禁止指定的中断
void TMR_Enable(TMR_T* tmr);	使能 TMR*x*
void TMR_Disable(TMR_T* tmr);	禁止 TMR*x*

3. 定时器输入和输出引脚配置

通用定时器和高级定时器都具有输入捕获和输出比较功能，对应的引脚配置如表 5.5 所示。

表 5.5 定时器的引脚配置

TMR 引脚	类别	引脚配置
TMR1/8_CH*x*	输入捕获通道	浮空输入
	输出比较通道	推挽复用输出
TMR1/8_CH*x*N	互补输出通道	推挽复用输出
TMR1/8_BKIN	刹车输入	浮空输入
TMR1/8_ETR	外部触发时钟输入	浮空输出
TMR2/3/4/5_CH*x*	输入捕获通道	浮空输入
	输出比较通道	推挽复用输出
TMR2/3/4/5_ETR	外部触发时钟输入	浮空输入

5.5.2 定时器编程实例

定时器编程实例

1. 主要功能

利用通用定时器 TMR4 的 CH2 通道从 PD13 引脚输出 PWM。在程序中调整 PWM 的占空比，从而调节 PD13 引脚的 LED 亮度。

2. 硬件接线

如图 5.12 所示，LED 接 APM32E103 微控制器的 PD13 引脚，低电平时，LED 亮。PD13 输出 PWM，高电平持续时间短，低电平持续时间较长时，LED 亮度较亮。换句话说，PWM 占空比小时，LED 较亮。

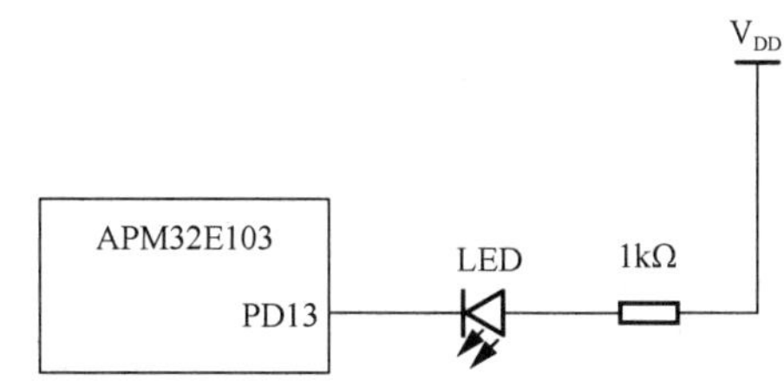

图 5.12 TMR4 的 CH2 通道 PD13 输出 PWM

3. 程序流程图

TMR4 输出 PWM 的流程图如图 5.13 所示。

在图 5.13 中，因为程序中要用到 GPIOD 引脚 PD13 和定时器 TMR4，所以先打开这两个外设的时钟。另外，要把 TMR4 的输出引脚重映射到 PD12、PD13、PD14 和 PD15。设置 PD13 为辅助开漏输出模式，设置 TMR4 的计数方式为向上计数方式，预分频系数为 71。默认情况下，TMR*x*_CLK 等于 72MHz，TMR4 的内部时钟频率为 72/(71+1)=1MHz，时钟周期为 1μs。设置 AUTORLD 为 49，则可以计算出计数周期为(49+1)×1=50μs，计数频率为 20kHz。

将 TMR4 比较输出模式设置为 PWM1 模式，当 TMR4_CNT<TMR4_CC*x* 时，输出有效电平；当 TMR4_CNT≥TMR4_CC*x* 时，输出无效电平。程序中设置 CC*x* 为 45，可以计算出 PWM 的占空比为（45/50）×100%=90%。设置比较输出的有效极性为高电平有效，并使能比较输出。然后，使能 CC*x* 和 AUTORLD 的预装载功能，使能定时器 TMR4，此时 CH2 通道 PD13 开始输出 PWM，但 LED 较暗。修改 CC*x* 为 5，占空比为 10%，可以发现灯变亮了。

对于高级定时器 TMR1/8，需要使能 TMR1/8 定时器比较输出的 PWM 主输出功能。这是因为 TMR1/8 具有刹车功能，必须设置刹车及死区寄存器 BDT 的 MOEN 位=0，才能有 PWM 信号的输出，这个功能是高级定时器才有的功能。

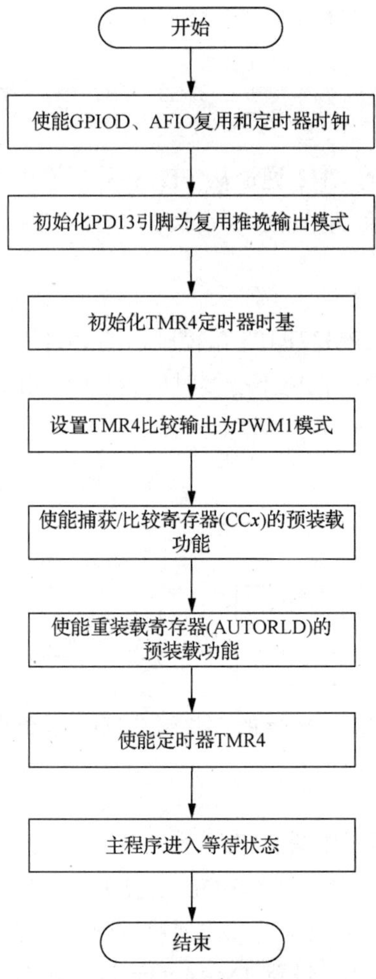

图 5.13　TMR4 输出 PWM 流程图

4. 代码实现

根据前述程序流程图实现的部分程序代码如下：

```
#include "apm32e10x_gpio.h"
#include "apm32e10x_rcm.h"
#include "apm32e10x_tmr.h"
int main(void)
{
        //GPIO 配置定义
    GPIO_Config_T GPIO_ConfigStruct;
        //定时器时基配置定义
    TMR_BaseConfig_T TMR_TimeBaseStruct;
        //定时器输出配置定义
    TMR_OCConfig_T OCcongigStruct;
```

```
        //使能 GPIOD 和 AFIO 复用功能模块时钟
 RCM_EnableAPB2PeriphClock(RCM_APB2_PERIPH_GPIOD | RCM_APB2_PERIPH_
AFIO);
        //使能定时器时钟
   RCM_EnableAPB1PeriphClock(RCM_APB1_PERIPH_TMR4 );
        //TMR4 引脚重映射到 PD12，PD13，PD14，PD15
        GPIO_ConfigPinRemap(GPIO_REMAP_TMR4);
        //PD13 引脚初始化为复用推挽输出（GPIO_MODE_AF_PP）模式
   GPIO_ConfigStruct.pin=GPIO_PIN_13;
   GPIO_ConfigStruct.mode=GPIO_MODE_AF_PP;
   GPIO_ConfigStruct.speed=GPIO_SPEED_50MHz;
   GPIO_Config(GPIOD,&GPIO_ConfigStruct);
        //定时器计数器为向上计数模式
   TMR_TimeBaseStruct.countMode=TMR_COUNTER_MODE_UP;
        //预分频系数 PSC=71
   TMR_TimeBaseStruct.division=72-1;
        //自动重装载寄存器 AUTORLD=49
   TMR_TimeBaseStruct.period=50-1;
        //定时器内部时钟 CK_INT=72MHz/(71+1)
        //定时器溢出频率=1MHz/(49+1)=20kHz
   //定时器 TMR4 初始化，
   TMR_ConfigTimeBase(TMR4,&TMR_TimeBaseStruct);
        //比较输出为 PWM1 模式
   OCcongigStruct.mode=TMR_OC_MODE_PWM1;
        //比较输出有效极性
   OCcongigStruct.polarity=TMR_OC_POLARITY_HIGH;
        //使能比较输出
   OCcongigStruct.outputState=TMR_OC_STATE_ENABLE;
        //设置脉冲宽度，即设置 PWM 占空比
        //设置为 45 时，LED 较暗；设置为 5 时，LED 较亮
   OCcongigStruct.pulse=45;
        //初始化 OCx
   TMR_ConfigOC2(TMR4,&OCcongigStruct);
        //使能捕获寄存器 CCx 的预装载功能
   TMR_ConfigOC2Preload(TMR4,TMR_OC_PRELOAD_ENABLE);
        //使能重装载寄存器
   TMR_EnableAUTOReload(TMR4);
        //使能定时器
   TMR_Enable(TMR4);
   while(1) ;
}
```

本 章 小 结

本章在引入定时器基本概念的基础上，介绍了 APM32E103 微控制器的基本定时器 TMR6/7、通用定时器 TMR2/3/4/5 和高级定时器 TMR1/8。其中，重点讲解了通用定时器的 PWM 比较输出和 PWM 输入捕获功能；列举了 APM32E103 微控制器库函数中常用的、与定时器操作相关的结构定义和函数，并以 TMR4 的 PWM 输出为例，详细展示了一些结构体和库函数的使用。

习题 5

1．微控制器定时器的基本功能是什么？
2．简述 APM32E103 微控制器的基本定时器结构。
3．APM32E103 微控制器有哪些种类的定时器？各种定时器的功能有哪些？
4．在 APM32E103 微控制器通用定时器的计数模式中，中央对齐模式是如何工作的？
5．如何计算 APM32E103 微控制器定时器输出 PWM 的周期和占空比？
6．简述 APM32E103 微控制器通用定时器输出 PWM 的设置步骤。

第 6 章

USART 接口

通用同步异步接口（USART）是一个串行通信设备，可以灵活地与外部设备进行全双工数据交换。通用异步接口（UART）是在 USART 基础上去掉了同步通信功能，只具有异步通信功能的设备。简单区分同步通信和异步通信就是看通信时需不需要对外提供时钟输出。通常很少使用同步串行通信功能，所以本章主要对 UART 异步串行通信进行讲解。

6.1 串行通信简介

UART 通信协议可以分成物理层和协议层。物理层规定通信系统中具有机械、电子功能部分的特性，确保原始数据在物理媒介中的传输；协议层主要规定逻辑信号的协议规范。

1. *物理层*

UART 通信的物理层有很多标准，主要规定信号的用途、通信接口的样式和信号的电平标准。

（1）电平标准。

简单的电路板内通信常使用晶体管逻辑门电路（TTL）电平标准完成两个设备之间的通信。在理想状态下，使用 2.4～5V 表示二进制逻辑 1，使用 0～0.5V 表示逻辑 0。为了增加串口通信的远距离传输及抗干扰能力，RS-232 总线使用-15～-3V 表示逻辑 1，3～15V 表示逻辑 0。使用 TTL 与 RS-232 电平标准表示同一个信号时的对比如图 6.1 所示。

（2）信号线。

基于 TTL 电平标准的 UART 通信，是 UART 通信协议中最简单的使用场景。如图 6.2 所示，两个设备之间通过最少三根线 Rx、Tx、GND 即可完成通信。通过 Tx→Rx 线把设备 A 要发送的信息发送给设备 B，通过 Rx→Tx 线把设备 B 要发送的信息发送给设备 A，最下面的地线为统一参考地。

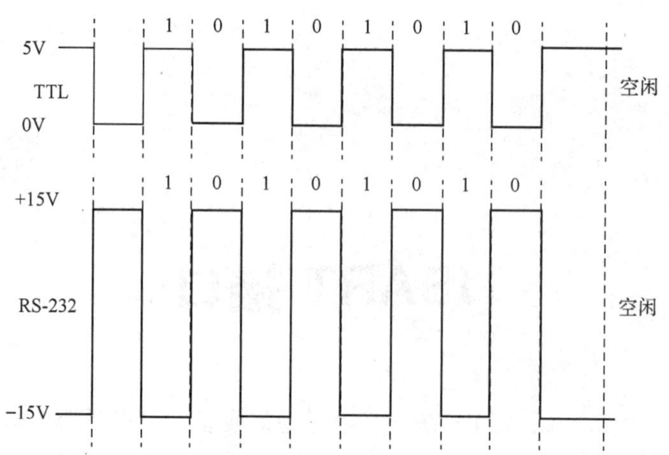

图 6.1　TTL 和 RS-232 电平标准表示同一信号时的对比

由于收发数据是有关联关系的，部分情况下需要关注硬件流控。UART CTS/RTS 用于硬件流控，协调双方收发数据，保证数据不丢失。设备 A 通过 UART 发送数据，当芯片 B 拉高 RTS 时，A 就会暂停发送；当芯片 B 拉低 RTS 时，A 又会继续发送。同理，设备 A 也可以通过 RTS 控制设备 B 是否暂停发送。在不关注硬件流控时，UART CTS/RTS 线可以不连接。

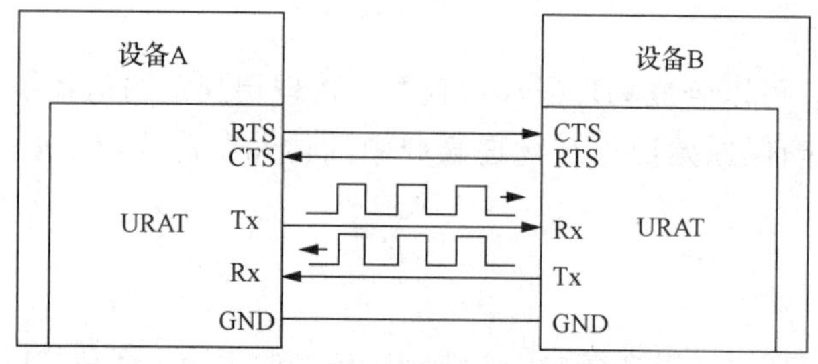

图 6.2　TTL 标准线路连接

RS-232 串口标准通常用于计算机与控制器、调制解调器、工业控制设备等之间的通信。在旧式的台式计算机中一般会有 RS-232 标准的 COM 接口（也称 DB9 接口），如图 6.3 所示。

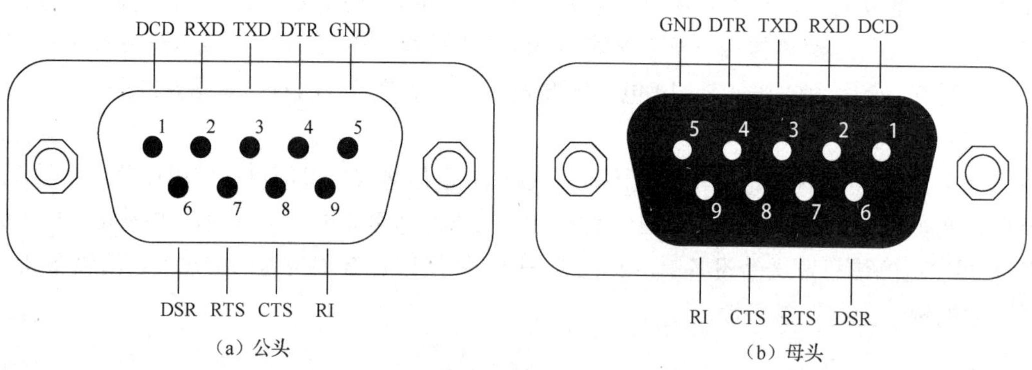

图 6.3　COM 接口

接口以针式引出信号线的称为公头，以孔式引出信号线的称为母头。在 APM32E103 微控制器上，一般引出的为母头，使用相应的串口线将它与计算机连接起来就可以用于 UART 通信的信号线。信号线各个引脚的说明见表 6.1。

表 6.1　信号线各个引脚的说明

序号	符号	名称
1	DCD	载波检测
2	RXD	接收数据
3	TXD	发送数据
4	DTR	数据终端就绪
5	GND	信号地
6	DSR	数据设备就绪
7	RTS	请求发送
8	CTS	允许发送
9	RI	响铃指示

在微控制器与其他设备之间，使用 RS-232 标准的 DB9 接口进行串口通信的结构图如图 6.4 所示。

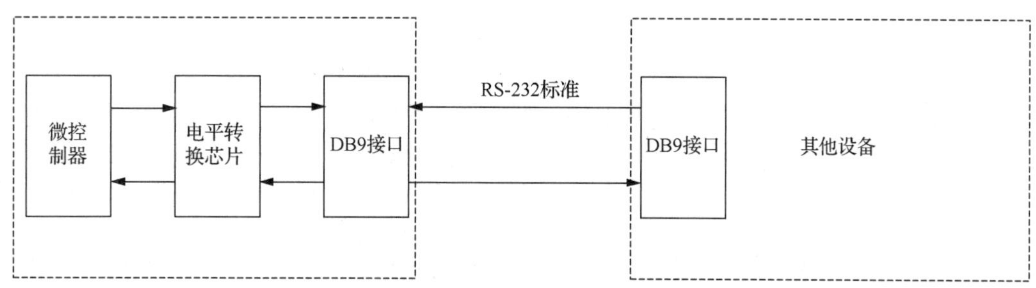

图 6.4　DB9 接口串口通信结构图

在图 6.4 的通信方式中，两个通信设备的 DB9 接口通过使用 RS-232 标准的串口信号线来建立连接，从而实现数据信号的传输。由于 RS-232 标准的电平信号不能直接被微控制器识别，因此通常会采用一个电平转换芯片将这些 RS-232 标准的电平信号转换成 TTL 标准的电平信号，以实现通信。

2. 协议层

异步串口通信协议按帧传送数据，帧数据通过发送设备的 TXD 接口传输到接收设备的 RXD 接口。在串口通信的协议层中，规定了帧数据的内容，它由开始位、数据主体、校验位以及停止位组成，通信双方的数据格式要约定一致才能正常收发数据，其组成如图 6.5 所示。

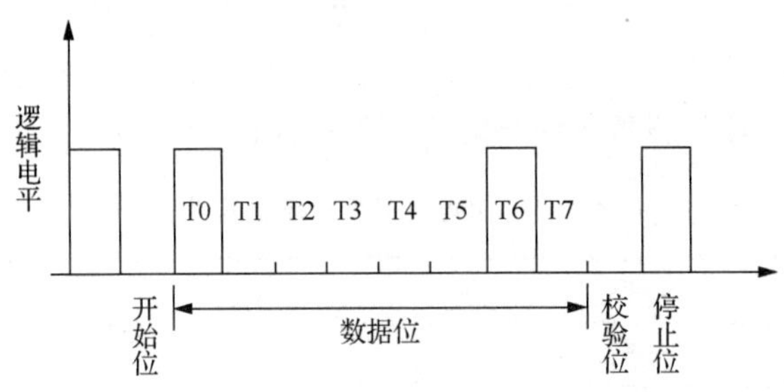

图 6.5　帧数据基本组成

（1）波特率。

波特率是 UART 通信协议中非常重要的一个概念。异步通信中由于没有时钟信号，因此两个通信设备之间需要约定好波特率，即每个码元的长度，以便对信号进行解码，图 6.5 中横坐标上的每一格就代表一个码元。常见的波特率有 4800bit/s、9600bit/s、115200bit/s 等。

（2）开始位及停止位。

异步串行通信的一个帧数据包从开始位开始到停止位结束。数据包的起始信号由一个逻辑 0 的数据位表示，而数据包的停止信号由 0.5、1、1.5 或 2 个逻辑 1 的数据位表示，通信双方的停止位宽度要约定一致才可以通信。

（3）数据位。

数据包的开始位后面紧接着的就是要传输的主体数据内容，由若干个逻辑 0 或 1 组成，也称数据位。数据位的长度可以是 5 位长、6 位长、7 位长或 8 位长，通信双方也需约定一致。

（4）校验位。

在数据位后面有一个可选的数据校验位。由于数据通信相对更容易受到外部干扰导致传输数据出现偏差，可以在传输过程加上校验位来解决这个问题。校验方法有奇校验、偶校验等。

奇校验要求数据位加上校验位中 1 的个数为奇数。例如，一个 8 位长的数据位为 01101001，此时总共有 4 个 1，为达到奇校验效果，校验位为 1，最后传输的数据将是 8 位的有效数据加上 1 位的校验位，总共 9 位。

偶校验与奇校验要求刚好相反，要求数据位加上校验位中 1 的个数为偶数。例如，数据帧 11001010，此时数据帧 1 的个数为 4 个，所以偶校验位为 0。

6.2　APM32E103 微控制器的 USART 简介

APM32E103 微控制器上有丰富的串口资源，64Pin 和以上的 MCU 有 3 个 USART

和 2 个 UART，USART1 接口通信速率可达 4.5Mbit/s，其他 USART/UART 的通信速率可达 2.25Mbit/s，除 UART5 外所有其他 USART/UART 都可以支持 DMA，以实现高速数据通信。

6.2.1　主要特征

APM32E103 微控制器上的 USART 具备以下特性。

（1）通信方式灵活，支持全双工异步通信及单线半双工通信。

（2）拥有可编程的串口特性，数据位可选择 8 位或 9 位，校验位可选择偶校验、奇校验、无校验，支持 0.5、1、1.5、2 个停止位。

（3）具备独立的发送器和接收器使能位。

（4）具备可编程的波特率发生器，波特率最高可达 4.5Mbit/s。

（5）支持多处理器通信模式，若地址不匹配，则进入静默模式，通过空闲总线检测或地址标记检测，可从静默模式中唤醒。

（6）支持同步传输模式。

（7）支持硬件流控制。

（8）可利用 DMA 连续通信。

（9）具备多状态标志位，包括传输检测标志位（发送寄存器为空、接收寄存器不为空、发送完成）和错误检测标志位（溢出错误、噪声错误、奇偶校验错误、帧错误）。

（10）具备多个中断源，包括发送寄存器为空、发送完成、CTS 改变、接收寄存器不为空、过载错误、总线空闲等中断源。

6.2.2　功能简介

APM32E103 微控制器的 USART 串口模块功能丰富，其结构框图如图 6.6 所示。

图 6.6 左右两侧是外接引脚，内部从上到下分别为：数据寄存器、控制器、波特率发生器。

各模块作用如下。

1．引脚

（1）USART_RX：输入引脚，负责数据接收。

（2）USART_TX：输出引脚，负责数据发送，当发送器被使能且不发送数据时，默认为高电平。

（3）USART_CK：输出引脚，负责时钟输出。

（4）USART_*n*RTS：输入引脚，负责硬件流控制模式中请求发送。

（5）USART_*n*CTS：输出引脚，负责硬件流控制模式中清除发送。

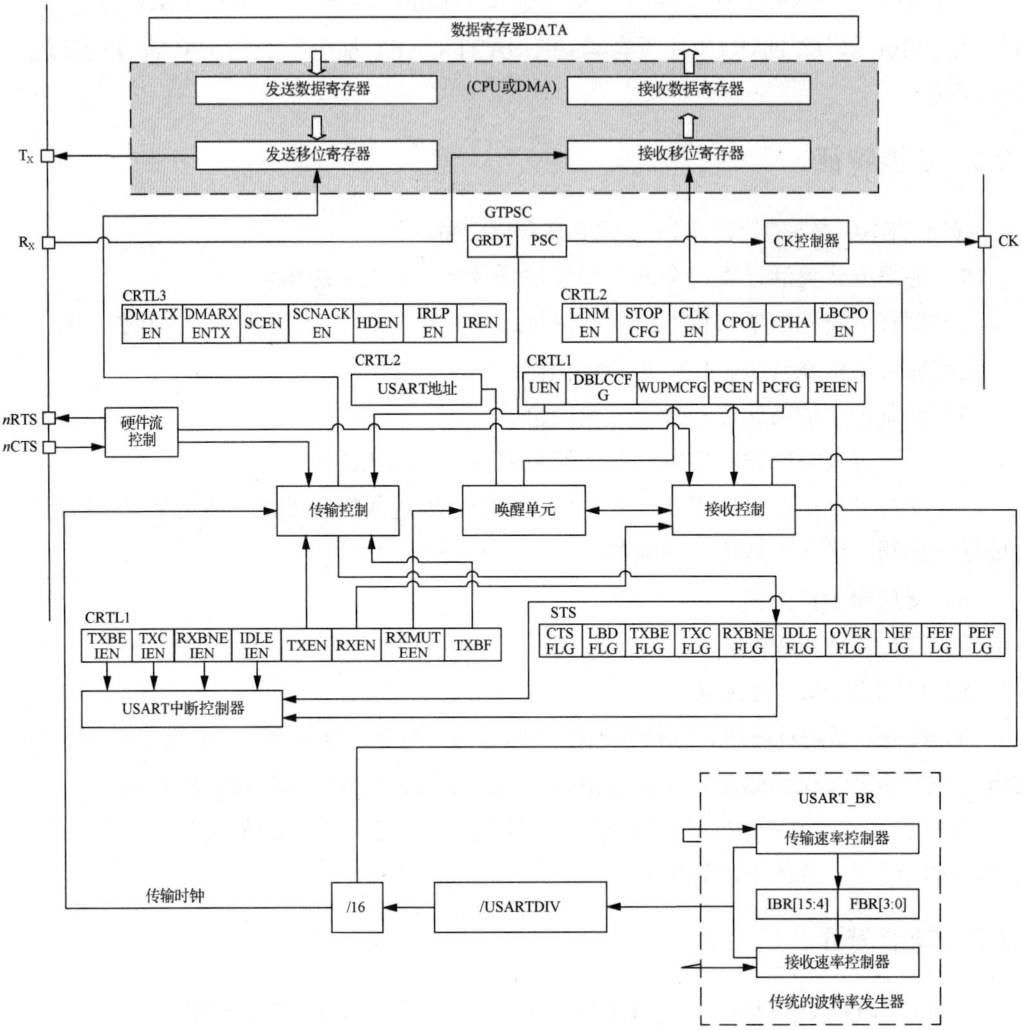

图 6.6　USART 结构框图

2. 数据寄存器

发送或接收的数据存储在数据寄存器中，发送数据寄存器和接收数据寄存器占用同一个地址，在程序上只表现为一个寄存器，就是数据寄存器，但实际硬件中分成了两个寄存器。当进行写操作时，数据就写入发送数据寄存器；当进行读操作时，从接收数据寄存器中读取数据。

寄存器下面是两个移位寄存器，一个用于发送数据，一个用于接收数据。发送移位寄存器的作用就是把一个字节的数据一位一位地移出去，对应串口协议的数据位。例如，在发送数据寄存器写入 0x55 数据，寄存器中对应为 01010101，硬件检测到写入数据，就会进行检查，当前移位寄存器是不是有数据正在移位，如果没有，01010101 就会立刻全部移

动到发送移位寄存器中，准备发送。当数据从发送数据寄存器移动到移位寄存器时，会置一个标志位 TXBEFLG，如果标志位置 1 就可以写入下一个数据了。发送移位寄存器会在发送器控制的驱动下，向右移位，一位一位地把数据输出到 T_x 引脚。数据从 R_x 引脚通向接收移位寄存器，在接收器控制的驱动下，一位一位地读取 R_x 的电平，先放在最高位，然后向右移，移位 8 次后，就能接收一个字节了。这个字节的数据就会整体地转移到接收数据寄存器中，在转移的过程中，也会置一个标志位 RXBNEFLG，当检测到 RXBNEFLG 置 1 后，就可以进行数据读取。

3. 控制器

控制器包含控制发送数据的发送器、控制接收数据的接收器、唤醒单元和中断控制器。

4. 波特率发生器

波特率发生器用来控制信号的调制速率，波特率越大，传输速度越快，USART 的发送器和接收器使用相同的波特率。

6.2.3 USART 中断

APM32E103 微控制器的 USART/UART 有多个中断请求，如表 6.2 所示。

表 6.2　USART 中断请求

<table>
<tr><th colspan="2">中断事件</th><th>事件标志位</th><th>使能位</th></tr>
<tr><td colspan="2">接收寄存器不为空</td><td>RXBNEFLG</td><td rowspan="2">RXBNEIEN</td></tr>
<tr><td colspan="2">过载错误</td><td>OVREFLG</td></tr>
<tr><td colspan="2">检测到线路空闲</td><td>IDLEFLG</td><td>IDLEIEN</td></tr>
<tr><td colspan="2">奇偶检验错误</td><td>PEFLG</td><td>PEIEN</td></tr>
<tr><td colspan="2">LIN 断开帧标志</td><td>LBDFLG</td><td>LBDIEN</td></tr>
<tr><td rowspan="3">DMA 模式下的接收错误</td><td>噪声错误</td><td>NEFLG</td><td rowspan="3">ERRIEN</td></tr>
<tr><td>溢出错误</td><td>OVREFLG</td></tr>
<tr><td>帧错误</td><td>FEFLG</td></tr>
<tr><td colspan="2">数据发送寄存器空闲</td><td>TXBEFLG</td><td>TXBEIEN</td></tr>
<tr><td colspan="2">发送完成</td><td>TXCFLG</td><td>TXCIEN</td></tr>
<tr><td colspan="2">CTS 标志</td><td>CTSFLG</td><td>CTSIEN</td></tr>
</table>

USART 的中断请求都连接在同一个中断控制器上，中断请求在发送到中断控制器之前都是逻辑或关系。USART 中断映射如图 6.7 所示。

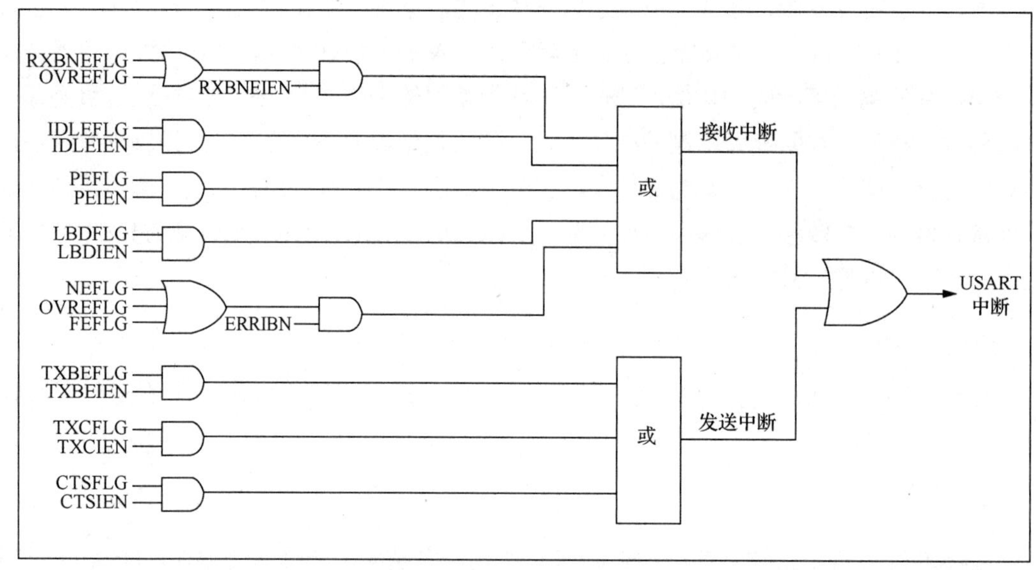

图 6.7　USART 中断映射

6.2.4　USART 的 DMA 操作

为了减轻处理器的负担，除 UART5 外，其他 USART/UART 都可以使用 DMA 方式访问数据缓存区。

1. 使用 DMA 方式发送数据

USART_CTRL3 寄存器上的 DMATXEN 位决定是否使用 DMA 方式发送数据。当使用 DMA 方式发送数据时，在指定的 SRAM 区的数据会被 DMA 传输到发送缓冲区。

使用 DMA 方式发送数据的配置步骤如下。

（1）将 USART_STS 寄存器的 TXCFLG 位清 0。

（2）将存储数据的 SRAM 存储器的地址设置为 DMA 源地址。

（3）将 USART_DATA 寄存器的地址设置为 DMA 目的地址。

（4）设置要传输的数据字节数。

（5）设置通道优先级。

（6）设置中断使能。

（7）使能 DMA 通道。

（8）等待 USART_STS 寄存器的 TXCFLG 位置 1，表示发送完成。

2. 使用 DMA 方式接收数据

USART_CTRL3 寄存器的 DMARXEN 位决定是否使用 DMA 方式接收数据，当使用 DMA 方式接收数据时，每接收一个字节，接收缓冲区的数据会被 DMA 传输到指定的 SRAM 区。

用 DMA 方式接收数据的配置步骤如下。

（1）将 USART_DATA 寄存器的地址设置为 DMA 源地址。

（2）将存储数据的 SRAM 存储器的地址设置为 DMA 目的地址。

（3）设置要传输的数据字节数。

（4）设置通道优先级。

（5）设置中断使能。

（6）使能 DMA 通道。

6.3 USART 串口通信编程

在学习 APM32E103 微控制器串口通信编程之前，需要了解 APM32E103 微控制器的标准外设库中的 USART 初始化相关结构体和 USART 相关库函数，以下对这两部分内容进行介绍。

6.3.1 USART 初始化

在 APM32E103 微控制器的标准外设库中，USART 模块的初始化结构体（USART_Config_T）和时钟初始化结构体（USART_ClockConfig_T）定义在文件 apm32e10x_usart.h 中，初始化库函数定义在文件 stm32f10x_usart.c 中。结构体成员用于设置 USART 的工作参数，并由初始化配置函数（如 USART_Config）调用，根据设定好的参数来设置外设相应的寄存器，从而实现对 USART 模块工作环境的配置。

1. USART 初始化结构体

USART 初始化结构体代码如下：

```
typedef struct
{
    uint32_t            baudRate;    /*!< Specifies the baud rate*/
    USART_WORD_LEN_T    wordLength;  /*!< Specifies the word length*/
    USART_STOP_BIT_T    stopBits;    /*!< Specifies the stop bits*/
    USART_PARITY_T      parity;      /*!< Specifies the parity */
    USART_MODE_T        mode;        /*!< Specifies the mode */
    USART_HARDWARE_FLOW_T            hardwareFlow;
                                     /*!< Specifies the hardware flowcontrol*/
}USART_Config_T;
```

（1）baudRate：波特率。一般设置为 2400bit/s、9600bit/s、19200bit/s、115200bit/s。初始化函数会根据设定值进行计算，并设置寄存器 USART_BR 的值。

（2）wordLength：数据位长度。可根据是否使能校验控制设置为 8 位或 9 位。对应的是 USART_CTRL1 的 DBLCFG，传输数据时不能修改此位。

（3）stopBits：停止位。设置的是 USART_CTRL2 的 STOPCFG [1:0]位的值，设置为

00 代表 1 个停止位，01 代表 0.5 个停止位，10 代表 2 个停止位，11 代表 1.5 个停止位，一般选择 1 个停止位。

（4）parity：校验控制选择。可选 USART_PARITY_NONE（无校验）、USART_PARITY_EVEN（偶校验）以及 USART_PARITY_ODD（奇校验）。它设定 USART_CTRL1 寄存器的 PCEN 位和 PCFG 位的值。

（5）mode：模式选择。可选 USART_MODE_RX（使能接收），USART_MODE_TX（使能发送）和 USART_MODE_TX_RX（使能发送和接收）。它设定的是 USART_CTRL1 寄存器的 RXEN 位和 TXEN 位。

（6）hardwareFlow：硬件流控制。只有在硬件流控制模式下才有效，可选 USART_HARDWARE_FLOW_NONE（不使能硬件流）、USART_HARDWARE_FLOW_RTS（使能 RTS）、USART_HARDWARE_FLOW_CTS（使能 CTS）、USART_HARDWARE_FLOW_RTS_CTS（同时使能 RTS 和 CTS），设定 USART_CTRL3 寄存器的 RTSEN 位和 CTSEN 位的值。

2. 时钟初始化结构体

时钟初始化结构体（USART_ClockConfig_T）在同步模式下才需要设置。代码如下：

```
typedef struct
{
    USART_CLKEN_T   clock;     /*!< Enable or Disable Clock */
    USART_CLKPOL_T  polarity;  /*!< Specifies the clock polarity */
    USART_CLKPHA_T  phase;     /*!< Specifies the clock phase */
    USART_LBCP_T    lastBit;   /*!< Enable or Disable last bit clock */
}USART_ClockConfig_T;
```

（1）clock：CK 引脚时钟输出使能。可选择 USART_CLKEN_DISABLE（不使能时钟输出）或 USART_CLKEN_ENABLE（使能时钟输出）。它设定的是 USART_CTRL2 寄存器的 CLKEN 位。在同步模式下，一般都需要开启时钟。

（2）polarity：CK 引脚输出时钟的极性。可设置为 USART_CLKPOL_LOW（在空闲时 CK 引脚为低电平）或 USART_CLKPOL_HIGH（在空闲时 CK 引脚为高电平）。它设定的是 USART_CTRL2 寄存器的 CPOL 位。

（3）phase：CK 引脚输出时钟的相位。可设置为 USART_CLKPHA_1EDGE（在第 1 个时钟边沿开始采样）或 USART_CLKPHA_2EDGE（在第 2 个时钟边沿开始采样）。它设定的是 USART_CTRL2 寄存器的 CPHA 位。phase 与 polarity 配合使用，可以得到多种模式。

（4）lastBit：最后一位时钟脉冲在 CK 引脚输出使能。可选择 USART_LBCP_DISABLE（不从 CK 输出）、USART_LBCP_ENABLE（从 CK 输出）。它设定的是 USART_CTRL2 寄存器的 LBCPOEN 位。

6.3.2 APM32E103 微控制器的 USART 库函数

在 APM32E103 微控制器固件库的文件 apm32e10x_usart.h 中定义了很多 USART 相关函数，具体内容见表 6.3。

表 6.3　USART 函数描述

函数名	描述
USART_Reset	将 USART 外设寄存器设置为默认值
USART_Config	根据 USART_Config_T 的参数初始化外设 USARTx 寄存器
USART_ConfigStructInit	将 USART_Config_T 中的参数设置为默认值
USART_ConfigClock	配置通信时钟
USART_ConfigClockStructInit	将 USART_ClockConfig_T 的成员设置成默认值
USART_Enable/USART_Disable	启用/禁用 USART 外设
USART_EnableDMA/USART_DisableDMA	启用/禁用 USART DMA 端口
USART_Address	配置 USART 节点地址
USART_ConfigWakeUp	选择 USART 的唤醒方式
USART_EnableMuteMode/USART_DisableMuteMode	使能/失能 USART 的静默模式
USART_EnableLIN/USART_DisableLIN	使能/失能 USART 的 LIN 模式
USART_EnableTx/USART_DisableTx	使能/失能 USART 的发送
USART_EnableRx/USART_DisableRx	使能/失能 USART 的接收
USART_TxData/USART_RxData	发送/接受单个数据
USART_TxBreak	发送中断字
USART_ConfigGuardTime	设置指定的 USART 保护时间
USART_ConfigPrescaler	设置 USART 时钟预分频
USART_EnableSmartCard/USART_DisableSmartCard	启用/禁用 USART 智能卡模式
USART_EnableSmartCardNACK	启用 NACK 传输
USART_DisableSmartCardNACK	禁用 NACK 传输
USART_EnableHalfDuplex/USART_DisableHalfDuplex	启用/禁用 USART 半双工通信
USART_ConfigIrDA	配置 USART 的 IrDA 接口
USART_EnableIrDA/USART_DisableIrDA	启用/禁用 USART 的 IrDA 接口
USART_EnableInterrupt/USART_DisableInterrupt	启用/禁用指定的 USART 中断
USART_ReadStatusFlag/USART_ClearStatusFlag	读取/清除指定的 USART 状态标志
USART_ReadIntFlag/USART_ClearIntFlag	读取/清除指定的 USART 中断标志

6.3.3　串口中断收发实例

串口中断收发实例

1. 分析

通过本实例的学习，将掌握利用 APM32E103 微控制器的 USART 模块实现开发板和计算机之间的通信。本实例需要实现的功能为：将 APM32E103

微控制器的开发板通过 USART 模块和上位机建立通信连接，上电后开发板的 USART1 向计算机发送准备就绪提示，然后 USART1 将通过中断接收到的计算机发出的消息再全部发送给计算机。主要需要进行以下操作。

（1）开启时钟，需使能 GPIO 的时钟和 USART 的时钟。

（2）配置串口的 I/O 模式。

（3）USART 模块初始化，包括波特率的设置、数据长度选择、停止位和校验设置等。

（4）配置中断控制器，使能 USART1 接收中断。

（5）使能 USART1。

（6）在 USART 中断服务函数中实现数据的接收和发送。

2. 实现

（1）硬件准备。

极海 APM32F103ZE EVAL 板上有 USB TO Uart 模块可供使用，要实现开发板和上位机通信，只需要将 USB 转串口的 USB_mini 接口通过 USB 线连接到计算机 USB 接口即可完成通信。具体硬件原理图如图 6.8 所示，这里的 CH340E 是一种 USB 转串口芯片，其主要用途是将设备的串行接口（如 RS-232、RS-485、RS-422）转换成 USB 接口。这样，计算机可以通过 USB 接口访问这些串行设备（如单片机），从而简化串行通信的配置和使用过程。P7、P8 排针可以用跳帽选择连接 CH340E 的是 USART1 还是 USART2，这里选择 USART1 即可。

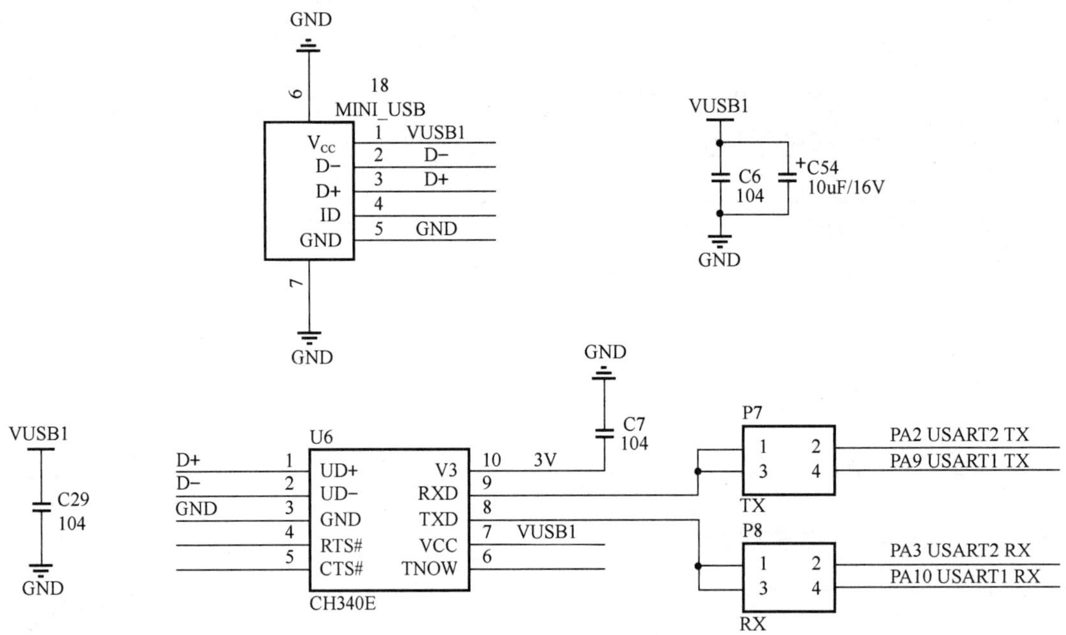

图 6.8　USB TO Uart 硬件原理图

（2）软件设计。

由于篇幅限制，这里只针对部分核心代码进行说明。

首先是配置串口的 I/O 模式和协议配置，将 USART1 的发送引脚配置为复用推挽模式，接收引脚配置为浮空输入模式。USART1 协议配置波特率为 115200bit/s，硬件流控制设置不使能，模式为发送和接收模式，无校验；设置停止位为 1 位，数据位长度为 8 位。这两块内容都放在 USART Init 函数中，具体代码如下：

```
void USART1_Init(void)
{
    GPIO_Config_T GPIO_configStruct;
    USART_Config_T USART_ConfigStruct;
    RCM_EnableAPB2PeriphClock(RCM_APB2_PERIPH_GPIOA);
    RCM_EnableAPB2PeriphClock(RCM_APB2_PERIPH_USART1);
    /* 配置 USART1 发送引脚为复用推挽模式*/
    GPIO_configStruct.mode=GPIO_MODE_AF_PP;
    GPIO_configStruct.pin=GPIO_PIN_9;
    GPIO_configStruct.speed=GPIO_SPEED_50MHz;
    GPIO_Config(GPIOA, &GPIO_configStruct);
    /* 配置 USART1 接收引脚为浮空输入模式 */
    GPIO_configStruct.mode=GPIO_MODE_IN_FLOATING;
    GPIO_configStruct.pin=GPIO_PIN_10;
    GPIO_Config(GPIOA, &GPIO_configStruct);
    USART_ConfigStruct.baudRate=115200;
    USART_ConfigStruct.hardwareFlow=USART_HARDWARE_FLOW_NONE;
    USART_ConfigStruct.mode=USART_MODE_TX_RX;
    USART_ConfigStruct.parity=USART_PARITY_NONE;
    USART_ConfigStruct.stopBits=USART_STOP_BIT_1;
    USART_ConfigStruct.wordLength=USART_WORD_LEN_8B;
    /* 配置 USART1 */
    USART_Config(USART1, &USART_ConfigStruct);
    /* 使能 USART1 */
    USART_Enable(USART1);
}
```

下面是 main 函数中的内容，其中包括 USART1 初始化、使能 USART1 接收中断与配置中断控制器，具体代码如下：

```
int main(void)
{
    USART1_Init();
    USART_EnableInterrupt(USART1,USART_INT_RXBNE);
    NVIC_EnableIRQRequest(USART1_IRQn,1,0);
    while (1)
```

```
    {
    }
}
```

然后介绍 USART1 的中断服务函数，其代码如下：

```
void USART1_Isr(void)
{
    uint8_t dat;
    if(USART_ReadIntFlag(USART1,USART_INT_RXBNE))
    {
        dat=(uint8_t)USART_RxData(USART1);
        USART_TxData(USART1,dat);
        while (USART_ReadStatusFlag(USART1,USART_FLAG_TXBE)==RESET);
    }
}
```

USART1 中断服务函数中如果发生了接收缓冲区非空中断，则 USART1 开始接收计算机发送的数据，再将接收的数据通过 USART1 发送给计算机，然后等待发送完成。

3. 结果

本实例实现开发板的 USART1 通过中断方式接收计算机发送的字符串，USART1 再将接收到的字符串发送至计算机。

（1）下载目标程序。

将目标程序编译完成后下载到开发板微控制器的 Flash 存储器中，复位运行即可查看运行结果。

（2）运行结果。

串口调试助手的串口设置与程序中一致，用 USB 线将开发板连接到计算机上。复位之后通过串口工具向开发板发送的消息即会被发送回来，如图 6.9 所示。

图 6.9 运行结果

本 章 小 结

本章首先介绍了异步串行通信协议的物理层和协议层；然后详细介绍了 APM32E103 微控制器 USART 的主要特征、功能简介、中断及 DMA 等内容；列举了 APM32E103 微控制器库函数中的主要结构体和有关 USART 函数的内容，并通过 USART1 接发通信实例介绍了部分库函数的使用方式。

习题 6

1．USART 和 UART 的区别是什么？
2．TTL 电平标准的 UART 和 RS-232 的电平标准有什么不同？
3．简述 TTL 电平标准的 UART 通信各信号线的作用。
4．简述校验位的作用。
5．简述 APM32E103 微控制器标准库函数的 USART 初始化结构体各参数的作用。

第 7 章

I2C 接口

I2C 总线（Inter-Integrated Circuit，IIC 或 I2C），是由 Philips（现为 NXP）公司在 20 世纪 80 年代推出的一种主要用于电路板内器件之间通信的总线。目前，I2C 已成为事实上的工业标准，广泛应用于微控制器、存储器和显示模块等外设中。APM32E103 微控制器具有 3 个 I2C 接口，可以方便地实现 I2C 总线通信。

7.1　I2C 总线概述

I2C 总线是一种同步、半双工、多主、多从、分组交换、单端、串行总线，仅用串行时钟线（Serial Clock Line，SCL）和串行数据线（Serial Data Line，SDA）两条线就可以完成多个器件之间的相互通信，大大简化了器件之间的连线。但 I2C 总线具有较为复杂的传输时序。

7.1.1　I2C 总线物理结构

1. *总线结构*

如图 7.1 所示，I2C 总线由时钟线（SCL）、数据线（SDA）组成，SCL、SDA 均为双向 I/O 线，必须连接上拉电阻，上拉至电源。这是因为 I2C 总线为了实现“线与”功能，要求器件的 I2C 接口均为漏极开路（或集电极开路）输出，如果不连接上拉电阻，是无法实现高电平输出的。

在空闲状态下，因为上拉电阻的存在，SCL 和 SDA 都是高电平。但只要有任意一个器件的 SCL 输出低电平，不管其他器件 SCL 输出什么电平，总线 SCL 保持为低电平，这就是所谓的“线与”功能，SDA 同样如此。

两个器件使用 I2C 总线通信时，需要共地。

在 I2C 总线结构中，SCL 用于产生通信双方的时钟节拍，SDA 用于传输数据，所以 I2C 总线是一种同步串行通信总线。

因为 I2C 总线标准规定，SCL 和 SDA 的电平上升时间要小于 1000ns，所以上拉电阻的阻值不能太大；但从降低功耗的角度出发，上拉电阻的阻值也不能过小。上拉电阻阻值范围一般为 1kΩ～10kΩ。根据经验，当电源电压为 3.3V 时，可用 4.7kΩ的上拉电阻。

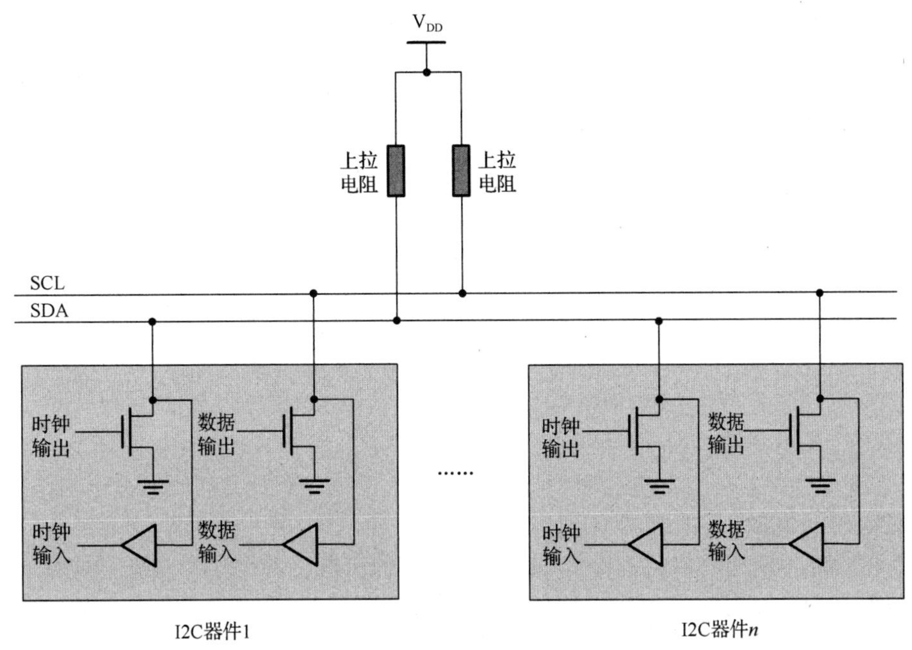

图 7.1 I2C 总线结构

连接到同一总线的器件数量受到总线最大电容 400pF 的限制。

2. 设备地址

就像接在电话线上的每个电话机都有一个电话号码一样，I2C 总线上的每一个设备都有一个唯一的地址，该地址一般为 7 位二进制或 10 位二进制数据，本书以 7 位地址为例进行讲述。通信时，可以利用这个地址识别设备，完成不同设备之间的通信。设备地址（Slave Address）表示为 SLA。地址为 0x00 时，表示广播地址。例如，EEPROM 设备 AT24C02 具有 I2C 接口，图 7.2 所示为其地址格式。该设备地址为 7 位，由两部分构成：器件编号和器件引脚地址。DA3、DA2、DA1、DA0 固定为 1010，是设备出厂时已经固化好的器件编码，A2、A1、A0 是器件引脚地址，由 AT24C02 三个引脚 A2、A1、A0 的高、低电平状态决定。如果 AT24C02 的 A2、A1、A0 引脚全部接地，A2、A1、A0 为 000，那么整个设备的 7 位地址就是 1010000，即 0x50。

设备地址字节的最后一位 R/$\overline{W}$ 是表示读写方向的，当 R/$\overline{W}$ 为 1 时表示要从该设备读取数据；当 R/$\overline{W}$ 为 0 时表示要向该设备写入数据。AT24C02 的 7 位地址加上读写方向控制位，构成了一个完整的 8 位地址字节，当 R/$\overline{W}$ 等于 1 时，称为读地址；当 R/$\overline{W}$ 等于 0 时，称为写地址。

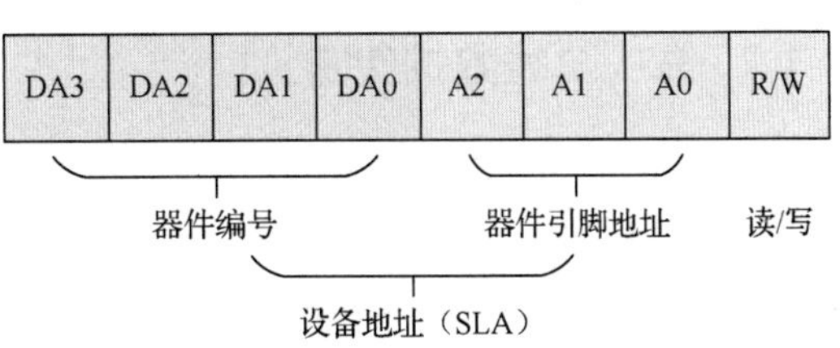

图 7.2 AT24C02 设备地址格式

3. 工作模式

因为 I2C 总线为多主机、多从机、半双工通信，SCL 上的时钟信号一般由充当主机的设备发送，SDA 上的数据可以由主机设备发送，也可以由从机设备发送，但同一时刻只能由一个设备发送数据。总线上主机设备和从机设备（即发送和接收）的关系不是一成不变的，而是取决于数据传送的方向。

根据设备的当前状态是发送数据还是接收数据，可以把设备的工作模式划分成以下 4 种。

（1）主机（主机设备）发送模式：SCL 由该设备控制，同时向 SDA 发送数据。

（2）主机（主机设备）接收模式：SCL 由该设备控制，同时从 SDA 接收数据。

（3）从机（从机设备）发送模式：不控制 SCL，向 SDA 发送数据。

（4）从机（从机设备）接收模式：不控制 SCL，从 SDA 接收数据。

从以上工作模式可以看出，如果设备控制 SCL 上的时钟，则该设备就是主机（或主机设备），一般充当主机的都是微控制器。主机设备用于产生时钟并启动总线上的传送数据，和任何被寻址从机设备进行通信。

I2C 通信时，发起通信的主机首先发送要通信的从机设备地址，总线上的每个设备会将此地址和自身的地址进行比较。地址相同的设备根据地址字节最后一位 $R/\overline{W}$ 将自己设置为从机设备发送模式（$R/\overline{W}=1$）或从机设备接收模式（$R/\overline{W}=0$），准备好下一个字节的传输。

4. 通信速率

I2C 总线的数据传输速率，在标准模式下，最高为 100kbit/s；在快速模式下，最高为 400kbit/s；在高速模式下，可达 3.4Mbit/s。

5. 总线仲裁

I2C 支持多主机通信，但同一时刻只能有一个主机占据总线，所以需要一个总线仲裁机制，以确定哪个主机占据总线。I2C 的总线仲裁机制是基于 I2C 总线的线与逻辑和 SDA 回读机制完成的。因为线与逻辑在 SCL 为低电平时，表明已经有主机占据了总线，其他主机就不再占据总线，谁先发送低电平谁就掌握对总线的控制权。SDA 回读机制是指每个主机在发送每一位数据时都要对自己的输出电平进行检测，若检测到的电平与自己发出的电平不一致，就说明已经有其他主机占据了总线，该主机就不再发起占据总线的请求。

7.1.2 I2C 总线数据传输

I2C 是一种同步串行通信，通信双方必须在严格的时钟约束下完成通信。I2C 总线是在时钟线（SCL）上的时钟作用下，一位一位地传输数据。SCL 每产生 1 个时钟脉冲，SDA 就传送 1 位数据。每 8 位数据组成一个字节，先传输字节的最高位，最后传输字节的最低位，每个字节完成传输后，要有应答位或非应答位，通知发送方是否发送下一个字节。应答位（或非应答位）可以来自主机，也可以来自从机。

1. 起始信号和停止信号

图 7.3 所示为 I2C 总线的起始信号（S）和停止信号（P）的时序。

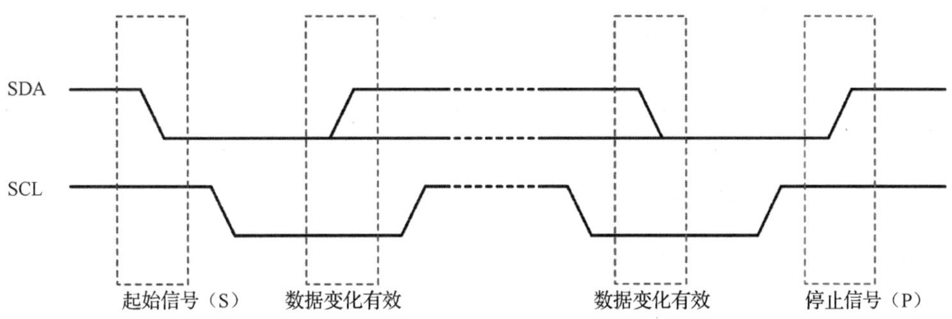

图 7.3　I2C 总线的起始信号（S）和停止信号（P）的时序

起始信号（S）：由于上拉电阻的作用，I2C 空闲状态时，SCL 和 SDA 均为高电平。若某设备在 SCL 高电平期间拉低 SDA 电平，即 SDA 发生下降沿跳变，则表示该设备将作为主机掌控 SCL，发起 I2C 通信。

停止信号（P）：在 SCL 高电平期间，SDA 发生上升沿跳变，则表示本次 I2C 总线通信结束。一般由主机发送停止信号（P）表示本次通信的结束。但有时候，主机也可以不发送停止信号，直接发送起始信号，开始下一次通信，这个起始信号称为重复起始信号（SR）。

有效数据位：SCL 高电平期间的数据被当作有效数据位，I2C 在 SCL 高电平时对 SDA 进行采样。因为在 SCL 高电平期间，SDA 的电平变化被当作起始信号或停止信号，所以数据位的变化必须在 SCL 低电平期间完成，I2C 在 SCL 低电平时，准备下一位数据传输。传输数据位时，在 SCL 高电平期间，SDA 不允许发生电平变化。

2. 字节传输

I2C 总线是按位传输的，每 8 位组成一个字节，这些字节可以是地址或数据。接收方接收到一个字节后，必须回复一位应答信号（ACK）或非应答信号（NACK）。应答信号（ACK）通知发送方可以接着发送下一个字节，非应答信号（NACK）通知发送方停止发送下一个字节。ACK 为低电平，NACK 为高电平，ACK 或 NACK 信号都是在 SCL 为低电平时发出的。I2C 总线字节传输格式如图 7.4 所示。发送方如果收到 NACK 信号，一般会发出停止信号，结束本次 I2C 通信。

3. 数据包

在 I2C 总线中，由起始信号、地址字节、多个数据字节、应答位以及停止信号构成的完成特定功能的一组数据称为一个数据包。

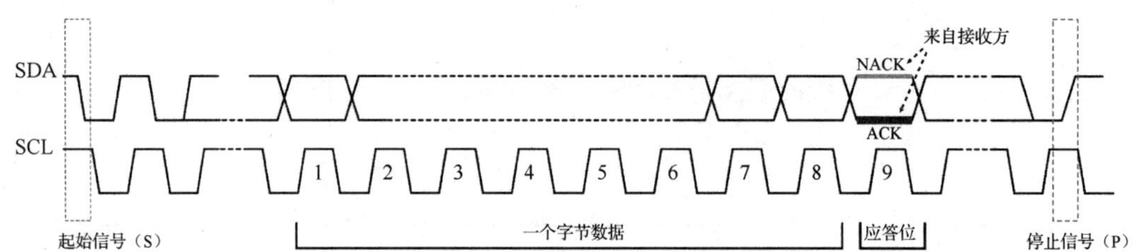

图 7.4　I2C 总线字节传输格式

I2C 常见的通信数据包格式有主机向从机写数据、主机从从机读数据、主机和从机双向数据传输 3 种。

（1）主机向从机写数据。

SCL 上的时钟由主机控制，SDA 上的数据包格式如图 7.5 所示。

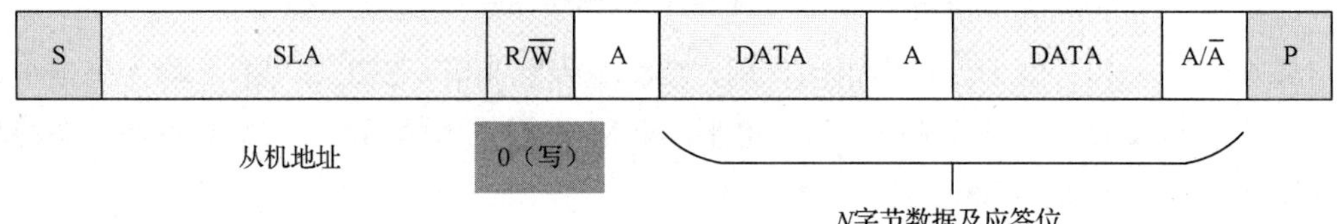

图 7.5　主机向从机写数据时的数据包格式

主机向从机写数据的步骤如下。

① 主机发送起始信号，开始新的一个数据包传输。

② 主机发送要写入数据的从机地址，从机地址为一个字节，最低位为 0，表示要写入数据。从机检测到地址匹配自身地址，回复一位应答信号，进入接收数据状态。

③ 主机收到应答信号，开始发送多个字节数据。从机接收每个字节后，返回应答信号或非应答信号。主机收到应答信号，再传输下一个字节。若主机收到非应答信号，可停止传输新的字节。

④ 主机发送完要写入从机的全部数据后，发送停止信号，结束该数据包通信。

假设某从机具有 I2C 接口，地址为 0xB0，可以存储两字节数据。图 7.6 所示为主机向地址为 0xB0 的从机写入 0xFD 两字节数据的时序图。时序图中只给出了主机和从机主动发出的高、低电平，忽略了由于主机和从机释放总线引起的电平变化。

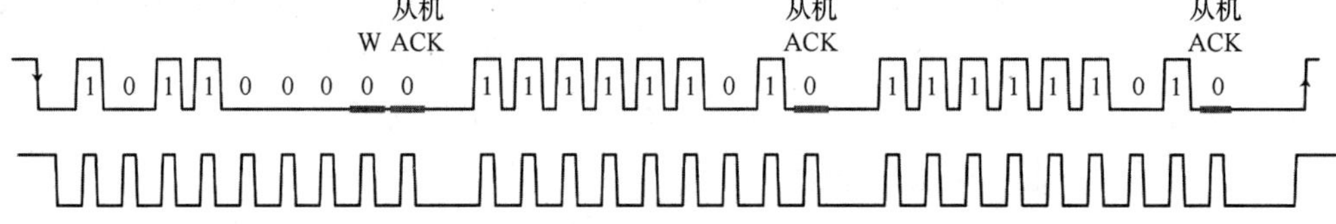

图 7.6　主机向地址为 0xB0 的从机写入 0xFD 两字节数据的时序图

（2）主机从从机读数据。

SCL 上的时钟由主机控制，SDA 上的数据包格式如图 7.7 所示。

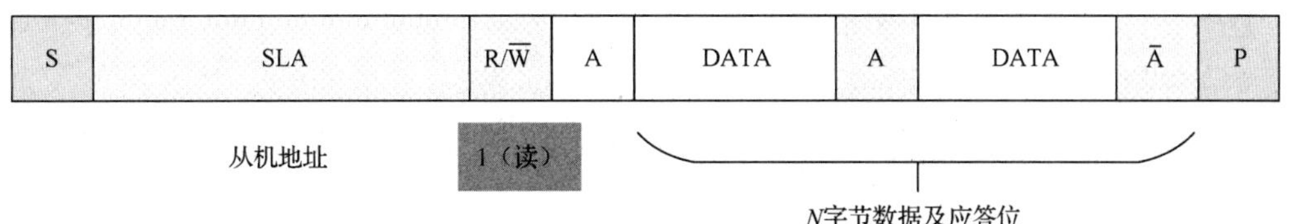

图 7.7　主机从从机读数据时的数据包格式

主机从从机读数据的步骤如下。

① 主机发送起始信号，开始新的一个数据包传输。

② 主机发送要读取数据的从机地址，从机地址为一个字节，最低位为 1，表示要读取数据。从机检测到地址匹配自身地址，回复一位应答信号，进入发送数据状态。

③ 主机收到应答信号，从机开始发送多个字节数据。主机接收每个字节后，返回应答信号。从机收到应答信号，再传输下一个字节。主机收到最后一字节，发出非应答信号。从机收到非应答信号，停止传输新的字节。

④ 主机收到要读取从机的全部数据后，发送停止信号，结束该数据包通信。

假设某从机具有 I2C 接口，地址为 0xB0，存储两字节数据 0xFD。图 7.8 所示为主机从地址为 0xB0 的从机读取 0xFD 两字节数据的时序图。时序图中只给出了主机和从机主动发出的高、低电平，忽略了由于主机和从机释放总线引起的电平变化。

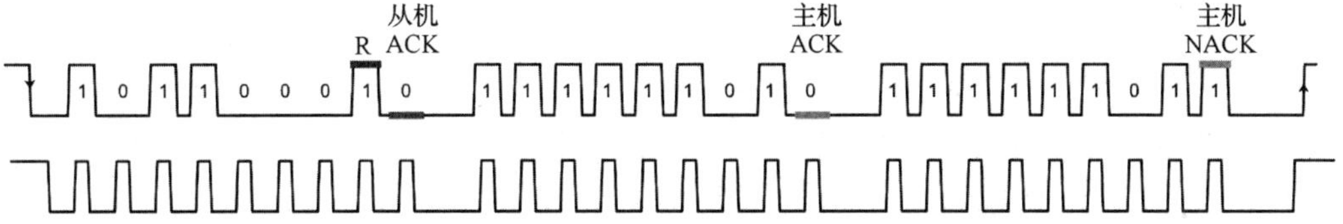

图 7.8　主机从地址为 0xB0 的从机读取 0xFD 两字节数据的时序图

（3）主机和从机双向数据传输。

在主机和从机通信过程中，有时需要改变传输方向，这时起始信号和设备地址都要被重复一次，但地址字节中的读写方向位刚好相反。双向数据传输实际是主机向从机写数据和主机从从机读取数据两种操作的组合。

图 7.9 所示为主机先读取从机一字节，再写入从机一字节时，SDA 上的数据包格式。

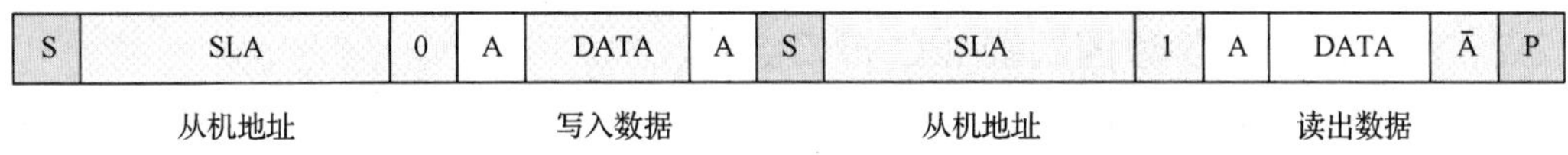

图 7.9　主机和从机双向数据传输时的数据包格式

7.2　APM32E103 微控制器的 I2C 接口

APM32E103 微控制器内置 3 个 I2C 接口：I2C1、I2C2 和 I2C3。因为 I2C1 与 I2C3 共用硬件接口、寄存器基地址，所以 I2C1 与 I2C3 不能同时使用。

I2C1、I2C2均可工作于多主模式或从主模式，支持7位或10位寻址，使用7位从主模式时支持双地址寻址，通信速率支持标准模式（最高 100kbit/s）、快速模式（最高400kbit/s）；内置了硬件CRC发生器/校验器；支持DMA操作；支持SMBus总线2.0版/PMBus总线。

I2C3可以在标准模式、快速模式和高速模式下运行，快速模式和高速模式是向下兼容的。

本章重点介绍APM32E103微控制器的I2C1和I2C2接口，在本章其余部分除非特别说明，I2C接口指的都是I2C1和I2C2。关于I2C3接口的使用，详见《APM32E103用户手册》。

7.2.1 主要特点

APM32E103微控制器的I2C1、I2C2接口具有以下特性。

（1）多主机功能。多个主机设备可以通过I2C总线进行通信，通过仲裁机制解决多主机冲突的问题。

（2）主机可产生时钟、起始位和停止位。

（3）从机具有可编程的I2C地址检测、双地址模式、检测停止位等功能。

（4）具有7位和10位寻址模式。

（5）响应广播。可响应主机的广播地址呼叫。

（6）具有两种通信速度，包括标准模式和快速模式。

（7）具有可编程的时钟延长功能。

（8）具有状态标志，包括发送器/接收器模式、字节发送结束、总线忙等标志。

（9）具有错误标志，包括仲裁丢失、应答错误、检测到错误的起始位或停止位等标志。

（10）具有通信成功或错误的中断功能。

（11）支持DMA功能。

（12）具有可编程的PEC（包校验功能），包括发送模式最后传输字节、接收模式最后字节进行PEC错误校验。

（13）具有SMBus总线的特定功能，包括硬件PEC、地址解析协议等。

7.2.2 APM32E103微控制器I2C接口结构

APM32E103微控制器的I2C接口结构如图7.10所示。该接口由4部分组成：GPIO引脚、时钟控制、数据控制和主控逻辑电路。

1．引脚分布

APM32E103微控制器最多具有3个I2C接口，其中，I2C1和I2C3共享引脚。I2C引脚分布如表7.1所示。ALTE引脚是SMBus协议的告警引脚，I2C协议不会用到该引脚。

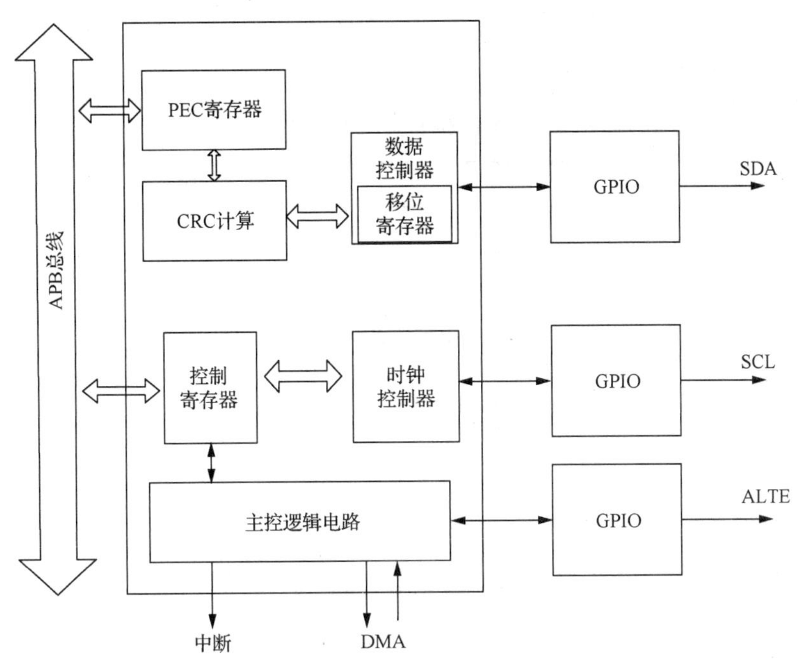

图 7.10　APM32E103 微控制器的 I2C 接口结构

表 7.1　I2C 引脚分布

符号	定义	I2C1	I2C2	I2C3
SCL	时钟	PB6/PB8	PB10	PB6/PB8
SDA	数据	PB7/PB9	PB11	PB7/PB9
ALTE	SMBus 告警	PB5	PB12	—

2. 时钟控制

I2C 总线的 SCL 引脚在控制寄存器 2（I2C_CTRL2）和时钟控制寄存器（I2C_CLKCTRL）的共同作用下产生正确的时钟信号。I2C 模块的输入时钟来自 PCLK1，通过 I2C_CTRL2 的[5:0]位域来配置 I2C 的输入时钟频率。主机时钟控制寄存器（I2C_CLKCTRL）设置 SCL 的输出时钟频率。控制寄存器 1（I2C_CTRL1）位/域如表 7.2 所示。

3. 数据控制

在数据控制器的作用下，当向外发送数据的时候，I2C 总线的数据移位寄存器将数据寄存器（I2C_DATA）中的数据一位一位地发送到 SDA 引脚上；当接收数据时，数据移位寄存器把 SDA 信号线采样的数据一位一位地存储到数据寄存器（I2C_DATA）中，并按照 I2C 协议的要求，加入起始信号位、地址信号、应答信号和停止信号。

4. 主控逻辑电路

主控逻辑电路是 I2C 接口数据、时钟、中断和 DMA 控制的中枢。I2C 接口通过控制寄存器、状态寄存器、移位寄存器、时钟控制寄存器等来达到控制传输时序的目的。各寄存器的定义如表 7.2 至表 7.9 所示。

表 7.2　控制寄存器 1（I2C_CTRL1）

位/域	名称	R/W	描述
0	I2CEN	R/W	使能 I2C（I2C Enable） 0：禁止 1：使能
1	SMBEN	R/W	使能 SMBus 模式（SMBus Mode Enable） 0：I2C 模式 1：SMBus 模式
2	保留		
3	SMBTCFG	R/W	配置 SMBus 类型（SMBus Type Configure） 0：SMBus 设备 1：SMBus 主机
4	ARPEN	R/W	使能 ARP（ARP Enable） 0：禁止 1：使能 如果 SMBTCFG=0，使用 SMBus 设备的默认地址 如果 SMBTCFG=1，使用 SMBus 的主地址
5	PECEN	R/W	使能 PEC（PEC Enable） 0：禁止 1：使能
6	SRBEN	R/W	使能从机响应广播（Slave Responds Broadcast Enable） 0：禁止 1：使能 注意：广播地址是 0x00
7	CLKSTRETCHD	R/W	禁止从机模式时钟延长时间（Slave Mode Clock Stretching Disable） 0：使能 1：禁止 在从机模式下允许延长时钟低电平时间，可避免发生过载和欠载错误
8	START	R/W	发送起始位（Start Bit Transfer） 可由软件置 1 或清 0；当发送起始位或 I2CEN=0 时，由硬件清 0 0：不发送 1：发送
9	STOP	R/W	发送停止位（Stop Bit Transfer） 可由软件置 1 或清 0；当发送停止位时，由硬件清 0；当检测到超时错误时，由硬件置 1 0：不发送 1：发送

续表

位/域	名称	R/W	描述
10	ACKEN	R/W	发送应答使能（Acknowledge Transfer Enable） 可由软件置 1 或清 0；当 I2CEN=0 时，由硬件清 0 0：不发送 1：发送
11	ACKPOS	R/W	配置接收数据应答/PEC 位置（Acknowledge /PEC Position Configure） 可由软件置 1 或清 0；当 I2CEN=0 时，由硬件清 0 0：接收当前字节时是否发送 NACK/ACK，PEC 是否处于移位寄存器中 1：接收下一个字节时是否发送 NACK/ACK，PEC 是否处于移位寄存器的下一个字节
12	PEC	R/W	使能传输 PEC（Packet Error Check Transfer Enable） 可由软件置 1 或清 0；当传送 PEC 后，或发送起始位、停止位，或当 I2CEN=0 时，由硬件清 0 0：禁止 1：使能
13	ALERTEN	R/W	使能 SMBus 提醒（SMBus Alert Enable） 可由软件置 1 或清 0；当 I2CEN=0 时，由硬件清 0 0：释放 SMBAlert 引脚使其变高，提醒发送 NACK 信号后即时发送响应地址头 1：驱动 SMBAlert 引脚使其变低，提醒发送 ACKEN 信号后即时发送响应地址头
14	保留		
15	SWRST	R/W	软件配置 I2C 处于软件复位状态（Software Configure I2C under Reset State） 0：未复位 1：复位，在复位 I2C 前应确保 I2C 引脚被释放，总线是空闲状态

表 7.3　控制寄存器 2（I2C_CTRL2）

位/域	名称	R/W	描述
5:0	CLKFCFG	R/W	配置 I2C 时钟频率（I2C Clock Frequency Configure） 该时钟频率是指 I2C 模块的时钟，即从 APB 总线输入的时钟 0：禁用 1：禁用 2：2MHz ⋮ 50：50MHz 大于 100100：禁用 I2C 总线最小的时钟频率：标准模式为 1MHz，快速模式为 4MHz

续表

位/域	名称	R/W	描述
7:6	保留		
8	ERRIEN	R/W	使能出错中断（Error Interrupt Enable） 0：禁止 1：使能以下任何状态寄存器中的位置 1 时，将产生该中断，包括 SMBALTFLG、TTEFLG、PECEFLG、OVRURFLG、AEFLG、ALFLG、STS1_BERRFLG
9	EVIEN	R/W	使能事件中断（Event Interrupt Enable） 0：禁止 1：使能，以下任何状态寄存器中的位置 1 时，将产生该中断，包括 STARTFLG、ADDRFLG、ADDR10FLG、STOPFLG、BTCFLG、TXBEFLG 置 1 且 BUFIEN 置 1、RXBNEFLG 置 1 且 BUFIEN 置 1
10	BUFIEN	R/W	使能缓冲器中断（Buffer Interrupt Enable） 0：禁止 1：使能，以下任何状态寄存器中的 TXBEFLG 应和 RXBNEFLG 位置 1 时，将产生该中断
11	DMAEN	R/W	使能 DMA 请求（DMA Requests Enable） 0：禁止 1：当 TXBEFLG=1 或 RXBNEFLG=1 时，使能 DMA 请求
12	LTCFG	R/W	配置 DMA 最后一次传输（DMA Last Transfer Configure） 配置下一次 DMA 的 EOT 是否为接收的最后一次传输，只用于主机接收模式 0：不是 1：是
15:13	保留		

表 7.4　地址寄存器 1（I2C_SADDR1）

位/域	名称	R/W	描述
0	ADDR[0]	R/W	设置从机地址（Slave Address Setup） 地址模式为 7 位时，该位无效；地址模式为 10 位时，该位是地址的第 0 位
7:1	ADDR[7:1]	R/W	设置从机地址（Slave Address Setup） 从机地址的第 7:1 位
9:8	ADDR[9:8]	R/W	设置从机地址（Slave Address Setup） 地址模式为 7 位时，该位无效；地址模式为 10 位时，该位是地址的第 9:8 位
14:10	保留		
15	ADDRLEN	R/W	配置从机地址长度（Slave Address Length Configure） 0：7 位地址模式 1：10 位地址模式

表 7.5 地址寄存器 2（I2C_SADDR2）

位/域	名称	R/W	描述
0	ADDRNUM	R/W	配置从机地址数量（Slave Address Number Configure） 在从机 7 位地址模式下，可配置为识别单地址模式、双地址模式；单地址模式下只识别 ADDR1；双地址模式下识别 ADDR1 和 ADDR2 在从机 7 位地址模式下，可识别单个或双地址寄存器，具体情况如下 0：识别 1 个地址（ADDR1） 1：识别 2 个地址（ADDR1 和 ADDR2）
7:1	ADDR2[7:1]	R/W	设置双地址模式从机地址（Slave Dual Address Mode Address Setup） 在双地址模式下从机地址的第 7:1 位
15:8	保留		

表 7.6 数据寄存器（I2C_DATA）

位/域	名称	R/W	描述
7:0	DATA	R/W	数据寄存器（Data Register） 在 I2C 发送模式下，将要发送的数据写到这个寄存器；在 I2C 接收模式下，从这个寄存器读取接收到的数据
15:8	保留		

表 7.7 状态寄存器 1（I2C_STS1）

位/域	名称	R/W	描述
0	STARTFLG	R	发送起始位完成标志（Start Bit Sent Finished Flag） 0：未发送 1：已发送 发出起始位时，由硬件置 1；软件先读 STS1 寄存器，再写 DATA 寄存器可清除该位；当 I2CEN=0 时，由硬件清 0
1	ADDRFLG	R	地址发送完成/接收匹配标志（Address Transfer Complete /Receive Match Flag） 从机模式是否接收到匹配地址 0：未接收到 1：已接收 主机模式地址发送是否完成 0：未完成 1：已完成 该位由硬件置 1；软件先读 STS1 寄存器，再读 STS2 寄存器可清除该位；当 I2CEN=0 时，由硬件清 0

续表

位/域	名称	R/W	描述
2	BTCFLG	R	完成数据字节传输标志（Byte Transfer Complete Flag） 0：未完成 1：已完成 在接收数据时，如果未读取 DATA 寄存器中收到的数据，此时又收到一个新的数据时，由硬件置 1 在发送数据时，且 DATA 寄存器为空的情况下，如果发送的数据进入移位寄存器，由硬件置 1 软件先读 STS1 寄存器，再对 DATA 寄存器执行读或写操作可清除该位；在传输中发送一个起始位、停止位，或当 I2CEN=0 时，由硬件清 0
3	ADDR10FLG	R	主机已发送 10 位地址的地址头标志（10-Bit Address Header Sent Flag） 0：未发送 1：已发送 该位由硬件置 1；软件先读 STS1 寄存器，再写 DATA 寄存器可清除该位；当 I2CEN=0 时，由硬件清 0
4	STOPFLG	R	停止位检测标志（Stop Bit Detection Flag） 0：未检测到 1：检测到 若 ACKEN=1，在一个应答之后，当从机在总线上检测到停止位时，由硬件置 1 软件读取 STS1 寄存器后，对 CTRL1 寄存器进行写操作可清除该位；当 I2CEN=0 时，由硬件清 0
5	保留		
6	RXBNEFLG	R	接收缓冲器不为空标志（Receive Buffer Not Empty Flag） 0：接收缓冲器为空 1：接收缓冲器不为空 当 DATA 寄存器有数据时，由硬件置 1 当 BTCFLG 置 1 时，由于数据寄存器仍然为满，读取 DATA 寄存器不能清除 RXBNEFLG 位 软件读写 DATA 寄存器可清除该位；当 I2CEN=0 时，由硬件清 0
7	TXBEFLG	R	发送缓冲器为空标志（Transmit Buffer Empty Flag） 0：发送缓冲器不为空 1：发送缓冲器为空 当 DATA 寄存器的内容为空时，由硬件置 1 软件写第 1 个数据到 DATA 寄存器时，会立刻将数据搬移到移位寄存器中，此时 DATA 寄存器的数据为空，无法清除该位 软件写数据到 DATA 寄存器可清除该位；发送起始位、停止位，或当 I2CEN=0 时，由硬件清 0

续表

位/域	名称	R/W	描述
8	BERRFLG	RC_W0	总线错误标志（Bus Error Flag） 0：未发生总线错误 1：发生总线错误 总线错误是指起始位、停止位异常；检测到错误时由硬件置 1；软件写 0 可清除该位；当 I2CEN=0 时，由硬件清 0
9	ALFLG	RC_W0	主模式下的仲裁丢失标志（Master Mode Arbitration Lost Flag） 0：未发生仲裁丢失 1：发生仲裁丢失，I2C 接口自动切换回从模式 主模式下的仲裁丢失是指该主机失去对总线的控制；该位由硬件置 1；软件写 0 可清除该位；当 I2CEN=0 时，由硬件清 0
10	AEFLG	RC_W0	应答错误标志（Acknowledge Error Flag） 0：未发生应答错误 1：发生应答错误 由硬件置 1；软件写 0 可清除该位；当 I2CEN=0 时，由硬件清 0
11	OVRURFLG	RC_W0	发生过载或欠载标志（Overrun/Underrun Flag） 0：未发生 1：发生 当 CLKSTRETCHD=1，且满足以下条件之一时，由硬件置 1 （1）从机接收模式下，DATA 寄存器中的数据未被读出，又收到新的数据（该数据会丢失），此时发生过载 （2）从机发送模式下，DATA 寄存器没有写入数据，依然要发送数据（相同的数据会发送 2 次），此时发生欠载 软件写 0 可清除该位；当 I2CEN=0 时，由硬件清 0
12	PECEFLG	RC_W0	接收时出现 PEC 错误标志（PEC Error in Reception Flag） 0：无 PEC 错误。在 ACKEN=1 的情况下接收到 PEC 后接收器返回 ACKEN 1：有 PEC 错误。不管 ACKEN 是什么值，只要接收到 PEC 后接收器都会返回 NACK 软件写 0 可清除该位；当 I2CEN=0 时，由硬件清 0
13	保留		
14	TTEFLG	RC_W0	超时或 Tlow 错误标志（Timeout or Tlow Error Flag） 0：无超时错误 1：发生超时错误，从模式下，从机复位，总线被释放；主模式下，硬件发送停止位 以下情况之一发生超时错误，由硬件置 1 （1）SCL 保持低电平大于 25ms （2）主设备的 SCL 低电平扩展时间累计超过 10ms （3）从设备的 SCL 低电平扩展时间累计超过 25ms 软件写 0 可清除该位；当 I2CEN=0 时，由硬件清 0

续表

位/域	名称	R/W	描述
15	SMBALTFLG	RC_W0	发生 SMBus 警报标志（SMBus Alert Occur Flag） 0：SMBus 主机模式，无警报；SMBus 从机模式，无警报，SMBAlert 引脚电平不变 1：SMBus 主机模式，在引脚上产生警报；SMBus 从机模式，收到警报，引起 SMBAlert 引脚电平变低 由硬件置 1；软件写 0 可清除该位；当 I2CEN=0 时，由硬件清 0

表 7.8　状态寄存器 2（I2C_STS2）

位/域	名称	R/W	描述
0	MSFLG	R	主从模式标志（Master Slave Mode Flag） 0：从机模式 1：主机模式 配置 I2C 为主模式时，由硬件置 1；满足以下条件之一由硬件清 0 （1）产生停止位 （2）丢失总线仲裁 （3）I2CEN=0
1	BUSBSYFLG	R	总线忙碌标志（Bus Busy Flag） 0：总线空闲（无通信） 1：总线忙（正在通信） SDA 或 SCL 为低电平时，由硬件置 1；产生停止位后，由硬件清 0
2	TRFLG	R	发送器模式/接收器模式标志（Transmitter / Receiver Mode Flag） 0：设备是接收器模式（读） 1：设备是发送器模式（写） 依据 R/W 位决定位的数值；满足以下条件之一由硬件清 0 （1）产生停止位 （2）产生重复的起始位 （3）总线仲裁丢失 （4）I2CEN=0
3	保留		
4	GENCALLFLG	R	从模式接收到广播地址（0x00）标志（Slave Mode Received General Call Address Flag） 0：未收到广播地址 1：收到广播地址 由硬件置 1；满足以下条件之一由硬件清 0 （1）产生停止位 （2）产生重复的起始位 （3）I2CEN=0

续表

位/域	名称	R/W	描述
5	SMBDADDRFLG	R	SMBus 设备从模式接收到默认地址标志（SMBus Device Received Default Address Flag in Slave Mode） 0：未收到默认地址 1：当 ARPEN=1 时，收到默认地址 由硬件置 1；满足以下条件之一由硬件清 0 （1）产生停止位 （2）产生重复的起始位 （3）I2CEN=0
6	SMMHADDR	R	SMBus 设备从模式接收到主机头地址标志（SMBus Device Received Master Header Flag in Slave Mode） 0：未收到主机头地址 1：当同时满足 SMBTSEL=1 和 ARPEN=1 时，收到主机头地址 由硬件置 1；满足以下条件之一由硬件清 0 （1）产生停止位 （2）产生重复的起始位 （3）I2CEN=0
7	DUALADDRFLG	R	从模式接收到双地址匹配标志（Slave Mode Received Dual Address Match Flag） 0：接收到的地址与 ADDR1 寄存器的内容匹配 1：接收到的地址与 ADDR2 寄存器的内容匹配 由硬件置 1；满足以下条件之一由硬件清 0 （1）产生停止位 （2）产生重复的起始位 （3）I2CEN=0
15:8	PECVALUE	R	存储 PEC 值（Save Packet Error Checking Value） 当 PECEN=1 时，内部的 PEC 的值存放在 PECVALUE 中

表 7.9　时钟控制寄存器（I2C_CLKCTRL）

位/域	名称	R/W	描述
11:0	CLKS [11:0]	R/W	设置主模式下快速/标准模式的时钟（Clock Setup in Fast/Standard Master Mode） 在 I2C 标准模式或 SMBus 模式下：T_{high}=CLKS × T_{PCLK1}，T_{low}=CLKS × T_{PCLK1} 在 I2C 快速模式下：当 FDUTYCFG=0 时，T_{high}=CLKS×T_{PCLK1}，T_{low}=2×CLKS× T_{PCLK1}；当 FDUTYCFG=1 时，T_{high}=9 × CLKS × T_{PCLK1}，T_{low}=16 × CLKS × T_{PCLK1}

续表

位/域	名称	R/W	描述
13:12	保留		
14	FDUTYCFG	R/W	配置快速模式下的占空比（Fast Mode Duty Cycle Configure） 此处定义占空比=t_{low}/t_{high} 0：SCLK 占空比为 2 1：SCLK 占空比为 16/9
15	SPEEDCFG	R/W	配置主模式速度（Master Mode Speed Configure） 0：标准模式 1：快速模式

7.2.3 I2C 通信中的事件

I2C 总线是一种主从方式带应答位的半双工通信，在通信过程中，主从设备之间必须相互查询所发出的数据双方是否收到。对于 APM32E103 微控制器的 I2C 接口来说，它具有两个状态寄存器 I2C_STS1 和 I2C_STS2 来记录当前总线的工作状态。若两个状态寄存器中的一个或多个位发生了置位（值为 1），则称为某事件（Event，EV）发生了。为方便标识每一种事件，给这些事件进行了编号，如 Event1（EV1）、Event2（EV2）等。在这些事件发生时，如果设置 ITEVFEN=1、ITBUFEN=1，还可以引起中断。编程时，可以不断查询这些事件，以确定当前总线的工作状态，进行下一步的操作。

在 AMP32E103 微控制器的标准库函数里，使用一个枚举类型 I2C_EVENT_T 对这些事件进行了定义：

```
typedef enum
{
// Event 5
I2C_EVENT_MASTER_MODE_SELECT = 0x00030001,
// Event 6
I2C_EVENT_MASTER_TRANSMITTER_MODE_SELECTED  = 0x00070082,
I2C_EVENT_MASTER_RECEIVER_MODE_SELECTED = 0x00030002,
// Event 9
I2C_EVENT_MASTER_MODE_ADDRESS10 = 0x00030008,
//Event 7
I2C_EVENT_MASTER_BYTE_RECEIVED = 0x00030040,
// Event 8
I2C_EVENT_MASTER_BYTE_TRANSMITTING =0x00070080,
// Event 8_2
I2C_EVENT_MASTER_BYTE_TRANSMITTED = 0x00070084,
I2C_EVENT_SLAVE_TRANSMITTER_ADDRESS_MATCHED = 0x00060082,
// Event 1
I2C_EVENT_SLAVE_RECEIVER_ADDRESS_MATCHED = 0x00020002,
```

```
    I2C_EVENT_SLAVE_RECEIVER_SECONDADDRESS_MATCHED = 0x00820000,
       I2C_EVENT_SLAVE_TRANSMITTER_SECONDADDRESS_MATCHED=0x00860080,
    I2C_EVENT_SLAVE_GENERALCALLADDRESS_MATCHED  = 0x00120000,
    // Event 2
    I2C_EVENT_SLAVE_BYTE_RECEIVED=0x00020040,
    // Event 4
    I2C_EVENT_SLAVE_STOP_DETECTED=0x00000010,
    // Event 3
    I2C_EVENT_SLAVE_BYTE_TRANSMITTED=0x00060084,
    I2C_EVENT_SLAVE_BYTE_TRANSMITTING=0x00060080,
    // Event 3_2
    I2C_EVENT_SLAVE_ACK_FAILURE=0x00000400,
    } I2C_EVENT_T;
```

结合该枚举类型，表 7.10 列出了从机地址为 7 位时，APM32E103 微控制器的 I2C 接口的主要通信事件。

表 7.10 I2C 接口的主要通信事件

事件编号	事件定义	工作模式	事件含义	I2C_STS1、I2C_STS2 寄存器置位
Event 1	I2C_EVENT_SLAVE_RECEIVER_ADDRESS_MATCHED	从机接收	APM32 作为从机，接收到的地址和本身地址匹配	BUSBSYFLG、ADDRFLG
	I2C_EVENT_SLAVE_TRANSMITTER_ADDRESS_MATCHED	从机发送		
Event 2	I2C_EVENT_SLAVE_BYTE_RECEIVED	从机接收	APM32 作为从机，接收到一个字节数据，并给出了应答	BUSBSYFLG、RXBNEFLG
Event 3	I2C_EVENT_SLAVE_BYTE_TRANSMITTED	从机发送	APM32 作为从机，已发送一个字节数据，并得到了主机应答	TRFLG、BUSBSYFLG、TXBEFLG、BTCFLG
Event 3_2	I2C_EVENT_SLAVE_ACK_FAILURE	从机发送	APM32 作为从机，已发送一个字节数据，但未得到主机应答	TRFLG、BUSBSYFLG、TXBEFLG
Event 4	I2C_EVENT_SLAVE_STOP_DETECTED	从机接收	APM32 作为从机，接收到主机发送的停止信号	STOPFLG

续表

事件编号	事件定义	工作模式	事件含义	I2C_STS1、I2C_STS2 寄存器置位
Event 5	I2C_EVENT_MASTER_MODE_SELECT	主机发送或主机接收	APM32 作为主机，已发出启动信号	BUSBSYFLG、MSFLG、STARTFLG
Event 6	I2C_EVENT_MASTER_TRANSMITTER_MODE_SELECTED	主机发送	APM32 作为主机，所发送的从机设备地址（地址最低位为 0），从机已收到并作出应答。主机进入发送状态	BUSBSYFLG、MSFLG、ADDRFLG、TXBEFLG、TRFLG
	I2C_EVENT_MASTER_RECEIVER_MODE_SELECTED	主机接收	APM32 作为主机，所发送的从机设备地址（地址最低位为 1），从机已收到并作出应答。主机进入接收状态	BUSBSYFLG、MSFLG、ADDRFLG
Event 7	I2C_EVENT_MASTER_BYTE_RECEIVED	主机接收	APM32 作为主机，接收到从机发送的一个字节数据并发送了应答位	BUSBSYFLG、MSFLG、RXBNEFLG
Event 8	I2C_EVENT_MASTER_BYTE_TRANSMITTING	主机发送	APM32 作为主机，正在发送一个字节数据	TRFLG、BUSBSYFLG、MSFLG、TXBEFLG
Event 8_2	I2C_EVENT_MASTER_BYTE_TRANSMITTED	主机发送	APM32 作为主机，已完成一个字节数据发送，可以设置停止位	TRFLG、BUSBSYFLG、MSFLG、TXBEFLG、BTCFLG

7.2.4 工作模式

如前所述，I2C 总线有 4 种工作模式：主机（主设备）发送模式、主机（主设备）接收模式、从机（从设备）发送模式、从机（从设备）接收模式。APM32E103 微控制器的 I2C 接口也同样可以工作在这 4 种模式下。

图 7.10 至图 7.13 是 APM32E103 微控制器在 4 种工作模式下的数据包及事件序列，图中设定地址为 7 位地址格式，阴影部分为主机发送的内容，白色部分为从机发送的内容。S 表示起始信号；SLA 表示从机地址；0、1 表示读写控制位；A 表示应答位；$\bar{A}$ 表示非应答位；DATA1～DATAn 表示数据；P 表示停止信号。在图中表示出了不同事件发生的时刻。

不同事件的发生，在 I2C_STS1 和 I2C_STS2 中对应了不同的状态标志，这些状态标志具有不同的清除方式，详见表 7.7 和表 7.8。这一点需要特别注意。

图 7.11 所示为主机发送模式的数据包及事件序列。主机发出起始信号后，产生 EV5 事件；然后发送从机写地址字节，在收到从机应答信号后，产生 EV6 和 EV8 事件；接着向从机发送一个字节数据，收到从机应答，产生 EV8 事件，反复不断发送每个字节，直至发送完最后一个字节，产生 EV8-2 事件，发出停止信号。

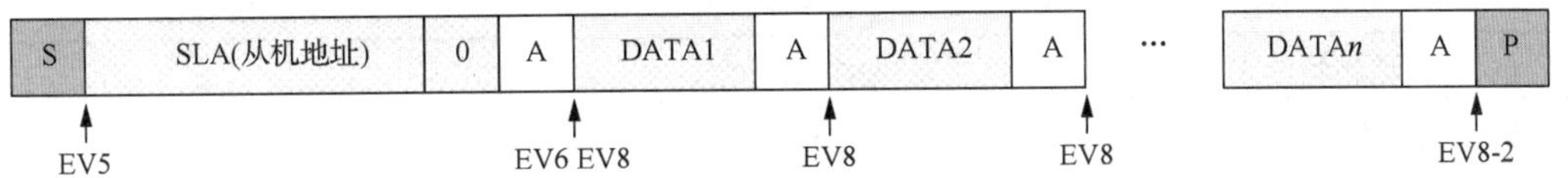

图 7.11　主机发送模式的数据包及事件序列

图 7.12 所示为主机接收模式的数据包及事件序列。主机发出起始信号后，产生 EV5 事件；然后发送从机读地址字节，在收到从机应答信号后，产生 EV6 事件；主机在接收到从机的一个字节数据后，向从机发送应答信号，产生 EV7 事件，反复不断接收从机发送的每个字节，直至接收到最后一个字节，发出非应答信号，并发出停止信号。

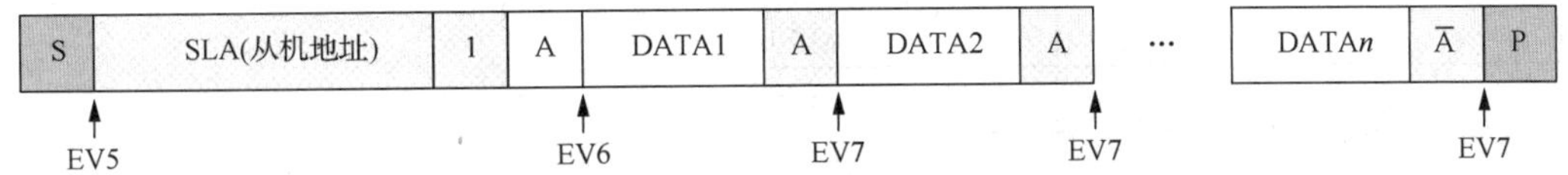

图 7.12　主机接收模式的数据包及事件序列

图 7.13 所示为从机发送模式的数据包及事件序列。从机在接收到主机的读地址字节后，发出应答信号，产生 EV1 和 EV3 事件；然后不断向主机发送一个字节的数据，并收到主机的应答，直到最后一个字节发送完毕，收到主机的非应答信号，产生 EV3-2 事件。

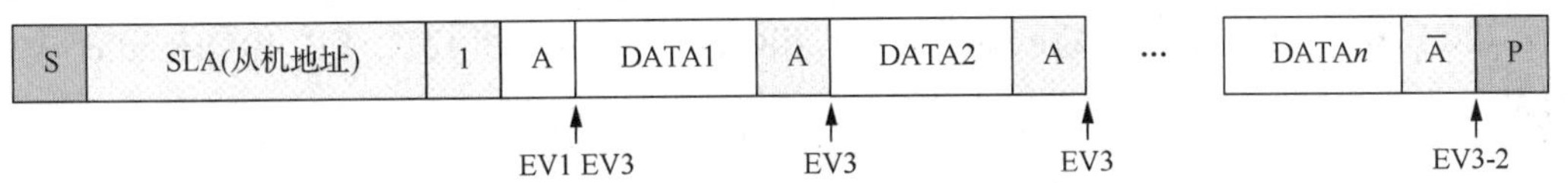

图 7.13　从机发送模式的数据包及事件序列

图 7.14 所示为从机接收模式的数据包及事件序列。从机在接收到主机的写地址字节后，发出应答信号，产生 EV1 事件；然后主机不断向从机发送一个字节的数据，从机发出应答信号，产生 EV2 事件；直到从机接收到最后一个字节，收到主机停止信号，产生 EV4 事件。

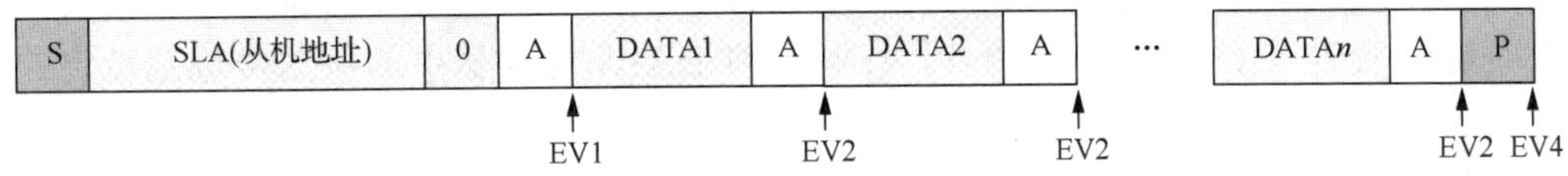

图 7.14　从机接收模式的数据包及事件序列

在 I2C 中，就是根据不同模式下这些事件发生的顺序，调用不同的函数完成编程。

7.2.5　I2C 中断

在 APM32E103 微控制器中，I2C1 和 I2C2 都可以处理两类中断：事件中断和错误中断。表 7.11 所示为 I2C 事件和错误中断、事件标志位及中断控制位。只要设置了对应的中断使能位，这些事件就可以产生中断。

表 7.11 I2C 事件和错误中断、事件标志位及中断控制位

中断事件	事件标志位	中断控制位
发送起始位完成	STARTFLG	EVIEN
发送完成/地址匹配地址信号	ADDRFLG	
10 位地址头段发送完成	ADDR10FLG	
接收到停止信号	STOPFLG	
数据字节传输完成	BTCFLG	
接收缓冲区非空	RXBNEFLG	EVIEN 和 BUFIEN
发送缓冲区空	TXBEFLG	
总线错误	BERRFLG	ERRIEN
仲裁丢失	ALFLG	
应答失败	AEFLG	
过载/欠载	OVRURFLG	
PEC 错误	PECEFLG	
超时或 Tlow 错误	TTEFLG	
SMBus 提醒	ALERTEN	

I2C1 和 I2C2 的事件中断映射到 I2C1_EV_IRQHandler 和 I2C2_EV_IRQHandler 中断向量；I2C1 和 I2C2 的错误中断映射到 I2C1_ER_IRQHandler 和 I2C2_ER_IRQHandler 中断向量。

7.2.6 I2C 接口的 DMA 操作

当 I2C 接口的发送寄存器为空或者接收寄存器非空时，都可以产生 DMA 请求。通过 I2C 接口的 DMA 功能，能够更快速地完成数据的发送和接收操作。

采用 DMA 发送时，设置 I2C_CTRL2 寄存器中的 DMAEN 位使能 DMA 模式，当发送寄存器为空时（TXBEFLG 置 1），数据将通过 DMA 从存储区直接载入 DATA 寄存器。

采用 DMA 接收时，设置 I2C_CTRL2 寄存器中的 DMAEN 位使能 DMA 模式，当接收寄存器满时（RXBNEFLG 置 1），DMA 将 DATA 寄存器中的数据传输到设定的存储区。

I2C1 和 I2C2 采用不同的 DMA 通道，如表 7.12 所示。

表 7.12 I2C 的 DMA 通道

功能	I2C1	I2C2
发送（Tx）	DMA1 通道 7	DMA1 通道 4
接收（Rx）	DMA1 通道 6	DMA1 通道 5

7.3　APM32E103 微控制器的 I2C 接口编程

在 I2C 接口编程时，首先要打开 I2C 接口和对应 GPIO 接口的时钟，接着对 I2C 接口和 GPIO 接口进行设置，然后就可以开始数据收发操作了。可以采用查询、中断和 DMA 方式完成主机和从机的数据收发操作。

7.3.1　I2C 的相关库函数

在 APM32E103 微控制器的 STD 库中，apm32e10x_i2c.h 文件包含 I2C 接口操作中用到的结构体、枚举、宏定义和相关函数声明，apm32e10x_i2c.c 文件还包含函数定义。APM32E103 微控制器常用的 I2C 函数如下。

1. I2C 接口配置结构体

APM32E103 微控制器的 I2C 接口配置结构体的定义如下：

```
typedef struct
{
    uint32_t            clockSpeed;
    I2C_MODE_T          mode;
    I2C_DUTYCYCLE_T     dutyCycle;
    uint16_t            ownAddress1;
    I2C_ACK_T           ack;
    I2C_ACK_ADDRESS_T   ackAddress;
} I2C_Config_T;
```

结构体 I2C_Config_T 各部分解释见表 7.13。

表 7.13　结构体 I2C_Config_T 各部分解释

结构体元素	说明
uint32_t　clockSpeed	设置时钟频率。I2C1 和 I2C2 最高速度为 400kHz
I2C_MODE_T　mode	设置工作模式。设置为 I2C_MODE_I2C 时，为 I2C 通信模式
I2C_DUTYCYCLE_T　dutyCycle	设置时钟脉冲的占空比。设置为 I2C_DUTYCYCLE_2 时，占空比为 2:1；设置为 I2C_DUTYCYCLE_16_9 时，占空比为 16:9
uint16_t　ownAddress1	设置本机的 I2C 地址
I2C_ACK_T　ack	设置应答位。I2C_ACK_ENABLE 为应答，I2C_ACK_DISABLE 为非应答
I2C_ACK_ADDRESS_T　ackAddress	设置地址模式。设置为 I2C_ACK_ADDRESS_7BIT 时，为 7 位地址

2. 复位和配置函数

复位和配置函数代码如下：

```
void I2C_Reset(I2C_T* i2c); //复位 I2C 寄存器
void I2C_Config(I2C_T* i2c, I2C_Config_T* i2cConfig); //根据 I2C_Config 中的参数配置 I2C 接口
void I2C_ConfigStructInit(I2C_Config_T* i2cConfig);//采用默认值初始化 I2C_Config 结构
void I2C_Enable(I2C_T* i2c); //使能 I2C
void I2C_Disable(I2C_T* i2c);//禁止 I2C
void I2C_EnableGenerateStart(I2C_T* i2c);//产生 I2C 传输的起始信号
void I2C_DisableGenerateStart(I2C_T* i2c);//禁止产生 I2C 传输的起始信号
void I2C_EnableGenerateStop(I2C_T* i2c);//产生 I2C 传输的停止信号
void I2C_DisableGenerateStop(I2C_T* i2c);// 禁止产生 I2C 传输的停止信号
void I2C_EnableAcknowledge(I2C_T* i2c);//使能 I2C 的应答功能
void I2C_DisableAcknowledge(I2C_T* i2c);//禁止 I2C 的应答功能
void I2C_ConfigOwnAddress2(I2C_T* i2c, uint8_t address);//配置 I2C 器件的第二地址
void I2C_DisableDualAddress(I2C_T* i2c);//禁止双地址
void I2C_EnableDualAddress(I2C_T* i2c);//使能双地址
void I2C_EnableGeneralCall(I2C_T* i2c);//使能 I2C 广播通信
void I2C_DisableGeneralCall(I2C_T* i2c);//禁止 I2C 广播通信
```

3. 通信传输函数

通信传输函数代码如下：

```
void I2C_TxData(I2C_T*i2c,uint8_t data);     //传输一个字节
uint8_t I2C_RxData(I2C_T*i2c);//接收一个字节
void I2C_Tx7BitAddress(I2C_T*i2c,uint8_t address,I2C_DIRECTION_T direction);//发送从机的 7 位地址
uint16_t I2C_ReadRegister(I2C_T*i2c,I2C_REGISTER_T i2cRegister);//读取 I2C 寄存器
void I2C_EnableSoftwareReset(I2C_T*i2c);     //使能软件复位
void I2C_DisableSoftwareReset(I2C_T*i2c);    //禁止软件复位
void I2C_ConfigNACKPosition(I2C_T*i2c,I2C_NACK_POSITION_T NACKPosition); //在主机接收模式中设置 NACK 的位置
void I2C_EnableStretchClock(I2C_T*i2c);      //使能时钟扩展
void I2C_DisableStretchClock(I2C_T*i2c);     //禁止时钟扩展
```

4. 中断和状态查询函数

中断和状态查询函数如下：

```
void I2C_EnableInterrupt(I2C_T*i2c,uint16_t interrupt);//使能 I2C 的中断功能
void I2C_DisableInterrupt(I2C_T*i2c,uint16_t interrupt);//禁止 I2C 的中断功能
uint8_t I2C_ReadEventStatus(I2C_T*i2c,I2C_EVENT_T i2cEvent);//读取 I2C 事件状态
uint8_t I2C_ReadStatusFlag(I2C_T*i2c,I2C_FLAG_T flag);//读取 I2C 状态标志
void I2C_ClearStatusFlag(I2C_T*i2c,I2C_FLAG_T flag);//清除 I2C 状态标志
uint8_t I2C_ReadIntFlag(I2C_T*i2c,I2C_INT_FLAG_T flag);//读取 I2C 中断标志
void I2C_ClearIntFlag(I2C_T*i2c,uint32_t flag);//清除 I2C 中断标志
```

5. DMA 相关函数

DMA 相关函数如下：

```
void I2C_EnableDMA(I2C_T*i2c);//使能 I2C 的 DMA 功能
void I2C_DisableDMA(I2C_T*i2c);//禁止 I2C 的 DMA 功能
```

7.3.2　I2C 编程实例

I2C 编程实例

1. 主要功能

本实例演示在同一块开发板上，I2C1 工作在主机发送模式并且 I2C2 工作在从机接收模式时，两者之间的通信。I2C1 采用查询方式发送数据至 I2C2，I2C2 采用中断方式接收数据。

2. 硬件接线

从表 7.1 可以看出：在 I2C1 中，PB6 为 SCL 引脚，PB7 为 SDA 引脚；在 I2C2 中，PB10 为 SCL 引脚，PB11 为 SDA 引脚。在本实例中，只需用导线将 PB6 与 PB10 连接，PB7 与 PB11 连接即可。但必须注意，根据 I2C 协议的要求，两组连线都必须使用上拉电阻接至 V_{CC}。

3. 程序流程图

图 7.15 所示为 I2C 编程的主程序流程图。I2C 模块的初始化包括开启 GPIO 和 I2C 模块时钟、设置 GPIO 引脚工作模式及设置 I2C 工作参数等。I2C1 的工作模式设置为主机发送模式，I2C2 的工作模式设置为从机接收模式。I2C1 的发送程序采用查询方式，在发送起始信号、从机地址、一个字节数据后，都要查询相关的状态标志，以确定上一步是否完

成，或在上一步完成的基础上进行下一步的操作。这些操作都是根据工作模式中的数据包和事件序列来完成的。

图 7.16 所示为 I2C2 接口的中断服务程序流程图，I2C2 采用中断方式接收 I2C1 发送的数据。在中断程序中查询各个状态标志，以决定程序下一步的操作。这些状态标志的清除方式是不一样的。在中断服务程序中，将接收到的每个字节放入接收缓冲区中。

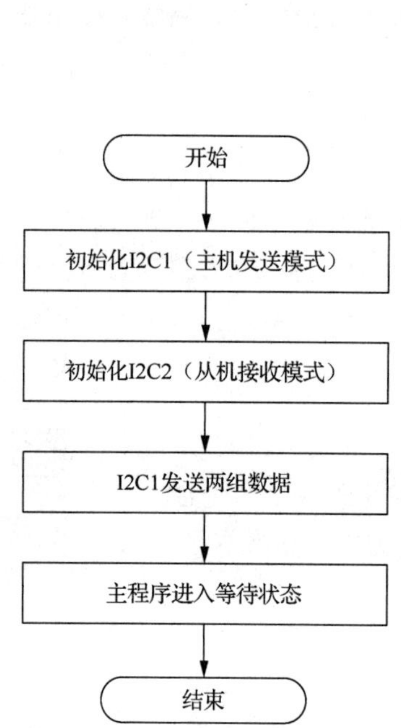

图 7.15　I2C 编程的主程序流程图

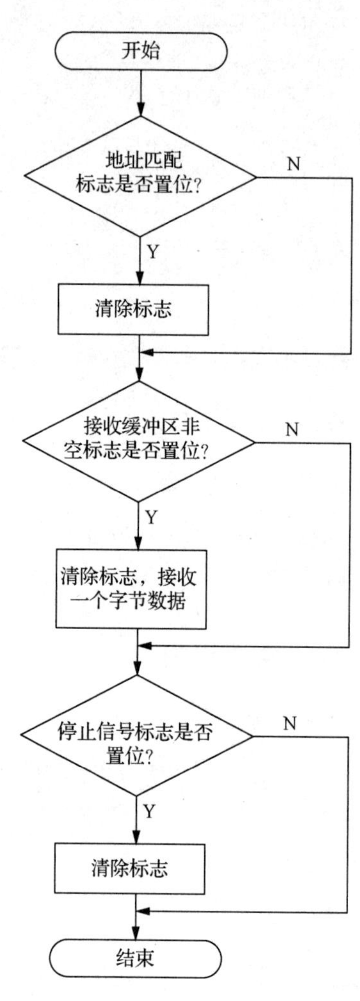

图 7.16　I2C2 接口的中断服务程序流程图

4. 代码实现

根据前述，程序流程图实现的部分程序代码如下。

（1）main.c（主程序文件）中的代码如下：

```
#include "I2C.h"
int main(void)
{
```

```
    //I2C1 初始化为主机发送模式
   I2C1_Init();
    //I2C2 初始化为从机接收模式
   I2C2_Init();
    //I2C1 发送数据，I2C2 采用中断方式接收数据
   I2C1_Write("Hello slave\r\n");
   I2C1_Write("Hello slave again\r\n");
   //等待，在调试状态下，可以看到 I2C2 中断服务函数正确接收到了的两组数据
   while(1) ;
}
```

（2）i2c.h（I2C 函数声明文件）中的代码如下：

```
#ifndef __I2C_H
#define __I2C_H
#include "apm32e10x.h"
void I2C1_Init(void);
uint8_t I2C1_Write(char * pBuffer);
void I2C2_Init(void);
void I2C2_Isr(void);
uint32_t I2C_TIMEOUT_UserCallback(uint8_t errorCode);
#endif
```

（3）i2c.c（I2C 函数实现文件）中的代码如下：

```
#include "i2c.h"
#include "apm32e10x.h"
#include "apm32e10x_gpio.h"
#include "apm32e10x_rcm.h"
#include "apm32e10x_misc.h"
#include "apm32e10x_i2c.h"
//I2C 状态标志超时时间定义
#define I2CT_FLAG_TIMEOUT         ((uint32_t)0x1000)
//较长时间的 I2C 状态标志超时时间定义
#define I2CT_LONG_TIMEOUT         ((uint32_t)(10*I2CT_FLAG_TIMEOUT))
//I2C1 初始化
void I2C1_Init(void)
{
   GPIO_Config_T gpioConfigStruct;
   I2C_Config_T i2cConfigStruct;
   //使能 I2C1 模块及对应的 GPIO 模块时钟
   RCM_EnableAPB2PeriphClock(RCM_APB2_PERIPH_GPIOB|RCM_APB2_
PERIPH_AFIO);
```

```
    RCM_EnableAPB1PeriphClock(RCM_APB1_PERIPH_I2C1);
    //初始化 I2C1 的 SCL（PB6）和 SDA（PB7）引脚为开漏输出
    gpioConfigStruct.mode=GPIO_MODE_AF_OD;
    gpioConfigStruct.speed=GPIO_SPEED_50MHz;
    gpioConfigStruct.pin=GPIO_PIN_6;
    GPIO_Config(GPIOB, &gpioConfigStruct);
    gpioConfigStruct.mode=GPIO_MODE_AF_OD;
    gpioConfigStruct.speed=GPIO_SPEED_50MHz;
    gpioConfigStruct.pin=GPIO_PIN_7;
    GPIO_Config(GPIOB, &gpioConfigStruct);
   //配置 I2C1 接口
    I2C_Reset(I2C1);
    i2cConfigStruct.mode=I2C_MODE_I2C;
    i2cConfigStruct.dutyCycle=I2C_DUTYCYCLE_2;
    i2cConfigStruct.ackAddress=I2C_ACK_ADDRESS_7BIT;
    i2cConfigStruct.ownAddress1=0XA0;
    i2cConfigStruct.ack=I2C_ACK_ENABLE;
    i2cConfigStruct.clockSpeed=100000;
    I2C_Config(I2C1,&i2cConfigStruct);
   //使能 I2C1 接口
    I2C_Enable(I2C1);
}
//I2C1 发送程序
uint8_t I2C1_Write(char * pBuffer)
{
    uint16_t I2CTimeout=I2CT_LONG_TIMEOUT;
    while(I2C_ReadStatusFlag(I2C1,I2C_FLAG_BUSBSY))
    {
        I2C1_Init();
        if((I2CTimeout--)==0) return I2C_TIMEOUT_UserCallback(4);
    }
    I2C_DisableInterrupt(I2C1,I2C_INT_EVT);
   //产生起始信号
    I2C_EnableGenerateStart(I2C1);
    I2CTimeout=I2CT_FLAG_TIMEOUT;
   //等待 EV5 事件
    while(!I2C_ReadEventStatus(I2C1,I2C_EVENT_MASTER_MODE_SELECT))
    {
        if((I2CTimeout--)==0) return I2C_TIMEOUT_UserCallback(5);
    }
   //发送从机写地址
    I2C_Tx7BitAddress(I2C1,0xB0,I2C_DIRECTION_TX);
```

```
    I2CTimeout=I2CT_FLAG_TIMEOUT;
  //等待 EV6 事件
    while(!I2C_ReadEventStatus(I2C1,I2C_EVENT_MASTER_TRANSMITTER_
MODE_SELECTED))
    {
        if((I2CTimeout--)==0)return I2C_TIMEOUT_UserCallback(6);
    }
  //循环发送所有数据
    while(*pBuffer !='\0')
    {
      //发送一个字节
        I2C_TxData(I2C1,*pBuffer);
        pBuffer++;
        I2CTimeout=I2CT_LONG_TIMEOUT;
  //等待 EV8 事件
        while(!I2C_ReadEventStatus(I2C1,I2C_EVENT_MASTER_BYTE_
TRANSMITTING))
        {
            if((I2CTimeout--)==0)
            {
                return I2C_TIMEOUT_UserCallback(8);
            }
        }
    }
  //产生停止信号
  I2C_EnableGenerateStop(I2C1);
    return 1;
}
//I2C2 初始化
void I2C2_Init(void)
{
   GPIO_Config_T gpioConfigStruct;
   I2C_Config_T i2cConfigStruct;
 //使能 I2C2 模块及对应的 GPIO 模块时钟
   RCM_EnableAPB2PeriphClock(RCM_APB2_PERIPH_GPIOB | RCM_APB2_PERIPH_
AFIO);
   RCM_EnableAPB1PeriphClock(RCM_APB1_PERIPH_I2C2);
 //初始化 I2C2 的 SCL（PB10）和 SDA（PB11）引脚为开漏输出
   gpioConfigStruct.mode=GPIO_MODE_AF_OD;
   gpioConfigStruct.speed=GPIO_SPEED_50MHz;
   gpioConfigStruct.pin=GPIO_PIN_10;
   GPIO_Config(GPIOB,&gpioConfigStruct);
```

```
    gpioConfigStruct.mode=GPIO_MODE_AF_OD;
    gpioConfigStruct.speed=GPIO_SPEED_50MHz;
    gpioConfigStruct.pin=GPIO_PIN_11;
    GPIO_Config(GPIOB,&gpioConfigStruct);
  //配置 I2C2 接口
    I2C_Reset(I2C2);
    i2cConfigStruct.mode=I2C_MODE_I2C;
    i2cConfigStruct.dutyCycle=I2C_DUTYCYCLE_2;
    i2cConfigStruct.ackAddress=I2C_ACK_ADDRESS_7BIT;
    i2cConfigStruct.ownAddress1=0XB0;
    i2cConfigStruct.ack=I2C_ACK_ENABLE;
    i2cConfigStruct.clockSpeed=100000;
    I2C_Config(I2C2,&i2cConfigStruct);
  //设置 I2C2 的事件中断优先级为抢占优先级为 1，子优先级为 2
    NVIC_EnableIRQRequest(I2C2_EV_IRQn,1,0);
   //使能 I2C2 事件中断
    I2C_EnableInterrupt(I2C2,I2C_INT_EVT);
  //使能 I2C2 接口
    I2C_Enable(I2C2);
}
//I2C2 数据接收缓冲区
uint8_t  data[200];
uint8_t i=0;
//I2C2 的中断程序，该函数由 I2C2_IRQHandler()中断处理程序调用
void I2C2_Isr(void)
{
     uint8_t det;
   //地址匹配状态标志，即 EV1 事件
     if(I2C_ReadIntFlag(I2C2,I2C_INT_FLAG_ADDR)==SET)
     {
       //清除地址匹配状态标志
         det=I2C2->STS2;
     }
   //读接收缓冲不为空标志，即 EV2 事件
     if(I2C_ReadStatusFlag(I2C2,I2C_FLAG_RXBNE)==SET)
     {
       //读取一个字节数据
         data[i]=I2C_RxData(I2C2);
        i++;
     }
   //读接收停止信号标志，即 EV4 事件
     if(I2C_ReadIntFlag(I2C2,I2C_INT_FLAG_STOP)==SET)
```

```
    {
      //清除接收到停止信号标志
        det=I2C2->CTRL1;
        I2C2->CTRL1=det;
    }
}

//超时函数
uint32_t I2C_TIMEOUT_UserCallback(uint8_t errorCode)
{
    return errorCode;
}
```

本 章 小 结

本章首先介绍了 I2C 总线的物理结构和数据传输协议。在此基础上，详细讲解了 APM32E103 微控制器 I2C 接口的结构、引脚分布、控制逻辑、状态标志、工作模式、I2C 中断和 DMA 操作等内容；列举了 APM32E103 微控制器库函数中有关 I2C 操作的主要函数，并以 I2C1 主机发送模式和 I2C2 从机接收模式为例，详细展示了这些库函数的使用。

习题 7

1. 简述 I2C 总线的物理结构。
2. 采用 I2C 总线，主机向从机写数据包含哪几个步骤？
3. APM32E103 微控制器最多有几个 I2C 接口？引脚分布是怎样的？
4. APM32E103 微控制器 I2C 总线有哪几种工作模式？
5. 简述 APM32E103 微控制器在发送模式下的数据包及事件序列。

第 8 章

模拟量模块 AD/DA

AD 模块可将模拟量转换为数字量，以便对某一物理量进行量化分析，DA 模块可将数字量转换为模拟量，以便输出某一物理量。因现实物理世界并非数字化，因此 AD 和 DA 模块是嵌入式系统与物理世界进行交互的重要组成部分。

8.1 模拟/数字转换器概述

模拟量只有转换成数字量才能被计算机采集，且对其进行分析和计算，而模拟/数字转换器（Analog Digital Converter，ADC）就是完成这一过程的重要器件或 APM32E103 微控制器的外设。ADC 的作用是将时间连续、幅值也连续的模拟信号转换为时间离散、幅值也离散的数字信号，因此，AD 转换一般要经过取样、保持、量化及编码 4 个步骤。在实际电路中，有的步骤是合并进行的，如取样和保持，量化和编码都是在转换过程中同时实现的。

ADC 的工作基本原理是把输入的模拟信号按规定的时间间隔采样，并与一系列标准的数字信号相比较，数字信号逐次收敛，直至两种信号相等；然后显示代表此信号的二进制数。

ADC 主要包含以下几种类型。

1. 逐次逼近型（AD0809，APM32 片内）

逐次逼近型 ADC 是应用非常广泛的模拟/数字转换器，它包括 1 个比较器、1 个数模转换器、1 个逐次逼近寄存器（SAR）和 1 个逻辑控制单元。它是将采样输入信号与已知电压不断进行比较，1 个时钟周期完成位转换，N 位转换需要 N 个时钟周期，转换完成后输出二进制数。其特点是转换精度高、转换速度快，但抗干扰性差。

2. 积分型（MC14433）

积分型 ADC 的工作原理是将输入电压转换成时间（脉冲宽度信号）或频率（脉冲频率），然后由定时器/计数器获得数字值。积分型 ADC 有不同的种类，常见的有单斜率积分型 ADC、双斜率积分型 ADC 等。增加一个“斜率”，是以增加转换时间为代价而提高精度的。其特点是转换精度高、抗干扰性好，但转换速度很慢。

3. Σ-Δ 型

Σ-Δ 型 ADC 由积分器、比较器、1 位 AD 转换器和数字滤波器等组成。原理上近似于积分型 ADC，将输入电压转换成时间（脉冲宽度信号），用数字滤波器处理后得到数字值。Σ-Δ 型 ADC 不是对信号的幅度进行直接编码，而是根据前一次采样值与后一次采样值之差（增量）进行量化编码，通常采用 1 位量化器，利用采样和 Σ-Δ 调制技术来获得极高的分辨率。Σ-Δ 型 ADC 由非常简单的模拟电路和十分复杂的数字信号处理电路构成。其特点是转换精度高、抗干扰性好，但转换速度较慢。

4. 其他类型 ADC

其他类型 ADC 如电压频率型 ADC（LM2917）、并行比较型 ADC、串并行比较型 ADC、电容阵列型 ADC 等。

ADC 主要包含以下几个性能指标。

（1）精度，也称分辨率（Resolution），单位为比特。精度越高的 ADC 转换出来的数字信号越接近原来真实的模拟信号。另外，该精度只表示 ADC 输出的位数，不代表这些位数里真正的信号分量。

（2）量化误差（Quantizing Error），是指由 ADC 的有限分辨率而引起的误差，即有限分辨率 ADC 的阶梯状转移特性曲线与无限分辨率 ADC（理想 ADC）的转移特性曲线（直线）之间的最大偏差。量化误差通常是 1 个或半个最小数字量的模拟变化量，表示为 1LSB、1/2LSB。在转化过程中，由于存在量化误差和系统误差，精度会有所损失。其中，量化误差对于精度的影响是可计算的，它主要取决于 ADC 的位数。

（3）采样速率（Input Sampling Rate），单位为 SPS。如果 ADC 的采样频率是 Fs（Hz），那么它可以转换的模拟信号带宽至多是 Fs/2（Hz）。例如，1MSPS 代表着 1M Samples Per Second，对应的 ADC 的采样频率就是 1MHz，可以转换的模拟信号带宽至多是 1/2MHz。

（4）转换量程，ADC 所能测量的最大电压，一般等于参考电压，超过此电压有可能损毁 ADC。当信号较小时，可以考虑降低参考电压来提高分辨率，改变参考电压后，对应的转换值也会改变，所以计算实际电压时需要考虑参考电压，一般参考电压都要做到很稳定且不带有高次谐波。

（5）偏移误差，当 ADC 输入信号为 0，但 ADC 转换输出信号不为 0 时的值。

（6）满刻度误差，ADC 满刻度输出时对应的输入信号与理想输入信号值之差。

（7）线性度，实际 ADC 的转移函数和理想直线的最大偏移。

除此之外，ADC 还包含功耗、噪声、温漂、实际精度、信噪比等性能指标。

8.2　APM32E103 微控制器的 ADC 功能描述

8.2.1　APM32E103 微控制器的 ADC 简介

APM32E103 微控制器的系列产品有 3 个精度为 12 位逐次逼近型的 ADC，每个 ADC

最多有 16 个外部通道和 2 个内部通道。其中，ADC1 和 ADC2 都有 16 个外部通道，ADC3 一般有 8 个外部通道，各通道 AD 转换模式有单次转换模式、连续转换模式、扫描转换模式或间断转换模式，ADC 转换结果可以左对齐或右对齐存储在 16 位数据寄存器中。APM32E103 微控制器的 ADC 最大的转换速率为 1MHz，也就是转换时间为 1μs（在 ADCCLK=14MHz，采样周期为 1.5 个 ADC 时钟下得到），不要让 ADC 的时钟超过 14MHz，否则将导致结果准确度下降。

APM32E103 微控制器包含 1～3 个 12 位逐次逼近型 ADC。每个 ADC 的每次转换来源可选 18 个模拟信号来源之一，也就是所谓的 ADC 的 18 个通道，它们是通过 16 个模拟输入引脚引入的 16 个外部模拟输入信号和 2 个内部信号，内部信号有芯片温度信号、内部参考电压及地。每个 ADC 中有一个 18 选 1 的模拟多路选择器（也叫多路模拟开关），选择 18 个模拟输入信号（即通道）中的一个送至转换部分，用分时依次转换的方式实现对多个模拟信号的 AD 转换，如图 8.1 所示。除一些特殊要求外，分时依次转换完全够用。

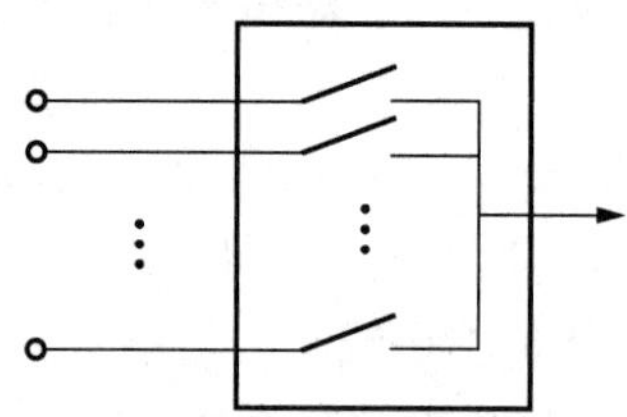

图 8.1　ADC 中的模拟多路选择器由多个能接通或切断模拟信号的模拟开关组成

ADC1 和 ADC2 的 16 个模拟输入引脚完全共用（即一个引脚，既可以作 ADC1 的输入引脚，也可以作 ADC2 的输入引脚），标记为 ADC12_IN0～ADC12_IN15，其中 ADC12 表示 ADC1 和 ADC2 共用。而 ADC3 的输入引脚标记为 ADC3_IN*x*（ADC3 单独用）或 ADC123_IN*x*（共用）。虽然共用引脚，但 ADC1、ADC2、ADC3 通常独立工作，互不影响。

8.2.2　ADC 的转换模式

APM32E103 微控制器将 ADC 的转换分为两个通道组：规则通道组和注入通道组。规则通道组相当于正常运行的程序，而注入通道组相当于中断。在程序正常执行的时候，中断是可以打断执行的。同这个类似，注入通道组的转换可以打断规则通道组的转换，在注入通道组被转换完成之后，规则通道组才得以继续转换。

通过一个形象的例子可以说明：假如你在家里的院子安装了 5 个温度探头，室内安装了 3 个温度探头。此时需要时刻监测室外温度，偶尔查看室内的温度。因此，你可以使用规则通道组循环扫描室外的 5 个温度探头并显示转换结果，当你想查看室内温度时，通过一个按钮启动注入通道组（3 个室内温度探头）并暂时显示室内温度，当你释放这个按钮后，系统又会回到规则通道组继续监测室外温度。从系统设计上，系统测量并显示室内温度的过程中断了测量并显示室外温度的过程。进行程序设计时，可以在初始化阶段分别设

置好不同的转换组，在系统运行中不再变更循环转换的配置，从而达到两个任务互不干扰和快速切换的效果。可以设想一下，如果没有规则通道组和注入通道组的划分，当你按下按钮后，需要重新配置循环扫描的通道，然后释放按钮后需再次配置循环扫描的通道。上面的例子因为速度较慢，不能完全体现这样区分（规则通道组和注入通道组）的好处，但在工业应用领域中有很多需要较快地处理检测和监测探头，这样可以简化事件处理的程序并提高事件处理的速度。

将每组内部转换模式分为扫描模式和间断模式；对于每个组内部的通道，将转换模式分为单次转换模式、连续转换模式。在应用中，依据实际应用需求，可结合 ADC 的数量、转换的通道数、每个通道的转换方式设计出满足需求的 ADC 转换方式。

ADC*x* 可以由定时器、引脚跳变、软件等方式触发 AD 转换。触发方式详见后面讲解。如果设置了连续转换模式，则只需要一次触发，之后的转换自动重复进行；如果设置了单次转换模式，则每次转换都要触发；如果设置了扫描模式（也叫多通道模式、多通道扫描模式、成组转换模式），每次触发引起事先设定好的一组输入通道自动依次转换，如通道 5、通道 8、通道 7、通道 12 自动依次转换；如果设置了单通道模式，则每次只转换一个通道。

以上模式有 4 种组合，如图 8.2 所示。

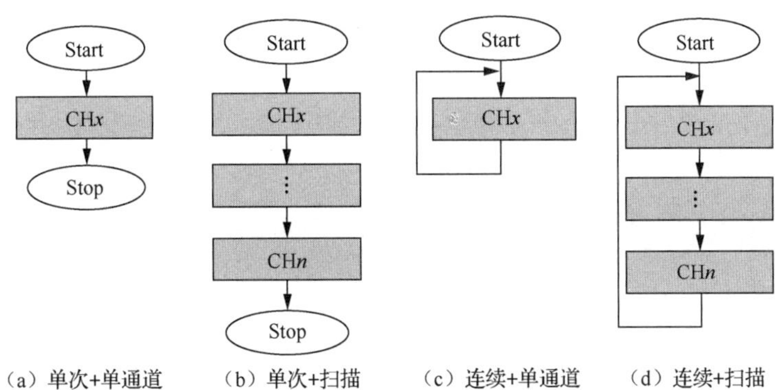

图 8.2　ADC 转换模式的 4 种组合

8.2.3　单通道转换

单 ADC 单通道转换不使用外部触发软件开启，转换模式为单次和连续同时禁止扫描，数据转换的结果为右对齐，单 ADC 单通道转换完成后触发中断，在中断服务函数中读取数据，不使用 DMA 传输。

单次转换模式对单个通道只进行一次转换。该模式通过配置寄存器 ADC_CTRL2 的 ADCEN 位启动或外部触发启动。规则通道一次转换结束后，将转换数据存储到 16 位 ADC_REGDATA 寄存器，EOCFLG（End Of Conversion Flag，转换结束标志）位置 1；若配置 EOCIEN（End Of Conversion Interrupt Enable，使能转换结束中断）位置 1，则产生中断。注入通道一次转换结束后，将转换数据存储到 16 位 ADC_INJDATA1 寄存器，

INJEOCFLG 位置 1；若配置 INJEOCIEN 位置 1，则产生中断。单通道单次转换模式时序图如图 8.3 所示。

单通道连续转换模式是指对单通道进行连续转换。该模式通过配置寄存器 ADC_CTRL2 的 ADCEN 位启动或外部触发启动。一个规则通道转换结束后，将转换数据存储到 16 位 ADC_REGDATA 寄存器，EOCFLG 位置 1；若配置 EOCIEN 位置 1，则产生中断。一个注入通道转换结束后，将转换数据存储到 16 位 ADC_INJDATA1 寄存器，INJEOCFLG 位置 1；若配置 INJEOCIEN 位置 1，则产生中断。单通道连续转换模式时序图如图 8.4 所示。

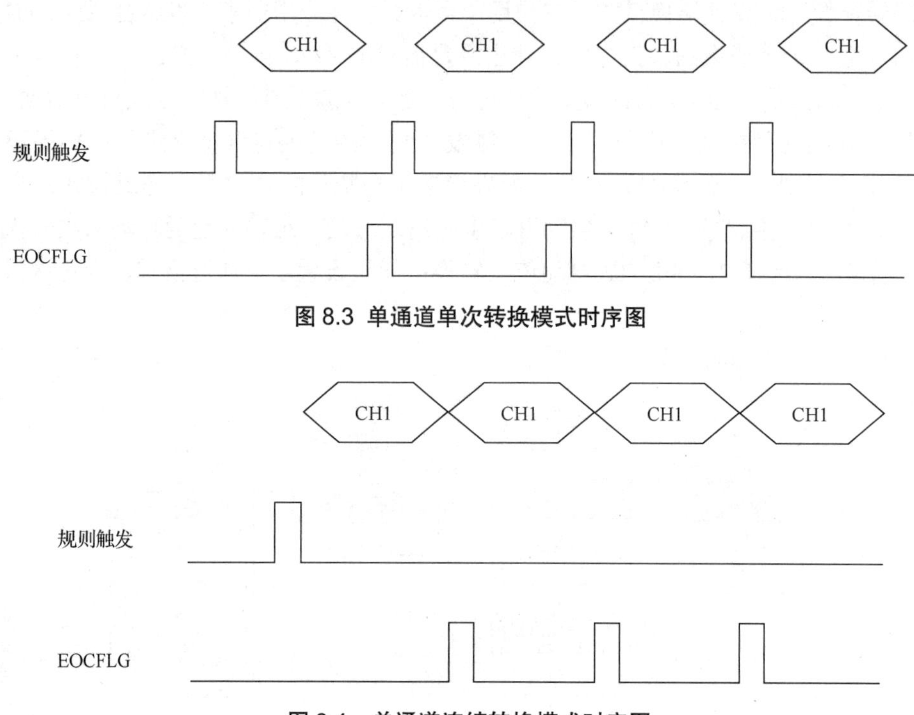

图 8.3　单通道单次转换模式时序图

图 8.4　单通道连续转换模式时序图

8.2.4　多通道转换

多通道转换是指使用了 ADC 的多通道扫描模式。ADC 的多通道扫描模式可以自动完成一组模拟输入通道的依次转换。ADC 的多个通道可以设置规则组和注入组两个通道组。其中，注入组的优先级高，如果规则组正在转换，出现了注入组的触发事件，则规则组的转换立即停止（包括正在转换的通道也立即停止），待注入组转换完后，被打断的通道重新采样和转换，继续完成剩余规则组通道的转换。规则组中的通道数目为 1～16 个，注入组中的通道数目最多为 4 个。组中的通道号可以重复，如 CH1、CH1、CH3、CH3。不能专门设置多通道转换模式下的转换通道和触发方式，多通道转换模式下，当规则组触发事件出现，不论规则组设置通道数目是多少，转换的都是规则组中的第一个通道，下次规则组触发还是转换这个通道。当注入组触发事件出现，转换的是注入组中的第一个通道，下次注入组触发还是转换这个通道。

单次或连续模式、单通道或多通道扫描模式的规则组和注入组设置必须一样，不能规则组是一种模式，注入组是另一种模式。

多通道扫描模式通道顺序示意图如图 8.5 所示。

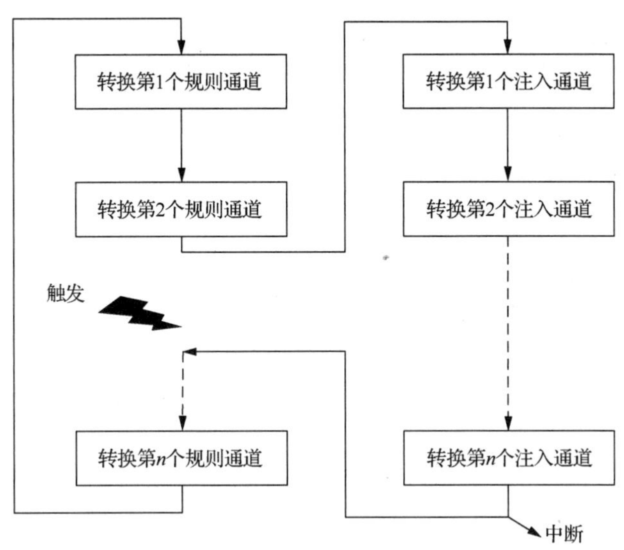

图 8.5　多通道扫描模式通道顺序示意图

1. 规则组转换结果的获取

规则组的转换结果存放在一个寄存器 ADC*x*_REGDATA 的低 16 位，其中在 C 语言中 ADC*x* 是指向 ADC*x*（*x*=1～3）的寄存器组的指针，REGDATA 是该寄存器组中的一个成员，是规则组的结果寄存器。

ADC*x*_REGDATA 寄存器中只能存放 ADC*x* 一个通道的转换结果，在下一个通道的转换结果出来之前如果不取走就会被新结果覆盖，如果规则组工作于多通道扫描模式，由于中断只能在规则组的通道都被转换完成后产生（EOC 中断），因此依靠中断读取规则组的转换结果，只能读到最后一个通道的。唯一的解决方法是用 DMA 方式取走转换结果：在每个通道转换结束后触发 DMA 传送，把结果从 ADC*x*_REGDATA 寄存器传送到指定的数组中。

如果规则组工作于单通道模式，则可以在中断在服务程序中编程，从而取走结果，还可以采用库函数法和寄存器法。

库函数法如下：

```
ADResult=ADC_ReadConversionValue(ADC1);
```

寄存器法如下：

```
ADResult=(uint16_t)ADC1-> REGDATA;
```

规则组转换结果的对齐方式有右对齐（默认情况）和左对齐两种。

右对齐（默认情况）如下：

0	0	0	0	D11	D10	D9	D8	D7	D6	D5	D4	D3	D2	D1	D0

左对齐如下：

D11	D10	D9	D8	D7	D6	D5	D4	D3	D2	D1	D0	0	0	0	0

ADC*x*_REGDATA 是 32 位寄存器，当 ADC2 处于非独立模式时，又称 ADC 双重模式，ADC*x*_REGDATA 的高 16 位有时用来存放 ADC2 的规则组的转换结果（ADC2DATA），此时 ADC2 作为从转换器，其触发等受 ADC1 控制。

2. 注入组转换结果的获取

注入组的转换结果放在 4 个寄存器 ADC*x*_INJDATA*n* 中（*x*=1～3，*n*=1～4），其中在 C 语言中 ADC*x* 是指向 ADC*x*（*x*=1～3）的寄存器组的指针，INJDATA*n* 是该寄存器组中成员，是注入组的结果寄存器。

ADC*x*_INJDATA*n*（*n*=1～4）中分别存放 ADC*x* 注入组的 4 个输入通道的转换结果。在注入组的通道都转换完成后可以产生注入组通道转换结束中断，可以在中断服务程序中取走转换结果，不再使用 DMA 传送。

例如，把 ADC1 转换结果存入数组 AD_value[]，代码如下：

```
AD_value[3]= ADC_ReadInjectedConversionValue(ADC1,3);
```

在 ADC*x*_INJDATA*n*（*x*=1～3，*n*=1～4）注入组转换结果的数据值已经减去了在 ADC*x*_INJDOF*n*（*x*=1～3，*n*=1～4）寄存器中定义的偏移量，因此结果可能是负值。ADC*x*_INJDOF*n* 的默认值是 0。

注入组转换结果的对齐方式为右对齐（默认情况）和左对齐两种。

右对齐（默认情况）如下：

SEXT	SEXT	SEXT	SEXT	D11	D10	D9	D8	D7	D6	D5	D4	D3	D2	D1	D0

左对齐（和规则组结果不同，只左移了 3 位，不是 4 位）如下：

SEXT	D11	D10	D9	D8	D7	D6	D5	D4	D3	D2	D1	D0	0	0	0

SEXT 位是扩展的符号位，结果为负值时为 1，否则为 0。默认情况下，INJDOF*n* 的偏移量是 0，所以不会出现负值。

3. 规则组触发方式

ADC1 和 ADC2 用于规则通道的转换启动触发信号，可以 8 选 1，7 种外部触发信号（指 ADC 的外部，不是指片外）或软件启动转换（表 8.1 的最后一行）；通过 REGEXTTRGSEL[2:0] 三位控制。

表 8.1　ADC1 和 ADC2 用于规则通道的转换启动触发信号

触发源	REGEXTTRGSEL[2:0]	触发类型
TMR1_CC1	000	来自片上定时器的内部信号
TMR1_CC2	001	
TMR1_CC3	010	
TMR2_CC2	011	
TMR3_TRGO	100	
TMR4_CC4	101	
EINT 线 11/TMR8_TRGO	110	外部引脚/来自片上定时器的内部信号
REGSWSC	111	软件控制位

在此了解一下定时器的 TRGO，主定时器出的 TRGO 来自其 4 个比较通道的输出参考信号 OCnREF、更新脉冲、其他，图 8.6 中其他包括定时器复位、使能、通道 1 捕获脉冲。

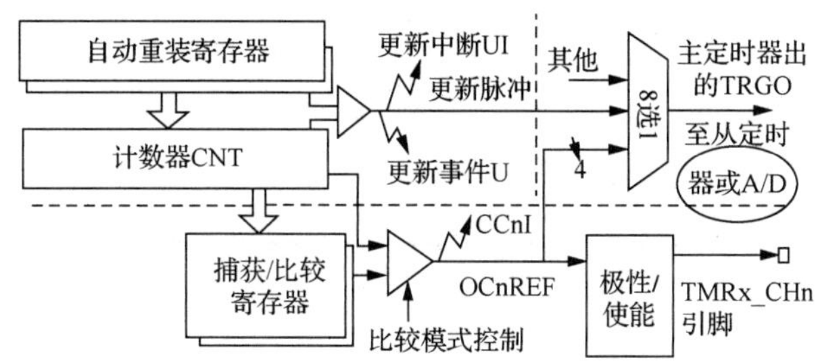

图 8.6　定时器产生的事件或中断可触发 ADC

选择定时器的 TRGO 可以用库函数，如配置 TMR2 的 TRGO 为通道 2 的输出参考信号 OC2REF。库函数如下：

```
TMR_SelectOutputTrigger(TMR2,TMR_TRGO_SOURCE_OC2REF);
```

例如，需要每 1ms 采样一次，可以设定定时器 2 在每周期的 0.9ms 时产生比较匹配，使 OC2REF 置 1，触发 A/D 转换，在每周期 1ms 时产生更新中断，在中断服务程序中处理转换结果。因此，可设置定时器 2 的 PSC=72-1，AUTORLD=1000-1，CC2=900，比较通道 2 工作于 PWM2 方式。

如果使用软件启动转换，软件通过将控制寄存器中的规则组软件启动位置 1 实现转换启动，开始转换后该位硬件自动清 0。库函数如下：

```
ADC_EnableSoftwareStartConv(...)
```

如果使用外部触发信号启动转换，还要将规则组外部触发使能位置 1。库函数如下：

```
ADC_EnableExternalTrigConv(...); //使能 ADCx(x=1～3)的经外部触发启动规则组转换功能
```

使用库函数法设置规则组的触发源，选择由填写初始化结构体的成员 ADC_EXT_TRIG_CONV_T 的值决定。

ADC3 用于规则通道的转换启动触发信号，可以 8 选 1，7 种外部触发信号（指 ADC 的外部，不是指片外）或软件启动转换（表 8.2 的最后一行）；由 REGEXTTRGSEL[2:0] 三位控制。

表 8.2　ADC3 用于规则通道的转换启动触发信号

触发源	REGEXTTRGSEL[2:0]	触发类型
TMR3_CC1	000	来自片上定时器的内部信号
TMR2_CC3	001	
TMR1_CC3	010	
TMR8_CC1	011	
TMR8_TRGO	100	
TMR5_CC1	101	
TMR5_CC3	110	
REGSWSC	111	软件控制位

4. 注入组触发方式

ADC1 和 ADC2 用于注入通道的转换启动触发信号，可以 8 选 1，7 种外部触发信号或软件启动转换（表 8.3 的最后一行）；由 INJGEXTTRGSEL[2:0]三位控制，可见注入组触发方式独立于规则组触发方式。

表 8.3　ADC1 和 ADC2 用于注入通道的转换启动触发信号

触发源	INJGEXTTRGSEL[2:0]	触发类型
TMR1_TRGO	000	来自片上定时器的内部信号
TMR1_CC4	001	
TMR2_TRGO	010	
TMR2_CC1	011	
TMR3_CC4	100	
TMR4_TRGO	101	
EINT 线 15/TMR8_CC4	110	外部引脚/来自片上定时器的内部信号
INJSWSC	111	软件控制位

ADC3 用于注入通道的转换启动触发信号，可以 8 选 1，7 种外部触发信号或软件启动转换（表 8.4 的最后一行）；由控制寄存器中的 JEXTSEL[2:0]三位控制。

表 8.4　ADC3 用于注入通道的转换启动触发信号

触发源	REGEXTTRGSEL[2:0]	触发类型
TMR1_TRGO	000	来自片上定时器的内部信号
TMR1_CC4	001	
TMR4_CC3	010	
TMR8_CC2	011	
TMR8_CC4	100	
TMR5_TRGO	101	
TMR5_CC4	110	
INJSWSC	111	软件控制位

如果选择表 8.4 中的软件启动转换，软件通过将控制寄存器中的注入组软件启动位置 1 实现转换启动，开始转换后该位自动硬件清 0。库函数如下：

```
ADC_EnableSoftwareStartInjectedConv(...)
```

如果使用外部触发信号启动转换，还要将注入组外部触发使能位置 1。库函数如下：

```
ADC_EnableExternalTrigConv(...); //使能 ADCx(x=1～3)的经外部触发启动规则组转换功能
```

用库函数法设置，注入组的触发源选择的库函数如下：

```
ADC_ConfigExternalTrigInjectedConv(...);
```

规则组没有对应库函数，而是在初始化结构体中配置触发源。注入组还有一种启动方式，即每次规则组转换完成后自动启动注入组的转换。库函数如下：

```
ADC_EnableAutoInjectedConv(...)
```

因此，规则组+注入组的通道序列长度最大为 20。

如果使能连续模式，那么规则通道至注入通道的转换序列被连续执行。

8.2.5　ADC 的相关设置

1. 时钟设置

ADC 的输入时钟（ADCCLK）的频率不得超过 14MHz，它是由 PCLK2 经 2 或 4、6、8 倍分频产生。PCLK2 是 ABP2 外设的总时钟信号，最大频率为 72MHz，如果 PCLK2 使用最大频率，则最少采取 6 分频，得到频率为 12MHz 的 ADCCLK，ADCCLK 达不到最高频率。

启用 ADC，首先要开启时钟，库函数如下（以 ADC1 为例）：

```
RCM_EnableAPB2PeriphClock(RCM_APB2_PERIPH_ADC1);
```

设置 ADC 时钟 ADCCLK 是 PCLK2 的 *n* 分频（以 *n*=4 为例）的库函数如下：

```
RCM_ConfigADCCLK(RCM_PCLK2_DIV_4);
```

2. 采样时间设置

ADC*x* 的每次转换要经过采样和 A/D 变换两个阶段。

转换时间=采样时间+12.5 个 ADCCLK 周期(AD 转换时间固定)

采样是利用采样保持器，将输入模拟信号的电压复制在一个电容上并维持不变，直到 AD 转换结束（逐次逼近型 ADC 要求转换期间被转换电压不能变）。采样保持器的基本原理是用输入电压给采样电容充电，充好后断开输入信号，电容上的电压就可短时维持不变。给采样电容充电的时间基本就是采样时间，慢速充电可以平滑掉输入信号高频波动，受上一个通道的影响较小。

APM32E103 微控制器中 ADC*x* 的每个输入通道都可以单独设置采样时间，有 8 种选择（ADCCLK 周期）：1.5 周期、7.5 周期、13.5 周期、28.5 周期、41.5 周期、55.5 周期、71.5 周期、239.5 周期。在频率为 14MHz 和采样时间为 1.5 周期时，转换时间为 1μs（14 个周期）。

3. 规则通道序列设置

设置 ADC*x* 规则组中的每个通道，都要调用一次库函数：

```
ADC_ConfigRegularChannel(...);
```

该函数每调用一次，就要配置规则组中的一个通道，其参数要依次填写 ADC*x*（*x*=1～3）、输入通道号、在规则组中的序号（1～16）、采样时间。例如：

```
ADC_ConfigRegularChannel(ADC1,ADC_CHANNEL_10,1,ADC_SAMPLETIME_
28CYCLES5);
```

4. 注入通道序列设置

设置 ADC*x* 注入组中的每个通道，都要调用一次库函数：

```
ADC_ConfigInjectedChannel(...);
```

该函数每调用一次，就要配置注入组中的一个通道，其参数要填写 ADC*x*（*x*=1～3）、输入通道号、在注入组中的序号（1～4）、采样时间。例如：

```
ADC_ConfigInjectedChannel(ADC1,ADC_CHANNEL_6,3,ADC_SAMPLETIME_
13CYCLES5);
```

调用该函数前，必须已经确定注入组中的通道个数，即先要调用设置注入组中通道个数，函数如下：

```
ADC_ConfigInjectedSequencerLength(...);
```

注意：不同于规则转换序列，如果注入组通道序列长度 JLength 不是 4，则转换的序列顺序是从（5-JLength）开始。

例如，注入组通道序列依次是 2、7、3、6。如果 JLength=3，则通道转换顺序为 7、3、6，而不是 2、7、3。

APM32E103 微控制器的 ADC 在间断模式下，转换触发信号引起规则通道组或注入通道组中的一个子序列开始转换，子序列通道的个数 n，对于规则组来说 $n \leqslant 8$，对于注入组来说 $n=1$。例如，规则组 $n=3$，设定的规则组通道序列=0、1、2、3、6、7、9、10。

第一次触发，转换的序列为 0、1、2；

第二次触发，转换的序列为 3、6、7；

第三次触发，转换的序列为 9、10，并产生转换结束事件；

第四次触发，转换的序列为 0、1、2。

规则组或注入组可以分别设置工作于间断模式，它们之间互不影响。注入组间断模式不能和自动跟随规则组触发模式同时使用。

规则组设定间断模式每个子序列通道数目的库函数如下：

```
ADC_ConfigDiscMode(ADC1, 1); //设定 ADC1 的每个子序列通道数目为 1
```

使能规则组间断模式的库函数如下：

```
ADC_EnableDiscMode(ADC1); //使能 ADC1 规则组间断模式
```

使能注入组间断模式的库函数如下：

```
ADC_EnableInjectedDiscMode(ADC1);  //使能 ADC1 注入组间断模式
```

注入组每个子序列通道数目固定是 1，不必设置。如果规则组子序列数目设置为 1，触发转换后定时（或延时）取转换结果，就可以不用 DMA 传送结果。

5. 电源简介及被测电压计算

APM32E103 微控制器的 ADC 供电需求：ADC 供电的正极 V_{DDA}（模拟供电）引脚接 2.0～3.6V，负极 V_{SSA}（模拟地）引脚接 0V。若要提高 ADC 的采样精度，V_{DDA} 和数字部分供电端 V_{DD} 分别供电，V_{SSA} 和数字地 V_{SS} 不直接连接。APM32E103 微控制器的 ADC 输入信号可测量范围为 $V_{REF-} \leqslant V_{IN} \leqslant V_{REF+}$，$V_{REF-}$必须和 V_{SSA} 相连。64 引脚及以下的芯片无 V_{REF+}和 V_{REF-}引脚，V_{REF+}在片内接 V_{DDA}，V_{REF-}在片内接 V_{SSA}，仍符合上述要求。

$$\text{引脚上的被测电压} = V_{REF} \times AD\_Value/4095$$

为提高 ADC 采样精度及电源稳定性，V_{DDA} 与 V_{SSA} 引脚之间、V_{REF+}和 V_{REF-}引脚之间要有良好的去耦，应该连接优质去耦电容，如选用多层陶瓷电容。

6. 电源开关控制

通过设置 ADC_CTRL2 寄存器的 ADCEN 位可给 ADC 上电。当第一次设置 ADCEN 位时，它将 ADC 从断电状态下唤醒。ADC 上电延迟一段时间后（tSTAB），再次设置 ADCEN 位时开始进行转换。通过清除 ADCEN 位可以停止转换，并将 ADC 置于断电模式。在这个模式中，ADC 几乎不耗电（仅耗电几个 μA）。

库函数如下：

```
ADC_ENABLE(ADC1);
```

7. ADC 中断

规则组转换结束后（是整组结束而不是一个通道结束），EOCFLG 标志置位；注入组转换结束后，INJEOCFLG 标志置位，它们都能产生中断，当模拟看门狗状态位被设置时也能产生中断。它们都有独立的中断使能位。

ADC1 和 ADC2 的中断映射在同一个中断向量上（同一中断服务程序）：

```
void ADC1_2_IRQHandler(void))
```

而 ADC3 的中断有自己的中断向量：

```
void ADC3_IRQHandler(void)
```

中断服务程序中应先细分中断源：

```
if(ADC_ReadIntFlag(ADC1,ADC_INT_EOC)==SET){...}
```

然后清除标记：

```
ADC_ClearIntFlag(ADC1,ADC_INT_EOC);
```

8.3 APM32E103 微控制器的 ADC 编程

8.3.1 编程步骤

APM32E103 微控制器的 ADC 功能非常丰富，其编程步骤如下。

（1）GPIO 的初始化，将 ADC 相关的引脚设置为模拟输入模式。

（2）ADC 的初始化，包括 ADC 时钟频率、工作模式、单次或连续转换、触发方式、数据对齐方式、通道数等的设置。

（3）若使用其他外设触发 AD 转换，如定时器，还需对定时器初始化。

（4）若使用 DMA 的方式读取数据，则需对 DMA 进行设置。

（5）若开启 ADC 相关的中断，则需对中断进行初始化。

（6）使能 ADC 并校准。

（7）依据前面 ADC 的初始化，可以直接读取 ADC 结果，还可以以中断、DMA 的方式读取 ADC 结果。

8.3.2　编程具体示例

下面介绍使用库函数实现使用 ADC1 的通道 1 进行 AD 转换。这里需要说明一下，使用的库函数在 apm32f10x_adc.c 文件和 apm32f10x_adc.h 文件中。其详细设置步骤如下。

（1）开启 PORTA 口时钟和 ADC1 时钟，设置 PA1 为模拟输入。

APM32E103 微控制器的 ADC 通道 1 在 PA1 上，所以先要使能 PORTA 的时钟和 ADC1 时钟，然后设置 PA1 为模拟输入。使能 GPIOA 和 ADC 时钟使用 RCM_EnableAPB2PeriphClock 函数，设置 PA1 的输入方式使用 GPIO_Config 函数，可参考 GPIO 章节的设置，在此不赘述。

```
RCM_EnableAPB2PeriphClock(RCM_APB2_PERIPH_GPIOA); //开启 GPIOA 的时钟
RCM_EnableAPB2PeriphClock(RCM_APB2_PERIPH_ADC1); //开启 ADC 的时钟
```

（2）复位 ADC1，同时设置 ADC1 分频因子。

开启 ADC1 时钟之后，要复位 ADC1，将 ADC1 的全部寄存器重设为默认值之后，通过 RCM→CFG_B.ADCPSC 设置 ADC1 的分频因子。设置分频因子为 4，时钟为 72/4=18MHz，库函数的实现方法如下：

```
RCM_ConfigADCCLK(RCM_PCLK2_DIV_4);
```

ADC 时钟复位的方法如下：

```
ADC_Reset(ADC1); //复位 ADC1
```

这个函数非常容易理解，就是复位指定的 ADC。

（3）初始化 ADC1 参数，设置 ADC1 的工作模式以及规则序列的相关信息。

在设置完分频因子后，配置 ADC1 的模式，包括设置单次转换模式、触发方式选择、数据对齐方式等。同时，还要设置 ADC1 规则序列的相关信息，这里只有一个通道，并且是单次转换模式，所以设置规则序列中通道数为 1。这些在库函数中是通过函数 ADC_Config 实现的，下面我们看看其定义：

```
void ADC_Config(ADC_T* adc, ADC_Config_T* adcConfig);
```

从函数定义可以看出，第 1 个参数是指定 ADC 号；第 2 个参数 adcConfig，跟其他外设初始化一样，都是通过设置结构体成员变量的值来设定外设的各项参数的。

```
typedef struct
{
    ADC_MODE_T              mode;
    uint8_t                 scanConvMode;
    uint8_t                 continuosConvMode;
```

```
        ADC_EXT_TRIG_CONV_T externalTrigConv;
        ADC_DATA_ALIGN_T    dataAlign;
        uint8_t             nbrOfChannel;
    } ADC_Config_T;
```

参数 mode 用来设置 ADC 的模式。前面讲解过，ADC 的模式非常多，包括独立模式、注入同步模式等，这里选择独立模式，所以值为 ADC_MODE_INDEPENDENT。

参数 scanConvMode 用来设置是否开启扫描模式，因为是单通道模式，这里选择不开启，选择值为 DISABLE。

参数 continuosConvMode 用来设置是否开启连续转换模式，因为是单次转换模式，所以选择不开启连续转换模式，选择值为 DISABLE。

参数 externalTrigConv 用来设置启动规则转换组转换的外部事件，这里选择软件触发，选择值为 ADC_EXT_TRIG_CONV_None。

参数 dataAlign 用来设置 ADC 数据对齐方式是左对齐还是右对齐，这里选择右对齐方式 ADC_DATA_ALIGN_RIGHT。

参数 nbrOfChannel 用来设置规则序列的长度，这里是单次转换模式，所以设置值为 1。

通过上面对每个参数的讲解，下面来看看初始化范例：

```
    ADC_Config_T            adcConfig;

    adcConfig.mode=ADC_MODE_INDEPENDENT;      //ADC 工作模式:ADC1 工作在独立模式
    adcConfig.scanConvMode=DISABLE;           //模数转换工作在单通道模式
    adcConfig.continuosConvMode=DISABLE;      //模数转换工作在单次转换模式
    adcConfig.externalTrigConv=ADC_EXT_TRIG_CONV_None;//转换由软件而不是外部
触发启动
    adcConfig.dataAlign=ADC_DATA_ALIGN_RIGHT;    //ADC 数据右对齐
    adcConfig.nbrOfChannel=1;//顺序进行规则转换的 ADC 通道的数目
    ADC_Config(ADC1,&adcConfig);//根据 adcConfig 结构体中指定的参数初始化外设
ADCx 的寄存器
```

（4）使能 ADC 并校准。

设置完以上信息后，我们就可以使能 AD 转换器，执行复位校准和 AD 校准，注意这两步是必须的。不校准将导致结果不准确。

使能指定的 ADC 的方法如下：

```
    ADC_Enable(ADC1);//使能指定的 ADC1
```

执行复位校准的方法如下：

```
    ADC_ResetCalibration(ADC1);  //执行复位校准
```

ADC 校准的方法如下：

```
    ADC_StartCalibration(ADC1);  //开启 AD 校准
```

每次进行校准都要等待校准结束。这里是通过获取校准状态来判断校准是否结束。复位校准和 AD 校准的等待结束代码如下：

```
while(ADC_ReadResetCalibrationStatus(ADC1));//等待复位校准结束
while(ADC_ReadCalibrationStartFlag(ADC1)); //等待校准结束
```

（5）读取 ADC 值。

校准完成之后，设置规则序列 1 里面的通道、采样顺序，以及通道的采样周期，然后启动 ADC 转换。在转换结束后，读取 ADC 转换结果。设置规则序列通道以及采样周期的函数如下：

```
void ADC_ConfigRegularChannel(ADC_T* adc, uint8_t channel,uint8_t rank,
uint8_t sampleTime);
```

通道口是规则序列中的第 1 个转换，同时采样周期为 13.5，所以设置代码如下：

```
ADC_ConfigRegularChannel(ADC1, ADC_CHANNEL_0,1,ADC_SAMPLETIME_
13CYCLES5);
```

软件开启 ADC 转换的方法如下：

```
ADC_EnableSoftwareStartConv(ADC1);//使能指定的 ADC1 的软件转换启动功能
```

开启转换之后，就可以获取转换 ADC 转换结果数据，方法如下：

```
ADC_ReadConversionValue(ADC1);
```

同时在 AD 转换中，还要根据状态寄存器的标志位来获取 AD 转换的各个状态信息。库函数获取 AD 转换的状态信息的函数如下：

```
uint8_t ADC_ReadStatusFlag(ADC_T* adc,ADC_FLAG_T flag);
```

判断 ADC1 的转换是否结束，方法如下：

```
while(!ADC_ReadStatusFlag(ADC1,ADC_FLAG_EOC));//等待转换结束
```

通过以上几个步骤的设置，就能正常地使用 APM32E103 微控制器的 ADC1 来执行 AD 转换操作了。

完整的初始化及读取 AD 值的程序代码如下：

```
//ADC 初始化
void ADC_Init(void)
{
    GPIO_Config_T           gpioConfig;
    ADC_Config_T            adcConfig;
    RCM_EnableAPB2PeriphClock(RCM_APB2_PERIPH_GPIOA);//使能 GPIOA 时钟
```

```
        //PA0 作为模拟通道输入引脚
        GPIO_ConfigStructInit(&gpioConfig);
        gpioConfig.mode=GPIO_MODE_ANALOG; //模拟输入引脚
        gpioConfig.pin=GPIO_PIN_0;
        GPIO_Config(GPIOA, &gpioConfig);
        RCM_ConfigADCCLK(RCM_PCLK2_DIV_4); //设置 ADC 分频因子
        RCM_EnableAPB2PeriphClock(RCM_APB2_PERIPH_ADC1);//使能 ADC1 通道时钟
        ADC_Reset(ADC1); //复位 ADC1
        ADC_ConfigStructInit(&adcConfig);
        adcConfig.mode=ADC_MODE_INDEPENDENT; //ADC 工作模式:ADC1 工作在独立模式
        adcConfig.scanConvMode=DISABLE; //模数转换工作在单通道模式
        adcConfig.continuosConvMode=DISABLE; //模数转换工作在单次转换模式
        adcConfig.externalTrigConv=ADC_EXT_TRIG_CONV_None;//转换由软件而不是
外部触发启动
        adcConfig.dataAlign=ADC_DATA_ALIGN_RIGHT;    //ADC 数据右对齐
        adcConfig.nbrOfChannel=1;//顺序进行规则转换的 ADC 通道的数目
        ADC_Config(ADC1, &adcConfig);//根据 adcConfig 结构体中指定的参数初始化外
设 ADCx 的寄存器
        ADC_ConfigRegularChannel(ADC1,ADC_CHANNEL_0,1,ADC_SAMPLETIME_
13CYCLES5);//ADC1, ADC 通道 0, 一个序列, 采样时间为 13.5 周期
        ADC_Enable(ADC1);//使能指定的 ADC1
        ADC_ResetCalibration(ADC1);  //使能复位校准
        while (ADC_ReadResetCalibrationStatus(ADC1));//等待复位校准结束
        ADC_StartCalibration(ADC1);   //开启 AD 校准
        while (ADC_ReadCalibrationStartFlag(ADC1)); //等待校准结束
        ADC_EnableSoftwareStartConv(ADC1);//使能指定的 ADC1 的软件转换启动功能
    }
    //获取 AD 转换结果
    u16 Get_Adc()
    {
        while(!ADC_ReadStatusFlag (ADC1, ADC_FLAG_EOC));//等待转换结束
        return ADC_ReadConversionValue(ADC1);    //返回最近一次 ADC1 转换结果
    }
```

8.4 数字/模拟转换器概述

数字/模拟转换器（DAC）是一种将数字信号转换为模拟信号（以电流、电压或电荷的形式）的设备。它的工作基本原理是将数字信号通过数字编码转换为模拟信号。具体来说，DAC 将数字信号的二进制代码解码，并根据解码结果输出对应的模拟信号。DAC 的

输出模拟信号可以是连续的，也可以是分段的。DAC 的输出质量取决于 DAC 的分辨率和更新速率，分辨率越高，更新速率越快，输出质量越好。

在很多数字系统中（如计算机），信号是以数字的方式进行存储和传输的，DAC 可以将这样的信号转换为模拟信号，从而使得它们能够被外界（人或其他非数字系统）识别。

DAC 主要由数字寄存器、模拟电子开关、位权网络、求和运算放大器和基准电压源（或恒流源）组成。DAC 用于存储数字寄存器的数字量的各位数码，分别控制对应位的模拟电子开关，使数码为 1 的位在位权网络上产生与其位权成正比的电流值，再由运算放大器对各电流值求和，并转换成电压值。

根据位权网络的不同，可以构成不同类型的 DAC，如权电阻网络 DAC、R-2R 倒 T 形电阻网络 DAC 和电流型网络 DAC 等。权电阻网络 DAC 的转换精度取决于基准电压 V_{REF}，以及模拟电子开关、运算放大器和各权电阻值的精度。它的缺点是各权电阻的阻值都不相同，位数多时，其阻值相差甚远，这给保证精度带来很大的困难，因此在集成的 DAC 中很少单独使用该电路。

R-2R 倒 T 形电阻网络 DAC 由若干个相同的 R、2R 网络节组成，每节对应于一个输入位，节与节之间串联成倒 T 形网络。R-2R 倒 T 形电阻网络 DAC 是工作速度较快、应用较多的一种。和权电阻网络 DAC 相比，由于它只有 R、2R 两种阻值，从而克服了权电阻阻值多，且阻值差别大的缺点。

电流型网络 DAC 是将恒流源切换到电阻网络中，因为恒流源内阻极大，相当于开路，所以连同电子开关在内，对它的转换精度影响都比较小。因为电子开关大多采用非饱和型的发射极耦合逻辑开关电路，使电流型网络 DAC 可以实现高速转换，且转换精度较高。

DA 转换器的主要特性指标包括以下几方面。

1. 分辨率

分辨率是指最小输出电压（对应的输入数字量只有最低有效位为 1）与最大输出电压（对应的输入数字量所有有效位全为 1）之比。如 N 位 DA 转换器，其分辨率为 $1/(2^N-1)$。在实际应用中，分辨率大小也用输入数字量的位数来表示。

2. 线性度

用非线性误差的大小表示 DA 转换的线性度。把理想的输入/输出特性的偏差与满刻度输出之比的百分数定义为非线性误差。

3. 转换精度

DA 转换器的转换精度与其集成芯片的结构和接口电路配置有关。如果不考虑其他 DA 转换误差，DA 的转换精度就是分辨率的大小，因此要获得高精度的 DA 转换结果，首先要保证选择的 DA 转换器有足够的分辨率。DA 转换精度还与外接电路的配置有关，当外部电路器件或电源误差较大时，会造成较大的 DA 转换误差，当误差超过一定程度时，DA 转换就产生了错误。在 DA 转换过程中，影响转换精度的主要因素有失调误差、增益误差、非线性误差和微分非线性误差。

4. 转换速度

转换速度一般由建立时间决定。从输入由全 0 突变为全 1 时开始，到输出电压稳定在 FSR±1/2LSB 范围内（或以 FSR±x%FSR 指明范围），这段时间称为建立时间，它是 DAC 的最大响应时间，所以用它衡量转换速度的快慢。

除此之外，DA 转换器特性指标还包括电源抑制比、失调误差、增益误差、非线性误差等。

8.5 APM32E103 微控制器的 DAC 功能描述

8.5.1 APM32E103 微控制器的 DAC 功能简介

APM32E103 微控制器的 DAC 模块（数字/模拟转换模块）是 8 位或 12 位数字输入，电压输出型的 DAC。DAC 可以配置为 8 位或 12 位模式（即数字输入可以是 8 位或者 12 位），也可以与 DMA 控制器配合使用。DAC 工作在 12 位模式时，数据可以设置成左对齐或右对齐。DAC 模块有 2 个输出通道，每个通道都有单独的转换器，工作时互不影响，每个通道有多个触发源可触发转换。在双 DAC 模式下，2 个通道可以独立进行转换，也可以同时进行转换并同步更新 2 个通道的输出。DAC 可以通过引脚输入参考电压 V_{REF+}以获得更精确的转换结果。

APM32E103 微控制器的 DAC 模块的主要特点如下。

（1）2 个 DAC 转换器，每个转换器对应 1 个输出通道。

（2）可配置输入 8 位或者 12 位数据。

（3）工作在 12 位模式下，数据可以设置成左对齐或者右对齐。

（4）支持外部信号触发和内部定时器更新触发。

（5）波形产生支持噪声波生成。

（6）波形产生支持三角波生成。

（7）双 DAC 通道同时或者分别转换。

（8）每个通道都有 DMA 功能。

如图 8.7 所示，DAC 有多种触发源，触发源触发后，控制逻辑根据 DAC 控制寄存器的设置和 DAC_DHx 中的数据将产生的 DAC 数据加载到 DAC_DATAOCHx 中，然后将 DAC 数据送到 DAC 转换器后进行输出。数字/模拟转换器是 DAC 核心部件，它以 V_{REF} 作为参考电源，以 DAC 的 DAC_DATAOCHx 的数字信号作为输入，经过它转换的模拟信号由 DAC 输出通道输出。

DAC 的输出是通过对 DAC_DATAOCHx 中的数据进行计算得到相应的电压值，但是无法对 DAC_DATAOCHx 直接写入数据，需要写入 DAC_DHx 之后通过相应的触发从而使 DAC_DHx 中的数据加载到 DAC_DATAOCHx 中。如图 8.8 所示，当关闭通道触发时

（DAC_CTRL 中的 TRGENCHx 位置 0），写入 DAC_DHx 中的值会在一个 APB1 时钟周期后自动传入 DAC_DATAOCHx。当打开通道触发时（寄存器 DAC_CTRL 中的 TRGENCHx 位置 1），写入 DAC_DHx 中的值会根据选择的触发源不同而经过不同的时钟周期后传入 DAC_DATAOCHx 中。当选择定时器的更新事件和外部中断作为触发源时，会经过 3 个 APB1 时钟周期后完成传输；当选择软件触发时，经过一个 APB1 时钟周期便完成传输。当数据传输到 DAC_DATAOCHx 时，经过一段时间后，数字量便被线性地转换成模拟电压输出。中间的转换时间会根据电源电压和模拟输出负载的不同而不同。

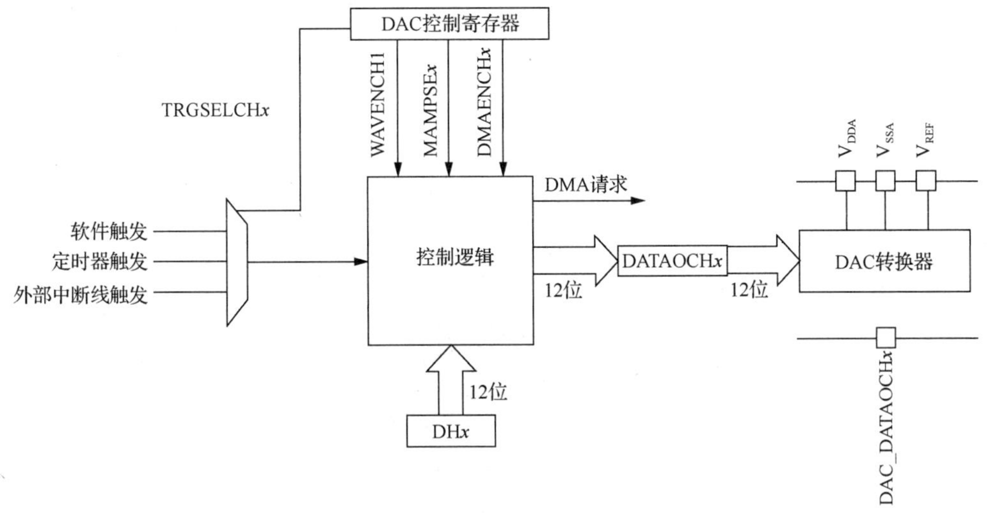

图 8.7 DAC 结构框图

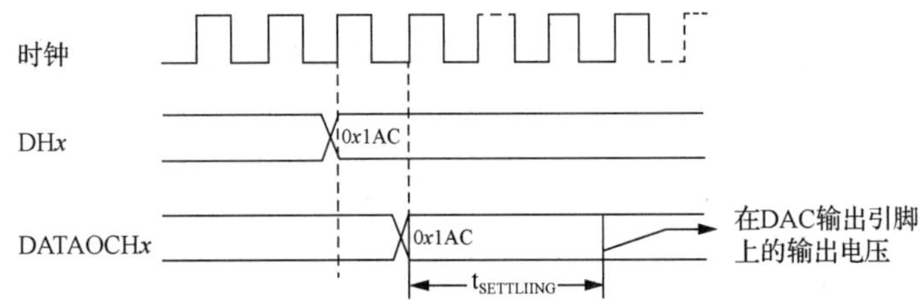

图 8.8 关闭通道触发时转换的时间框图

图 8.7 中 V_{DDA} 和 V_{SSA} 为 DAC 模块模拟部分的供电，而 V_{REF} 则是 DAC 模块的参考电压。DAC 使用 V_{REF} 作为参考电压，将 V_{SSA} 接地，可得到 DAC 的输出电压范围为 0～V_{REF}。

DAC 输出计算公式为：DAC 输出=V_{REF}×（DATAOCHx/4095）。

8.5.2 DAC 的相关设置

1. DAC 数据格式

单通道 DAC 3 种模式（图 8.9）对应写入的数据寄存器分别如下：

- 8 位数据右对齐：DAC_DH8Rx[7:0]；

- 12 位数据左对齐：DAC_DH12L*x*[15:4]；
- 12 位数据右对齐：DAC_DH12R*x*[11:0]。

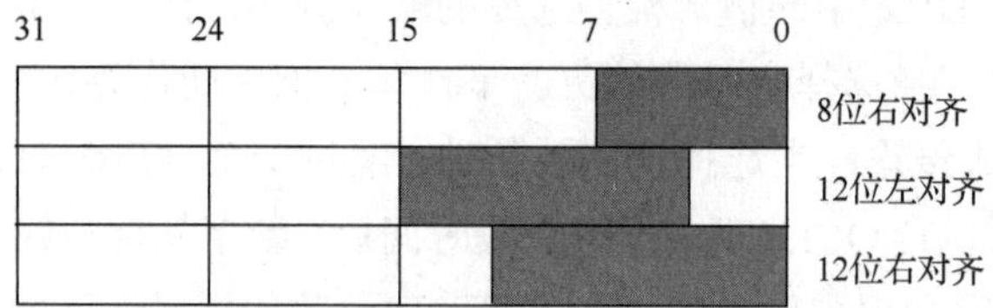

图 8.9　单通道 DAC 的数据寄存器

双通道 DAC 3 种模式（图 8.10）对应写入的数据寄存器分别如下：

- 8 位数据右对齐：DAC_DH8RD[15:0]；
- 12 位数据左对齐：DAC_DH12LDUAL[15:4]、DAC_DH12LDUAL[31:20]；
- 12 位数据右对齐：DAC_DH12RDUAL[11:0]、DAC_DH12RDUAL[27:16]。

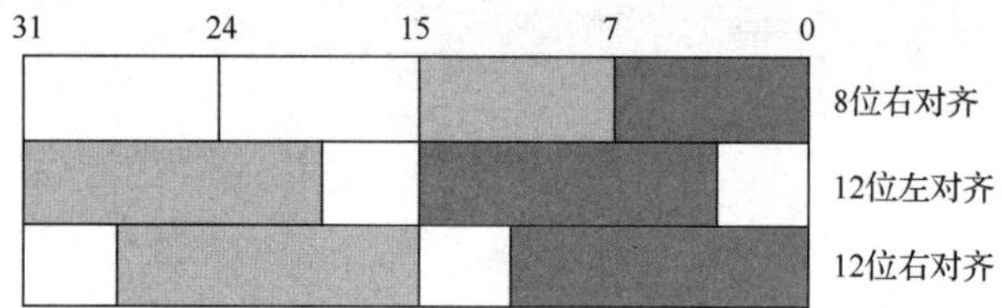

图 8.10　双通道 DAC 的数据寄存器

2. DAC 触发源

如果 TRGENCH*x* 位被置 1，DAC 转换可以由某外部事件触发（定时器计数器、外部中断线）。配置控制位 TRGSELCH*x*[2:0]时，可以选择表 8.5 中 8 个触发事件之一触发 DAC 转换。

表 8.5　DAC 的触发源及分类

触发源	类型	TRGSELCH*x*[2:0]
TMR6 TRGO 事件	来自片上定时器的内部信号	000
TMR8 TRGO 事件		001
TMR7 TRGO 事件		010
TMR5 TRGO 事件		011
TMR2 TRGO 事件		100
TMR4 TRGO 事件		101
外部中断线 9	外部引脚	110
软件触发	软件控制位	111

3. DMA 请求

任意 DAC 通道都具有 DMA 功能。2 个 DMA 通道可分别用于 2 个 DAC 通道的 DMA 请求。如果 DMAENCH*x* 位置 1，一旦有外部触发（而不是软件触发）发生，则产生一个 DMA 请求，然后 DAC_DH*x* 的数据被传送到 DAC_DATAOCH*x*。在双 DAC 模式下，如果 2 个通道的 DMAENCH*x* 位都为 1，则会产生 2 个 DMA 请求。如果实际只需要一个 DMA 传输，则应只选择其中一个 DMAENCH*x* 位置 1。这样，程序可以在只使用一个 DMA 请求，一个 DMA 通道的情况下，处理工作在双 DAC 模式的 2 个 DAC 通道。DAC 的 DMA 请求不会累计，如果第 2 个外部触发发生在响应第 1 个外部触发之前，则不能处理第 2 个 DMA 请求，也不会报告错误。

8.6　APM32E103 微控制器的 DAC 编程

了解 APM32E103 微控制器实现 DAC 输出的相关设置后，可以使用库函数的方法来设置 DAC 模块的通道 1 输出模拟电压，其详细设置步骤如下。

（1）开启 PORTA 口时钟，设置 PA4 为模拟输入。

以常用的 APM32E103RCT6 为例，DAC 通道 1 在 PA4 上，先使能 GPIOA 时钟，然后设置 PA4 为模拟输入。DAC 本身是输出，但是为什么端口要设置为模拟输入模式呢？因为一旦使能 DAC*x* 通道之后，相应的 GPIO 引脚（PA4 或者 PA5）会自动与 DAC 的模拟输出相连，设置为模拟输入，避免了额外的干扰。

使能 GPIOA 时钟的代码如下：

```
RCM_EnableAPB2PeriphClock(RCM_APB2_PERIPH_GPIOA); //使能 GPIOA 时钟
```

设置 PA1 为模拟输入只需要设置初始化参数，代码如下：

```
gpioConfig.mode=GPIO_MODE_ANALOG; //模拟输入
```

（2）使能 DAC1 时钟。

同其他外设一样，要想使用 DAC1 时钟，必须先开启相应的时钟。APM32E103 微控制器的 DAC 模块时钟是由 APB1 提供的，所以调用函数 RCM_EnableAPB1PeriphClock() 设置 DAC 模块的时钟使能。代码如下：

```
RCM_EnableAPB1PeriphClock(RCM_APB1_PERIPH_DAC);//使能 DAC 通道时钟
```

（3）初始化 DAC，设置 DAC 的工作模式。

初始化 DAC 的设置全部通过 DAC_CR 实现，包括 DAC 通道 1 使能、DAC 通道 1 输出缓存关闭、不使用触发、不使用波形发生器等设置。这里 DAC 初始化是通过函数 DAC_Config 完成，代码如下：

```
void DAC_Config(uint32_t channel,DAC_Config_T*dacConfig)
```

与前面一样，参数设置结构体类型 DAC_Config_T 的定义代码如下：

```
typedefstruct
{
    DAC_TRIGGER_T                  trigger;
    DAC_WAVE_GENERATION_T          waveGeneration;
    DAC_MASK_AMPLITUDE_SEL_T       maskAmplitudeSelect;
    DAC_OUTPUT_BUFFER_T            outputBuffer;
}DAC_Config_T;
```

这个结构体的定义还是比较简单的，只有 4 个成员变量。第 1 个参数 trigger 用来设置是否使用触发功能，前面已经讲解过其含义，这里不使用触发功能，所以值为 DAC_TRIGGER_NONE。第 2 个参数 waveGeneration 用来设置是否使用波形发生，这里不使用，所以值为 DAC_WAVE_GENERATION_NONE。第 3 个参数 maskAmplitudeSelect 用来设置屏蔽/幅值选择器，这个变量只在使用波形发生器的时候才有用，这里设置为 0，值为 DAC_LFSR_MASK_BIT11_1。第 4 个参数 outputBuffer 用来设置输出缓存控制位，使用输出缓存，所以值为 DAC_OUTPUT_BUFFER_ENBALE。实例代码如下：

```
GPIO_Config_T   gpioConfig;
/* DAC channel 1 configuration */
DAC_ConfigStructInit(&dacConfig);
dacConfig.trigger=DAC_TRIGGER_NONE; //不使用触发功能
dacConfig.waveGeneration =DAC_WAVE_GENERATION_NONE;//不使用波形发生
dacConfig.maskAmplitudeSelect=DAC_LFSR_MASK_BIT11_1;
dacConfig.outputBuffer=DAC_OUTPUT_BUFFER_ENBALE;//DAC1 输出缓存打开
DAC_Config(DAC_CHANNEL_1,&dacConfig);//初始化 DAC 通道 1
```

（4）使能 DAC 转换通道。

初始化 DAC 之后，使能 DAC 转换通道，库函数如下：

```
DAC_Enable(DAC_CHANNEL_1);//使能 DAC1
```

（5）设置 DAC 的输出值。

通过前面 4 个步骤的设置，DAC 开始工作，可以使用 12 位右对齐数据格式，并通过设置 DAC_DH12R1，就可以在 DAC 输出引脚（PA4）得到不同的电压值了。库函数如下：

```
DAC_ConfigChannel1Data(DAC_ALIGN_12BIT_R,0);
```

第 1 个参数设置对齐方式，可以为 12 位右对齐 DAC_Align_12b_R，12 位左对齐 DAC_Align_12b_L 及 8 位右对齐 DAC_Align_8b_R 方式。第 2 个参数是 DAC 的输入值，初始化设置为 0。这里，还可以读出 DAC 的数值，函数如下：

```
DAC_ReadDataOutputValue(DAC_CHANNEL_1);
```

设置和读出一一对应很好理解，这里就不再多讲解。

完整的初始化程序代码如下：

```
//DAC 通道 1 输出初始化
void DAC_Init()
{
    GPIO_Config_T   gpioConfig;
    DAC_Config_T    dacConfig;
    /* Enable GPIOA clock */
    RCM_EnableAPB2PeriphClock(RCM_APB2_PERIPH_GPIOA);//使能 GPIOA 时钟
    /* DAC out PA4 pin configuration */
    GPIO_ConfigStructInit(&gpioConfig);
    gpioConfig.mode=GPIO_MODE_ANALOG;//模拟输入
    gpioConfig.pin=GPIO_PIN_4; // 端口配置
    GPIO_Config(GPIOA,&gpioConfig);
    /* Enable DAC clock */
    RCM_EnableAPB1PeriphClock(RCM_APB1_PERIPH_DAC);//使能 DAC 时钟
    /* DAC channel 1 configuration */
    DAC_ConfigStructInit(&dacConfig);
    dacConfig.trigger=DAC_TRIGGER_NONE;//不使用触发功能
    dacConfig.waveGeneration=DAC_WAVE_GENERATION_NONE;//不使用波形发生
    dacConfig.maskAmplitudeSelect=DAC_LFSR_MASK_BIT11_1;
    dacConfig.outputBuffer=DAC_OUTPUT_BUFFER_ENBALE;//DAC1 输出缓存打开
    DAC_Config(DAC_CHANNEL_1,&dacConfig);//初始化 DAC 通道 1
    /* Enable DAC channel 1 */
    DAC_Enable(DAC_CHANNEL_1);//使能 DAC1

    DAC_ConfigChannel1Data(DAC_ALIGN_12BIT_R, 0);//12 位右对齐，设置 DAC
初始值
}
```

本 章 小 结

本章首先介绍了 ADC 的原理和分类；详细讲解了 APM32E103 微控制器的 ADC 的特点、转换模式的区别、触发及转换结果的获取方式、ADC 的相关设置及中断等；介绍了 ADC 编程的要点，APM32E103 微控制器库函数中有关 ADC 函数的内容，并以设置 PA1 为 AD 端口采集电压为例，详细展示了这些库函数的使用，最后给出了编程的实例；介绍了 DAC 的原理和分类；详细讲解了 APM32E103 微控制器的 DAC 的特点及相关设置，包括 DAC 的数据格式、触发源、DMA 请求等；介绍了 DAC 编程的要点，APM32E103 微控制器库函数中有关 DAC 函数的内容，并以设置 PA4 为模拟输出为例，详细展示了这些库函数的使用，最后给出了编程的实例。

习题 8

1．ADC 有哪些类型？具有哪些性能指标？

2．APM32E103 微控制器 ADC 的转换模式有哪些，它们有什么区别？

3．当 APM32E103 微控制器 ADC 处于多通道扫描模式时，既有规则组，又有注入组，转换的顺序如何设置？

4．简述 APM32E103 微控制器 ADC 的编程基本过程。

5．简述 DAC 的基本原理，主要的性能指标。

6．APM32E103 微控制器 DAC 的触发源有哪些？数据对齐方式有哪几种？

7．简述 APM32E103 微控制器 DAC 的编程基本过程。

第 9 章

DMA 控制器

在 MCU 内部，数据传输是一项简单且重复的工作，但非常频繁且耗时。若 MCU 的逻辑运算单元一直承担数据传输工作，就会大大降低 MCU 的整体效率。因此就产生了专门用于负责外设和储存器及存储器之间的数据传输的 DMA，使得 MCU 的逻辑运算单元可专注于运算、操作等工作，从而提高 MCU 的整体效率。

9.1 DMA 概述

DMA 是一种允许不同速度的硬件装置如内存和外设直接在无 CPU 干预的情况下进行数据交换的技术。

DMA 在数据传送过程中，没有保存现场、恢复现场之类的工作。由于 CPU 根本不参加传送操作，因此就省去了 CPU 取指令、取数、送数等操作。内存地址修改、传送字个数的计数等，也不是由软件实现的，而是用硬件线路直接实现的。所以 DMA 能满足高速 I/O 设备的要求，也有利于 CPU 效率的发挥。

DMA 传输将数据从一个地址空间复制到另外一个地址空间，无须 CPU 的干预，传输动作本身是由 DMA 控制器来实行和完成。典型的例子就是移动一个外部内存的区块到芯片内部的内存区。但这样的操作并没有让处理器工作拖延，反而可以被重新安排去处理其他工作。DMA 传输对于高效能嵌入式系统算法和网络是很重要的。DMA 传输方式无须 CPU 直接控制传输，也没有像中断处理方式那样保留现场和恢复现场的过程，通过硬件为 RAM 与 I/O 设备开辟一条直接传送数据的通路，提高 CPU 的效率。DMA 传输示意图如图 9.1 所示。

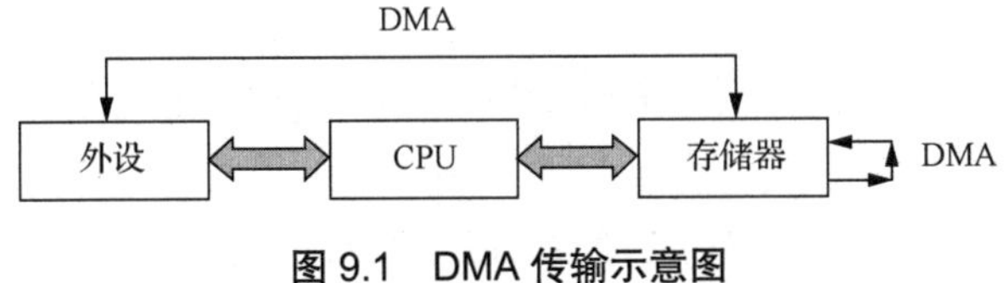

图 9.1　DMA 传输示意图

使用DMA的好处就是它不需要CPU的干预而直接服务外设，这样CPU就可以去处理别的事务，从而提高系统的效率。对于慢速设备，如UART，DMA作用只是降低CPU的使用率；但对于高速设备，如硬盘，DMA不仅降低CPU的使用率，而且能大大提高硬件设备的吞吐量。对于像硬盘这样的数据存取设备，CPU直接存取数据的速度太低。因为CPU在一个总线周期只能存取一次总线，它只能先把A地址的值存储到一个寄存器，然后将A地址的值从这个寄存器存储到B地址。也就是说，对于ARM，要花费两个总线周期才能将A地址的值传送到B地址。一般系统中的DMA都有突发（Burst）传输的能力，在这种模式下，DMA能一次传输几个甚至几十个字节的数据，所以使用DMA功能，可以使设备的吞吐能力大为增强。

一般而言，DMA控制器将包括一条地址总线、一条数据总线和控制寄存器。高效率的DMA控制器具有访问其所需要的任意资源的能力，而无须处理器本身的介入，它既能产生中断，又能在控制器内部计算出地址。

9.2 APM32E103微控制器的DMA功能描述

APM32E103微控制器的DMA有2个DMA控制器，每个DMA控制器有多个DMA通道，每个通道可设置不同的优先级、传输数据宽度、源和目的地址等参数，可实现外设和存储器及存储器之间数据的直接传输。

9.2.1 DMA简介

APM32E103微控制器一共有2个DMA控制器，DMA1有7个通道，DMA2有5个通道。每个通道可管理多个DMA请求，但每个通道同一时刻只能响应1个DMA请求。每个通道可设置优先级，仲裁器可根据通道的优先级协调各个DMA通道对应的DMA请求的优先级。

DMA控制器包含了DMA1和DMA2（仅大容量型号有），其中DMA1有7个通道，DMA2有5个通道，这里的通道可以理解为传输数据源和目的地址之间的一种管道，管道在DMA初始化时建立，对DMA1来说最多同时建立7个通道。每个通道初始化时设定源和目的初始基地址，二者不能都是外设寄存器的地址，所以DMA传输可以在指定地址的外设寄存器和存储器之间、存储器和存储器之间执行，地址可以自动递增。每次建立的通道的源和目的地址可以和上次建立的不同，所以通道不是固定的。

APM32E103微控制器的DMA有以下一些特性。

（1）每个通道都直接连接专用的硬件DMA请求，每个通道都同样支持软件触发。这些功能通过软件来配置。

（2）在7个请求间的优先级可以通过软件编程设置（分为很高、高、中等和低4级），在优先级相等时，由硬件决定（请求0优先于请求1，依此类推）。

（3）具有独立的源和目标数据区的传输宽度（字节、半字、全字）。

（4）支持循环的缓冲器管理。

（5）每个通道都有 3 个事件标志（DMA 半传输、DMA 传输完成和 DMA 传输出错），这 3 个事件标志经过逻辑或成为一个单独的中断请求。

（6）可以进行存储器和存储器之间的传输。

（7）外设和存储器，存储器和外设进行传输。

（8）闪存、SRAM、外设的 SRAM、APB1、APB2 和 AHB 外设均可作为访问的源和目标。

（9）可编程的数据传输数目最大为 65535。

9.2.2　DMA 请求

DMA 的工作分为请求（或叫触发）和传输两步，通常请求信号由片内各外设硬件产生。若外设或存储器需要使用 DMA 传输数据，就必须先发送 DMA 请求，DMA 控制器判断 DMA 请求的优先级及屏蔽，向总线仲裁器提出总线请求。当 CPU 执行完当前总线周期时，可释放总线控制权。此时，总线仲裁器输出总线应答，表示 DMA 已经响应，DMA 控制器从 CPU 接管对总线的控制，并通知外设（I/O 接口）开始 DMA 传输。

DMA 一共有 12 个通道，DMA1 有 7 个通道，DMA2 有 5 个通道，每个通道都连接着不同的外设。多个外设请求同一个通道时，需要配置对应寄存器，开启或关闭每个外设的请求，以保证一个通道仅能开启一个外设请求。

表 9.1 和表 9.2 所示为 DMA1 和 DMA2 各通道的请求映射表。

表 9.1　DMA1 请求映射表

外设	通道 1	通道 2	通道 3	通道 4	通道 5	通道 6	通道 7
TMR1	—	TMR1_CH1	TMR1_CH2	TMR1_CH4 TMR1_TRIG TMR1_COM	TMR1_UP	TMR1_CH3	—
TMR2	TMR2_CH3	TMR2_UP	—	—	TMR2_CH1	—	TMR2_CH2 TMR2_CH4
TMR3	—	TMR3_CH3	TMR3_CH4 TMR3_UP	—	—	TMR3_CH1 TMR3_TRIG	—
TMR4	TMR4_CH1	—	—	TMR4_CH2	TMR4_CH3	—	TMR4_UP
ADC1	ADC1	—	—	—	—	—	—
SPI/I2S	—	SPI1_RX	SPI1_TX	SPI/I2S2_RX	SPI/I2S2_TX	—	—
USART	—	USART3_TX	USART3_RX	USART1_TX	USART1_RX	USART2_RX	USART2_TX
I2C	—	—	—	I2C2_TX	I2C2_RX	I2C1_TX	I2C1_RX

表 9.2　DMA2 请求映射表

外设	通道 1	通道 2	通道 3	通道 4	通道 5
TMR5	TMR5_CH4 TMR5_TRIG	TMR5_CH3 TMR5_UP	—	TMR5_CH2	TMR5_CH1
TMR6/DAC 通道 1	—	—	TMR6_UP/ DAC 通道 1	—	—
TMR7/DAC 通道 2	—	—	—	TMR7_UP/ DAC 通道 2	—
TMR8	TMR8_CH3 TMR8_UP	TMR8_CH4 TMR8_TRGI TMR8_COM	TMR8_CH1	—	TMR8_CH2
ADC3	—	—	—	—	ADC3
SPI/I2S3	SPI/I2S3_RX	SPI/I2S3_TX	—	—	—
UART4	—	—	UART4_RX	—	UART4_TX
SDIO	—	—	—	SDIO	—

由表 9.2 可知，每个请求信号用哪个通道是事先分配好的，不能随意用。

但表 9.2 中仅是产生请求信号的外设，不一定是传输数据的来源或目的外设，每个通道在初始化时设定其数据源地址和传送目的地址。例如，用 TMR2_CH3 定时请求通道 1 的 DMA 传输，将 GPIO 引脚的状态传到内存，存于数组中，这里请求外设和数据源外设不是一个外设。但更常见的是请求和数据源（或目的）是一个外设。

在同一个 DMA 模块上，多个请求间的优先级可以通过软件编程设置。

9.2.3　DMA 传输

DMA 的传输过程为，DMA 数据以规定的传输单位进行传输，每个单位的数据传送完成后，DMA 控制器修改地址，并对传送单位的个数进行计数，继而开始下一个单位数据的传送，如此循环往复，直至达到预先设定的传送单位数量。当规定数量的 DMA 数据传输完成后，DMA 控制器通知外设（I/O 接口）停止传输，并向 CPU 发送一个信号（产生中断或事件）报告 DMA 数据传输操作结束，同时释放总线控制权。

DMA 的传输还有以下特性。

（1）可编程设置传输宽度、对齐方式，每次请求传输一个字节（8 位）、半字（16 位）、全字（32 位），数据源和目的地址的数据宽度可以不一样。传输宽度与对齐方式如表 9.3 所示。

表 9.3　传输宽度与对齐方式

源端宽度	目标宽度	传输数目	源：地址/数据	传输操作	目标：地址/数据
8	8	4	0x0 / B0	1：在 0x0 读 B0[7:0]，在 0x0 写 B0[7:0]	0x0 / B0
			0x1 / B1	2：在 0x1 读 B1[7:0]，在 0x1 写 B1[7:0]	0x1 / B1
			0x2 / B2	3：在 0x2 读 B2[7:0]，在 0x2 写 B2[7:0]	0x2 / B2
			0x3 / B3	4：在 0x3 读 B3[7:0]，在 0x3 写 B3[7:0]	0x3 / B3
8	16	4	0x0 / B0	1：在 0x0 读 B0[7:0]，在 0x0 写 00B0[15:0]	0x0 / 00B0
			0x1 / B1	2：在 0x1 读 B1[7:0]，在 0x2 写 00B1[15:0]	0x2 / 00B1
			0x2 / B2	3：在 0x2 读 B2[7:0]，在 0x4 写 00B2[15:0]	0x4 / 00B2
			0x3 / B3	4：在 0x3 读 B3[7:0]，在 0x6 写 00B3[15:0]	0x6 / 00B3
8	32	4	0x0 / B0	1：在 0x0 读 B0[7:0]，在 0x0 写 000000B0[31:0]	0x0 / 000000B0
			0x1 / B1	2：在 0x1 读 B1[7:0]，在 0x4 写 000000B1[31:0]	0x4 / 000000B1
			0x2 / B2	3：在 0x2 读 B2[7:0]，在 0x8 写 000000B2[31:0]	0x8 / 000000B2
			0x3 / B3	4：在 0x3 读 B3[7:0]，在 0xC 写 000000B3[31:0]	0xC / 000000B3
16	8	4	0x0 / B1B0	1：在 0x0 读 B1B0[15:0]，在 0x0 写 B0[7:0]	0x0 / B0
			0x2 / B3B2	2：在 0x2 读 B3B2[15:0]，在 0x1 写 B2[7:0]	0x1 / B2
			0x4 / B5B4	3：在 0x4 读 B5B4[15:0]，在 0x2 写 B4[7:0]	0x2 / B4
			0x6 / B7B6	4：在 0x6 读 B7B6[15:0]，在 0x3 写 B6[7:0]	0x3 / B6
16	8	4	0x0 / B1B0	1：在 0x0 读 B1B0[15:0]，在 0x0 写 B0[7:0]	0x0 / B0
			0x2 / B3B2	2：在 0x2 读 B3B2[15:0]，在 0x1 写 B2[7:0]	0x1 / B2
			0x4 / B5B4	3：在 0x4 读 B5B4[15:0]，在 0x2 写 B4[7:0]	0x2 / B4
			0x6 / B7B6	4：在 0x6 读 B7B6[15:0]，在 0x3 写 B6[7:0]	0x3 / B6
16	16	4	0x0 / B1B0	1：在 0x0 读 B1B0[15:0]，在 0x0 写 B1B0[15:0]	0x0 / B1B0
			0x2 / B3B2	2：在 0x2 读 B3B2[15:0]，在 0x2 写 B3B2[15:0]	0x2 / B3B2
			0x4 / B5B4	3：在 0x4 读 B5B4[15:0]，在 0x4 写 B5B4[15:0]	0x4 / B5B4
			0x6 / B7B6	4：在 0x6 读 B7B6[15:0]，在 0x6 写 B7B6[15:0]	0x6 / B7B6
16	32	4	0x0 / B1B0	1：在 0x0 读 B1B0[15:0]，在 0x0 写 0000B1B0[31:0]	0x0 / 0000B1B0
			0x2 / B3B2	2：在 0x2 读 B3B2[15:0]，在 0x4 写 0000B3B2[31:0]	0x4 / 0000B3B2
			0x4 / B5B4	3：在 0x4 读 B5B4[15:0]，在 0x8 写 0000B5B4[31:0]	0x8 / 0000B5B4
			0x6 / B7B6	4：在 0x6 读 B7B6[15:0]，在 0xC 写 0000B7B6[31:0]	0xC / 0000B7B6
32	8	4	0x0 / B3B2B1B0	1：在 0x0 读 B3B2B1B0[31:0]，在 0x0 写 B0[7:0]	0x0 / B0
			0x4 / B7B6B5B4	2：在 0x4 读 B7B6B5B4[31:0]，在 0x1 写 B4[7:0]	0x1 / B4
			0x8 / BBBAB9B8	3：在 0x8 读 BBBAB9B8[31:0]，在 0x2 写 B8[7:0]	0x2 / B8
			0xC / BFBEBDBC	4：在 0xC 读 BFBEBDBC[31:0]，在 0x3 写 BC[7:0]	0x3 / BC
32	16	4	0x0 / B3B2B1B0	1：在 0x0 读 B3B2B1B0[31:0]，在 0x0 写 B1B0[15:0]	0x0 / B1B0
			0x4 / B7B6B5B4	2：在 0x4 读 B7B6B5B4[31:0]，在 0x2 写 B5B4[15:0]	0x2 / B5B4
			0x8 / BBBAB9B8	3：在 0x8 读 BBBAB9B8[31:0]，在 0x4 写 B9B8[15:0]	0x4 / B9B8
			0xC / BFBEBDBC	4：在 0xC 读 BFBEBDBC[31:0]，在 0x6 写 BDBC[15:0]	0x6 / BDBC

续表

源端宽度	目标宽度	传输数目	源：地址/数据	传输操作	目标：地址/数据
32	32	4	0x0 / B3B2B1B0 0x4 / B7B6B5B4 0x8 / BBBAB9B8 0xC / BFBEBDBC	1: 在0x0读B3B2B1B0[31:0]，在0x0写B3B2B1B0[31:0] 2: 在0x4读B7B6B5B4[31:0]，在0x4写B7B6B5B4[31:0] 3: 在0x8读BBBAB9B8[31:0]，在0x8写BBBAB9B8[31:0] 4: 在0xC读BFBEBDBC[31:0]，在0xC写BFBEBDBC[31:0]	0x0 / B3B2B1B0 0x4 / B7B6B5B4 0x8 / BBBAB9B8 0xC / BFBEBDBC

（2）传输地址支持固定模式和指针增量模式两种模式。

对于传输地址指针增量模式，从初始基地址开始，每次传输后指针自动递增，使数据在缓冲区自动依次存放，或从缓冲区自动依次取走。递增值取决于一次传输的数据宽度。

（3）传输模式支持循环模式和非循环模式。

对于循环模式传输，传输数目（最大65535）完成后继续传输，传输计数器（一个递减计数器）自动装入传输数目初值，内部的当前外设/存储器地址寄存器也被重新加载为初始化时设定的初始基地址。非循环模式则停止该通道DMA传输，不再响应请求，再用此通道的话需要在通道关闭的状态下，重新写入新的传输数目。

（4）传输方向支持存储器到存储器、存储器到外设、外设到存储器3种。闪存、SRAM、外设的SRAM、APB1、APB2和AHB外设均可作为访问的源地址和目标地址。

如果对存储器执行的是写操作（目的地址），存储器包括内部SRAM、EMMC支持的外部RAM（如外部SRAM、SDRAM）与NOR FLASH；如果对存储器执行的是读操作（源地址），地址包括内部FLASH，内部SRAM，EMMC支持的RAM、NOR FLASH。另外，注意存储器到存储器传输不能与循环模式同时使用。

（5）DMA控制器和ARM Cortex-M3处理器核心共享系统数据总线。当CPU和DMA同时访问相同的目标（RAM或外设）时，DMA请求会暂停CPU访问系统总线达若干个周期，总线仲裁器执行循环调度，以保证CPU至少可以得到一半的系统总线（存储器或外设）带宽。

（6）可设定为传输一半产生中断或传输完成产生中断，另外也可设置传输错误中断。

9.3 APM32E103微控制器的DMA编程

DMA的编程重点在对DMA的设置，即DMA的初始化。DMA设置完成后，数据在很多情况下都是自动完成传输的。

DMA初始化需要做好以下工作。

（1）从哪里搬运数据，例如从ADC外设搬运；搬到哪里去，如到内存。

（2）搬完一个数据后地址自动向前，即数据源和数据目的的地址自动后移。

（3）搬运数据的单元是什么，字节、半字还是字，即传输的位宽。

（4）一次搬运多少数据，即缓存大小。

（5）搬完一次后是否再搬运，即缓存满后，是否再循环从初始地址开始传输。

DMA 编程基本的过程如下。

（1）开启 DMA 时钟。

（2）使用结构体方式初始化 DMA 的一个通道，编程用到的通道都要进行初始化。

（3）使能所用 DMA 通道，代码如下：

```
DMA_Enable(DMA1_Channel1);
```

（4）允许源外设的 DMA 请求，相应的库函数分别在各个外设的库函数中。比如允许 ADC1 的 DMA 请求的库函数如下：

```
ADC_EnableDMA(ADC1);
```

下面举例说明，使用 DMA 方式完成串口 1 的发送，串口 1 的发送属于 DMA1 的通道 4。

（1）使能 DMA 时钟，代码如下：

```
RCM_EnableAHBPeriphClock(RCM_AHB_PERIPH_DMA1);//使能 DMA 时钟
```

（2）初始化 DMA 通道 4 参数。

DMA 通道配置参数种类比较繁多，包括内存地址、外设地址、传输数据长度、数据宽度、通道优先级等。这些参数的配置都是在库函数的函数 DMA_Config 中完成的，函数定义代码如下：

```
void DMA_Config(DMA_Channel_T*channel,DMA_Config_T*dmaConfig);
```

函数的第 1 个参数是指定初始化的 DMA 通道号，第 2 个参数 dmaConfig 跟其他外设一样，是通过初始化结构体成员变量值来达到初始化的目的，DMA_Config_T 结构体定义的代码如下：

```
typedef struct
{
    uint32_t                        peripheralBaseAddr;
    uint32_t                        memoryBaseAddr;
    DMA_DIR_T                       dir;
    uint32_t                        bufferSize;
    DMA_PERIPHERAL_INC_T            peripheralInc;
    DMA_MEMORY_INC_T                memoryInc;
    DMA_PERIPHERAL_DATA_SIZE_T      peripheralDataSize;
    DMA_MEMORY_DATA_SIZE_T          memoryDataSize;
    DMA_LOOP_MODE_T                 loopMode;
    DMA_PRIORITY_T                  priority;
    DMA_M2MEN_T                     M2M;
} DMA_Config_T;
```

第 1 个参数 peripheralBaseAddr 用来设置 DMA 传输的外设基地址，比如要进行串口 1

的 DMA 传输，那么外设地址为串口接收发送数据存储器的地址，表示为 USART1_DR_ADDRESS。

第 2 个参数 memoryBaseAddr 为内存基地址，即存放 DMA 传输数据的内存地址。

第 3 个参数 dir 设置数据的传输方向，决定是从外设读取数据到内存还是从内存读取数据发送到外设，也就是外设是源地还是目的地，这里设置为从内存读取数据发送到串口，外设是目的地，所以选择值为 DMA_DIR_PERIPHERAL_DST。

第 4 个参数 bufferSize 设置一次传输数据量的大小。

第 5 个参数 peripheralInc 设置传输数据的外设地址是不变还是递增。如果设置为递增，那么下一次传输的时候地址加 1。这里因为是一直往固定外设地址 USART1_DR_ADDRESS 发送数据，所以地址不递增，值为 DMA_PERIPHERAL_INC_DISABLE。

第 6 个参数 memoryInc 设置传输数据的内存地址是否递增。这个参数和 DMA_peripheralInc 含义接近，只不过针对的是内存。这里设置的场景是将内存中连续存储单元的数据发送到串口，内存地址是需要递增的，所以值为 DMA_MEMORY_INC_ENABLE。

第 7 个参数 peripheralDataSize 用来设置外设的数据长度是字节传输（8bits）、半字传输（16bits），还是字传输（32bits），这里设置 8 位字节传输，所以值设置为 DMA_PERIPHERAL_DATA_SIZE_BYTE。

第 8 个参数 memoryDataSize 用来设置内存的数据长度，和第 7 个参数含义接近，这里设置为字节传输 DMA_MEMORY_DATA_SIZE_BYTE。

第 9 个参数 loopMode 用来设置 DMA 模式是否循环采集，例如从内存中采集 64 个字节发送到串口，如果设置为重复采集，那么它会在 64 个字节采集完成之后继续从内存的第一个地址采集，如此循环。这里我们设置为一次连续采集完成之后不循环。所以设置值为 DMA_MODE_NORMAL。如果设置此参数为循环采集，那么会看到串口不停地打印数据，不会中断，大家在试验中可以修改这个参数测试一下。

第 10 个参数 priority 是设置 DMA 通道的优先级，有低、中、高、超高 4 种模式，这里设置优先级别为高级，所以值为 DMA_PRIORITY_HIGH。

第 11 个参数 M2M 设置是否为存储器到存储器模式传输，这里选择 DMA_M2MEN_DISABLE。

上面场景的实例代码如下：

```
    DMA_Config_T dmaConfig;
            /* DMA config */
    dmaConfig.peripheralBaseAddr=USART1_DR_ADDRESS; //DMA 外设 USART1_DR 寄
存器基地址
    dmaConfig.memoryBaseAddr=(uint32_t)DMA_USART1_TxBuf; //DMA 内存基地址
    dmaConfig.dir=DMA_DIR_PERIPHERAL_DST;//从内存读取发送到外设
    dmaConfig.bufferSize=BufSize;//DMA 通道的 DMA 缓存的大小
    dmaConfig.peripheralInc=DMA_PERIPHERAL_INC_DISABLE;//外设地址不变
```

```
dmaConfig.memoryInc=DMA_MEMORY_INC_ENABLE;//内存地址递增
dmaConfig.peripheralDataSize=DMA_PERIPHERAL_DATA_SIZE_BYTE; //8 位
dmaConfig.memoryDataSize=DMA_MEMORY_DATA_SIZE_BYTE; //8 位
dmaConfig.loopMode=DMA_MODE_NORMAL; //工作在正常缓存模式
dmaConfig.priority=DMA_PRIORITY_HIGH; //DMA 通道拥有高优先级
dmaConfig.M2M=DMA_M2MEN_DISABLE;//非内存到内存传输
DMA_Config(DMA1_Channel4, &dmaConfig); //根据指定的参数初始化
```

（3）使能串口 DMA 发送。

进行 DMA 配置后，可以开启串口的 DMA 发送功能，代码如下：

```
USART_EnableDMA(USART1, USART_DMA_TX);
```

如果使能串口 DMA 接收，那么第 2 个参数修改为 USART_DMA_RX 即可。

（4）使能 DMA1 通道 4，启动传输。

使能串口 DMA 发送后，可以使能 DMA 传输通道，代码如下：

```
DMA_Enable(DMA1_Channel4);
```

通过以上步骤的设置，就可以启动一次 USART1 使用 DMA 方式发送数据的传输。

（5）查询 DMA 传输状态。

在 DMA 传输过程中，要查询 DMA 传输通道状态的函数如下：

```
uint8_t DMA_ReadStatusFlag(DMA_FLAG_T flag);
```

如要查询 DMA 通道 4 传输是否完成，方法如下：

```
DMA_ReadStatusFlag(DMA1_FLAG_TC4);
```

获取当前剩余数据量大小的函数如下：

```
uint16_t DMA_ReadDataNumber(DMA_Channel_T *channel);
```

如获取 DMA 通道 4 还有多少个数据没有传输，方法如下：

```
DMA_ReadDataNumber(DMA1_Channel4);
```

DMA 相关的库函数仅列举了一部分，更具体的可以查看固件库进行详细了解。

完整的代码包含两部分，DMA 的初始化和开启一次 DMA 传输，代码如下：

```
//串口发送的 DMA 初始化
void USART1_TX_DMA_Init(void)
{
    DMA_Config_T dmaConfig;
    RCM_EnableAHBPeriphClock(RCM_AHB_PERIPH_DMA1);//使能 DMA 时钟
  /* DMA config */
    dmaConfig.peripheralBaseAddr=USART1_DR_ADDRESS; //DMA 外设 USART1_DR
寄存器基地址
    dmaConfig.memoryBaseAddr=(uint32_t)DMA_USART1_TxBuf; //DMA 内存基地址
```

```
    dmaConfig.dir=DMA_DIR_PERIPHERAL_DST;//从内存读取发送到外设
    dmaConfig.bufferSize=BufSize;//DMA 通道的 DMA 缓存的大小
    dmaConfig.peripheralInc=DMA_PERIPHERAL_INC_DISABLE;//外设地址不变
    dmaConfig.memoryInc=DMA_MEMORY_INC_ENABLE;//内存地址递增
    dmaConfig.peripheralDataSize=DMA_PERIPHERAL_DATA_SIZE_BYTE; //8 位
    dmaConfig.memoryDataSize=DMA_MEMORY_DATA_SIZE_BYTE; //8 位
    dmaConfig.loopMode=DMA_MODE_NORMAL; //工作在正常缓存模式
    dmaConfig.priority=DMA_PRIORITY_HIGH; //DMA 通道 x 拥有高优先级
    dmaConfig.M2M = DMA_M2MEN_DISABLE;//非内存到内存传输
    DMA_Config(DMA1_Channel4, &dmaConfig); //根据指定的参数初始化
}
//开启一次串口发送的 DMA 传输
void USART1_TX_DMA__Enable(void)
{
    while (DMA_ReadStatusFlag(DMA1_FLAG_TC4)==RESET);//等待 DMA 传输完成
    DMA_Disable(DMA1_Channel4); //先关闭 USART1 TX DMA1 所指示的通道
    DMA_ConfigDataNumber(DMA1_Channel4,DMA1_MEM_LEN);//设置 DMA 缓存的大小
    DMA_Enable(DMA1_Channel4);//再打开 USART1 TX DMA1 所指示的通道
}
```

本 章 小 结

本章首先介绍了 DMA 的原理和优点。在此基础上，详细讲解了 APM32E103 微控制器的 DMA 的特点、请求及传输，包括 DMA 的请求映射关系、传输宽度与对齐方式、传输模式等；介绍了 DMA 编程的要点，APM32E103 微控制器库函数中有关 DMA 函数的内容，并以 USART1 使用 DMA 方式发送数据为例，详细展示了这些库函数的使用方法，并给出了编程的实例。

习题 9

1. DMA 的工作原理是什么？使用 DMA 有什么好处？
2. APM32E103 微控制器 DMA 的工作分为哪两步？简述这两步所完成的工作内容。
3. APM32E103 微控制器 DMA 的数据传输宽度有哪几种？源和目的的数据宽度可以不一样吗？
4. APM32E103 微控制器 DMA 的传输方向有哪几种？
5. 简述 APM32E103 微控制器 DMA 的编程基本过程。

第 10 章

SPI 接口

串行外设接口（Serial Peripheral Interface，SPI）协议，是由 Motorola 公司最先推出的一种同步全双工串行传输协议，目前已成为事实上的工业标准，在很多微控制器、存储器、显示器件上都可以见到 SPI 总线的身影。APM32E103 微控制器具有 3 个 SPI 接口，可以方便地实现 SPI 总线通信。

10.1 SPI 总线概述

SPI 是一种高速、全双工、同步的通信总线，用于板内集成电路之间的通信，使用简单高效、传输速度快。但 SPI 也存在缺乏寻址能力、接收方无应答等缺点，不适用于可靠性要求较高的场合。

10.1.1 SPI 总线物理结构

1. SPI 总线结构

SPI 总线用于主设备（主机）和从设备（从机）之间的同步串行通信，图 10.1 所示为一个 SPI 主设备和一个 SPI 从设备之间的通信。可以看出，SPI 总线由 4 条信号线组成。

（1）SCK（Serial Clock，时钟信号线）。

（2）MISO（Master Input Slave Output，主设备输入_从设备输出信号线）。

（3）MOSI（Master Output Slave Input，主设备数输出_从设备输入信号线）。

（4）SS（Slave Select，从设备选择信号线）。主设备可以通过该信号线从多个从设备中选择一个进行通信。主设备一般是通过低电平选择从设备，所以该信号线通常写作 NSS（Negative Slave Select，低电平从机选择）。

除了 4 条信号线，主设备和从设备中都有一个移位寄存器，且两个寄存器通过 MOSI 和 MISO 信号线首尾连接成环形，如图 10.1 所示。SPI 主设备内部还有一个时钟发生器，用于产生时钟线上的时钟信号。随着 SCK 时钟脉冲的产生，主设备移位寄存器的每一位数据移出主设备，同时移入从设备寄存器；从设备移位寄存器的每一位数据也移出从设备，同时移入主设备寄存器。当寄存器中的内容全部移出时，相当于完成了两个寄存器内容的交换。

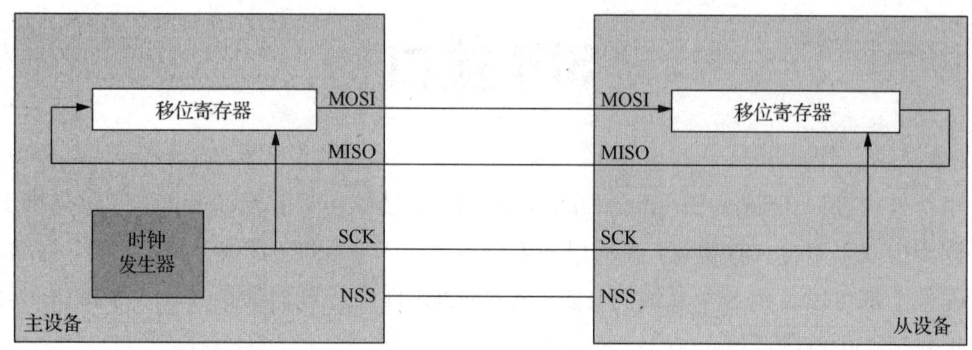

图 10.1　SPI 主设备和 SPI 从设备之间的通信

2. SPI 设备连接

SPI 设备连接一般有“一主一从”和“一主多从”两种连接方式。

图 10.2 所示为 SPI 总线“一主一从”的连接方式，用于一个主设备和一个从设备之间的通信。因为只有一个主设备和一个从设备，所以可以直接将主设备 NSS 引脚接高电平，从设备 NSS 引脚接地。

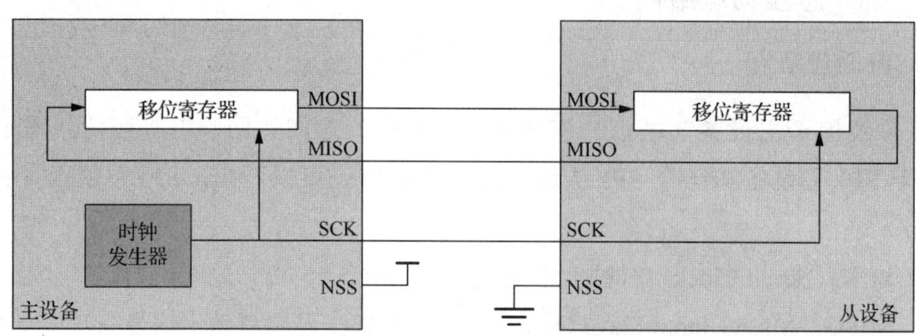

图 10.2　SPI 总线“一主一从”的连接方式

图 10.3 所示为 SPI 总线“一主多从”的连接方式。主设备通过多个 NSS 引脚选中不同的从设备进行 SPI 通信，SCK、MOSI、MISO 信号线为所有的 SPI 设备共享。当主设备与其中一个从设备通信时，其他从设备的 SCK、MOSI、MISO 应保持为高阻态。

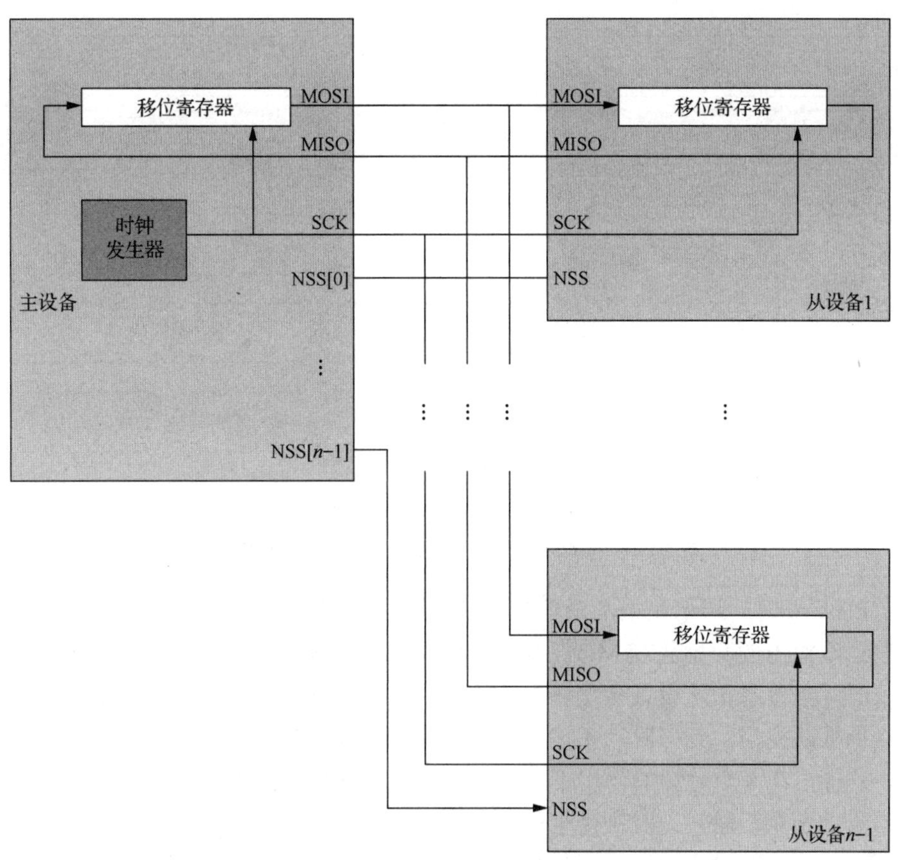

图 10.3 SPI 总线“一主多从”的连接方式

10.1.2 SPI 总线数据传输

SPI 主设备产生时钟脉冲 SCK。每产生一个 SCK 脉冲，MOSI 和 MISO 传输一位数据。SPI 总线传输协议规定了时钟脉冲如何产生、如何传输和采集数据线上的数据，以及传输的数据帧是何种形式。

1. 时钟极性和时钟相位

SPI 的时钟极性（Clock Polarity，CPOL）是指 SPI 设备空闲时，SCK 时钟线上的电平。CPOL=0 表示 SCK 在空闲时为低电平；CPOL=1 表示 SCK 在空闲时为高电平。

SPI 的时钟相位（Clock Phase，CPHA）是指在时钟的哪个跳变沿，主机和从机采集数据线上的有效数据。CPHA=0，在奇数跳变沿采集数据；CPHA=1，在偶数跳变沿采集数据。跳变沿是上升沿还是下降沿，由时钟极性（CPOL）来决定。

2. SPI 时序

图 10.4 所示为当 CPHA=0 时，传输 8 位数据的时序图。主设备和从设备在 1,3,5,…,15 奇数跳变沿采集数据线上的有效数据。当 CPOL=0 时，奇数跳变沿为上升沿；当 CPOL=1 时，奇数跳变沿为下降沿。

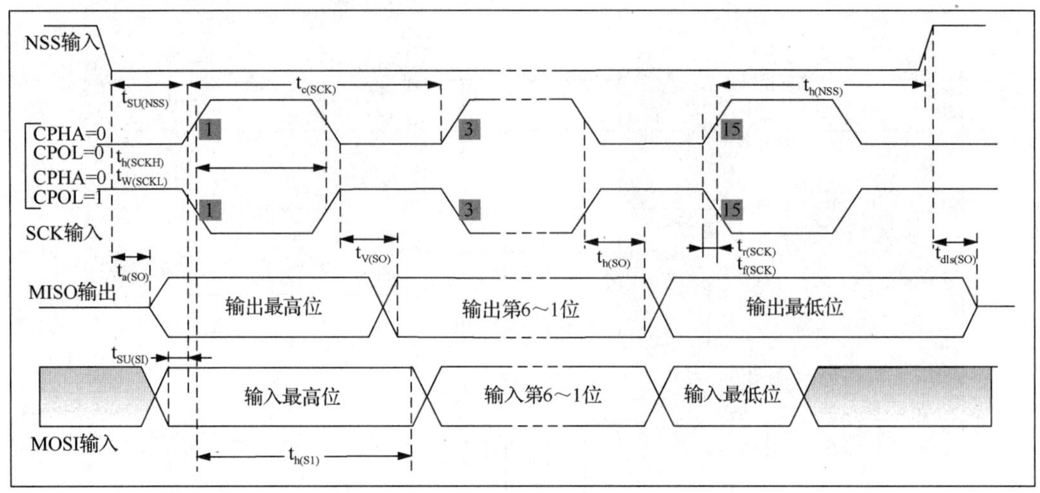

图 10.4　当 CPHA=0 时，传输 8 位数据的时序图

当 CPHA=0 时，通信是由片选信号 NSS 的下降沿触发的，这时主设备和从设备就把各自要发送给对方的数据放在 MOSI 和 MISO 引脚上。在时钟的第一个跳变沿（奇数跳变沿）到来时，主设备和从设备检测各自的输入引脚，并采集第一位数据。在时钟的第二个跳变沿（偶数跳变沿）到来时，主设备和从设备改变 MOSI 和 MISO 上的数据，传输第二位数据。这样，在 8 个时钟的作用下，完成 8 位数据的传输。总之，当 CPHA=0 时，通信由片选信号的下降沿触发，时钟信号的奇数跳变沿用来通知对方去采集数据，时钟信号的偶数跳变沿用来驱动输出引脚，以便切换到下一位数据。

图 10.5 所示为当 CPHA=1 时，传输 8 位数据的时序图。当 CPHA=1 时，通信不是由片选信号 NSS 的下降沿触发的，而是由时钟信号的第一个跳变沿（上升沿或下降沿，根据

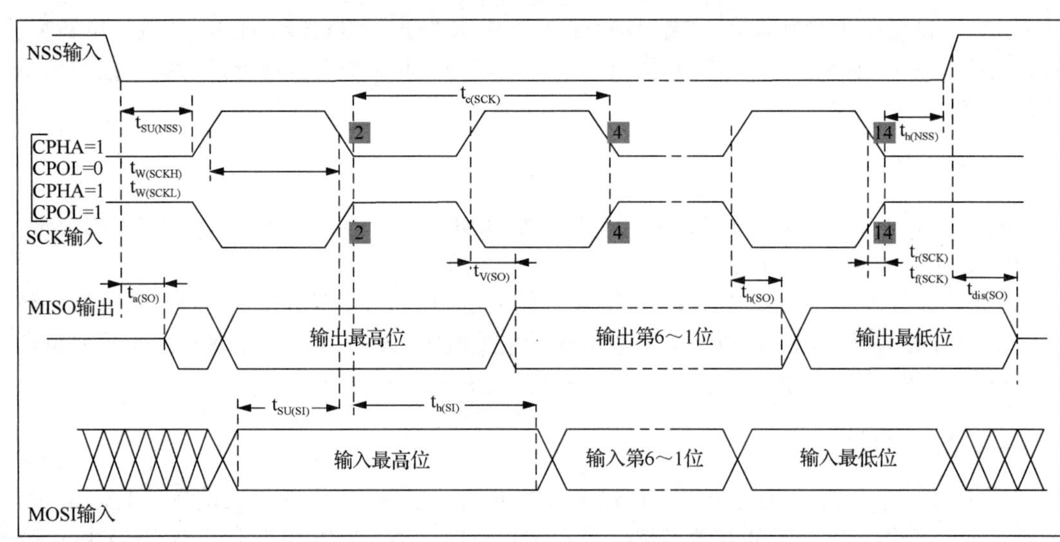

图 10.5　当 CPHA=1 时，传输 8 位数据时序图

时钟的极性来确定）触发的，时钟信号的第一个跳变沿到来时通知主设备和从设备，把数据更新到输出引脚，各自驱动 MOSI 和 MISO 两个引脚，在时钟信号的第二个跳变沿到来时去采集数据，在时钟信号的第三个跳变沿到来时切换到下一位数据。当 CPHA=1 时，通信不是由片选信号 NSS 的下降沿触发的，但是在整个通信过程中，NSS 信号必须保持为低电平。

主设备与从设备需要工作在相同的模式下才可以正常通信。根据 CPOL 和 CPHA 的不同状态，SPI 可分成 4 种模式，如表 10.1 所示。

表 10.1　SPI 的 4 种模式

SPI 模式	CPHA	CPOL	采样时刻	空闲时 SCK 时钟
模式 0	0	0	奇数跳变	低电平
模式 1	0	1	奇数跳变	高电平
模式 2	1	0	偶数跳变	低电平
模式 3	1	1	偶数跳变	高电平

3. SPI 数据帧格式

SPI 数据是以数据帧为单位进行传输的。一般数据帧为 8 位或 16 位。数据传输时，可以先传高位的数据，再传低位的数据，即 MSB 最先传输，LSB 最后传输；数据传输顺序也可以相反。具体按何种帧格式传输，由 SPI 设备指定，无论采取哪种帧格式，主设备和从设备必须保持帧格式一致。在图 10.4 和图 10.5 中，是按一帧 8 位数据，且 MSB 先传输，LSB 后传输。

APM32E103 微控制器的 SPI 传输速率最高可达 18Mbit/s。

10.2　APM32E103 微控制器的 SPI 接口

APM32E103 微控制器支持多达 3 个 SPI，在主模式、从模式下均支持全双工、半双工通信。APM32E103 微控制器的 SPI 既可以支持 SPI 协议，也可以支持 I2S 协议。默认情况下，其支持的是 SPI 协议，可通过软件设置为 I2S 协议。

10.2.1　主要特性

APM32E103 微控制器的 SPI 主要具有以下特性。

（1）具有 3 线全双工同步传输接收的主从操作。

（2）2 线可实现（第三根双向数据线可选）单工同步传输。

（3）可以选择 8 位或 16 位传输帧格式。

（4）具有多主设备模式。

（5）具有专用的发送和接收标志，可触发中断。

（6）具有 SPI 总线忙状态标志。

（7）采用主从模式的快速通信，最高频率可达 18MHz。

（8）时钟极性和相位可编程。

（9）数据传输顺序可编程，可选择先传输 MSB 位或先传输 LSB 位。

（10）主模式工作时，故障、过载以及 CRC 错误标志可触发中断。

（11）具有 DMA 传输功能。

（12）通过硬件 CRC 进行校验。

10.2.2 主要结构

APM32E103 微控制器的 SPI 结构主要包括波特率发生器、主控逻辑电路、收发电路，如图 10.6 所示。

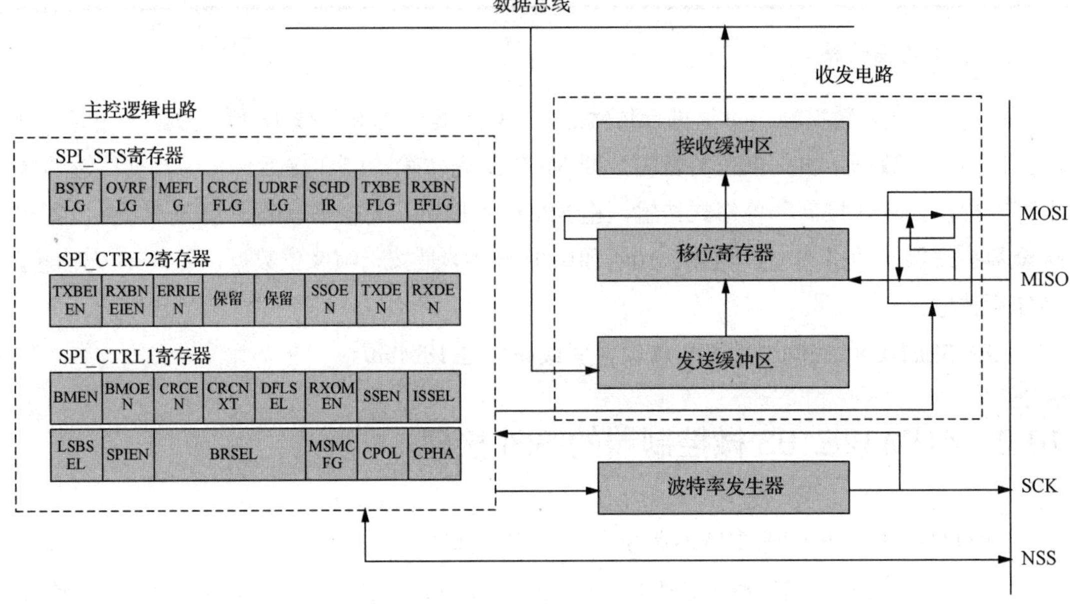

图 10.6 APM32E103 微控制器的 SPI 结构

1. 波特率发生器

波特率发生器用于产生 SPI 的 SCK 时钟信号。SCK 的波特率由 PCLK 分频得到，分频系数由控制寄存器 1（SPI_CTRL1）的 BRSEL 决定。

2. 主控逻辑电路

主控逻辑电路负责配置和协调整个 SPI 的工作。可由控制寄存器（SPI_CTRL1 和 SPI_CTRL2）配置 SPI，配置的参数包括 SPI 模式、波特率、LSB 先传输、主/从模式、

单/双向模式等。在 SPI 工作时，主控逻辑电路会根据 SPI 的工作状态修改状态寄存器 SPI_STS，只需要读取 SPI_STS 就可以了解 SPI 的状态。除此之外，主控逻辑电路还可以根据要求产生 SPI 中断信号、DMA 请求，以及控制片选信号。

SPI 控制寄存器 1（SPI_CTRL1）、SPI 控制寄存器 2（SPI_CTRL2）、SPI 状态寄存器（SPI_STS）的功能描述如表 10.2 至表 10.4 所示。

表 10.2　SPI 控制寄存器 1（SPI_CTRL1）

位/域	名称	R/W	功能描述
0	CPHA	R/W	配置时钟相位（Clock Phase Configure） 该位表明在第几个时钟边沿开始采样 0：在第 1 个时钟边沿 1：在第 2 个时钟边沿 注：当通信进行时，不能修改该位
1	CPOL	R/W	配置时钟极性（Clock Polarity Configure） 当 SPI 处于空闲状态时，SCK 保持的电平状态 0：低电平 1：高电平 注：当通信进行时，不能修改该位
2	MSMCFG	R/W	配置主/从模式（Master/Salve Mode Configure） 0：配置为从模式 1：配置为主模式 注：当通信进行时，不能修改该位
5:3	BRSEL	R/W	选择波特率分频系数（Baud Rate Divider Factor Select） 000：DIV=2 001：DIV=4 010：DIV=8 011：DIV=16 100：DIV=32 101：DIV=64 110：DIV=128 111：DIV=256 波特率=F_{PCLK}/DIV 注：当通信进行时，不能修改该位
6	SPIEN	R/W	使能 SPI 设备（SPI Device Enable） 0：禁用 1：使能 注：当关闭 SPI 设备时，按照关闭 SPI 的过程操作
7	LSBSEL	R/W	选择 LSB 首位传输（LSB First Transfer Select） 0：先发送最高有效位（MSB） 1：先发送最低有效位（LSB）

续表

位/域	名称	R/W	功能描述
8	ISSEL	R/W	选择内部从设备（Internal Slave Device Select） 当 CTRL1_SSEN=1 时（软件 NSS 模式），可配置该位选择内部 NSS 电平 0：内部 NSS 为低电平 1：内部 NSS 为高电平
9	SSEN	R/W	使能软件从设备（Software Slave Device Enable） 0：禁止软件 NSS 模式，内部 NSS 电平由外部 NSS 引脚决定 1：启用软件 NSS 模式，内部 NSS 电平由 ISSEL 位决定
10	RXOMEN	R/W	使能仅接收模式（Receive Only Mode Enable） 0：同时发送和接收 1：仅接收模式 RXOMEN 位和 BMEN 位一起决定了双线双向模式下的传输方向，在多个从设备的配置中，为了避免数据传输冲突，需要在未被访问的从设备上使 RXOMEN 位置 1
11	DFLSEL	R/W	选择数据帧长度（Data Frame Length Format Select） 0：8 位数据帧格式 1：16 位数据帧格式 只有在 SPIEN=0 时，才能写入该位，改变数据帧长度
12	CRCNXT	R/W	使能下一个传输数据是 CRC（CRC Transfer Next Enable） 0：下一个传输数据来自发送缓冲区 1：下一个传输数据来自 CRC 寄存器 注：在 SPI_DATA 寄存器写入最后一个数据后，马上设置 CRCNXT 位
13	CRCEN	R/W	使能 CRC 校验（CRC Calculate Enable） 0：禁止 1：使能 CRC 校验功能仅应用于全双工模式；只有在 SPIEN=0 时，才能改变该位
14	BMOEN	R/W	使能双向模式的输出（Bidirectional Mode Output Enable） 0：禁止，即仅接收模式 1：使能，即仅发送模式 在 BMOEN=1，即单线双线模式下，该位决定传输线的传输方向
15	BMEN	R/W	使能双向模式（Bidirectional Mode Enable） 0：双线单向模式 1：单线双向模式 单线双向模式传输是指数据在主机的 MOSI 引脚和从机的 MISO 引脚之间传输

表 10.3　SPI 控制寄存器 2（SPI_CTRL2）

位/域	名称	R/W	功能描述
0	RXDEN	R/W	使能接收缓冲区 DMA（Receive Buffer DMA Enable） 当 RXDEN=1 时，RXBNEFLG 标志一旦被置位就发出 DMA 请求 0：禁止 1：启动
1	TXDEN	R/W	使能发送缓冲区 DMA（Transmit Buffer DMA Enable） 当 TXDEN=1 时，TXBEFLG 标志一旦被置位就发出 DMA 请求 0：禁止 1：启动
2	SSOEN	R/W	使能 SS 输出（SS Output Enable） 使能 SS 输出在主模式下 0：禁止 SS 输出，可以工作在多主机模式下 1：开启 SS 输出，不能工作在多主机模式下 注：在 I2S 模式下不使用此功能
4:3	保留		
5	ERRIEN	R/W	使能错误中断（Error Interrupt Enable） 0：禁止 1：使能 当产生错误时，ERRIEN 位控制是否产生中断
6	RXBNEIEN	R/W	使能接收缓冲区非空中断（Receive Buffer Not Empty Interrupt Enable） 0：禁止 1：允许 当 RXBNEFLG 标志位置 1 时，产生中断请求
7	TXBEIEN	R/W	使能发送缓冲区为空中断（Transmit Buffer Empty Interrupt Enable） 0：禁止 1：使能 当 TXBEFLG 标志位置 1 时，产生中断请求
15:8	保留		

表 10.4　SPI 状态寄存器（SPI_STS）

位/域	名称	R/W	描述
0	RXBNEFLG	R	接收缓冲区非空标志（Receive Buffer Not Empty Flag） 0：空 1：非空
1	TXBEFLG	R	发送缓冲区为空标志（Transmit Buffer Empty Flag） 0：非空 1：空

续表

位/域	名称	R/W	描述
2	SCHDIR	R	声道方向标志（Sound Channel Direction Flag） 0：表明左声道正在传输或者接收需要的数据 1：表明右声道正在传输或者接收需要的数据 注：在 SPI 模式下不使用，在 PCM 模式下无左右声道
3	UDRFLG	R	发生欠载标志（Underrun Occur Flag） 0：未发生 1：发生 该标志位由硬件置位，软件对该位写 0 清除 在 SPI 模式下不使用此功能
4	CRCEFLG	RC_W0	发生 CRC 错误标志（CRC Error Occur Flag） 该位表示接收的 CRC 值和 RXCRC 寄存器的值是否匹配 0：匹配 1：不匹配 该位由硬件置位，软件对该位写 0 清除；在 I2S 模式下不使用此功能
5	MEFLG	R	发生模式错误标志（Mode Error Occur Flag） 0：未发生 1：发生 该位由硬件置位，软件对该位写 0 清除；在 I2S 模式下不使用此功能
6	OVRFLG	R	发生过载标志（Overrun Occur Flag） 0：未发生 1：发生 该位由硬件置位，软件对该位写 0 清除
7	BSYFLG	R	SPI 忙标志（SPI Busy Flag） 0：SPI 空闲 1：SPI 正在通信 该位由硬件置位或者清除
15:8	保留		

3. 收发电路

收发电路主要包括移位寄存器、发送缓冲区和接收缓冲区。当向外发送数据时，来自发送缓冲区的数据进入移位寄存器，移位寄存器把数据一位一位地通过数据线发送出去；当从外部接收数据时，数据移位寄存器把接收的数据一位一位地存储到接收缓冲区中。通过写 SPI 的数据寄存器（SPI_DATA）把数据填充到发送缓冲区中，通过读 SPI_DATA 可以获取接收缓冲区中的数据。数据帧的长度可以通过控制寄存器 1（SPI_CTRL1）的 DFLSEL 位配置成 8 bit 或 16 bit；通过控制寄存器 1（SPI_CTRL1）的 LSBSEL 位可选择先发送（接收）MSB 还是 LSB 的数据。

4. 引脚分布

APM32E103 微控制器具有最多 3 个 SPI，其引脚分布如表 10.5 所示。

表 10.5　SPI 引脚分布

定义	SPI1	SPI2	SPI3
MOSI	PA7/PB5	PB15	PB5
MISO	PA6/PB4	PB14	PB4
SCK	PA5/PB3	PB13	PB3
NSS	PA4/PA15	PB12	PA15

5. 工作模式

APM32E103 微控制器的 SPI 可以工作在主模式、从模式、半双工模式、单工模式。这里仅介绍常用的主模式和从模式两种工作模式。

（1）SPI 主模式

在主模式中，SCK 引脚产生同步时钟，MOSI 引脚输出数据，MISO 引脚输入数据。主模式配置过程如下。

① 配置 SPI_CTRL1 寄存器中的 MSMCFG=1。

② 通过配置 SPI_CTRL1 寄存器中的 CPOL 和 CPHA 位，选择时钟的极性和相位。

③ 通过配置 SPI_CTRL1 寄存器中的 DFLSEL 位，选择 8/16 位数据帧格式。

④ 通过配置 SPI_CTRL1 寄存器中的 LSBSEL 位，选择是 LSB 的数据先传输还是 MSB 的数据先传输。

⑤ NSS 配置。当 NSS 引脚工作在输入状态时，在硬件模式下，需要在整个数据帧传输期间把 NSS 引脚连接在高电平；在软件模式下，需要设置 SPI_CTRL1 寄存器中的 SSEN 位和 ISSEL 位。当 NSS 工作在输出状态时，需要配置 SPI_CTRL2 寄存器的 SSOEN 位。

在实际应用中，一般不使用 APM32E103 微控制器的 NSS 信号线，而是使用 GPIO 接口，由软件控制 GPIO 接口的输出，从而产生通信的起始信号和停止信号。此时，NSS 引脚工作处于输入状态、软件模式。

⑥ 配置 SPI_CTRL1 寄存器中 SPIEN 位，使能 SPI。

（2）SPI 从模式

在从模式中，SCK 引脚接收主设备传来的串行时钟，MISO 引脚输出数据，MOSI 引脚输入数据。从模式配置过程如下。

① 配置 SPI_CTRL1 寄存器中的 MSMCFG=0。

② 通过配置 SPI_CTRL1 寄存器中的 CPOL 和 CPHA 位，选择时钟的极性和相位。

③ 通过配置 SPI_CTRL1 寄存器中的 DFLSEL 位选择 8/16 位数据帧格式。

④ 通过配置 SPI_CTRL1 寄存器中的 LSBSEL 位，选择是 LSB 的数据先传输还是 MSB 的数据先传输。

⑤ NSS配置。在硬件模式下，在完整的数据帧传输过程中，NSS引脚必须为低电平；在软件模式下，设置SPI_CTRL1寄存器中的SSEN位并清除ISSEL位。

⑥ 配置SPI_CTRL1寄存器中SPIEN位，使能SPI设备。

在实际应用中，很少使用APM32E103微控制器的从模式。

6. SPI状态标志

在APM32E103微控制器中，常用的SPI状态标志有以下3个。

（1）TXBEFLG（发送缓冲区为空标志）。该标志置位时，表示发送缓冲区为空，可以发送下一个数据。当写SPI_DATA寄存器时，自动清除该标志。在每次写SPI_DATA寄存器之前，应该确认该标志处于置位状态。

（2）RXBNEFLG（接收缓冲区非空标志）。该标志置位时，表示接收缓冲区中有刚接收的数据。当读SPI_DATA寄存器时，自动清除该标志。在每次读SPI_DATA寄存器之前，应该确认该标志处于置位状态。

（3）BSYFLG（SPI忙标志）。该标志置位时，表示SPI正处于通信状态。使用BSYFLG标志可以检测传输是否结束，在关闭SPI通信之前，应先检查该标志是否置位，以免对SPI的通信造成破坏。

7. SPI中断

在APM32E103微控制器中，SPI中断事件如表10.6所示。

表10.6　SPI中断事件

中断标志	中断事件	中断使能控制位	清除方式
TXBEFLG	发送缓冲区空标志	TXBEIEN	写SPI_DATA寄存器
RXBNEFLG	接收缓冲区非空标志	RXBNEIEN	读SPI_DATA寄存器
MEFLG	主模式错误标志	ERRIEN	读/写SPI_STS寄存器，然后写SPI_CTRL1寄存器
OVRFLG	溢出错误标志		读SPI_DATA寄存器，然后读SPI_STS寄存器
CRCEFLG	CRC错误标志		写0到CRCEFLG位

APM32E103微控制器中的多个SPI有不同的中断向量，但同一个SPI的中断事件共享同一个中断向量。

8. SPI的DMA功能

SPI工作在较高速率时，采用DMA工作方式较为可靠，可以减轻CPU的负担。SPI发送、接收所使用的DMA通道如表10.7所示。

表 10.7　SPI 发送、接收所使用的 DMA 通道

功能	SPI1	SPI2	SPI3
发送（Tx）	DMA1 通道 3	DMA1 通道 5	DMA2 通道 2
接收（Rx）	DMA1 通道 2	DMA1 通道 4	DMA2 通道 1

SPI 在发送时，置 SPI_CTRL2 的 TXDEN 位，就可以采用 DMA 方式发送。当 TXBEFLG=1 时，DMA 控制器自动将 SRAM 指定地址的数据写入 SPI_DATA 寄存器，同时自动清除 TXBEFLG 标志。

SPI 在接收时，置 SPI_CTRL2 的 RXDEN 位，就可以采用 DMA 方式接收。当 RXBNEFLG =1 时，DMA 控制器自动将 SPI_DATA 寄存器的数据读入指定地址的 SRAM 中，同时自动清除 RXBNEFLG 标志。

10.3　APM32E103 微控制器的 SPI 编程

使用 APM32E103 微控制器的 SPI 编程时，首先要打开 SPI 相关的 GPIO 模块和 SPI 模块的时钟，对 GPIO 和 SPI 进行设置，然后就可以发送和接收数据了。数据的发送和接收可以采用状态查询、中断和 DMA 等方式。

10.3.1　SPI 库函数

APM32E103 微控制器提供了完整的 SPI 库函数。同 SPI 编程相关的一些结构体、宏定义及库函数的声明放在头文件 apm32e10x_spi.h 中，库函数的实现放在源码文件 apm32e10x_spi.c 中。

SPI 配置结构体（SPI_Config_T）的定义如下：

```
typedef struct
{
    SPI_MODE_T              mode;
    SPI_DATA_LENGTH_T       length;
    SPI_CLKPHA_T            phase;
    SPI_CLKPOL_T            polarity;
    SPI_NSS_T               nss;
    SPI_FIRSTBIT_T          firstBit;
    SPI_DIRECTION_T         direction;
    SPI_BAUDRATE_DIV_T      baudrateDiv;
    uint16_t                crcPolynomial;
}SPI_Config_T;
```

结构体 SPI_Config_T 中各部分说明如表 10.8 所示。

表 10.8　SPI 配置结构体 SPI_Config_T

结构体元素	说明
SPI_MODE_T　mode	设置工作模式，SPI_MODE_MASTER 为主设备，SPI_MODE_SLAVE 为从设备
SPI_DATA_LENGTH_T　length	设置发送或接收数据的长度，SPI_DATA_LENGTH_16B 为 16 位长度，SPI_DATA_LENGTH_8B 为 8 位长度
SPI_CLKPHA_T　phase	设置 SCK 的相位，即采样时刻 SPI_CLKPHA_1EDGE 在奇数跳变沿采样，SPI_CLKPHA_2EDGE 在偶数跳变沿采样
SPI_CLKPOL_T　polarity	设置 SCK 的极性，即空闲时刻的电平，SPI_CLKPOL_LOW 空闲时为低电平，SPI_CLKPOL_HIGH 空闲时为高电平
SPI_NSS_T　nss	设置 NSS 在输入模式下的信号来源，SPI_NSS_SOFT 由软件设置，SPI_NSS_HARD 由硬件设置
SPI_FIRSTBIT_T　firstBit	设置位的起始传输方向，SPI_FIRSTBIT_MSB 从最高位开始传输，SPI_FIRSTBIT_LSB 从最低位开始传输
SPI_DIRECTION_T　direction	设置 SPI 发送和接收的传输模式： SPI_DIRECTION_2LINES_FULLDUPLEX 为双线全双工； SPI_DIRECTION_2LINES_RXONLY 为双线仅接收； SPI_DIRECTION_1LINE_RX 为单线仅接收； SPI_DIRECTION_1LINE_TX 为单线仅发送
SPI_BAUDRATE_DIV_T baudrateDiv	对 APB 总线时钟进行分频，提供 SPI 的同步时钟 SCK，取值为 SPI_BAUDRATE_DIV_2、SPI_BAUDRATE_DIV_4、 SPI_BAUDRATE_DIV_8、SPI_BAUDRATE_DIV_16、 SPI_BAUDRATE_DIV_32、SPI_BAUDRATE_DIV_64、 SPI_BAUDRATE_DIV_128、SPI_BAUDRATE_DIV_256
uint16_t　crcPolynomial	CRC 校验多项式，默认值为 7

SPI 编程常用的库函数如表 10.9 所示。

表 10.9　SPI 编程常用的库函数

函数原型	备注
void SPI_I2S_Reset(SPI_T* spi)	复位 SPI 寄存器为默认值
void SPI_Config(SPI_T* spi, SPI_Config_T* spiConfig)	初始化 SPI 寄存器
void SPI_Enable(SPI_T* spi)	使能 SPI 模块
void SPI_Disable(SPI_T* spi);	禁止 SPI 模块
void SPI_I2S_TxData(SPI_T* spi, uint16_t data)	通过 SPI 发送单个数据
uint16_t SPI_I2S_RxData(SPI_T* spi)	返回 SPI 接收的数据

续表

函数原型	备注
uint8_t SPI_I2S_ReadStatusFlag(SPI_T* spi, SPI_FLAG_T flag)	读取 SPI 的状态标志
void SPI_I2S_ClearStatusFlag(SPI_T* spi, SPI_FLAG_T flag)	清除 SPI 的状态标志
void SPI_I2S_EnableInterrupt(SPI_T* spi, SPI_I2S_INT_T interrupt)	使能 SPI 中断
void SPI_I2S_DisableInterrupt(SPI_T* spi, SPI_I2S_INT_T interrupt)	禁止 SPI 中断
uint8_t SPI_I2S_ReadIntFlag(SPI_T* spi, SPI_I2S_INT_T flag)	读取中断标志位
void SPI_I2S_ClearIntFlag(SPI_T* spi, SPI_I2S_INT_T flag)	清除中断标志位
void SPI_I2S_EnableDMA(SPI_T* spi, SPI_I2S_DMA_REQ_T dmaReq)	使能 SPI 的 DMA 功能
void SPI_I2S_DisableDMA(SPI_T* spi, SPI_I2S_DMA_REQ_T dmaReq)	禁止 SPI 的 DMA 功能

10.3.2　SPI 编程实例

SPI 编程实例

1. 主要功能

APM32E103 微控制器具有 3 个 SPI，本实例演示在同一块开发板上，SPI1 作为主设备、SPI2 作为从设备，并且工作在双线全双工模式下的通信。SPI1 将 10 个字节数据传送给 SPI2，同时接收 SPI2 发送过来的 10 个字节数据；SPI2 将 10 个字节数据传送给 SPI1，同时接收 SPI1 发送过来的 10 个字节数据。

2. 硬件接线

从表 10.5 中可以看出，在 SPI1 中，PA5 为 SCK 引脚，PA6 为 MISO 引脚，PA7 为 MOSI 引脚；在 SPI2 中，PB13 为 SCK 引脚，PB14 为 MISO 引脚，PB15 为 MOSI 引脚。在本实例中，NSS 设置为软件模式，只需要将 PA5 与 PB13 连接，PA6 与 PB14 连接，PA7 与 PB15 连接。

3. 程序流程图

SPI1 和 SPI2 通信流程图如图 10.7 所示。

在图 10.7 中，SPI 模块的初始化包括开启 GPIO 和 SPI 模块时钟、GPIO 引脚工作模式设置及 SPI 工作参数设置等。SPI1 的工作模式设置为主设备，SPI2 的工作模式设置为从设备。

在初始化 SPI 模块时，主设备和从设备的 GPIO 引脚的工作模式是不同的，需要根据设备工作时，这些引脚的工作状态来确定。例如，SPI1 为主设备，SCK 引脚工作在输出状态，则该引脚设置为输出模式；而 SPI2 为从设备，SCK 引脚工作在输入状态，则该引脚设置为输入模式。SPI1 和 SPI2 通信时的 GPIO 工作模式见表 10.10。

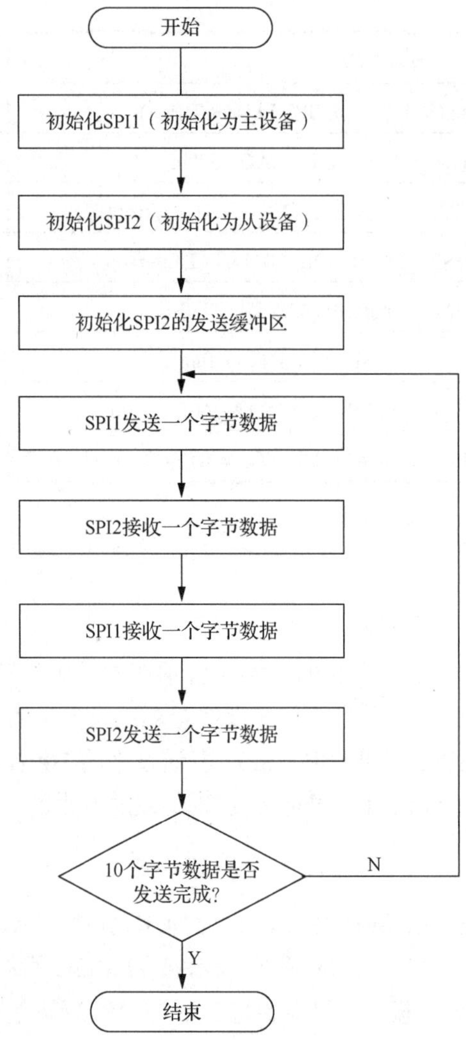

图 10.7　SPI1 和 SPI2 通信流程图

表 10.10　SPI1 和 SPI2 通信时的 GPIO 工作模式

引脚	SPI1	SPI2
SCK	GPIO_MODE_AF_PP	GPIO_MODE_IN_PU
MOSI	GPIO_MODE_AF_PP	GPIO_MODE_IN_PU
MISO	GPIO_MODE_IN_PU	GPIO_MODE_AF_PP

SPI 模块初始化完成后，可将 SPI2 发送缓冲区初始化，即将 SPI2 要发送的第一个字节数据放入发送缓冲区，这样当 SPI1 发送时，借助其输出的移位脉冲信号 SCK，SPI2 可将第一个字节数据发送给 SPI1。如果不先初始化 SPI2 的发送缓冲区，SPI2 无法将第一个字节数据传送给 SPI1。

初始化完成后，SPI1 和 SPI2 即可开始相互发送 10 个字节的数据。

4. 代码实现

根据前述程序流程图实现的部分程序代码如下。

（1）main.c（主程序文件）代码：

```
#include "spi.h"
//发送缓冲区
uint8_t spi1_send_data[10]={1,2,3,4,5,6,7,8,9,10};
uint8_t spi2_send_data[10]={11,12,13,14,15,16,17,18,19,20};
//接收缓冲区
uint8_t spi1_receive_data[10];
uint8_t spi2_receive_data[10];
int main(void)
{
  int i=0;
  //SPI1 初始化
  SPI1_Init();
  //SPI2 初始化
  SPI2_Init();
  //将 SPI2 要发送的第一个字节写入移位寄存器
  //SPI1 发出的 SCK 脉冲将 SPI2 的移位寄存器数据写入 SPI1 的接收缓冲寄存器
  SPI2_WriteByte(spi2_send_data[i]);
  for(i=0;i<10;i++)
  {
      //SPI1 写一个字节
    SPI1_WriteByte(spi1_send_data[i]);
      //SPI1 读接收到的字节
    SPI1_ReadByte(&spi1_receive_data[i]);
      //SPI2 读接收到的字节
    SPI2_ReadByte(&spi2_receive_data[i]);
      if(i != 9)
      {
          //SPI2 写一个字节
          SPI2_WriteByte(spi2_send_data[i+1]);
      }
  }
  //等待
  while(1);
}
```

（2）spi.h（spi 函数声明文件）代码如下：

```
#ifndef __SPI_H
#define __SPI_H
#include "apm32e10x.h"
```

```
void SPI1_Init(void);
void SPI2_Init(void);
uint8_t SPI1_ReadByte(uint8_t* pRxData);
uint8_t SPI1_WriteByte(uint8_t TxData);
uint8_t SPI2_ReadByte(uint8_t* pRxData);
uint8_t SPI2_WriteByte(uint8_t TxData);
#endif
```

（3）spi.c（spi 函数实现文件）代码如下：

```
#include "spi.h"
#include "apm32e10x_gpio.h"
#include "apm32e10x_rcm.h"
#include "apm32e10x_spi.h"
//SPI1 初始化函数
void SPI1_Init(void)
{
  GPIO_Config_T gpioConfig;
  SPI_Config_T spiConfig;
  //开启 GPIOA 和 SPI 的时钟
  RCM_EnableAPB2PeriphClock(RCM_APB2_PERIPH_GPIOA);
  RCM_EnableAPB2PeriphClock(RCM_APB2_PERIPH_SPI1);
  //配置 PA5（SCK）、PA7（MOSI）的工作模式为 GPIO_MODE_AF_PP
  gpioConfig.pin=GPIO_PIN_7 | GPIO_PIN_5;
  gpioConfig.mode=GPIO_MODE_AF_PP;
  gpioConfig.speed=GPIO_SPEED_50MHz;
  GPIO_Config(GPIOA, &gpioConfig);
  //配置 PA6（MISO）的工作模式为 GPIO_MODE_IN_PU
  gpioConfig.pin=GPIO_PIN_6;
  gpioConfig.mode=GPIO_MODE_IN_PU;
  gpioConfig.speed=GPIO_SPEED_50MHz;
  GPIO_Config(GPIOA, &gpioConfig);
  //配置 SPI1 的工作参数
  SPI_ConfigStructInit(&spiConfig);
  //设置为主模式，即 SPI1 为主设备
  spiConfig.mode=SPI_MODE_MASTER;
  spiConfig.length=SPI_DATA_LENGTH_8B;
  spiConfig.baudrateDiv=SPI_BAUDRATE_DIV_256;
  spiConfig.direction=SPI_DIRECTION_2LINES_FULLDUPLEX;
  spiConfig.firstBit=SPI_FIRSTBIT_MSB;
  spiConfig.polarity=SPI_CLKPOL_HIGH;
  spiConfig.nss=SPI_NSS_SOFT;
  spiConfig.phase=SPI_CLKPHA_2EDGE;
```

```
    spiConfig.crcPolynomial=7;
    SPI_Config(SPI1, &spiConfig);
    //使能 SPI
    SPI_Enable(SPI1);
}
//SPI1 接收字节函数
//读入数据时，返回 1；未读入数据时，返回 0
uint8_t SPI1_ReadByte(uint8_t* pRxData)
{
    uint8_t retry=0;
    //读 SPI_SR 寄存器 SPI_FLAG_RXBNE 位（接收缓冲区为空），其值为 0 时表示没有接收到
数据，为 1 时表示接收到数据
    while (SPI_I2S_ReadStatusFlag(SPI1, SPI_FLAG_RXBNE)==RESET)
    {
      retry++;
      if(retry>200)
            return 0;
    }
    //接收一个字节数据
    *pRxData=SPI_I2S_RxData(SPI1);
    return 1;
}
//SPI1 发送字节函数
//正确发送时，返回 1；未正确发送时，返回 0
uint8_t SPI1_WriteByte(uint8_t TxData)
{
    uint8_t retry=0;
//读 SPI_SR 寄存器 SPI_FLAG_TXBE 位（发送缓冲区为空），其值为 0 时为非空，为 1 时为
空；为 0 时表示没有要发送的数据，为 1 时表示有要发送的数据
    while (SPI_I2S_ReadStatusFlag(SPI1, SPI_FLAG_TXBE)==RESET)
    {
     retry++;
     if(retry>200)
          return 0;
    }
    // 发送一个字节数据
    SPI_I2S_TxData(SPI1, TxData);
    return 1;
}
//SPI2 初始化函数
void SPI2_Init(void)
```

```
{
  GPIO_Config_T gpioConfig;
  SPI_Config_T spiConfig;
  //开启 GPIOA 和 SPI 的时钟
  RCM_EnableAPB2PeriphClock(RCM_APB2_PERIPH_GPIOB);
  RCM_EnableAPB1PeriphClock(RCM_APB1_PERIPH_SPI2);
  //配置 PB14（MISO）的工作模式为 GPIO_MODE_AF_PP
  gpioConfig.pin=GPIO_PIN_14 ;
  gpioConfig.mode=GPIO_MODE_AF_PP;
  gpioConfig.speed=GPIO_SPEED_50MHz;
  GPIO_Config(GPIOB, &gpioConfig);
  //配置 PB13（SCK）、PB15（MOSI）的工作模式为 GPIO_MODE_IN_PU
  gpioConfig.pin=GPIO_PIN_13 | GPIO_PIN_15;
  gpioConfig.mode=GPIO_MODE_IN_PU;
  gpioConfig.speed=GPIO_SPEED_50MHz;
  GPIO_Config(GPIOB, &gpioConfig);
  //配置 SPI1 的工作参数
  SPI_ConfigStructInit(&spiConfig);
  //设置为从模式，即 SPI2 为从设备
  spiConfig.mode=SPI_MODE_SLAVE;
  spiConfig.length=SPI_DATA_LENGTH_8B;
spiConfig.baudrateDiv=SPI_BAUDRATE_DIV_256;
  spiConfig.direction=SPI_DIRECTION_2LINES_FULLDUPLEX;
  spiConfig.firstBit=SPI_FIRSTBIT_MSB;
  spiConfig.polarity=SPI_CLKPOL_HIGH;
  spiConfig.nss=SPI_NSS_SOFT;
  spiConfig.phase=SPI_CLKPHA_2EDGE;
  spiConfig.crcPolynomial=7;
  SPI_Config(SPI2, &spiConfig);
  //使能 SPI
  SPI_Enable(SPI2);
}
//SPI2 接收字节函数
//读入数据时，返回 1；未读入数据时，返回 0
uint8_t SPI2_ReadByte(uint8_t* pRxData)
{
  uint8_t retry=0;
  //读 SPI_SR 寄存器 SPI_FLAG_RXBNE 位（接收缓冲区为空），其值为 0 时表示没有接收到
数据，为 1 时表示接收到数据
  while (SPI_I2S_ReadStatusFlag(SPI2, SPI_FLAG_RXBNE)==RESET)
  {
```

```
        retry++;
        if(retry>200)
              return 0;
      }
      *pRxData=  SPI_I2S_RxData(SPI2);        //接收的数据
      return 1;
    }
    //SPI2 发送字节函数
    //正确发送时，返回 1；未正确发送时，返回 0
    uint8_t SPI2_WriteByte(uint8_t TxData)
    {
      uint8_t retry=0;
      //读 SPI_SR 寄存器 SPI_FLAG_TXBE 位（发送缓冲区为空），其值为 0 时为非空，为 1 时
为空；为 0 时表示没有要发送的数据，为 1 时表示有要发送的数据
      while (SPI_I2S_ReadStatusFlag(SPI2,SPI_FLAG_TXBE)==RESET)
      {
        retry++;
        if(retry>200)
              return 0;
      }
      SPI_I2S_TxData(SPI2,TxData);        // 通过 SPI 发送一个数据
      return 1;
    }
```

10.4　APM32E103 微控制器的 I2S 接口

集成电路内置音频总线（Inter-Integrated Circuit Sound，I2S）协议是飞利浦公司为数字音频设备之间的音频数据传输而定制的一种总线标准。I2S 协议定义了音频数据的传输格式、时序和控制信号。APM32E103 微控制器通过复用 SPI 接口实现 I2S 接口，从而完成 I2S 协议的通信。

10.4.1　I2S 总线物理结构

I2S 总线主要有 3 条信号线，可通过 3 条信号线简单地处理数字音频数据。3 条信号线的名称和功能如表 10.11 所示。

表 10.11　I2S 信号线的名称及功能

信号线	名称	功能
SCK	串行时钟	也称位时钟 BCLK，对应数字音频的每一位数据，SCK 信号都有 1 个脉冲。 SCK 信号的频率=声道数 × 采样频率 × 采样位数

续表

信号线	名称	功能
WS	字段选择	也称左右时钟 LRCLK，用于切换左右声道的数据。WS 的频率=采样频率。WS 信号表明了 SD 信号线上正在被传输的数据属于哪个声道。在 I2S Philips 标准中，WS=0 表示正在传输的是左声道的数据；WS=1 表示正在传输的是右声道的数据
SD	串行数据	二进制补码表示的音频数据。I2S 串行数据在传输的时候，由高位（MSB）到低位（LSB）依次进行传输

一般还会有主时钟信号 MCLK，用于辅助通信。MCLK 的频率=M×采样频率（M 可以取值 128、256 或 512）。

10.4.2 I2S 设备互联

I2S 协议是比较简单的数字接口协议，没有地址或设备选择机制。在理解 I2S 设备互联之前，先要明确几个基本概念。

① 主设备：提供时钟的设备为主设备，即发出 SCK 信号和 WS 信号的设备。

② 发送设备：发出 SD 串行数据的设备。

③ 接收设备：接收 SD 串行数据的设备。

④ 控制设备：协调发送设备和接收设备的其他设备。控制设备可以发出 SCK 信号和 WS 信号。

在 I2S 总线构成的互联系统中，只能同时存在一个主设备和发送设备。主设备可以是发送设备，也可以是接收设备，或是协调发送设备和接收设备的其他控制设备。

根据主设备不同，可以有以下 3 种连接方式，如图 10.8 至图 10.10 所示。在图 10.8 中，发送设备产生 SCK 信号，发送设备即为主设备；在图 10.9 中，接收设备产生 SCK 信号，接收设备即为主设备；在图 10.10 中，控制设备产生 SCK 信号，控制设备即为主设备。

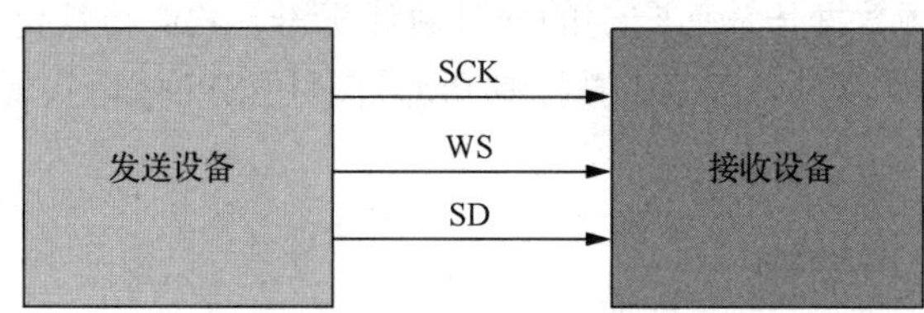

图 10.8　主设备为发送设备

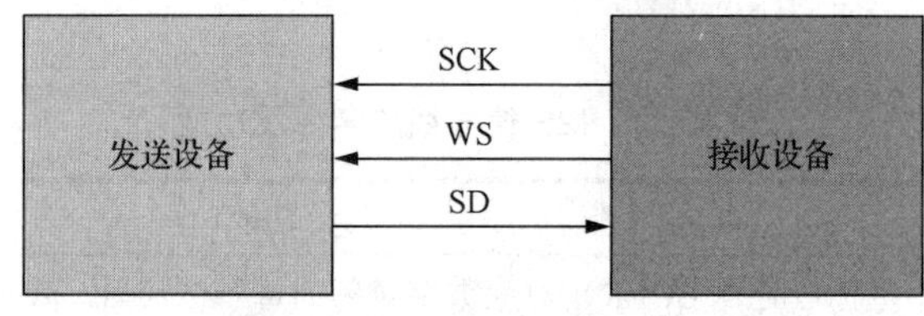

图 10.9　主设备为接收设备

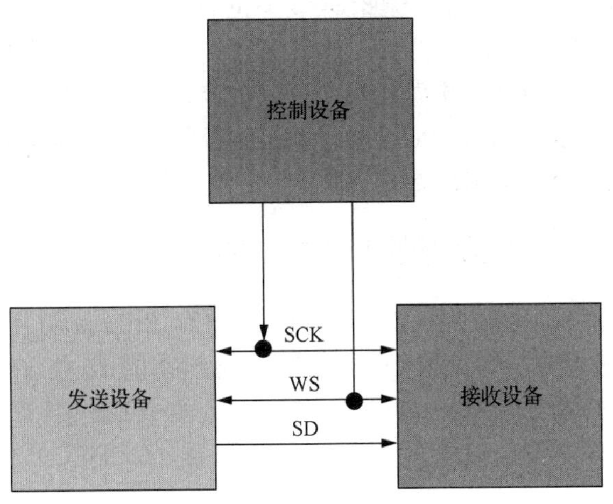

图 10.10 主设备为控制设备

10.4.3 I2S 数据格式

在统一的 I2S 硬件接口下，有多种不同的 I2S 数据格式，如 I2S Philips 标准、左对齐（MSB）标准、右对齐（LSB）标准和 PCM 标准等格式。对于所有数据格式，当数据传输时，都先发送最高位（MSB）的数据，后发送最低位（LSB）的数据。发送端和接收端必须使用相同的数据格式。数据位宽指定每个采样数据的位数，通常为 16 位、24 位或 32 位。较大的位宽可以提供更高的分辨率和动态范围。

图 10.11 所示为 I2S Philips 标准时序图。图中 LRCLK 为 WS 信号，BCLK 为 SCK 信号，SDI/SDO 为 SD 信号，Fs 为音频采样频率。LRCLK 信号指示当前正在发送的数据所属的声道，为 0 时表示左声道，为 1 时表示右声道，一个 LRCLK 周期（1/Fs）发送左声道和右声道的数据。正如前文所述，LRCLK 频率等于采样频率 Fs。LRCLK 信号从当前声道数据的最高位（MSB）之前的一个时钟开始有效，LRCLK 信号在 BCLK 的下降沿变化。发送数据时，总是先发送左声道数据，再发送右声道数据。

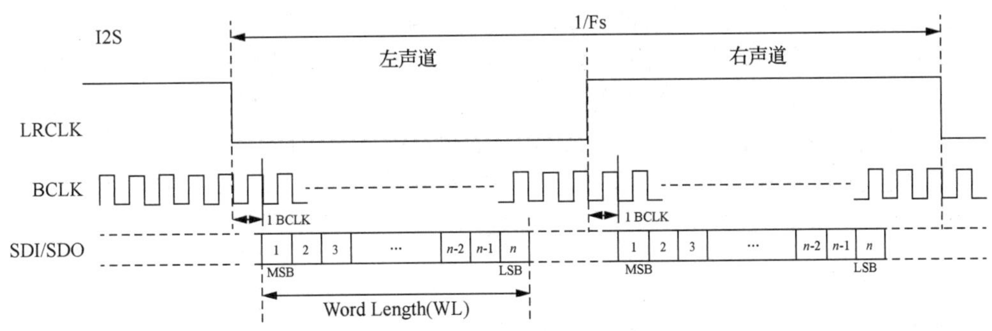

图 10.11 I2S Philips 标准时序图

发送设备在时钟信号 BCLK 的下降沿改变数据，接收设备在时钟信号 BCLK 的上升沿采集数据。

I2S Philips 标准格式的信号，无论有多少位有效数据，数据的最高位总是出现在LRCLK 变化后的第 2 个 BCLK 脉冲处。这就使得接收端与发送端的有效位数可以不同。如果接收端能处理的有效位数少于发送端，可以放弃数据帧中多余的低位数据；如果接收端能处理的有效位数多于发送端，可以自行补足剩余的位。这种同步机制使得数字音频设备的互连更加方便，而且不会造成数据错位。

10.4.4 APM32E103 微控制器的 I2S 接口简介

APM32E103 微控制器内置 2 个 I2S（分别与 SPI2、SPI3 复用），支持主模式、从模式半双工通信，支持同步传输，可配置 16 位或 32 位分辨率的 16 位、24 位、32 位数据传输，音频采样率可配置的范围是 8kHz～48kHz；当一个或两个 I2S 接口配置为主模式时，其主时钟可以 256 倍采样频率输出给外部的 DAC 或解码器（CODEC）。

1. I2S 引脚

APM32E103 微控制器通过设置 SPI_I2SCFG 的 I2SMOD 位，使能 I2S 功能。I2S 与 SPI 共用 3 个引脚。

- SD（映射到 MOSI 引脚）：串行数据，分时复用传输左右声道的数据。
- WS（映射到 NSS 脚）：片选，切换左右声道的数据。
- CK：（映射到 SCK 引脚）：串行时钟，主模式下时钟信号输出，从模式下时钟信号输入。

另外，还有一个 MCK（主时钟）信号。在主模式下，SPI_I2SPSC 寄存器的 MCOEN 位置 1 时，可以输出额外的时钟信号。

2. 音频标准选择

通过设置 SPI_I2SCFG 寄存器的 I2SSSEL 位和 PFSSEL 位来选择音频标准，可以选择 4 种音频标准：I2S Philips 标准、MSB 对齐标准、LSB 对齐标准和 PCM 标准。

3. 数据长度选择

数据长度和通道长度可以通过 SPI_I2SCFG 寄存器中 DATALEN 位和 CHLEN 位来配置。其中，通道长度必须大于或等于数据长度，有 4 种数据格式发送数据：16 位数据打包进 16 位帧、16 位数据打包进 32 位帧、24 位数据打包进 32 位帧和 32 位数据打包进 32 位帧。当 16 位的数据扩展到 32 位时，前 16 位的数据是有效数据，后 16 位强制为 0。因为发送和接收的数据缓冲器都是 16 位，因此当 24 位和 32 位数据传输时，SPI_DATA 需要进行两次读/写操作，如果使用了 DMA，则需要两次 DMA 传输。

4. I2S 时钟

I2S 的时钟来源为系统时钟，包括 AHB 时钟的 HSICLK、HSECLK 或 PLL。I2S 的比特率确定了 I2S 数据线上的数据流和 I2S 的时钟信号频率。可按式（10-1）计算 I2S 的比特率。

I2S 比特率=每个声道的比特数×声道数目×音频采样频率　　（10-1）

例如，音频采样频率为 Fs，左右两声道是 16 位音频信号，则 I2S 比特率=16×2×Fs。

在 APM32E103 微控制器中，音频采样频率（Fs）和 I2S 比特率的关系由表 10.12 确定。

表 10.12　音频采样频率（Fs）和 I2S 比特率的关系

MCOEN	CHLEN	音频采样频率（Fs）
1	0	I2SxCLK/[（16×2）×（(2×I2SPSC）+ODDPSC）×8]
1	1	I2SxCLK/[（32×2）×（(2×I2SPSC）+ODDPSC）×4]
0	0	I2SxCLK/[（16×2）×（(2×I2SPSC）+ODDPSC）]
0	1	I2SxCLK/[（32×2）×（(2×I2SPSC）+ODDPSC）]

5. I2S 模式

在 APM32E103 微控制器中，I2S 接口可以运行在多种模式下，如表 10.13 所示。

表 10.13　I2S 接口运行模式

运行模式	SD	WS	CK	MCK
主机发送	输出	输出	输出	输出/不使用
主机接收	输入	输出	输出	输出/不使用
从机发送	输出	输入	输入	输出/不使用
从机接收	输入	输入	输入	输出/不使用

I2S 主模式配置流程如下。

（1）配置 SPI_I2SPSC 寄存器的 I2SPSC 位和 ODDPSC 位，定义与音频采样频率相符的串行时钟波特率和实际分频系数。

（2）配置 SPI_I2SCFG 寄存器的 CPOL 位，定义 SPI 在空闲状态的时钟极性。

（3）配置 SPI_I2SCFG 寄存器的 I2SMOD 位，激活 I2S 功能；配置 SPI_I2SCFG 寄存器的 I2SMOD 和 PFSSEL 位，选择 I2S 标准；配置 SPI_I2SCFG 寄存器的 DATALEN[1:0] 位，选择声道的数据位数；配置 I2SMOD 位，选择 I2S 主模式是发送端还是接收端。

（4）配置 SPI_CTRL2 寄存器的 TXBEIEN 位，选择是否开启中断功能；配置该寄存的 TXDEN 位，选择是否开启 DMA 功能。

（5）将 WS 引脚和 CK 引脚配置成输出模式，当 SPI_I2SPSC 的 MCOEN 位为 1 时，MCK 引脚也要配置成输出模式。

（6）配置 SPI_I2SCFG 的 I2SMOD 的位，设置 I2S 的运行模式。

（7）将 SPI_I2SCFG 寄存器的 I2SEN 位置 1。

I2S 从模式的配置方法和主模式的配置方法基本一样。在从模式中，不需要 I2S 提供时钟，由外部 I2S 设备提供时钟信号和 WS 信号。I2S 从模式配置流程如下。

（1）配置 SPI_I2SCFG 寄存器的 I2SMOD 位，激活 I2S 功能。

（2）配置 SPI_I2SCFG 寄存器的 I2SSSEL 位，选择使用的 I2S 标准；配置 SPI_I2SCFG 寄存器的 DATALEN[1:0]位，选择数据的比特数；配置 SPI_I2SCFG 寄存器的 CHLEN 位，

选择每个声道的数据位数；配置 SPI_I2SCFG 寄存器的 I2SMOD 位，选择 I2S 从模式是发送端还是接收端。

（3）配置 SPI_CTRL2 寄存器的 RXBEIEN 位，选择是否开启中断功能；配置该寄存的 RXDEN 位，选择是否开启 DMA 功能。

（4）将 SPI_I2SCFG 寄存器的 I2SEN 位置 1。

本 章 小 结

本章首先介绍了 SPI 总线的物理结构和设备连接方式，并分析了 SPI 总线协议。在此基础上，详细讲解了 APM32E103 微控制器 SPI 接口的结构、引脚分布、工作模式、状态标志、SPI 中断和 DMA 操作等知识；列举了 APM32E103 微控制器库函数中有关 SPI 函数的内容，并以 SPI1 和 SPI2 相互通信为例，展示了这些库函数的使用。最后介绍了 APM32E103 微控制器的 I2S 数字音频接口。

习题 10

1．简述 SPI 总线的物理结构。
2．简述 APM32E103 微控制器的 SPI 组成。
3．解释 SPI 总线的时钟极性和时钟相位。
4．APM32E103 微控制器最多有几个 SPI？引脚分布是怎样的？
5．简述 APM32E103 微控制器 SPI 在主模式下工作时的配置步骤。
6．APM32E103 微控制器 SPI 通信时的状态标志有哪些？

第 11 章

SDIO 接口

11.1 SDIO 简介

安全数字输入/输出（Secure Digital Input and Output，SDIO）接口，能够连接 SD 卡、SDIO 卡、多媒体卡（Multi Media Card，MMC）和 CE-ATA 设备接口，提供 AHB 系统总线与 SD 卡、SDIO 卡、MMC 和 CE-ATA 设备之间的数据传输。

SD 卡是用于手机、数码相机等数码产品上的独立存储介质，一般是卡片的形态，故统称为存储卡；MMC 卡可以说是 SD 卡的前身，现阶段用得很少；SDIO 卡，是使用 SD 总线以及 SD 命令的 IO 设备，SDIO 卡的外形与接口和 SD 卡是兼容的，但是实现的不只是存储功能，还能实现其他功能，如蓝牙、Wi-Fi 等；CE-ATA 是专为轻薄笔记本硬盘设计的硬盘高速通信接口。

现在的电子产品对 SD 卡容量需求越来越大，SD 卡发展到现在已有多个版本，按读写属性，可以分为读写卡（闪存）和只读卡（ROM），按支持电压；可分为高电压 SD 卡（2.7～3.6V）和双电压 SD 卡。

本章针对接口外接 SDIO 卡的使用进行讲解，对 SDIO 卡和 SD 卡不做区分，对于其他类型卡的应用可以参考相关系统规范实现。

11.1.1 SDIO 总线物理层

SDIO 卡一般都支持 SDIO 和 SPI 两种接口，SDIO 接口又分为 1-bit SD 传输模式和 4-bit SD 传输模式，本章只介绍 SDIO 接口操作方式。

SDIO 卡通信是基于 9-pin 接口的，包含 1 根时钟线、1 根命令线、4 根数据线、3 根电源线，SDIO 卡通信模式是一主多从通信，所有从机的 9-pin 线路可并联在一起。主从通信的拓扑图如图 11.1 所示，各信号线作用如下。

（1）CLK：时钟线，SDIO 主机通过此线给设备提供时钟信号，每个时钟周期在命令线和数据线上发送 1 位命令或数据。

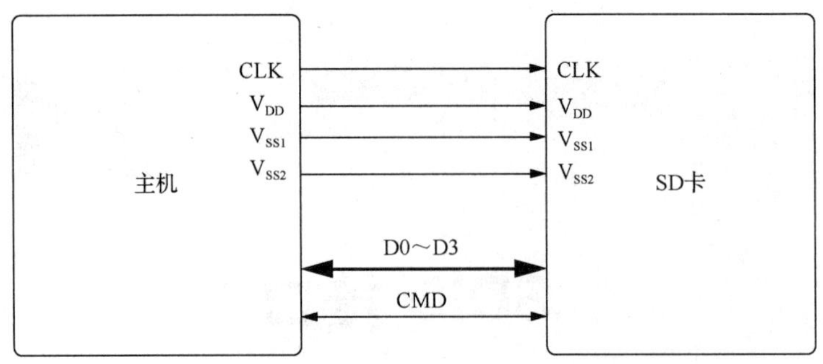

图 11.1　SD 卡总线拓扑

（2）CMD：命令线，该信号是双向命令通道，用于卡的初始化和命令传输。命令从 SDIO 控制器到卡，响应从卡发送到主机。

（3）D0-D3：数据线，均为双向数据通道，默认情况下，上电或复位后，只有 D0 用于数据传输。SDIO 适配器可配置更宽的数据总线用于数据传输，使用 D0～D3。SD 卡可将 D0 拉低表示处于忙状态。

（4）V_{DD}、V_{SS1}、V_{SS2}：电源和共地线。

11.1.2　SDIO 总线协议

SDIO 总线的通信是基于命令和数据传输的。通信从起始位 0 开始，以停止位 1 终止。SDIO 通信一般是主机发送一个命令，从设备在接收到命令后作出响应，如有需要，会有数据传输参与。SDIO 总线的基本交互是命令与响应交互，如图 11.2 所示。

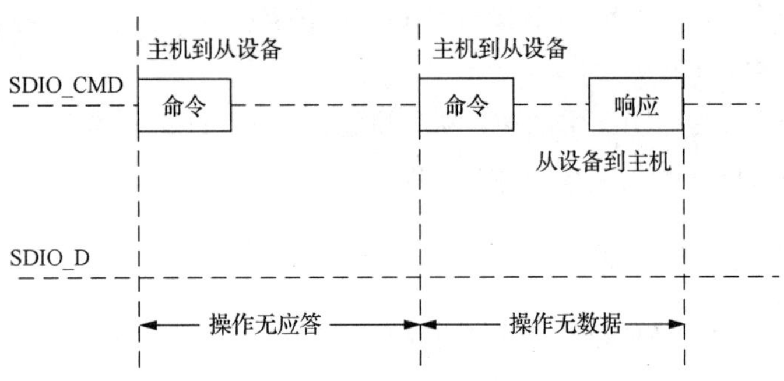

图 11.2　SDIO 总线的基本命令与响应交互

SDIO 卡发送和接收数据都以“块”的形式完成，数据还会通过 CRC 校验确定操作成功。主机可以控制使用 1-bit SD 传输模式还是 4-bit SD 传输模式，以下介绍均以 4-bit SD 传输模式为例。主机从 SDIO 卡读取多数据块操作如图 11.3 所示，主机向 SDIO 卡写入多数据块操作如图 11.4 所示。

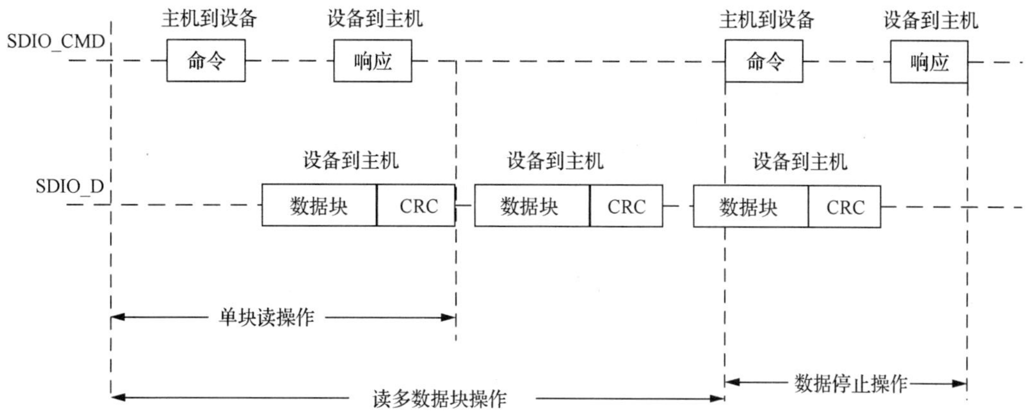

图 11.3　主机从 SDIO 卡读多数据块操作

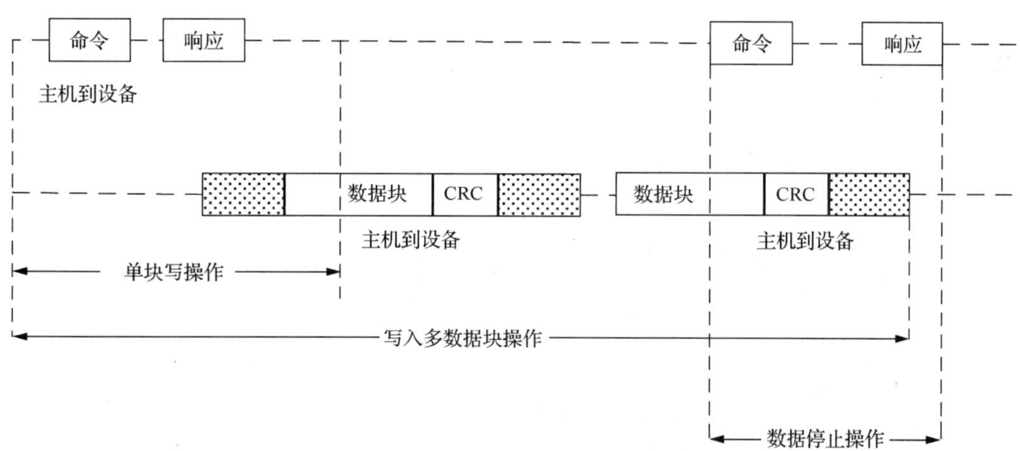

图 11.4　主机向 SDIO 卡写入多数据块操作

SDIO 协议支持单块传输或多块传输两种操作，分别对应不同的命令，多块传输以命令线上的结束命令为结束标志。

1．命令

（1）命令类别。

SDIO 协议命令从主机发出，控制卡的命令有 4 种不同的类型，见表 11.1。

表 11.1　SDIO 命令类别

命令类型	意义
广播命令	发送到所有卡，没有响应返回
带响应的广播命令	发送到所有卡，同时收到从所有卡返回的响应
寻址（点对点）命令	发送到寻址卡上，数据线上没有数据传输
寻址（点对点）的数据传输命令	发送到寻址卡上，数据线上有数据传输

（2）命令格式。

所有命令都是由 48 位数据组成的，命令所有位都是通过 CMD 线传输的，详细格式见表 11.2。

表 11.2　SDIO 命令格式

位	47	46	[45:40]	[39:8]	[7:1]	0
宽度	1	1	6	32	7	1
数值	0	1	–	–	–	1
说明	起始位	传输标志位	命令索引	参数	CRC7	结束位

SDIO 协议的命令组成如下。

① 起始位和终止位：主要用来包含命令的主体，起始位为 0，终止位为 1。

② 传输标志位：用于区分数据的传输方向，该位为 1 时表示命令，方向为主机传输到 SDIO 卡；该位为 0 时表示响应，方向为 SDIO 卡传输到主机。

③ 命令号：固定占用 6bit，因此共有 64 个命令代号，CMD0～CMD63，每个命令都有不同作用。

④ 地址/参数：每个命令有 32bit 地址信息/参数用于命令附加内容，这 32bit 用于指定参数，寻址命令的 32bit 用于指定目标 SDIO 卡的地址。

⑤ CRC7 校验：长度为 7bit 的校验位用于验证命令传输内容的正确性，如果因为传输过程中某些位发生错误，则会校验失败，SDIO 卡不进行响应。

（3）命令描述。

SDIO 卡系统的命令主要分成两类：标准命令（CMD）和应用相关命令（ACMD）。标准命令包含不同的命令集，每个命令集包含不同的命令，主要用于基本的 SDIO 卡操作，如卡片识别、初始化和控制，详细信息见表 11.3。

表 11.3　标准命令集

命令集	命令序号及作用
Class0（卡的识别、初始化等基本命令集）	CMD0：复位 SDIO 卡 CMD1：读 OCR 寄存器 CMD9：读 CSD 寄存器 CMD10：读 CID 寄存器 CMD12：停止读多数据块的传输 CMD13：读卡状态寄存器
Class2（读卡命令集）	CMD16：设置块的长度 CMD17：读单块数据 CMD18：读多块数据，直至主机发送 CMD12
Class4（写卡命令集）	CMD24：写单块数据 CMD25：写多块数据 CMD27：写 CSD 寄存器

续表

命令集	命令序号及作用
Class5（擦除卡命令集）	CMD32：设置擦除块数据的起始地址 CMD33：设置擦除块数据的终止地址 CMD38：擦除所选择的块
Class6（写保护命令集）	CMD28：设置写保护块数据的地址 CMD29：擦除写保护块数据的地址 CMD30：询问卡上写保护位的状态
Class7（卡的锁定、解锁功能命令集）	CMD42：加锁/解锁 SDIO 卡
Class8（申请特定命令集）	CMD55：指定下一命令为特定应用命令 CMD56：通用命令或特定命令中用于传输 1 个数据块
Class10-11（保留）	预留给未来的扩展或私有命令集

应用相关命令主要用于特定的应用场景，如卡的锁定、解锁、写保护等功能。例如，ACMD41 命令用于获取卡的支持的命令集列表，在发送 ACMD 之前需要发送 CMD55 命令，告知 SDIO Device 接下来的命令为特殊应用命令。CMD55 命令只对紧接的第一个命令有效，SDIO 卡如果检测到 CMD55 之后的第一条命令为 ACMD，则执行其特定应用功能，如果检测发现不是 ACMD 命令，则执行普通命令。

2. 响应

响应由 SDIO 卡向主机发出，部分命令要求 SDIO 卡作出响应，这些响应多用于反馈 SDIO 卡的状态。SDIO 共有 7 个响应类型（代号为 R1～R7），其中 SDIO 卡没有 R4、R5 类型响应命令对应的特定响应类型，如当主机发送 CMD3 命令时，可以得到响应 R6。与命令一样，SDIO 卡的响应也是通过 CMD 线连续传输的。根据响应内容大小，响应可以分为短响应和长响应。短响应长度是 48 位，只有 R2 类型是长响应，其长度为 136 位。各类响应具体情况可以参考 SDIO 简易规格文件说明。

除 R3 类型之外，其他响应都使用 CRC7 校验来校验，对于 R2 类型，可以使用 CID 和 CSD 寄存器内部 CRC7 校验。

3. 数据

数据在设备和主机之间进行传输，可以从主机到设备（写数据），也可以从设备到主机（读数据），它们是通过数据线 D0-D3 传输的。数据传输都是以块为单位的，为 512B 的倍数。数据块后边会紧跟一个 CRC 校验。

（1）1 线传输模式。

1 线传输模式传输数据时，第 1bit 是数据的起始标志位，恒为 0；其后跟随的 N B 数据，其中数据的传输顺序是先传输低字节再传输高字节，而每个字节内部的传输顺序则是先传输高位后传输低位（bit7 至 bit0）；在数据传输末尾紧跟 16bits 的 CRC 校验码；最后 1bit 是结束标志位，恒为 1。1 线传输模式的数据传输格式如图 11.5 所示。

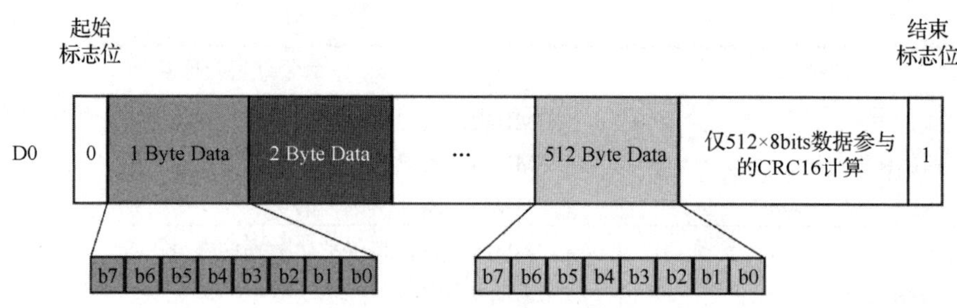

图 11.5　1 线传输模式的数据传输格式

（2）4 线传输模式

4 线传输模式的数据传输格式与 1 线传输模式类似，每条数据线上都有起始位、CRC 校验位及结束位，每条数据线的 CRC 校验码是独立的，且每条数据线单独进行 CRC 校验。传输顺序也是从低字节到高字节，同一字节的数据拆分到 4 条线上同时并行传输。4 线传输模式的数据传输格式如图 11.6 所示。

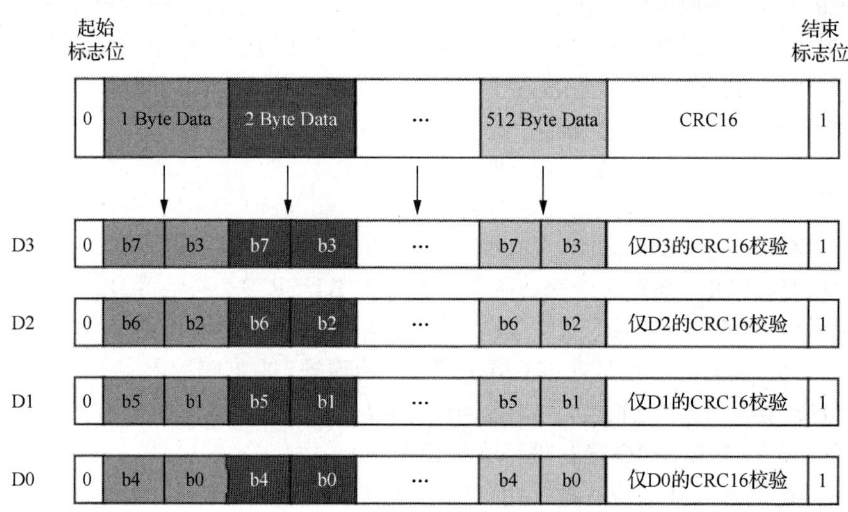

图 11.6　4 线传输模式的数据传输格式

11.2　APM32E103 微控制器的 SDIO

11.2.1　主要特征

APM32E103 微控制器的 SDIO 兼容 SD 卡和 SDIO 卡 2.0 版本，支持 1 线和 4 线传输模式；兼容多媒体卡系统规格版本 4.2 及之前版本，有 3 种不同的数据总线模式：1 位（默认）、4 位和 8 位，与 CE-ATA 数字协议版本 1.1 兼容；8 位总线模式下数据传输频率达 48MHz；支持中断和 DMA 请求。当前版本的 SDIO 在同一时间里只支持一个 SD/SD IO/MMC 4.2 卡，但可支持多个 MMC 4.1 或以前版本的卡。

11.2.2　功能描述

SDIO 结构主要由两部分组成：SDIO 适配器和 AHB 总线接口，如图 11.7 所示。

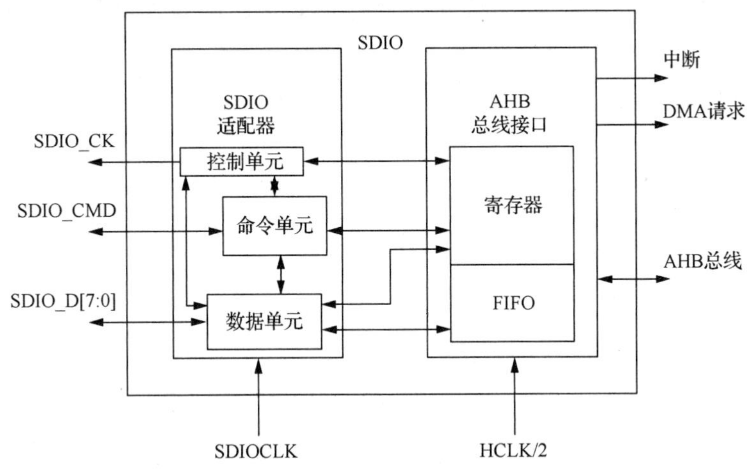

图 11.7　SDIO 功能框图

1. SDIO 适配器

SDIO 适配器可以实现 MMC/SD/SDIO 卡的相关功能，由控制单元、命令单元、数据单元组成。

（1）控制单元包含电源管理模块和时钟模块，电源管理模块负责在系统断电和上电时控制 SD 总线的输出信号，时钟模块负责利用 SDIOCLK 等时钟生成 CLK 时钟线上的信号。

（2）命令单元控制命令信号的发送，同时接收从机的响应信号。

（3）数据单元负责与 SD 卡之间的数据收发工作。

2. AHB 总线接口

AHB 总线接口操作 SDIO 适配器中的寄存器，用于数据传输的先入先出队列（First Input First Output，FIFO）单元，产生中断和 DMA 请求信号。

11.2.3　标准库介绍

极海半导体就 APM32E103 微控制器开发了使用标准库，标准库的内容主要包括相关结构体和相关库函数。

1. 相关结构体

标准库函数对 SDIO 外设建立了 3 个初始化结构体，分别为 SDIO 初始化结构体 SDIO_Config_T、SDIO 命令初始化结构体 SDIO_CMDConfig_T 和 SDIO 数据初始化结构体 SDIO_DataConfig_T。这些结构体成员用于设置 SDIO 工作环境参数，并由 SDIO 相应初始化配置函数或功能函数调用，这些参数将会被写入 SDIO 相应的寄存器，达到配置 SDIO 工作环境的目的。

（1）初始化结构体。

SDIO 初始化结构体定义在文件 apm32e10x_sdio.h 中，初始化库函数定义在文件 apm32e10x_sdio.c 中，编程时可以结合这两个文件内的注释使用。

SDIO 初始化结构体用于配置 SDIO 基本工作环境，如时钟分频、时钟沿、数据宽度等。结构体定义代码如下：

```
typedef struct
{
    SDIO_CLOCK_EDGE_T              clockEdge;              //时钟沿
    SDIO_CLOCK_BYPASS_T            clockBypass;            //旁路时钟
    SDIO_CLOCK_POWER_SAVE_T        clockPowerSave;         //节能模式
    SDIO_BUSWIDE_T                 busWide;                //数据宽度
    SDIO_HARDWARE_FLOW_CONTROL_T hardwareFlowControl;      //硬件流控
    uint8_t                        clockDiv;               //时钟分频
}SDIO_Config_T;
```

（2）命令初始化结构体。

SDIO 命令初始化结构体用于设置命令相关内容，如命令号、命令参数、响应类型等。结构体定义代码如下：

```
typedef struct
{
    uint32_t                       argument;          //命令参数
    uint32_t                       cmdIndex;          //命令号
    SDIO_RESPONSE_T                response;          //响应类型
    SDIO_WAIT_T                    wait;              //等待使能
    SDIO_CPSM_T                    CPSM;              //命令通道状态机
}SDIO_CMDConfig_T;
```

（3）数据初始化结构体。

SDIO 数据初始化结构体用于配置数据发送和接收参数，如传输超时、数据长度、传输模式等。结构体定义代码如下：

```
typedef struct
{
    uint32_t                       dataTimeOut;       //数据传输超时
    uint32_t                       dataLength;        //数据长度
    SDIO_DATA_BLOCKSIZE_T          dataBlockSize;     //数据块大小
    SDIO_TRANSFER_DIR_T            transferDir;       //数据传输方向
    SDIO_TRANSFER_MODE_T           transferMode;      //数据传输模式
```

```
        SDIO_DPSM_T                         DPSM;                    //数据通道状态机
    }SDIO_DataConfig_T;
```

2. SDIO 相关库函数

APM32E103 微控制器固件库关于 SDIO 在文件 apm32e10x_sdio.h 中定义了很多 SDIO 相关函数，具体内容见表 11.4。

表 11.4　SDIO 函数描述

函数名	描述
SDIO_Reset	将 SDIO 外设寄存器初始化
SDIO_Config	根据 SDIO_Config_T 结构体中指定的参数配置 SDIO 外设
SDIO_ConfigStructInit	把 SDIO_Config_T 中的参数设置为默认值
SDIO_EnableClock/SDIO_DisableClock	启用/禁用 SDIO 时钟
SDIO_ConfigPowerState	设置控制器的上电状态
SDIO_ReadPowerState	读取 SDIO 电源状态
SDIO_EnableDMA/SDIO_DisableDMA	启用/禁用 SDIO DMA 请求
SDIO_TxCommand	配置并发送 SDIO 命令
SDIO_TxCommandStructInit	用默认值填充每个 SDIO_CMDConfig_T 结构体成员
SDIO_ReadCommandResponse	读取 SDIO 命令响应
SDIO_ReadResponse	读取 SDIO 响应
SDIO_ConfigData	根据 SDIO_DataConfig_T 中的指定参数配置 SDIO 数据
SDIO_ConfigDataStructInit	用默认值填充每个 SDIO_DataConfig_T 成员
SDIO_ReadDataCounter	读取 SDIO 数据计数器
SDIO_WriteData/SDIO_ReadData	写/读 SDIO 数据
SDIO_ReadFIFOCount	读取 SDIO FIFO 计数值
SDIO_EnableStartReadWait/SDIO_DisableStartReadWait	启用/禁用 SDIO 启动读取等待
SDIO_EnableStopReadWait/SDIO_DisableStopReadWait	启用/禁用 SDIO 停止读取等待
SDIO_ConfigSDIOReadWaitMode	设置读取等待时间间隔
SDIO_EnableSDIO/SDIO_DisableSDIO	启用/禁用 SDIO 模式操作
SDIO_EnableTxSDIOSuspend/SDIO_DisableTxSDIOSuspend	启用/禁用 SDIO 模式暂停命令发送
SDIO_EnableCommandCompletion	启用命令完成信号

续表

函数名	描述
SDIO_DisableCommandCompletion	禁用命令完成信号
SDIO_EnableCEATAInterrupt/SDIO_DisableCEATAInterrupt	启用/禁用 CE-ATA 中断
SDIO_EnableTxCEATA/SDIO_DisableTxCEATA	启用/禁用发送 CE-ATA 命令
SDIO_EnableInterrupt/SDIO_DisableInterrupt	启用/禁用指定的 SDIO 中断
SDIO_ReadStatusFlag/SDIO_ClearStatusFlag	读取/清除指定的 SDIO 状态标志
SDIO_ReadIntFlag/SDIO_ClearIntFlag	读取/清除指定的 SDIO 中断标志

11.3 SD 卡读写测试实例

SD 卡广泛用于便携式设备上，如数码相机、手机、多媒体播放器等。对于嵌入式设备来说，它是一种重要的存储数据部件。类似于对 SPI Flash 芯片中数据的操作，可以直接对它进行读写，也可以写入文件系统，然后使用文件系统读写函数，并使用文件系统进行操作。本实例是进行 SD 卡最底层的数据读写操作，直接使用 SDIO 模块对 SD 卡进行读写。

11.3.1 硬件设计

APM32E103ZE EVAL Board 评估板板载一个 MicroSD 卡接口，可接入 MicroSD 卡，可由 SPI 或 SDIO 驱动，设计采用 4 线传输模式。对于命令线和数据线需要加一个上拉电阻，硬件设计图如图 11.8 所示。

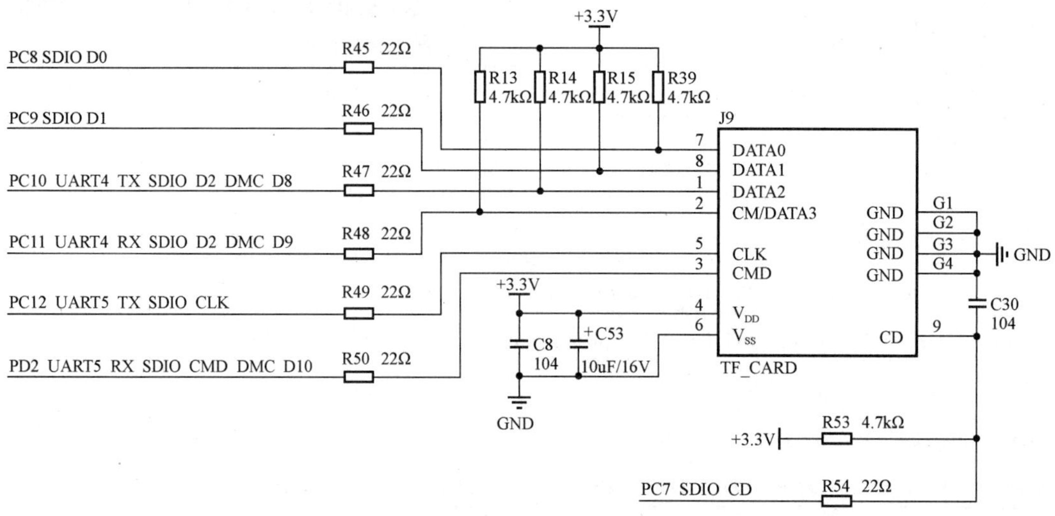

图 11.8 SD 卡硬件设计图

11.3.2　软件设计

有了 SDIO 的相关知识基础，我们就可以进行 SD 卡驱动程序的编写了。但是像 USB 和 SDIO 这种复杂的外设，通信协议内容十分庞大，可以将本章配套例程的驱动文件根据自己的硬件移植到自己的工程中。

因为有配套的驱动文件，所以这里只对核心部分的代码进行讲解，有些驱动程序中的变量设置、头文件包含及函数定义就不深入讲解了，完整代码请参考本章配套的工程（APM32E10x_EVAL_SDK）。根据本章之前讲解的内容，操作流程如下。

（1）初始化相关 IO 口及 SDIO 外设。

初始化相关 IO 口及 SDIO 外设的内容在 bsp_sdio.c 文件的 SD_Init 函数中，设置内容包括打开对应 IO 口、DMA 及 SDIO 外设时钟、将数据线和命令线配置成复用推挽方式、SDIO 寄存器配置默认值、启用中断及上电 SD 卡。具体配置代码如下：

```
    GPIO_Config_T  GPIO_InitStructure;
    SD_ERROR_T errorStatus=SD_OK;
    /** Set SDIO clock div  */
    uint8_t clkDiv=0;
    /** Enable the GPIO and DMA2 Clock */
    RCM_EnableAPB2PeriphClock(RCM_APB2_PERIPH_GPIOC | RCM_APB2_PERIPH_GPIOD);
    RCM_EnableAHBPeriphClock(RCM_AHB_PERIPH_DMA2);
    /** Enable the SDIO Clock */
    RCM_EnableAHBPeriphClock(RCM_AHB_PERIPH_SDIO);
    /** Configure the GPIO pin */
    GPIO_InitStructure.pin =SDIO_D0_PIN | SDIO_D1_PIN | SDIO_D2_PIN | SDIO_
D3_PIN | SDIO_CK_PIN;//数据线
    GPIO_InitStructure.mode=GPIO_MODE_AF_PP;   //复用推挽方式
    GPIO_InitStructure.speed=GPIO_SPEED_50MHz;
    GPIO_Config(GPIOC, &GPIO_InitStructure);
    GPIO_InitStructure.pin=SDIO_CMD_PIN;   //命令线
    GPIO_Config(GPIOD, &GPIO_InitStructure);
    /** Reset SDIO register to default value */
    SDIO_Register_Reset();
    NVIC_EnableIRQRequest(SDIO_IRQn, 0, 0);
    /** power on SD card */
    errorStatus=SD_PowerON();
```

（2）配置 SDIO 进入卡识别模式，通过命令及回复获取卡类型。

（3）配置步骤依次为 SD 卡初始化、获取 SD 卡信息、选择并启用 SD 卡、设置 SDIO 总线宽度为 4bit、设置 SD 卡时钟及设置设备为 DMA 模式，具体配置代码如下：

```
    errorStatus=SD_PowerON();
     if(errorStatus==SD_OK)
```

```
    {
        errorStatus=SD_InitializeCards();//SD卡初始化
    }
    if(errorStatus==SD_OK)
    {
        errorStatus=SD_GetCardInfo(&SDCardInfo);//获取SD卡信息
    }
    if(errorStatus==SD_OK)
    {
        errorStatus=SD_CardSelect((uint32_t)(SDCardInfo.RCA<<16));//选择并
启用SD卡
    }
    if(errorStatus==SD_OK)
    {
        errorStatus=SD_EnableWideBusOperation(SDIO_BUSWIDE_4B);//设置 SDIO
总线宽为4bit
    }
    /*设置SD卡时钟 */
    if((errorStatus==SD_OK) || (SDIO_MULTIMEDIA_CARD==s_sdCardType))
    {
        /*卡类型为 V1.1 或 V2.0 */
        if(SDCardInfo.CardType==SDIO_STD_CAPACITY_SD_CARD_V1_1          ||
SDCardInfo.CardType==SDIO_STD_CAPACITY_SD_CARD_V2_0)
        {
            clkDiv=SDIO_TRANSFER_CLK_DIV+2;//设置SDIO时钟频率为 48/4=12MHz
        }
        /*卡类型为 SDHC 或其他 */
        else
        {
            clkDiv=SDIO_TRANSFER_CLK_DIV;//设置SDIO时钟频率为 48/2=24MHz
        }
        SDIO_ClockConfig(clkDiv);
        /** Set device to DMA mode */
        errorStatus=SD_SetDeviceMode(SD_DMA_MODE);//设置设备为DMA模式
    }
```

（4）如果SD卡可用，则进入数据传输模式。进入数据传输模式后，进行挂载文件系统、扫描文件系统中的文件、写入文件到SD卡及从SD卡中删除文件的操作。以上代码在main函数中，详细代码可在APM32E10x_EVAL_SDK\Examples\SDIO例程main函数中查看。

11.3.3　实例输出结果

该实例使用 APM32E103ZET6 的 SDIO 外设对外置的 SD 卡的数据进行读写，并尝试对目标文件进行新建、写入和删除操作。插入 SD 卡后，将程序编译下载到评估板后会在屏幕显示如图 11.9 所示的内容，表示文件的新建、写入和删除操作成功。

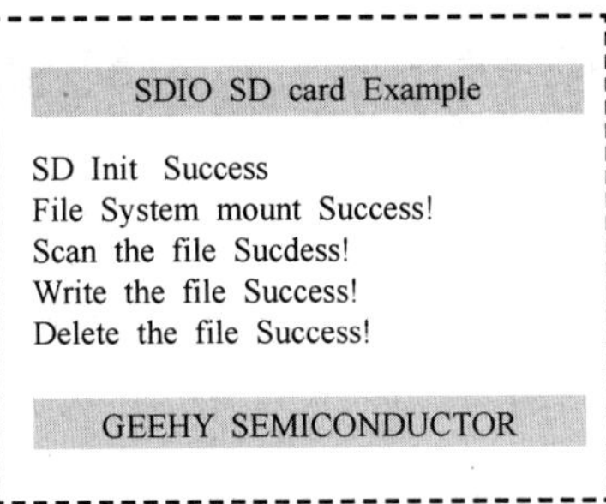

SDIO SD card Example
SD Init Success
File System mount Success!
Scan the file Sucdess!
Write the file Success!
Delete the file Success!
GEEHY SEMICONDUCTOR

图 11.9　SDIO SD Card Menu

本 章 小 结

本章介绍了异步 SDIO 总线协议；详细介绍了 APM32E103 微控制器 SDIO 模块的主要特征、功能描述；列举了 APM32E103 微控制器库函数中 SDIO 相关的主要结构体和有关 SDIO 函数的内容，并尝试以 APM32E103ZET6 的 SDIO 外设对外置的 SD 卡的数据目标文件进行新建、写入和删除操作。

习题 11

1. 简述 SDIO 总线物理层各线的作用？
2. SDIO 命令由哪些部分组成，各部分的作用是什么？
3. SD 卡的操作模式有哪些？
4. SDIO 适配器包含哪些模块，各模块的作用是什么？
5. 简述 APM32E103 微控制器的 SDIO 外设 3 个相关结构体的作用。

第 12 章

实时时钟和备份寄存器

实时时钟（Real-Time Clock，RTC）是一个主电源掉电后主动切换备份电源，维持稳定运行的定时器。APM32E103 微控制器的 RTC 模块拥有一组连续计数的计数器，通过相应的配置可实现时钟功能、日历功能和闹钟功能。RTC 掉电后继续运行的特性，是指在主电源 V_{DD} 断开的情况下，通过 V_{BAT} 引脚给 APM32E103 微控制器的 RTC 供电。当主电源 V_{DD} 有效时，由 V_{DD} 给 RTC 外设供电；当 V_{DD} 掉电后，由 V_{BAT} 给 RTC 外设供电。但无论由什么电源供电，RTC 中的数据都保存在 RTC 的备份域中，若主电源 V_{DD} 和 V_{BAT} 都掉电，那么备份域中保存的所有数据将丢失。备份域除了 RTC 模块的寄存器，还有 42 个 16 位的寄存器（备份寄存器，BAKPR）可以在 V_{DD} 掉电的情况下保存用户程序的数据，系统复位或电源复位时，这些数据也不会被复位。

12.1 实时时钟概述

本节主要从 RTC 的内容结构、功能特性和复位过程对 RTC 进行介绍。

12.1.1 内部结构

APM32E103 微控制器的 RTC 主要由两部分组成，其结构如图 12.1 所示。

第一部分是 APB1 接口。其用来和 APB1 总线相连，此部分还包含一组 16 位寄存器，可通过 APB1 总线对其进行读写操作。为了与 APB1 总线连接，RTC 的 APB1 接口由 APB1 总线时钟驱动。这部分主要用于 CPU 与 RTC 进行通信，以设置 RTC 寄存器。

第二部分是 RTC 核心。RTC 核心完全独立于 RTC_APB1 接口，软件通过 APB1 接口访问 RTC 的预分频值、计数器值和设定的闹钟值。RTC 核心由一组可编程计数器组成，分成两个主要模块。一是 RTC 的预分频模块，可编程产生最长为 1s 的 RTC 时间基准。RTC 的预分频模块包含一个 20 位的可编程分频器（RTC 预分频器）。如果在 RTC_CTRL 寄存器中设置了相应的允许位，则在每个 RTC 时间基准周期中，RTC 产生一个中断（秒中断）。二是一个 32 位的可编程计数器，可通过库函数 RTC_ConfigCounter（uint32_t value）

初始化时间。设置后的时间按 RTC 时间基准周期累加，并与库函数 RTC_ConfigAlarm（uint32_t value）设置的可编程时间 value 相比较，若配置了 RTC_INT_ALR 中断，则进行比较匹配时，将产生一个闹钟中断。

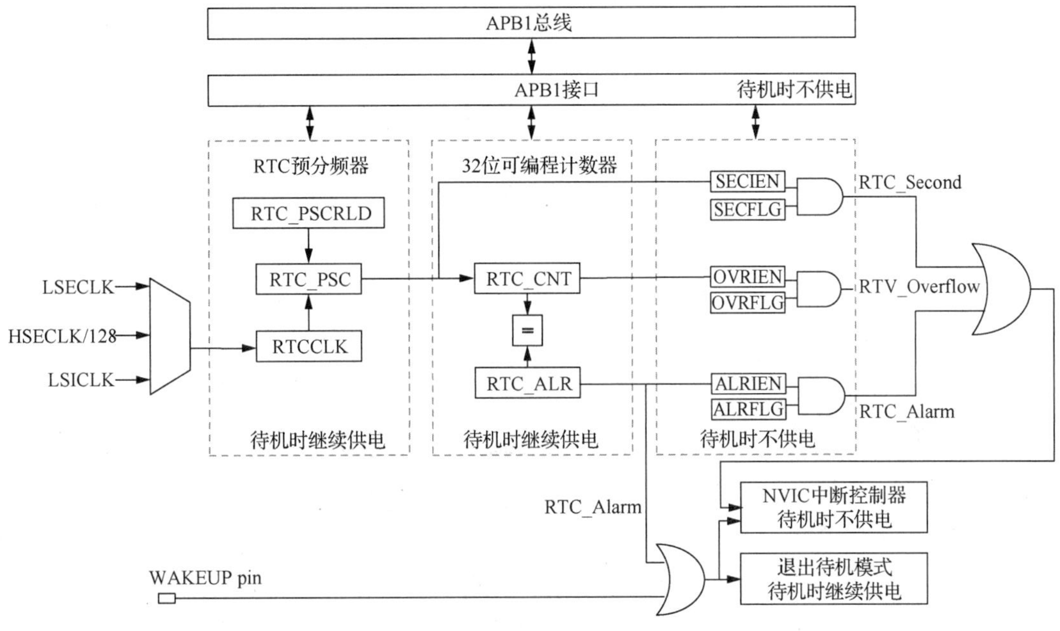

图 12.1　RTC 结构

12.1.2　功能特性

1. 时钟源

RTC 有 3 个时钟源：外部低速时钟（LSECLK）、外部高速时钟 128 分频（HSECLK/128）和内部低速时钟（LSICLK）。使用外部 HSECLK/128 分频或内部 LSICLK 的话，若主电源 V_{DD} 掉电，这两个时钟来源都会受到影响，无法保证 RTC 正常工作。因此，RTC 一般使用低速外部时钟（LSECLK），在设计中，频率通常为 32.768kHz，这是因为 $32768=2^{15}$，容易实现分频，所以它被广泛应用到 RTC 模块。在主电源 V_{DD} 有效的情况下（待机），RTC 还可以配置闹钟事件使 APM32E103 微控制器退出待机模式。

2. RTC 寄存器配置

为防止意外写入 RTC 寄存器导致计数异常，RTC 采用写保护机制，只有解除写保护才能对具有写保护功能的寄存器进行操作。

配置 RTC 时，先把电源控制寄存器（PMU_CTRL）的 BPWEN 位置 1，并将 RTC_CSTS 寄存器的 CFGMFLG 位置 1，使 RTC 进入配置模式，然后才能修改 RTC_PSCRLD、RTC_CNT、RTC_ALR 寄存器；清除 RTC_CSTS 寄存器的 CFGMFLG 位，退出配置模式。

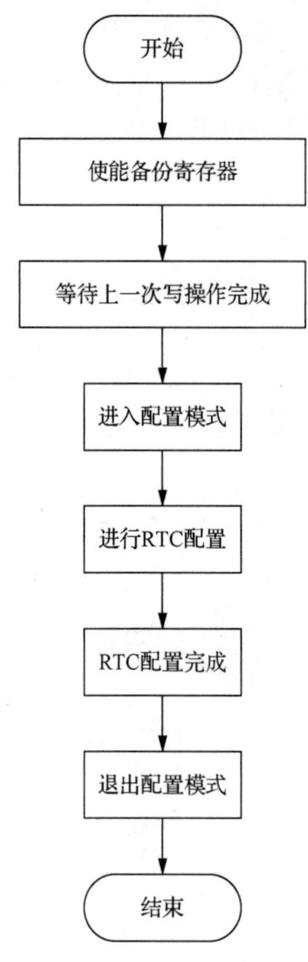

图 12.2　RTC 寄存器配置流程

对 RTC 任何寄存器的写操作，需要等待前一次写操作结束后（可通过查询 RTC_CSTS 的 OCFLG 判断）才能进行。

RTC 寄存器配置流程如图 12.2 所示。

3. 可编程的闹钟

作为一个实时时钟，RTC 内部集成了闹钟功能，主要依靠闹钟寄存器和计数器来实现。首先通过寄存器 RTC_ALR 设置闹钟时间，使能闹钟功能后，当计数器值等于闹钟值时，闹钟标志置起；如果开启闹钟中断，则触发中断处理。此外，通过设置外部 17 线中断，可以利用 RTC 闹钟唤醒低功耗。

基于 RTC 的特性，只要持续为 RTC 供电，就能够从 RTC 的寄存器中读取现在的年月日周时分秒。虽然定时器 TMR 也能实现类似闹钟的功能，但 RTC 的闹钟功能和定时器 TMR 的区别在于，RTC 闹钟可基于当前的年月日周时分秒进行设置，而定时器是基于系统时钟或外部信号来设置定时周期，在有时钟需求的场合使用定时器，不仅准确度低，还无法做到低功耗。

4. RTC 输出

RTC 输出通过 PC13 引脚，可以把内部的 RTC 秒脉冲、闹钟信号和校准时钟输出给外部，通过设置 BAKPR_CLKCAL 寄存器可以选择输出的脉冲。

5. 中断

RTC 可以产生秒中断、闹钟中断和溢出中断，当产生 20 位预分频器溢出、闹钟事件和 32 位计数器溢出时，会把相应的状态标志位挂起，配置 RTC_CTRL 寄存器可产生对应的中断。秒中断和溢出中断对应的中断向量为全局中断 RTC_IRQn，闹钟中断对应的中断向量为 RTCAlarm_IRQn。

12.1.3　复位过程

RTC 模块有两种独立的复位模式，APB1 接口可以由系统复位，RTC 核心只能由备份域复位。在图 12.1 中，RTC 的核心部分可完全独立于 APB1 接口。系统电源正常时由 V_{DD}（3.3V）供电。当 V_{DD} 电源被切断时，RTC 核心由备份电源维持供电。系统复位或从待机模式唤醒后，RTC 的设置和时间维持不变，即备份域独立工作。

因此，除了 RTC_PSCRLD、RTC_CNT、RTC_ALR 和 RTC_PSC 寄存器，所有的系统寄存器都由系统复位或电源复位进行异步复位。RTC_PSCRLD、RTC_CNT、RTC_ALR 和 RTC_PSC 寄存器仅能通过备份域复位信号复位。

12.2　备份寄存器（BAKPR）

备份寄存器（BAKPR）含有 42 个 16 位的寄存器，可以用于存储 84 个字节的数据。当 V_{DD} 关闭时，备份域将由 V_{BAT} 维持供电，以便保存用户程序的数据，系统复位或电源复位时，这些数据也不会被复位。

在唤醒待机模式下，当系统复位或者电源复位时，备份寄存器不会复位。BAKPR 控制寄存器管理侵入检测和 RTC 校验。

当 BAKPR 复位后，将禁止对 BAKPR 和 RTC 的访问，并保护 BAKPR 免受可能的意外写访问。如果要重新启用对 BAKPR 和 RTC 的访问，可按照以下步骤操作。

（1）在 RCM_APB1CLKEN 寄存器中设置 PMU 和 BAKP 位，启用电源和备用接口时钟。

（2）设置 PMU_CTRL 电源控制寄存器的 BPWEN 位，启用对 BAKPR 和 RTC 的访问。

1. 特性

备份寄存器的特性如下。

（1）备份寄存器是具有 84 个字节的数据寄存器。

（2）状态/控制寄存器用于管理具有中断功能的侵入检测。

（3）时钟校准寄存器，可以存储 RTC 校准值。

（4）可以在侵入引脚 PC13（TAMPER）上输出 RTC 的校准时钟、RTC 的闹钟脉冲或秒脉冲（当该引脚不用于侵入检测时）。

2. 侵入检测

根据 TAMPER 引脚上信号是否发生变化，可以判断是否产生侵入事件。侵入检测事件会重置所有数据备份寄存器。为了避免丢失侵入事件，将用于边沿检测的信号和侵入检测使能位的逻辑与作为侵入检测信号，这样就可以检测到在侵入检测使能之前的侵入事件。当设置 TPALCFG 位时，如果侵入引脚在启用之前已经为有效电平，启用侵入引脚后，产生一个另外的侵入事件。如果还设置了 BAKPR_CSTS 寄存器的 TPIEN 位，在发生侵入检测事件时会产生中断。

在检测到侵入事件并清除后，需禁用侵入引脚。如果要重新启用侵入检测功能，防止软件写入备份数据 BAKPR_DATA*x* 寄存器，侵入引脚上仍有侵入检测事件，需要在写入备份数据 BAKPR_DATA*x* 寄存器之前设置 BAKPR_CTRL 寄存器的 TPFCFG 位（相当于侵入引脚检测）。

3. RTC 校准

通过设置 RTC，配置 BAKPR_CLKCAL 寄存器的 CALCOEN 位来启用 RTC 校准。

12.3 RTC 编程

了解了实时时钟（RTC）的基本概念和功能之后，现在转向实际应用的核心——RTC 编程。在本节中，将探讨如何通过编程来配置和控制 RTC，以满足相关的应用需求。

12.3.1 RTC 初始化

1. 使能电源时钟

访问 RTC 时，需要打开电源时钟，而操作 RTC 的同时一般还需要操作备份寄存器，所以我们必须使能电源时钟和备份域时钟，代码如下：

```
    /*使能 PMU 电源时钟和 BAKPR 备份区域外设时钟*/
    RCM_EnableAPB1PeriphClock((RCM_APB1_PERIPH_T)RCM_APB1_PERIPH_PMU);
//使能 PMU
    RCM_EnableAPB1PeriphClock((RCM_APB1_PERIPH_T)RCM_APB1_PERIPH_BAKR);
//使能 BAKPR
```

2. 使能备份区域

要对备份区域进行操作，需要先取消备份区域的写保护，否则将无法写入备份寄存器。使能写备份区域（备份区域指 RTC、备份寄存器，复位后禁止写访问）的代码如下：

```
    PMU_EnableBackupAccess();                              //使能写备份区域
```

3. 复位备份区域

备份区域的复位将导致之前存在的数据丢失，所以需根据情况确定要不要复位。备份区域复位的函数如下：

```
    BAKPR_Reset();                                               //复位备份区域
```

4. 设置低速外部时钟

设置低速外部时钟（Low Speed External Clock，LSECLK/LSE）的代码如下：

```
    RCM_ConfigLSE(RCM_LSE_OPEN);                              //使能低速外部时钟
```

在开启低速外部时钟时，还要确定它是否成功起振，然后才能够继续操作，检测低速外部时钟是否开启的代码如下：

```
    /*检查指定的 RCM 标志位设置与否，等待低速时钟 LSE 就绪*/
```

```
while(RCM_ReadStatusFlag(RCM_FLAG_LSERDY)==RESET);
```

等待 LSE 成功开启后，选择 LSE 作为 RTC，代码如下：

```
RCM_ConfigRTCCLK(RCM_RTCCLK_LSE);    //配置 RTC，选择 LSE 作为 RTC
```

5. 使能 RTC

使能 RTC 的代码如下：

```
RCM_EnableRTCCLK();                                   //使能 RTC
```

在对 RTC 连续操作的时候，需要等待上一步执行完成，才能够继续进行操作。检测 RTC 执行完成的代码如下：

```
RTC_WaitForLastTask();                //等待最近一次对 RTC 寄存器的写操作完成
```

6. 等待 RTC 寄存器同步

RTC_CSTS 的 RSYNCFLG 位为寄存器同步标志位，在修改控制寄存器 RTC_CRTH/CRTL 之前，必须先判断该位是否已经标志同步，如果没有则等待同步，在没同步的情况下修改 RTC_CRTH/CRTL 的值是不行的。等待 RTC 寄存器同步代码如下：

```
RTC_WaitForSynchro();                             //等待 RTC 寄存器同步
```

7. 设置 RTC 的预分频

低速外部时钟（LSECLK）的频率为 32.768kHz，单位为 1s，需进行 32768 分频，代码如下：

```
RTC_ConfigPrescaler(32767);           //设置 RTC 预分频的值然后等待操作完成
RTC_WaitForLastTask();                //等待最近一次对 RTC 寄存器的写操作完成
```

12.3.2　RTC 时间写入初始化

1. 初次初始化

第一次使用 RTC 模块，需要对 RTC 进行完全初始化。完全初始化是在 RTC 初始化（12.3.1 节）的基础上，向 RTC_CNT 寄存器中写入当前时间对应的数值，并向寄存器 BAKPR_DATA1 中写入 0x5AA5，标志 RTC 寄存器已经进行初始化。

```
RTC_ConfigCounter(time_t_Set_Time);                     //写入当前时间
BAKPR_ConfigBackupRegister(BAKPR_DATA1,0x5AA5);         //写入初始化标志
```

2. 断电/上电初始化

断电恢复或上电复位时，RTC 后备区域不需要复位，这种情况下，只需等待 RTC 寄存器同步和使能 RTC 秒中断。

```
    RTC_WaitForSynchro();                     //等待 RTC 寄存器同步
    RTC_EnableInterrupt(RTC_INT_SEC);         //使能秒中断
    RTC_WaitForLastTask();                    //等待最近一次对 RTC 寄存器的写操作完成
```

12.3.3 APM32E103 微控制器的 RTC 库函数

APM32E103 微控制器在文件 apm32e10x_rtc.h 和 apm32e10x_rtc.c 中定义了 RTC 相关库函数，具体内容见表 12.1。

表 12.1 RTC 相关库函数

函数名	功能描述
RTC_EnableConfigMode	进入 RTC 配置模式
RTC_DisableConfigMode	退出 RTC 配置模式
RTC_ReadCounter	读取 RTC 计数器的值
RTC_ConfigCounter	配置 RTC 计数器的值
RTC_ConfigPrescaler	配置 RTC 预分频的值
RTC_ConfigAlarm	配置 RTC 闹钟的值
RTC_ReadDivider	获取 RTC 预分频因子的值
RTC_WaitForLastTask	等待最近一次对 RTC 寄存器的写操作完成
RTC_WaitForSynchro	等待 RTC 寄存器（RTC_PSCRLD、RTC_CNT、RTC_ALR）与 RTC 的 APB 时钟同步
RTC_EnableInterrupt	使能 RTC 中断
RTC_DisableInterrupt	失能 RTC 中断
RTC_ReadStatusFlag	检查指定的 RTC 标志位设置与否
RTC_ClearStatusFlag	清除 RTC 的待处理标志位
RTC_ReadIntFlag	检查指定的 RTC 中断发生与否
RTC_ClearIntFlag	清除 RTC 的中断待处理位

12.3.4 利用 APM32E103 微控制器的 RTC 模块实现数字日历和闹钟功能实例

RTC 模块实现数字日历和闹钟功能实例

1. 分析

本实例利用 APM32E103 微控制器的 RTC 模块实现数字日历功能和闹钟功能，而且要求电源复位或系统复位时计时不间断，准确地进行计时、日期和时间显示、闹钟提醒。

2. 操作

主要需要进行以下操作。

（1）开启时钟。需使能 PMU 的时钟和备份寄存器（BAKPR）的时钟。

（2）RTC 模块初始化。如果是初次使用 RTC 模块，则需要对 RTC 进行初始化（详见

12.3.1 节），并向备份寄存器写入当前的时间数值；若是电源复位或系统复位，则只需要等待 RTC 同步和开启秒中断即可。

（3）配置串口。利用 USART 串口通信功能，将日期、时间和闹钟提醒打印到串口助手。

（4）设置 RTC 中断分组，编写中断服务函数。在秒中断产生时，读取更新当前的时间值；当闹钟中断到来时，读取更新当前的时间值，并通过串口打印，同时清除中断标志。

（5）日期和时间的转换。由于 APM32E103 微控制器的 RTC 模块只存放秒计数数值，因此还需要对该数值进行读取并转换为日期和时间，该转换结合 C 语言标准库中的头文件 time.h 实现。

由于篇幅限制，项目中的代码，这里不全部给出，只针对几个重要的函数，进行简要说明。

首先是 RTC_Init，其代码如下：

```
void RTC_Init(void)
{
    //使能 PMU 和 BAKPR 外设时钟
    RCM_EnableAPB1PeriphClock(RCM_APB1_PERIPH_PMU|
    RCM_APB1_PERIPH_BAKR);
    //使能备份寄存器访问
    PMU_EnableBackupAccess();
    //从指定的备份寄存器 BAKPR_DATA1 中读取数据，若不为 0x5AA5，则进行完全初始化
    if(BAKPR_ReadBackupRegister(BAKPR_DATA1)!=0x5AA5)
    {
        //复位备份域
        BAKPR_Reset();
        //打开低速外部时钟 LSE
        RCM_ConfigLSE(RCM_LSE_OPEN);
        //等待低速时钟起振
        while (RCM_ReadStatusFlag(RCM_FLAG_LSERDY)==RESET);
        //设置 RTC 为 LSE
        RCM_ConfigRTCCLK(RCM_RTCCLK_LSE);
        //使能 RTC
        RCM_EnableRTCCLK();
        //等待 RTC 寄存器同步
        RTC_WaitForSynchro();
        //等待最近一次对 RTC 寄存器的写操作完成
        RTC_WaitForLastTask();
        //使能 RTC 秒中断和 RTC 闹钟中断
        RTC_EnableInterrupt(RTC_INT_SEC|RTC_INT_ALR);
        //等待最近一次对 RTC 寄存器的写操作完成
        RTC_WaitForLastTask();
```

```
            //设置 RTC 预分频的值
            RTC_ConfigPrescaler(32767);
            //等待最近一次对 RTC 寄存器的写操作完成
            RTC_WaitForLastTask();
            //设置时间
            Time_Set(2023,1,1,00,00,00);
            //向指定的后备寄存器中写入数据 0x5AA5
            BAKPR_ConfigBackupRegister(BAKPR_DATA1,0x5AA5);
        }
        else//若系统继续计时
        {
            //等待 RTC 寄存器同步
            RTC_WaitForSynchro();
            //使能 RTC 秒中断和 RTC 闹钟中断
            RTC_EnableInterrupt(RTC_INT_SEC|RTC_INT_ALR);
            //等待最近一次对 RTC 寄存器的写操作完成
            RTC_WaitForLastTask();
        }
        //设置 RTC 中断分组
        NVIC_EnableIRQRequest(RTC_IRQn, 2, 1);
        //读取更新时间
        Time_Get();
    }
```

该函数用来初始化 RTC，但是只在第一次使用 RTC 模块的时候设置时间，以后如果重新上电或复位都不会再进行时间设置了（前提是备份电池有电），在第一次配置的时候，是按照 12.3.1 节介绍的 RTC 初始化步骤来做的，这里不再赘述，设置时间是通过时间设置函数 Time_Set 实现的，该函数将在下面进行介绍。这里默认将时间设置为 2023 年 1 月 1 日，00 点 00 分 00 秒。在设置好时间之后，我们通过 BAKPR_ConfigBackupRegister 函数向 BAKPR->DATA1 写入标志字 0x5AA5，用于标记时间已经被设置了。这样，再次发生复位的时候，该函数通过 BAKPR_ReadBackupRegister 函数读取 BAKPR->DATA1 的值，决定是不是需要重新设置时间，如果不需要设置，则跳过时间设置，仅仅使能秒中断，就进行中断分组，从而完成了设置。这样不会重复设置时间，使得我们设置的时间不会因复位或者断电而丢失。

下面来介绍时间设置函数 Time_Set，该函数代码如下：

```
    void Time_Set(uint16_t syear,uint8_t smon,uint8_t sday,uint8_t hour,
uint8_t min,uint8_t sec)
    {
    //定义 time_t 类型的设置时间结构体
        time_t time_t_Set_Time;
     //定义 tm 结构的设置时间结构体
```

```
    struct tm tm_Set_Time;
        tm_Set_Time.tm_year=(uint32_t)(syear-1900);   //从 1900 年开始算起
        tm_Set_Time.tm_mon =(uint32_t)(smon-1);       //月
        tm_Set_Time.tm_mday=(uint32_t)sday;           //日
        tm_Set_Time.tm_hour=(uint32_t)hour;           //时
        tm_Set_Time.tm_min =(uint32_t)min;            //分
        tm_Set_Time.tm_sec =(uint32_t)sec;            //秒
        time_t_Set_Time=mktime(&tm_Set_Time);         //得到计数初值
        if(time_t_Set_Time!=0xFFFFFFFF)
        {
        //设置 RTC 计数器的值
      RTC_ConfigCounter(time_t_Set_Time);
     //等待最近一次对 RTC 寄存器的写操作完成
        RTC_WaitForLastTask();
     }
}
```

该函数用于设置时间，把输入的时间转换为以 1900 年 1 月 1 日 0 时 0 分 0 秒当作起始时间的秒信号，后续的计算都以这个时间为基准的，由于 APM32E103 微控制器的秒计数器可以保存 136 年的秒数据，这样我们可以计时到 2036 年。

然后，介绍 Time_Get 函数，该函数用于获取时间和日期等数据。其代码如下：

```
void Time_Get(void)
{
    struct tm *local;
    time_t RTCTime;
//获取当前 RTC 高字节
    RTCTime=RTC_ReadCounter();
//把从 2023-1-1 零点零分到当前时间系统所偏移的秒数
    local=localtime(&RTCTime);
//时间转换为本地日历时间
    calendar.year=(uint16_t)(local->tm_year+1900);   //从 1900 年起
    calendar.month=(uint16_t)(local->tm_mon+1);      //月
    calendar.date=(uint16_t)local->tm_mday;          //日
    calendar.hour=(uint16_t)local->tm_hour;          //时
    calendar.min=(uint16_t)local->tm_min;            //分
    calendar.sec=(uint16_t)local->tm_sec;            //秒
}
```

Time_Get 函数其实就是将存储在秒寄存器 RTC->CNTH 和 RTC->CNTL 中的秒数据通过函数 RTC_ConfigCounter 设置转换为真正的时间和日期。该段代码还用到了一个 calendar 的结构体，calendar 是定义的一个时间结构体，用来存放时钟的年月日、时分秒等信息。

因为 APM32E103 微控制器的 RTC 只有秒计数器，所以年月日、时分秒这些需要利用软件进行计算。把计算好的值保存在 calendar 中，方便其他程序调用。结构体代码如下：

```
typedef struct
{
    uint8_t  hour;
    uint8_t  min;
    uint8_t  sec;
    uint16_t year;
    uint8_t  month;
    uint8_t  date;
}Calendar_T;
```

最后，介绍秒中断服务函数 RTC_Isr，该函数代码如下：

```
void RTC_Isr(void)
{
    //更新时间
    Time_Get();
    //判断是否发生闹钟中断
    if(RTC_ReadIntFlag(RTC_INT_ALR) != RESET)
    {
        //打印当前时间
        printf("Time:%d年%d月%d日%d时%d分%d秒\r\n", calendar.year,
        calendar.month,calendar.date,calendar.hour,calendar.min,
        calendar.sec);
        printf("闹钟中断!\r\n\r\n");
        //清除闹钟中断标志
        RTC_ClearIntFlag(RTC_INT_ALR);
    }
    //清除秒中断标志
    RTC_ClearIntFlag(RTC_INT_SEC);
    //等待最近一次对 RTC 寄存器的写操作完成
    RTC_WaitForLastTask();
}
```

发生秒中断时，将进入该中断服务函数，如果只发生秒中断，则执行一次时间的计算，获得最新时间，结果保存在 calendar 结构体中，因此，可以在 calendar 中读到最新的时间、日期等信息；如果还发生了闹钟中断，则更新时间后，将当前的闹铃时间通过 printf 打印出来，可以通过串口调试助手看到当前的闹铃情况。

3. 结果

本实例的目标为，以“年月日、时分秒”的形式设置当前时间，转换为响应值后载

入 RTC 模块，通过串口打印日期和时间、闹钟提醒，且在电源复位或系统复位时，计时不间断。

（1）下载目标程序。

将目标程序编译完成后下载到开发板微控制器的 Flash 存储器中，复位运行，查看运行结果。

（2）运行结果。

复位后，串口打印的消息提示，如图 12.3 所示，按 KEY1 键设置一个 5s 后提醒的闹钟。

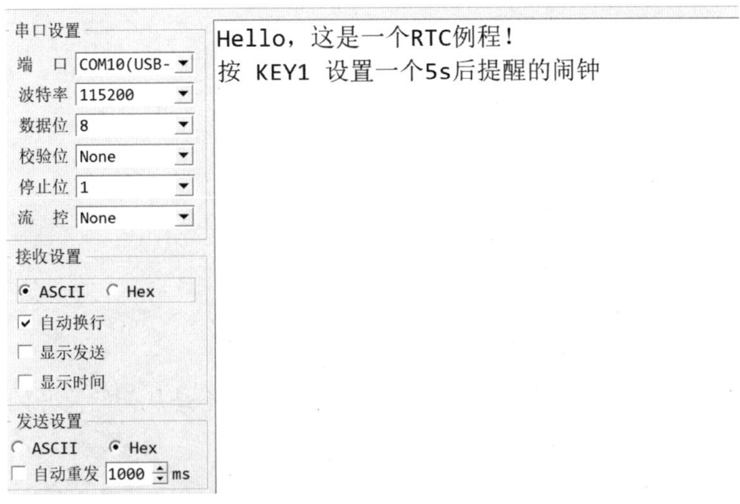

图 12.3　串口打印的消息提示界面

按下 KEY1 键，串口打印的消息显示当前时间，如图 12.4 所示，并提示 5s 后触发闹钟。

图 12.4　显示当前时间的界面

5s 后，触发了闹钟中断，如图 12.5 所示。

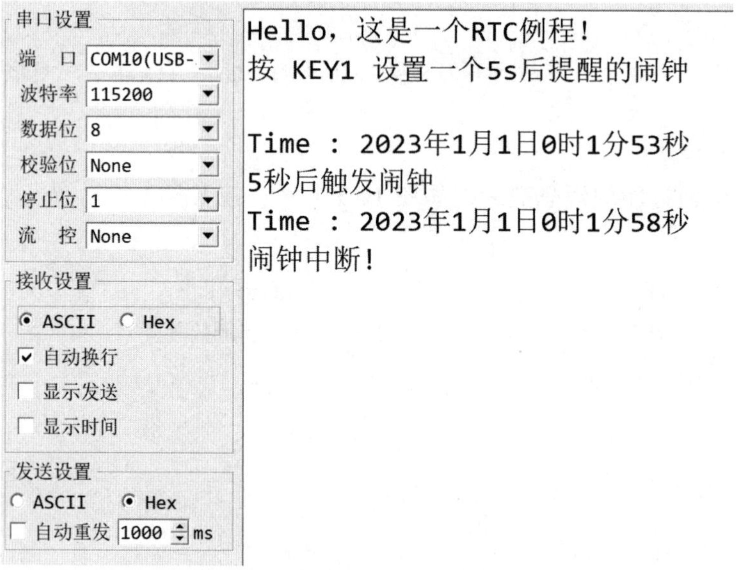

图 12.5 触发闹钟中断的界面

复位或掉电后再次运行，从图 12.6 中可以看出，时间不是从初始值开始的，计时没有停止，是连续的。

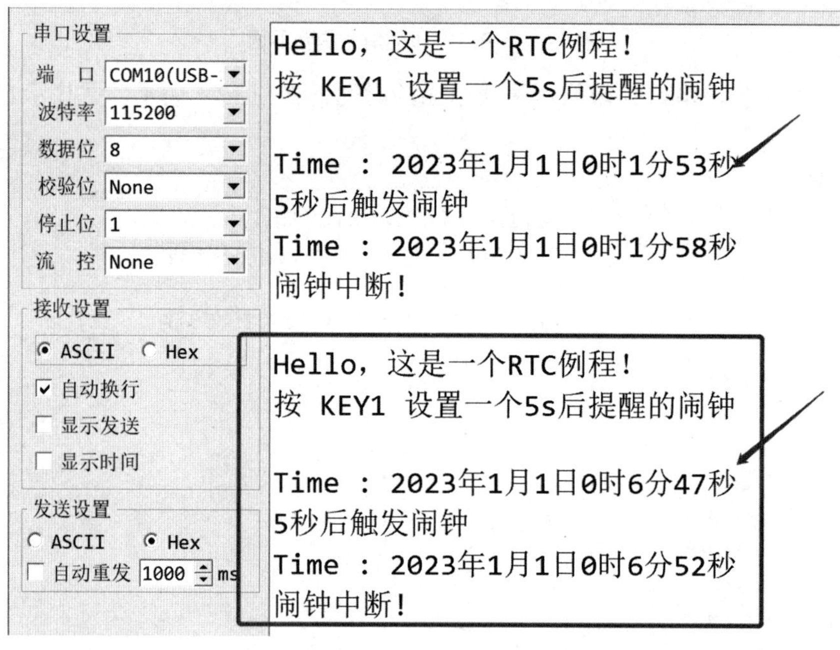

图 12.6 计时没有停止，是连续的界面

本 章 小 结

本章对 APM32E103 微控制器的 RTC 模块和备份寄存器的功能与库函数进行详细介绍，学习如何使用 RTC 实现高精度时钟功能和简单的闹钟功能，并使用备份寄存器实现电源复位或系统复位后数据不丢失。

习题 12

1．什么是 RTC？简要说明 RTC 的概念和主要特征。

2．什么是备份区域？

3．简述 RTC 的初始化步骤。

4．在 RTC 时间初始化过程中，如何判断首次初始化 RTC 模块？

5．参照书中项目实例的实现方法，建立自己的工程并实现。

第 13 章

CAN 接口

控制器局域网（Controller Area Network，CAN）是由国际标准化组织（International Organization for Standardization，ISO）定义的串行通信协议，具有高性能和良好的错误检测能力，能够支持具有很高安全等级的分布式实时控制，是国际上应用最广泛的现场总线之一。1986 年，德国电气商博世（Bosch）公司提出 CAN 协议并应用于汽车的电子控制系统，随后由 ISO 颁布 CAN 国际标准 ISO 11898:1993 及 ISO 11519-2，现在被广泛应用于汽车电子、医疗设备、工业自动化等领域。

13.1 CAN 协议简介

CAN 协议模型涵盖了 ISO 规定的开放系统互连（Open System Interconnection，OSI）基本参考模型中的数据链路层和物理层，如图 13.1 所示。

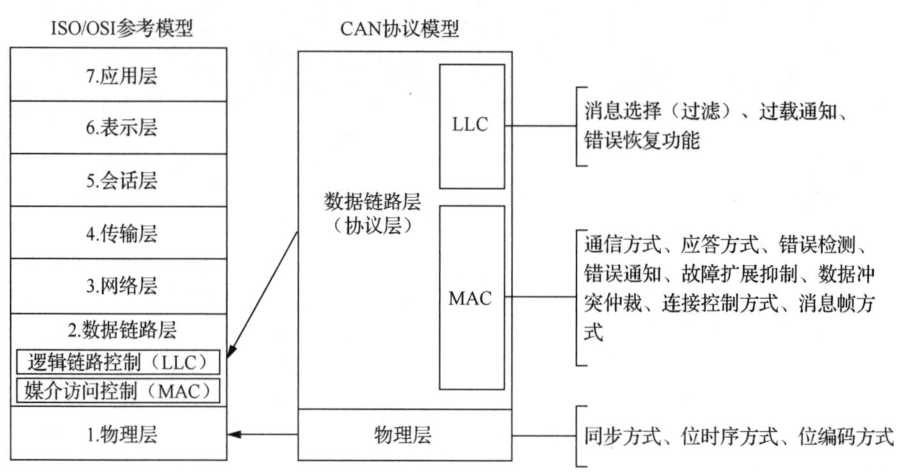

图 13.1　ISO/OSI 模型和 CAN 协议模型

在 CAN 协议模型中，物理层定义了信号实际同步方式、位时序方式以及位编码方式等内容。数据链路层，又称协议层，负责将物理层向上传递的信号组织成有意义的消息，并提供数据传输控制的流程，此处指的是通信方式、应答方式、错误检测、错误通知、过载通知、消息选择（过滤）等内容，该层可分为媒介访问控制（Medium Access Control，MAC）子层和逻辑链路控制（Logical Link Control，LLC）子层，MAC 子层是 CAN 协议的核心内容。一般来说，数据链路层的功能由 CAN 控制器硬件提供并执行。

13.1.1　CAN 物理层

CAN 国际标准的 ISO 11898:1993 定义了 CAN 高速通信标准，支持 125kbit/s～1Mbit/s 的通信速度；ISO 11519-2 定义了 CAN 低速通信标准，支持 125kbit/s 以下的通信速度。两个标准对数据链路层中的定义相同，但是对物理层的定义有差别，主要不同点如表 13.1 所示。此外，需要注意，两个标准中对总线中的两条信号线表示的电压幅值高低以及电压差值也不同，这将在差分信号小节中介绍。

表 13.1　CAN 协议中物理层不同标准的主要不同点

物理层指标		ISO 11898:1993（高速）标准	ISO 11519-2（低速）标准
系统通信速度		125kbit/s～1Mbit/s	最高 125kbit/s
总线最大长度		40m/1Mbit/s	1km/40kbit/s
连接单元数		最大 30 个	最大 20 个
总线拓扑结构		闭环总线网络	开环总线网络
总线网络指标	导线类别	双绞线（屏蔽/非屏蔽）	双绞线（屏蔽/非屏蔽）
	阻抗（Z）	120Ω（85～130Ω）	120Ω（85～130Ω）
	电阻率（r）	70mΩ/m	90mΩ/m
	延时时间	5ns/m	5ns/m
	终端电阻	120Ω（85～130Ω）	2.2kΩ（2.09～2.31kΩ）

在物理层中，CAN 由双绞线中的 CAN_High 和 CAN_Low 两条信号线构成 CAN 总线，并根据两条信号线 CAN_High 和 CAN_Low 的电位差来标识 CAN 总线的差分信号，从而实现数据传递。此外，与 I2C、SPI 等具有时钟信号的同步通信方式不同，CAN 总线中由于没有用于表示时钟的信号线，因此，CAN 采用的是一种异步的通信方式。

在 CAN 总线的通信网络中，CAN 控制单元的报文路由方式是基于报文中标识符内容来实现消息过滤（收发），而不是采用硬件地址编码的方式进行转发，因此 CAN 通信网络系统保持极大的系统灵活性，所以不同的 CAN 控制单元可以自由地并联接入 CAN 总线，且不需要改变原有网络控制单元相关的硬件和软件。

尽管理论上可接入 CAN 总线的控制单元的数量没有限制，但实际上可连接的控制单元数受到 CAN 总线上的时间延迟及电气负载的限制，导致不同网络拓扑结构的 CAN 总线推荐接入的控制单元数量不同。在相同的网络拓扑结构中，降低总线系统通信速度，可连接的总线控制单元数量增加；相反，提高总线系统通信速度，可连接的总线控制单元数量减少。此外，在实际总线中，可以考虑采用中继器来提高 CAN 总线的网络负载，从而提高可接入的总线单元数量。

1. CAN 总线

根据拓扑结构划分，CAN 总线网络拓扑结构可以分为 CAN 闭环总线和 CAN 开环总线两种，如图 13.2 所示。

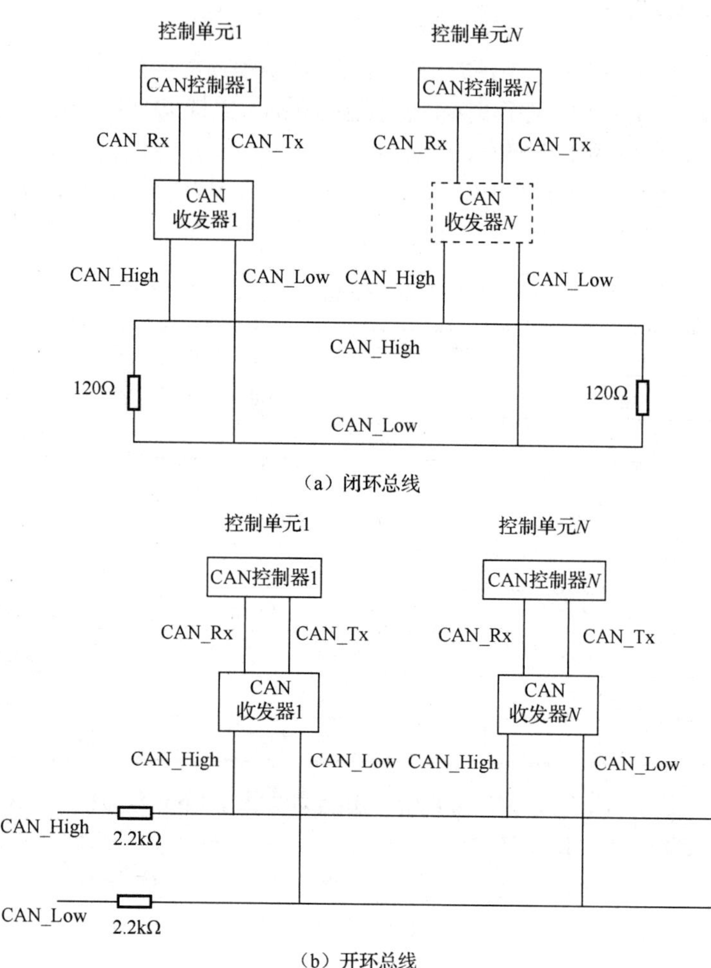

图 13.2　CAN 总线网络拓扑结构

CAN 闭环总线遵循的是 ISO 11898:1993 高速 CAN 标准，要求 CAN 总线的两个终端，分别通过一个 120Ω 的电阻将 CAN_High 和 CAN_Low 两条信号线的终端串联在一起，从而形成一个闭环网络结构。CAN 闭环总线适合于高速、短距离的通信应用场景，系统通信速度最高支持 1Mbit/s，总线最大长度为 40m，推荐可接入的控制单元数量上限为 30 个。

CAN 开环总线遵循的是 ISO 11519-2 低速 CAN 标准，要求总线的 CAN_High 和 CAN_Low 两条信号线分别保持独立，同时每条信号线单独串联一个 2.2kΩ 电阻，从而形成一个开环网络结构。CAN 开环总线适合于低速、远距离的通信应用场景，系统通信速度

最高支持 125kbit/s，总线最大长度为 1km，推荐可接入的控制单元数量上限为 20 个。

2. CAN 控制单元

接入 CAN 总线上的通信设备称为控制单元或者控制节点。从 CAN 通信网络结构图中可以看出，CAN 控制单元由 CAN 控制器和 CAN 收发器组成。从上到下，控制器与收发器之间用 CAN_Tx 和 CAN_Rx 两条信号线连接，收发器与 CAN 总线之间用 CAN_High 和 CAN_Low 两条信号线连接。其中，CAN_Tx 和 CAN_Rx 信号线采用 TTL 逻辑信号进行通信，而 CAN_High 和 CAN_Low 信号线采用的是 CAN_High−CAN_Low 差分信号进行通信。在不同 CAN 标准中，CAN_High 和 CAN_Low 电气信号特性有差异，在 CAN 差分信号小节中将详细说明。

根据电平的高低，CAN 总线上的差分信号可以分为低电平的显性信号（Dominant Signal）和高电平的隐性信号（Recessive Signal）两种，显性信号表示信号逻辑 0，隐性信号表示信号逻辑 1，信号的显性与隐性特性是 CAN 总线信号的一个补充逻辑值。在 CAN 总线上，同一时刻 CAN 总线总是处于显性信号和隐性信号中的一个状态，且显性信号的发送优先级高于隐性信号，这是由于 CAN 总线具有“线与”特性，当显性信号和隐性信号同时作用在总线上时，CAN 总线处于显性电平信号状态。

CAN 总线的这种传递信号的显性/隐性特性也是 CAN 多主机中报文优先级仲裁功能的实现基础。当 CAN 总线空闲时，任何 CAN 控制单元都可以主动控制总线；当多个控制单元同时请求控制 CAN 总线时，发送具有高优先级报文的 CAN 控制单元可获得 CAN 总线的控制权。

当 CAN 控制单元向 CAN 总线发送信号时，需要将待发送的二进制编码数据由 CAN 控制器转换为差分信号，然后通过 CAN_Tx 信号线发送到 CAN 收发器。CAN 收发器再将差分信号转换为合适的电压级别并通过 CAN_High 和 CAN_Low 两条信号线发送到 CAN 总线中。而 CAN 控制单元从 CAN 总线接收信号的过程则相反，CAN 收发器从 CAN 总线上采集差分信号，然后转换为 TTL 电平信号，并通过 CAN_Rx 信号线传递到 CAN 控制器，进而解析出接收到的二进制编码数据。

在 CAN 总线通信网络中，CAN 控制单元之间的通信都是基于单通道的总线差分信号进行的，对于 CAN 控制单元来说，同一时刻只能进行 CAN 消息报文的接收或者发送，所以 CAN 是一种半双工的通信方式。由于所有的 CAN 控制单元都共用总线，因此整个 CAN 总线通信网络在同一时刻只允许一个 CAN 控制单元发送消息报文，其余的 CAN 控制单元则在该时刻只能接收消息报文。

在 APM32E103 微控制器芯片中，CAN 控制器作为片上外设资源被集成到芯片内部，在实际使用中，还需要在芯片外部接入 CAN 收发器，才能接入 CAN 总线来实现 CAN 控制。由于 ISO 11898:1993 标准和 ISO 11519-2 标准中对 CAN 物理层的规格不同，这些 CAN 收发器就形成了遵循不同 CAN 标准的专用驱动 IC 芯片，如表 13.2 所示。

表 13.2　不同 CAN 标准对应的专用驱动 IC 芯片

CAN 标准	ISO 11898:1993	ISO 11519-2
驱动 IC	PCA82C250(Philips) CF15(Bosch) HA13721RPJE(RENESAS)	PCA82C252(Philips) TJA 1053(Philips) SN65LBC032(Texas Instruments)

3. CAN 差分信号

差分信号采用两条信号线传输，这两条信号线上的信号幅值相等、相位相反，通过对两条信号线的电压差来传递差分信号。在实际使用中，通常采用双绞线作为差分信号的传递信号线进行组网布线，相对于采用共地的单条信号线传输方式，基于双绞线的差分信号传递方式具有以下优点。

（1）抗干扰能力强，能有效抑制共模噪声干扰。由于接收端只关心两条信号线上的电压差，因此，当外界存在噪声干扰时，外界干扰会同时作用于两条信号线上，外界的共模噪声对信号传输的影响可以被完全抵消。

（2）能有效抑制信号线对外界的电磁干扰。由于双绞线的两条信号线传递的信号幅值相等、相位相反，双绞线对外辐射的电磁场可以相互抵消，在信号传输过程中，可抑制泄露到外界的电磁能量。

（3）传递信号的时序定位准确。由于差分信号的极性变化位于两条信号线的信号波动线交点，而采用单条信号线传输信号的极性变化是基于两个高-低阈值电压进行判定的，因此，差分信号解析过程中受环境温度等因素干扰小，从而降低在时序上的误差，同时也适合低电压幅值的信号传递。

在物理层中，CAN 总线采用双绞线来实现差分信号的传输，两条信号线分别标识为 CAN_High 和 CAN_Low，并用两条信号线的电压差 CAN_High−CAN_Low 作为 CAN 总线的差分信号。在高速 CAN 标准和低速 CAN 标准中，两条信号线的信号电压及电压差的规定不同，如表 13.3 所示。以高速 CAN 标准为例，当 CAN 总线传递隐性电平信号（数字逻辑 1）时，CAN_High 和 CAN_Low 两条信号线的典型电压都为 2.5V，此时 CAN 总线上的差分电压为 0V；当 CAN 总线传递显性电平信号（数字逻辑 0）时，CAN_High 信号线上的典型电平电压为 3.5V，CAN_Low 信号线上的典型电平电压为 1.5V，此时 CAN 总线上的差分电压为 2.0V。CAN 总线的差分信号总是处于显性电平状态（数字逻辑 0）或者隐性电平状态（数字逻辑 1）中的一个状态。

表 13.3　不同 CAN 标准中的信号电平逻辑

信号	ISO 11898:1993(高速)标准						ISO 11519-2（低速）标准					
	隐性电平信号（数字逻辑 1）			显性电平信号（数字逻辑 0）			隐性电平信号（数字逻辑 1）			显性电平信号（数字逻辑 0）		
	最小值	典型值	最大值	最小值	典型值	最大值	最小值	典型值	最大值	最小值	典型值	最大值
CAN_High/V	2.0	2.5	3.0	2.75	3.5	4.5	1.6	1.75	1.9	3.85	4.0	5.0
CAN_Low/V	2.0	2.5	3.0	0.5	1.5	2.25	3.10	3.25	3.4	0	1.0	1.15
差分电压/V	−0.5	0	0.05	0.05	2.0	3.0	−0.3	−01.5	—	0.3	3.0	—

4. CAN 波特率及位同步

CAN 属于异步通信方式，不以时钟信号来进行同步，且总线缺少时钟信号线，所以为了确保整个 CAN 总线能够正常通信，各个 CAN 控制单元需要采用一致的波特率，并以位同步的方式对 CAN 总线的差分信号进行正确的采样与设置。简而言之，波特率确保了各个 CAN 控制器的总线采样间隔的一致性，位同步确保了各个 CAN 控制器的总线采样时刻的一致性。

在电子通信领域，波特率（Baud Rate）被用来表示单位时间内传输符号的个数，是对符号传输速率的一种度量，当传输的符号表示为一个二进制数据位时，波特率被用来特指单位时间内传输的比特（bit）数，又称“比特率”，单位为 bit/s。

CAN 总线的通信波特率就是指网络中各个 CAN 控制器单元对 CAN 总线的差分信号的采样频率，也就是 CAN 总线上传输一个二进制数据位所需要的时间长度 Tu（Time Unite），该值的大小是 CAN 波特率的倒数。例如，假定 CAN 总线的波特率为 1Mbit/s，可以计算出 CAN 总线传递一个二进制数据位的所需的时间长度为 1μs。

CAN 协议的通信方法为非归零（Non-Return to Zero，NRZ）方式，总线上传输一帧消息中的各个数据位的开头或结尾都没有附加同步信号，为了确保 CAN 控制单元时序与总线时序能够时钟保持同步，需要借助于 CAN 协议中的位同步方法，来实现挂载在总线上的 CAN 控制单元能够正确发送或者接收消息帧数据。

位同步实现的基础是位时序分解。在 CAN 协议中，位时序分解就是把传输一个二进制数据位的时间长度 Tu 进行时序分解，用于时序分解的最小时间间隔称为一个时间单位 Tq（Time Quantum），Tu 经过位时序分解形成 4 个时序段，分别是同步段（Synchronization Segment，SS）、传播时间段（Propagation Time Segment，PTS）、相位缓冲段 1（Phase Buffer Segment 1，PBS1）以及相位缓冲段 2（Phase Buffer Segment 2，PBS2），另外还提供了重新同步跳转宽度（Resynchronization Jump Width，SJW）用于同步误差补偿，每个时序段可分配若干个时间单位来作为该段的持续时间，且在 PBS1 段和 PBS2 段之间完成该数据位的采样，该位置也被称为采样点，如图 13.3 所示。

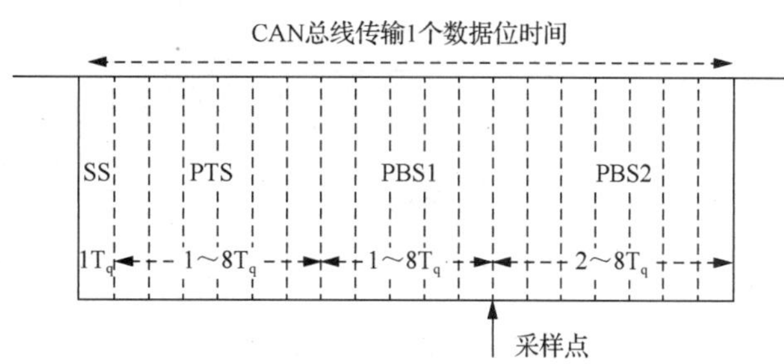

图 13.3　数据位的采样

以上 4 个时序段相互配合完成总线上一个二进制数据位的位同步传递，各个时序段的作用及分配的时间单元数如表 13.4 所示。

表 13.4　CAN 位同步划分的段名称及段作用

<table>
<tr><th>位时序段名称</th><th>段作用</th><th colspan="2">可分配的 Tq 数</th></tr>
<tr><td>同步段（SS）</td><td>用于 CAN 控制单元实现内部的时序调整，同步进行接收和发送的工作。CAN 总线消息帧起始段跳变边沿最好出现在此段中</td><td>1 个</td><td rowspan="4">共 8～25 个</td></tr>
<tr><td>传播时间段（PTS）</td><td>用于吸收 CAN 网络上的物理延迟。这里的物理延迟是指 CAN 控制单元的输出延时、总线上信号传播延时，接收 CAN 控制单元的输入延时。此段的时间一般设置为以上各延时总和的 2 倍</td><td>1～8 个</td></tr>
<tr><td>相位缓冲段 1（PBS1）</td><td rowspan="2">当 CAN 总线电平的跳变边沿不能包含于 SS 段中时，可在此段进行补偿。由于各个 CAN 控制单元以各自独立的时钟工作，细微的时钟误差会累积起来，PBS 段可通过调整来补偿此误差</td><td>1～8 个</td></tr>
<tr><td>相位缓冲段 2（PBS2）</td><td>2～8 个</td></tr>
<tr><td>重新同步跳转宽度（SJW）</td><td>因时钟频率偏差、传送延迟等，各 CAN 控制单元存在同步误差，SJW 为补偿此误差的最大值</td><td colspan="2">1～4 个</td></tr>
</table>

根据位同步的实现方式差异，CAN 位同步可以分为硬同步和重新同步两种位同步方式。

（1）硬同步。

硬同步（Hard Synchronization）是通过强迫 CAN 控制单元内部位时间从 SS 重新开始，即确保总线上消息帧的帧起始（Start Of Frame，SOF）信号跳变沿都坐落在内部的 SS 内。在总线空闲期间，只要检测到消息帧的帧起始信号，挂载到总线上的 CAN 控制单元都会执行硬同步。执行硬同步后，CAN 控制单元就可以在采样点采集到正确的总线电平逻辑，如图 13.4 所示。

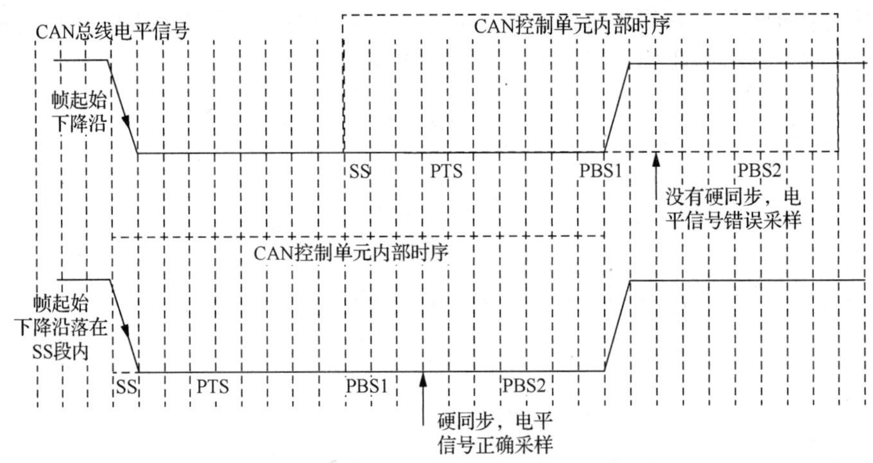

图 13.4　硬同步过程分析

硬同步只能确保消息帧的帧起始信号是同步的，但不能保证帧起始后的数据位信号的

采集是完全同步的。这是由于各个 CAN 控制单元之间存在的时钟频率误差以及 CAN 网络上的物理延时（如发送控制单元的输出延时、总线信号的传播延时、接收控制单元的输入延时等），导致总线时序与控制单元时序之间存在同步偏差，当 CAN 总线发送的消息帧数据位较长时，这种同步误差会进一步累积从而影响数据位信号采集的正确性，因此还需要借助于重新同步来解决这个问题。

（2）重新同步。

重新同步（Resynchronization）是通过调节 CAN 控制单元内部位时序的 PBS1 和 PBS2 的持续时间，确保总线上信号的跳变沿重新坐落在 SS 内。这种相位缓冲段的增加或者缩短的时间单元（Tq）的数量有一个上限，此上限由重新同步跳转宽度（SJW）的设定值确定。重新同步的方式分为相位超前和相位滞后两种情况，根据总线信号跳变沿与 SS 的相对位置来区分，这种时间位置关系定义为总线信号跳变沿的相位误差（Phase Error）。一般来说，CAN 控制器可通过单次或多次小幅调整的方式来吸收相位误差，当 SJW 设定值较大时，可以吸收的相位误差值也加大，但 CAN 总线的通信速度会下降。

① 相位超前情况。

信号跳变沿位于 SS 之后，此时相位误差为正，需要通过增加 PBS1 的长度，使得下次信号跳变沿重新落在 SS 内，由此完成相位超前重新同步，确保 CAN 控制单元时序与总线时序重新保持同步。图 13.5 所示为相位超前情况举例，CAN 控制单元内部时序相位比 CAN 总线信号跳变沿超前 2 个 Tq，这时需要 CAN 控制单元将当前时序段中的 PBS1 延长 2 个 Tq，从而确保控制单元内下一个数据位检测时序与总线保持同步。

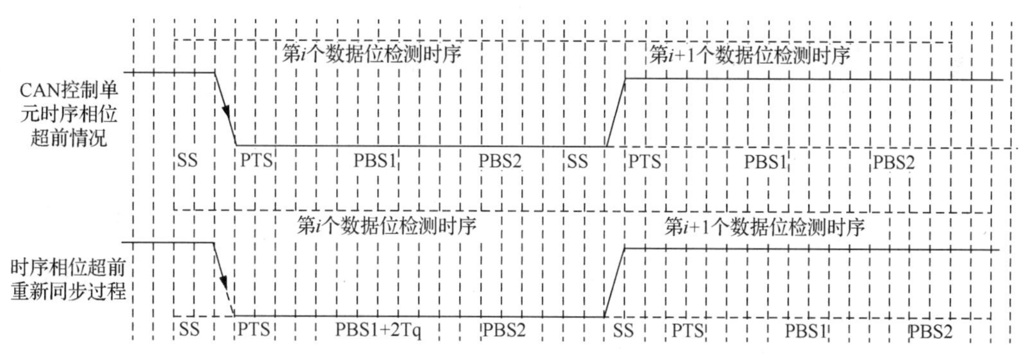

图 13.5　相位超前重新同步过程

② 相位滞后情况。

信号跳变沿位于 SS 之前，此时相位误差为负，需要缩短 PBS2 的长度，使得下次信号跳变沿重新落在 SS 内，由此完成相位滞后重新同步，确保 CAN 控制单元时序与总线时序重新保持同步。图 13.6 所示为相位滞后情况举例，CAN 控制单元内部时序相位比 CAN 总线信号跳变沿滞后 2 个 Tq，这时需要 CAN 控制单元将前 1 个数据位检测时序中的 PBS2 段减少 2 个 Tq，从而确保控制单元内当前数据位检测时序与总线保持同步。

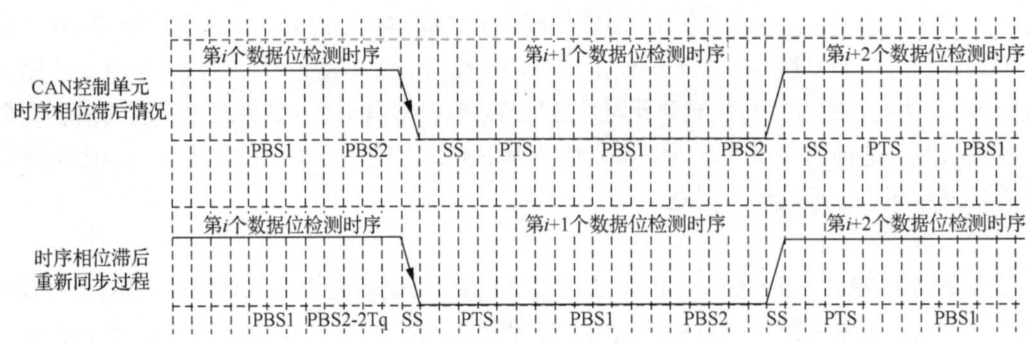

图 13.6　相位滞后重新同步过程

13.1.2　CAN 协议层

CAN 协议层用于将物理层向上传递的信号组织成有意义的消息帧。由于 CAN 物理层只提供了两条信号线来传递一路差分信号，决定了 CAN 必然要配置一套更复杂的协议层，需要在协议层中考虑通信方式、传输方向、传输数据长度、传输应答、传输错误检测等内容。CAN 协议层传输的数据单元称为消息帧（Message Frame），消息帧在 CAN 总线上也被称为 CAN 报文。

1. 消息帧的种类

在 CAN 协议中，规定了 5 种类型的消息帧，如表 13.5 所示。其中，数据帧和遥控帧又分为标准（Standard）和扩展（Extended）两种帧格式。

表 13.5　5 种类型的消息帧

帧类型	帧用途
数据帧（Data Frame）	用于 CAN 发送单元向 CAN 接收单元发送数据的消息帧
遥控帧（Remote Frame)	用于 CAN 接收单元向其他具有相同标识符的 CAN 发送单元请求数据的消息帧
错误帧（Error Frame)	用于 CAN 控制单元检测到错误时向其他 CAN 控制单元发送错误通知的消息帧
过载帧（Overload Frame)	用于在 CAN 总线上的先行和后续的数据帧（或远程帧）之间提供附加延时的消息帧
帧间隔（Interframe Spacing）	用于在 CAN 总线中插入一个预定的延迟时段，以分隔相继传输的数据帧（或遥控帧）的消息帧

2. 数据帧格式

数据帧是用于 CAN 发送单元向 CAN 接收单元发送数据的消息帧。数据帧由 7 段不同的位域构成，即帧起始（Start of Frame）、仲裁域（Arbitration Field）、控制域（Control Field）、数据域（Data Field）、CRC 域（CRC Field）、ACK 域（ACK Field）和帧结尾（End of Frame），如图 13.7 所示。

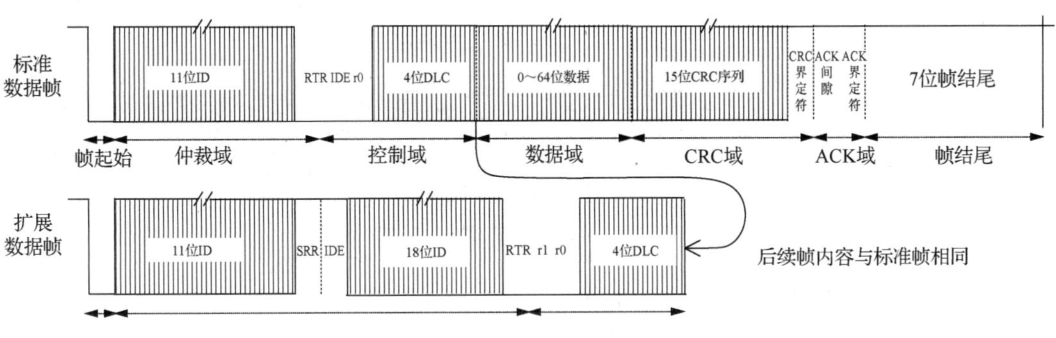

图 13.7　数据帧的帧结构

（1）帧起始：表示该数据帧开始的位域。

帧起始仅有 1 个显性数据位。只有在 CAN 总线空闲时才允许 CAN 控制单元发送帧起始信号。帧起始信号用于通知 CAN 总线上将有数据传输，其他控制单元则通过该帧起始信号的电平跳变沿来进行硬同步。

（2）仲裁域：表示该帧优先级的位域。

仲裁域由标识符（Identifier，ID）和 RTR 位（RTR bit）两部分组成。其中，标识符在标准数据帧和扩展数据帧中的长度不同，标准帧中的标识符长度为 11 位，扩展帧中的标识符长度为 29 位。

远程传输请求（Remote Transmission Request，RTR）位占有 1 个数据位长度，是用来区分数据帧和遥控帧。当 RTR 位为显性电平时，当前帧类型为数据帧；当 RTR 位为隐性电平时，当前帧类型为遥控帧。

在扩展帧格式中，替代远程请求（Substitute Remote Request，SRR）位占有 1 个数据位长度且所在帧结构中的位序与标准帧结构中的 RTR 位一致，因此该位的作用是替代标准帧的 RTR 位。SRR 位默认设置为隐性电平。当标准数据帧与具有相同 ID 位域的扩展帧在总线上同时竞争时，标准数据帧总是具有优先权占有 CAN 总线。

紧随 SRR 位之后的是标识符扩展（Identifier Extension Bit，IDE）位，其是用于区分当前帧格式为标准帧格式还是扩展帧格式。当 IDE 为显性电平时，当前帧格式为标准格式；当 IDE 为隐性电平时，当前帧格式为扩展格式。

在 CAN 协议中，仲裁域中的数据位起着重要作用，它决定数据帧在 CAN 总线上的发送优先级。各个 CAN 控制单元对 CAN 总线的占有权是由传递信息的重要性决定的，如果需要发送的数据帧具有高优先级，只需为数据帧配置一个具有高优先级的标识符 ID。

在 CAN 总线空闲时，最先开始发送消息的 CAN 控制单元取得总线的占有权。当 CAN 总线上多个控制单元同时发送消息时，各个控制单元从仲裁域的第一个数据位开始进行仲裁，只有连续输出显性电平最多的 CAN 控制单元具有高优先级，可优先占有 CAN 总线并继续发送余下帧数据数据位，其他参与竞争的 CAN 控制单元自动进入接收状态。上述仲裁过程如图 13.8 所示。

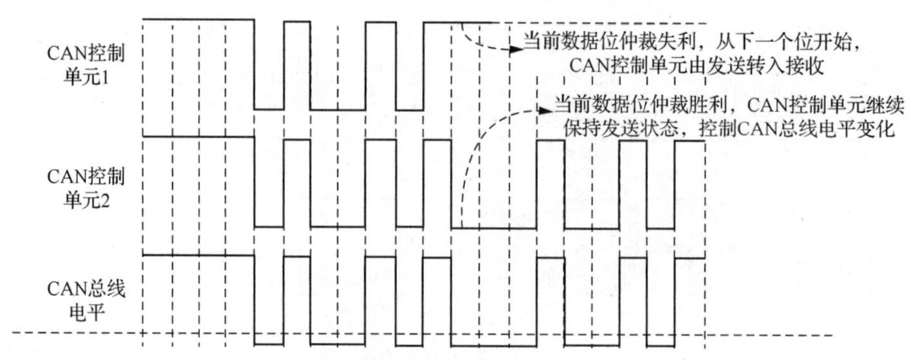

图 13.8 仲裁过程

（3）控制域：表示数据的字节数及保留位的位域。

在标准数据帧的控制域中，IDE 位默认设置为显性电平，r0 为保留位，数据长度码（Data Length Code，DLC）段用于表示当前数据帧中数据域含有多少个字节，DLC 段占用 4 个数据位，可通过配置不同编码来表示数字 0～8。在扩展数据帧的控制域中，r1 和 r0 为保留位，DLC 段和标准格式中的配置方式一样。以上保留位 r0 和 r1 都默认设置为显性电平进行发送，但是接收 CAN 控制单元可按照显性电平和隐性电平组合的方式来接收。

（4）数据域：表示该帧中发送数据内容的位域。

数据域是数据帧的核心内容，可以发送 0～8 个字节的数据，并按照最高有效位（Most Significant Bit，MSB）方式来传输每个字节的数据位。0 字节数据域的数据帧一般可用于 CAN 总线上各个控制单元之间的定期连接确认/应答等应用场景。

（5）CRC 域：表示检查该帧数据传输完整性的位域。

循环冗余校验（Cyclic Redundancy Check，CRC）域，由 CRC 序列（CRC Sequence）和 CRC 定界符（CRC Delimiter）组成。CRC 序列就是经过 CRC 计算生成的 15 位 CRC 码。当接收 CAN 控制单元根据接收内容计算出的 CRC 码与消息帧中的 CRC 码不同时，说明该消息帧在传输过程中存在异常，接收 CAN 控制单元会向发送 CAN 控制单元反馈错误信息，利用错误帧请求其重新发送。CRC 部分的计算工作一般由 CAN 控制器硬件完成，出错时可通过软件来控制最大的重发次数。

在 CRC 序列之后，是占用 1 个数据位的 CRC 定界符，它默认配置为隐性电平，主要作用是把 CRC 序列和后续应答域间隔开来。

（6）ACK 域：表示确认正常接收的位域。

应答（Acknowledge，ACK）域由 ACK 间隙（ACK Slot）和 ACK 定界符（ACK Delimiter）组成，各占据 1 个数据位。发送控制单元向 CAN 总线发送数据帧的 ACK 域时，默认发送两个隐性电平。当接收控制单元从 CAN 总线上接收到有效数据帧时，就会在 ACK 间隙向总线发送一个显性电平信号以示应答。

ACK 定界符默认配置为隐性电平，主要作用是把 ACK 间隙信号与后续帧结束间隔开来。

（7）帧结尾：表示该数据帧结束的位域。

帧结尾由 7 个隐性位组成。

3. 远程帧结构

远程帧是用于 CAN 接收单元向其他具有相同标识符的 CAN 发送单元请求数据的消息帧。由于远程帧不需要在消息帧中发送数据，因此远程帧的帧结构由只含有 6 个不同的位域构成，即帧起始、仲裁域、控制域、CRC 域、ACK 域以及帧结尾。

远程帧结构和数据帧结构基本类似，只存在少部分的差异。远程帧也分为标准格式和扩展格式。在远程帧中的 RTR 位必须配置为隐性电平。由于它没有数据域，因此 DLC 段中的数值配置是不受约束的（可以配置为容许范围内的任何值），一般配置为请求数据帧的数据长度码。

4. 错误帧结构

错误帧是用于 CAN 控制单元检测到错误时向其他 CAN 控制单元发送错误通知的消息帧。错误帧由错误标志和错误定界符构成，如图 13.9 所示。

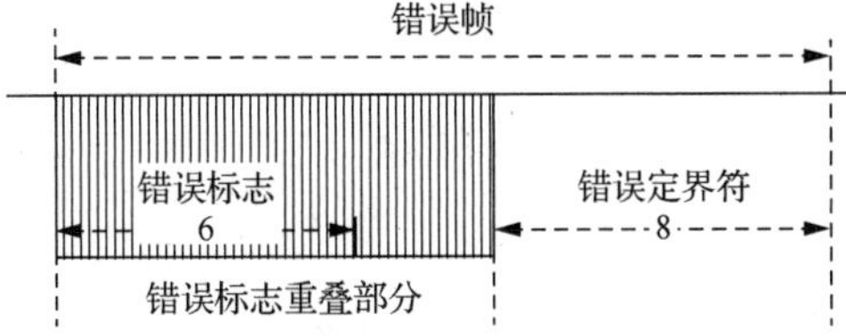

图 13.9　错误帧结构

错误标志（Error Flag）包括主动错误标志和被动错误标志两种。其中，主动错误标志由 6 个连续的显性位组成，表示 CAN 控制单元处于主动错误标志状态发出的错误标志。被动错误标志由 6 个连续的隐性位组成，表示 CAN 控制单元处于被动错误标志状态发出的错误标志。

错误定界符（Error Delimeter）包含 8 个隐性位。

5. 过载帧结构

过载帧是用于接收控制单元在 CAN 总线上的先行和后续的数据帧（或远程帧）之间请求附加延时的消息帧。过载帧由过载标志和过载定界符构成。过载标志（Overload Flag）由 6 个显性位组成，过载标志的所有形式和主动错误标志的一样。过载定界符（Overload Delimeter）由 8 个隐性位组成，如图 13.10 所示。

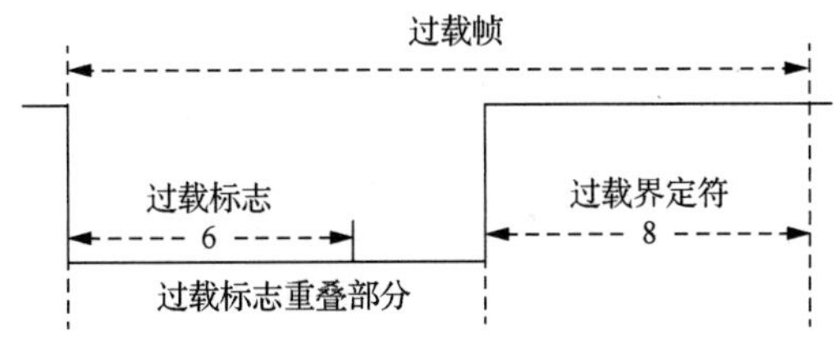

图 13.10　过载帧结构

6. 帧间隔结构

帧间隔是用于将发送的数据帧或遥控帧与 CAN 总线上前面任何类型消息帧进行间隔分开。过载帧和错误帧前面不能插入帧间隔。

帧间隔结构由间歇（Intermission）位域和总线空闲（Bus Idle）位域构成。对于已作为前一个消息帧的发送器的 CAN 控制单元，其帧间隔结构除了间歇位域、总线空闲位域，还包括挂起传送（Suspend Transmission）位域。间歇位域由 3 个隐性位组成，总线空闲位域可以含有任意长度的隐性电平，挂起传送位域由 8 个隐性位组成，如图 13.11 所示。

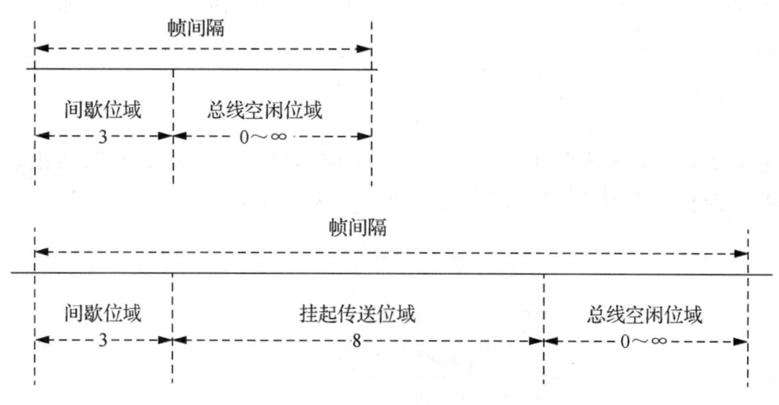

图 13.11　帧间隔结构

13.2　CAN 控制器

CAN 控制器是 APM32E103 微控制器芯片上的一种片上外设资源，支持 CAN 协议 2.0A 和 2.0B 标准，通信波特率最大支持 1Mbit/s。在 CAN 总线上，CAN 发送单元以广播的形式把报文发送给 CAN 总线上的所有接收单元，各个接收单元会利用过滤器（Filter）组来筛选总线上收到的报文。

在发送报文功能中，CAN 控制器提供了 3 个发送邮箱，并支持配置发送报文的优先级。在接收报文功能中，CAN 控制器提供了 2 个 3 级深度的接收先进先出队列（First In First Output，FIFO），并提供了高达 28 组过滤器来筛选报文。

13.2.1　CAN 功能及配置

1. CAN 工作模式及配置

CAN 有 3 个主要的工作模式：初始化模式、正常模式和睡眠模式。CAN 控制和状态寄存器列表见表 13.6。

表 13.6　CAN 控制和状态寄存器列表

寄存器名称	寄存器描述
CAN 主控制寄存器（CAN_MCTRL）	用于配置 CAN 控制器内核功能
CAN 主状态寄存器（CAN_MSTS）	用于读取 CAN 控制器内核状态
CAN 发送状态寄存器（CAN_TXSTS）	用于读取 CAN 控制器发送状态
CAN 接收 FIFO 0 寄存器（CAN_RXF0）	用于读取和配置 CAN 接收器 FIFO 0
CAN 接收 FIFO 1 寄存器（CAN_RXF1）	用于读取和配置 CAN 接收器 FIFO 1
CAN 中断使能寄存器（CAN_INTEN）	用于配置 CAN 控制器中断功能
CAN 错误状态寄存器（CAN_ERRSTS）	用于读取 CAN 控制器错误状态
CAN 位时序寄存器（CAN_BITTIM）	用于配置 CAN 控制器时序及通信模式

CAN 在初始化模式下，禁止接收和发送报文。请求进入初始化模式：软件需要将 CAN_MCTR 寄存器中的 INITREQ 位配置为 1，然后等待 CAN_MSTS 寄存器中的 INITFLG 位由硬件配置为 1，说明 CAN 控制器已经处于初始化模式中。

CAN 在正常模式下，可以正常接收和发送报文。请求进入正常模式：软件需要将 CAN_MCTR 寄存器中的 INITREQ 位配置为 0，然后等待 CAN_MSTS 寄存器中的 INITFLG 位的值由硬件配置为 0，说明 CAN 控制器已经进入正常模式。

CAN 在睡眠模式下，CAN 时钟停止工作，处于低功耗状态，软件可以正常访问邮箱寄存器。请求进入睡眠模式：软件需要将 CAN_MCTR 寄存器中的 SLEEPREQ 位配置为 1，然后等待 CAN_MSTS 寄存器中的 SLEEPFLG 位由硬件配置为 1，说明 CAN 控制器已经处于睡眠模式。若软件将 CAN_MCTR 寄存器中的 AWUPCFG 位配置为 1，则激活 CAN 的自动唤醒功能，当 CAN 的 RX 信号检测到 CAN 报文时，SLEEPREQ 位自动由硬件清 0，CAN 退出睡眠模式。复位后，CAN 默认进入睡眠模式。

2. CAN 通信模式及配置

CAN 可以工作在 4 种不同的通信模式：静默模式、环回模式、静默环回模式和正常模式，如图 13.12 所示，可以通过配置 CAN 位时序寄存器 CAN_BITTIM 中的 LBKMEN 和 SILMEN 两个位来选择设定 CAN 的工作模式，注意只有当 CAN 在初始化模式时，才能对 CAN 的通信模式进行设置。

各个模式的配置及功能介绍如下。

（1）静默模式：需要将 SILMEN 位配置为 1。在该模式下，只能向总线发送隐性位（逻辑 1），不能发送显性位（逻辑 0），可以从总线上接收数据。

（2）环回模式：需要将 LBKMEN 位配置为 1。在该模式下，输入端直接接收发送的数据（注意，发送的数据会直接传送到输入端，即发送的数据会回环到接收端），可以向总线发送所有数据，包括隐性位（逻辑 1）和显性位（逻辑 0），但是不能从总线上接收数据。

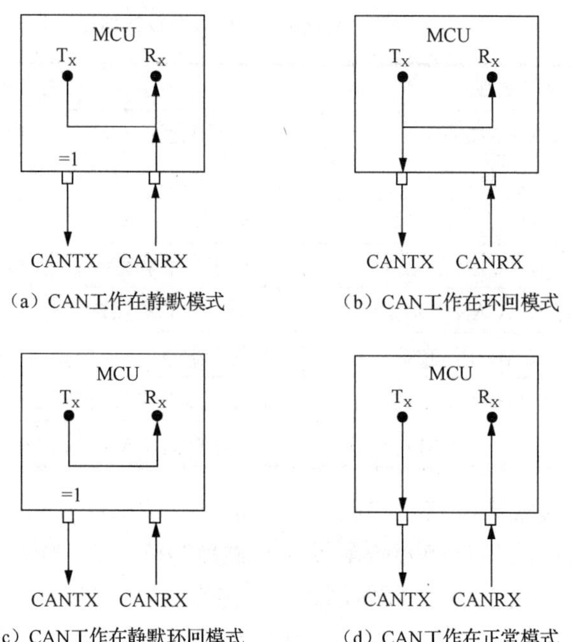

图 13.12　CAN 的 4 种通信模式

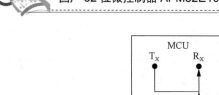

（3）静默环回模式：需要将 LBKMEN 位和 SILMEN 位同时配置为 1。在该模式下，输入端直接接收发送的数据，只能向总线发送隐性位（逻辑 1），不能发送显性位（逻辑 0），且不能从总线上接收数据。

（4）正常模式：需要将 LBKMEN 位和 SILMEN 位同时配置为 0。在该模式下，可以向总线发送所有数据，包括隐性位（逻辑 1）和显性位（逻辑 0），也可以从总线接收数据。

3. CAN 位时序及波特率配置

APM32E103 微控制器芯片中 CAN 控制器使用的位时序只包含 3 段：同步段（Synchronization Segment，SS）、时间段 1（Bit Segment 1，BS1）和时间段 2（Bit Segment 2，BS2），如图 13.13 所示，这与前述 CAN 协议标准中的时序有一些区别。

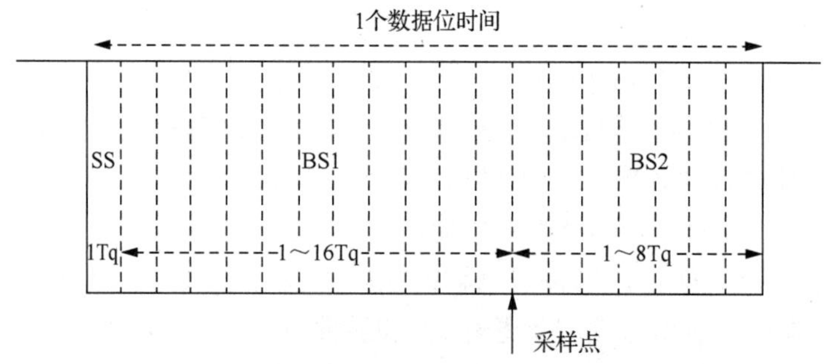

图 13.13　APM32E103 微控制器中 CAN 控制器位时序

其中，同步段含有固定的 1 个 Tq。时间段 1 定义了采样点的位置，包含了 CAN 标准中的 PTS 段和 PBS1 段，可通过编程设定为 1～16 个 Tq。时间段 2 定义了传输点的位置，包含了 CAN 标准中的 PBS2 段，可通过编程设定为 1～8 个 Tq。

CAN 位时序寄存器 CAN_BITTIM 中的 TIMSEG1 和 TIMSEG2 可分别用来配置上述时间段 1 和时间段 2 中的 Tq 个数。

$$\text{BS1 段的时间：} T_{bs1} = Tq \times (TIMSEG1[3:0] + 1)$$

$$\text{BS2 段的时间：} T_{bs2} = Tq \times (TIMSEG2[2:0] + 1)$$

因此，一个数据位的时间：$T_{1bit}=1Tq+T_{bs1}+T_{bs2}=Tq\times(3+TIMSEG1[3:0]+TIMSEG2[2:0])=Tq\times N$，其中，Tq 是时序划分的最小的时间单位，与 CAN 外设所挂载的时钟总线频率和分频器配置有关，可以通过 CAN 位时序寄存器 CAN_BITTIM 中的 BRPSC 来配置波特率预分频系数。

$$\text{时间单元：} Tq = (BRPSC[9:0] + 1) \times 1/f_{PCLK}$$

式中，f_{PCLK} 是 CAN 外设挂载的时钟总线的时钟频率，APM32E103 微控制器芯片中 CAN 外设挂载 APB1 时钟，f_{PCLK} 默认时钟频率为 36MHz。

最终，CAN 通信波特率计算公式为

$$BaudRate = 1/(N \times Tq)$$

例如，配置 CAN 通信波特率为 1Mbit/s，则一般采用的常规配置方式如下：设置 BS1 和 BS2 的值分别为 5Tq 和 3Tq，则实际需要配置 TIMSEG1 为 4Tq，TIMSEG2 为 2Tq，所以传输 1 个数据位需要的时间 T_{1bit} 为 9Tq。设置 CAN 外设为 4 分频，则实际需要配置 BRPSC 为 3，CAN 外设挂载的时钟频率 f_{PCLK} 采用默认值 36MHz，所以 1Tq 对应的时间长度为 $Tq=4 \times 1/(36M) = 1/(9M)$。所以 CAN 通信波特率 $BaudRate= 1/(N\times Tq) = 1Mbit/s$。

4. *CAN 发送数据功能*

CAN 外设发送数据功能具有 3 个发送邮箱，即最多可以缓存 3 个待发送的报文，同时支持配置发送报文的优先级以及记录发送时间。

每个发送邮箱含有 1 个标识符寄存器（CAN_TXMID），1 个数据长度寄存器（CAN_TXDLEN）以及 2 个发送数据寄存器（CAN_TXMDL 和 CAN_TXMDH），如表 13.7 所示。其中，标识符寄存器（CAN_TXMID）可以配置发送报文的标识符、扩展标识符、标识符类型、远程传输请求位 RTR 等内容。数据长度寄存器（CAN_TXDLEN）可以配置发送数据长度码（DLC）。2 个发送数据寄存器（CAN_TXMDL 和 CAN_TXMDH）分别用于配置发送报文数据字节的低 4 字节（0～3 字节）和发送报文数据字节的高 4 字节（4～7 字节）。

表 13.7 CAN 邮箱发送和接收寄存器列表

寄存器名称	寄存器描述
发送邮箱标识符寄存器（CAN_TXMID）	用于配置发送邮箱报文标识符等内容
发送邮箱数据长度寄存器（CAN_TXDLEN）	用于配置发送邮箱报文数据长度
发送邮箱低字节数据寄存器（CAN_TXMDL）	用于配置发送邮箱低字节数据

续表

寄存器名称	寄存器描述
发送邮箱高字节数据寄存器（CAN_TXMDH）	用于配置发送邮箱高字节数据
接收 FIFO 邮箱标识符寄存器（CAN_RXMID）	用于读取 FIFO 邮箱报文标识符等内容
接收 FIFO 邮箱数据长度寄存器（CAN_RXDLEN）	用于读取 FIFO 邮箱报文数据长度等内容
接收 FIFO 邮箱低字节数据寄存器（CAN_RXMDL）	用于读取 FIFO 邮箱低字节数据
接收 FIFO 邮箱高字节数据寄存器（CAN_RXMDH）	用于读取 FIFO 邮箱高字节数据

完成发送邮箱的上述配置后，可以通过配置标识符寄存器（CAN_TXMID）中的 TXMREQ 位为 1，向 CAN 控制器提交邮箱发送请求，然后邮箱进入挂号状态（Pending State），等待当前邮箱成为最高优先级邮箱。如果多个发送邮箱同时进入挂号状态，可以配置发送报文的优先级，具有高优先级的发送邮箱可以进入预定状态（Scheduled State）。当 CAN 总线变为空闲时，进入预定状态的发送邮箱可以向 CAN 总线发送报文内容，则邮箱进入发送状态（Transmit State）。当发送邮箱中的报文成功发送后，邮箱重新变成空置状态（Empty State）。

发送邮箱的优先级可以通过配置 CAN 主控制寄存器（CAN_MCTRL）中的 TXFPCFG 位来进行设定，当 TXFPCFG 配置为 0 时，发送优先级由报文标识符来决定，标识符最小的报文优先级最高，如果报文标识符相等，则发送邮箱的序号小优先级高。当 TXFPCFG 配置为 1 时，发送优先级由报文发送的请求顺序来决定，先请求发送的报文具有的优先级最高。

通过配置发送状态寄存器（CAN_TXSTS）中的 ABREQFLG 位为 1，可以向发送邮箱请求中止发送。如果邮箱处于挂号状态或预定状态，则发送邮箱将立刻中止发送报文。如果邮箱处于发送状态，一般分为两种情况：一种是邮箱已经发送成功，则邮箱变为空置状态，此时 CAN_TXSTS 中 TXSUSFLG 位将由硬件置 1；另一种是邮箱发送失败，邮箱重新变为预定状态，此时发送邮箱将中止发送报文，并重新变为空置状态，同时将 CAN_TXSTS 中的 TXSUSFLG 位清 0。因此，在任何情况下，发送邮箱的中止发送请求都将导致发送邮箱重新进入空置状态。

通过配置主控制寄存器（CAN_MSTRL）中的 ARTXMD 位，可以设置 CAN 控制器是否支持自动重传报文功能。如果配置 ARTXMD 位为 1，则禁止使用 CAN 自动重传功能，此时发送邮箱中的报文只发送一次，不管当前发送邮箱的执行结果如何（成功、出错或者仲裁丢失），硬件不会再自动重发当前报文。如果配置 ARTXMD 位为 0，则激活 CAN 自动重传功能，此时发送邮箱中的报文将一直自动重传直到发送成功。当发送过程结束后，发送状态寄存器（CAN_TXSTS）中的 REQCFLG 位由硬件自动置 1，且当前发送的状态会反映在 CAN_TXSTS 中的邮箱发送成功标志 TXSUSFLG 位、邮箱仲裁丢失标志 ARBLSTFLG 位和邮箱发送失败标志 TXERRFLG 位上。

5. CAN 接收数据功能

CAN 外设接收数据功能具有 2 个 3 级深度的接收 FIFO 和 28 组过滤器，每个 FIFO 中配有 3 个发送邮箱，所以 CAN 最多可以缓存 6 个接收报文，如图 13.14 所示。

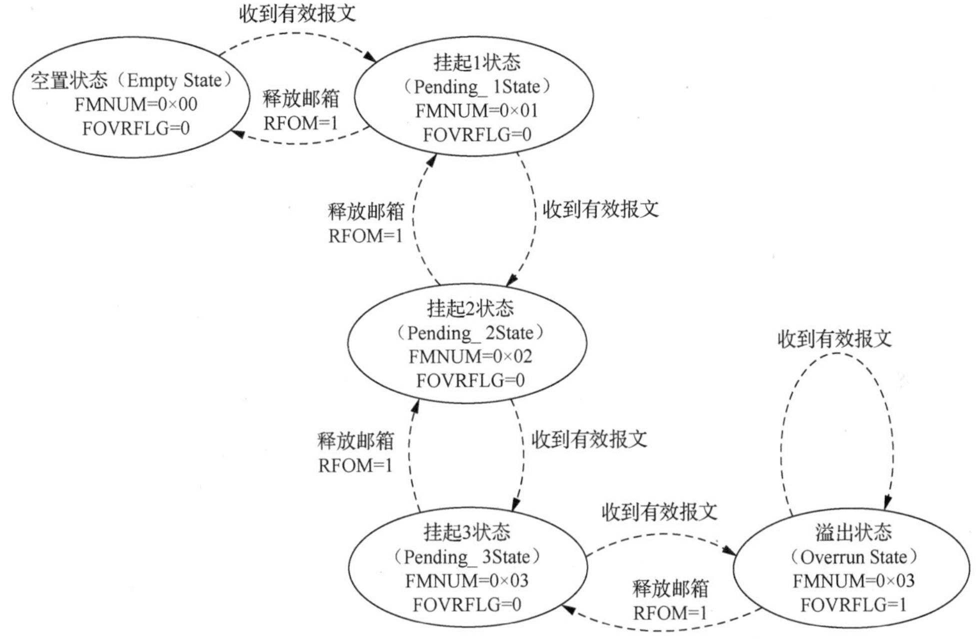

图 13.14　接收 FIFO 状态

为了节省 CPU 开销，简化软件操作，以及确保数据的一致性，接收 FIFO 的操作将完全由硬件来实现。软件可以通过访问 FIFO 的邮箱来获取接收的有效报文。有效报文指的是通过 CAN 总线正确接收且通过过滤器组验证的报文。

每个接收 FIFO 都对应一个接收 FIFO 寄存器（CAN_RXF）。当接收 FIFO 为空时，接收 FIFO 此时为空置状态（Empty State）。当接收 FIFO 接收第一个有效报文时，此时接收 FIFO 进入挂起 1 状态（Pending_1 State），软件可以通过访问接收 FIFO 的输出邮箱获取接收的报文内容，同时软件将 RFOM 位配置为 1 来释放接收 FIFO 的输出邮箱，则 FIFO 将会重新进入空置状态。当接收 FIFO 收到新的有效报文时，接收 FIFO 的报文计数器 FMNUM 将由硬件自动加 1，当软件释放接收 FIFO 的输出邮箱时，FMNUM 将由硬件自动减 1。

当处于挂起 1 状态的接收 FIFO 再次接收新的有效报文时，进入挂起 2 状态（Pending_2 State）。当处于挂起 2 状态的接收 FIFO 再次接收新的有效报文时，进入挂起 3 状态（Pending_3 State），此时接收 FIFO 中有 3 个报文，表明当前接收 FIFO 已满，接收 FIFO 满标志 FFULLFLG 将由硬件自动置 1。

当处于挂起 3 状态的接收 FIFO 再次接收新的有效报文时，当前接收 FIFO 进入溢出状态（Overrun State），接收 FIFO 溢出标志 FOVRFLG 将由硬件自动置 1。如果在软件中配置 CAN 主控制寄存器（CAN_MCTRL）中的 RXFLOCK 位为 1，则处于溢出状态的接收 FIFO 被锁定，新接收的有效报文将被直接丢弃。如果将 RXFLOCK 位配置为 0，则处于溢出状态的接收 FIFO 未被锁定，新接收的有效报文将覆盖原有的报文。

与 CAN 发送功能中的邮箱类似，每个接收 FIFO 都含有 1 个标识符寄存器（CAN_RXMID），1 个数据长度寄存器（CAN_RXDLEN）以及 2 个接收数据寄存器（CAN_RXMDL 和 CAN_RXMDH）。其中，标识符寄存器（CAN_RXMID）可以读取接收报文的标识符 ID、扩展标识符、标识符类型、远程传输请求位 RTR 等内容。数据长度寄存器（CAN_RXDLEN）可以读取接收数据长度码（DLC）以及匹配的过滤器索引序号（FMIDX）等内容。2 个接收数据寄存器（CAN_RXMDL 和 CAN_RXMDH）分别用于读取接收报文数据字节的低 4 字节（0～3 字节）和接收报文数据字节的高 4 字节（4～7 字节）。

6. CAN 过滤器功能

在 CAN 协议中，消息帧的标识符与 CAN 控制单元的地址无关，与消息的内容有关。CAN 控制单元以广播的形式通过总线将消息报文发送给各个 CAN 控制单元，这些控制单元会根据消息帧中的标识符来判断是否为其需要的消息报文。

CAN 控制器中的 28 组过滤器就是用来过滤从 CAN 总线上接收的报文，只有通过过滤器验证的报文才是有效报文，才能够进入接收 FIFO 中。上述消息报文过滤的机制由硬件负责实现，节省了 CPU 开销。CAN 过滤器寄存器列表如表 13.8 所示。

表 13.8　CAN 过滤器寄存器列表

寄存器名称	寄存器描述
CAN 过滤器控制寄存器（CAN_FCTRL）	用于配置 CAN 过滤器功能
CAN 过滤器模式配置寄存器（CAN_FMCFG）	用于配置 CAN 过滤器模式
CAN 过滤器位宽配置寄存器（CAN_FSCFG）	用于配置 CAN 过滤器位宽
CAN 过滤器 FIFO 关联寄存器（CAN_FFASS）	用于配置 CAN 过滤器与 FIFO 关联
CAN 过滤器激活寄存器（CAN_FACT）	用于配置 CAN 过滤器激活状态
CAN 过滤器组 i 的寄存器 x（CAN_FiBANKx）	用于配置 CAN 过滤器组 i 中过滤器 x 的过滤器位

每组过滤器由 2 个 32 位的 CAN_FiBANK1 和 CAN_FiBANK2 组成，其中 i 取值为 0～27，表示过滤器组索引序号，这两个寄存器用来保存目标报文标识符或者掩码。每组过滤器的位宽以及过滤模式都可以进行独立配置，形成不同的过滤器使用方式，以满足应用程序的不同需求，如图 13.15 所示。

位宽配置：FSCFGx=1

模式：FMCFGx=0

1个32位过滤器-标识符掩码过滤

ID	CAN_FiBANK1[31:24]	CAN_FiBANK1[23:16]		CAN_FiBANK1[15:8]	CAN_FiBANK1[7:0]			
掩码	CAN_FiBANK2[31:24]	CAN_FiBANK2[23:16]		CAN_FiBANK2[15:8]	CAN_FiBANK2[7:0]			
映射	STDID[10:3]	STDID[2:0]	EXTID[17:13]	EXTID[12:5]	EXTID[4:0]	IDE	RTR	0

模式：FMCFGx=1

2个32位过滤器-标识符列表过滤

ID1	CAN_FiBANK1[31:24]	CAN_FiBANK1[23:16]		CAN_FiBANK1[15:8]	CAN_FiBANK1[7:0]			
ID2	CAN_FiBANK2[31:24]	CAN_FiBANK2[23:16]		CAN_FiBANK2[15:8]	CAN_FiBANK2[7:0]			
映射	STDID[10:3]	STDID[2:0]	EXTID[17:13]	EXTID[12:5]	EXTID[4:0]	IDE	RTR	0

位宽配置：FSCFGx=0

模式：FMCFGx=0

2个16位过滤器-标识符掩码过滤

ID1	CAN_FiBANK1[15:8]	CAN_FiBANK1[7:0]			
掩码1	CAN_FiBANK2[31:24]	CAN_FiBANK2[23:16]			
ID2	CAN_FiBANK1[15:8]	CAN_FiBANK1[7:0]			
掩码2	CAN_FiBANK2[31:24]	CAN_FiBANK2[23:16]			
映射	STDID[10:3]	STDID[2:0]	RTR	IDE	EXTID[17:15]

模式：FMCFGx=1

4个16位过滤器-标识符列表

ID1	CAN_FiBANK1[15:8]	CAN_FiBANK1[7:0]			
ID2	CAN_FiBANK2[31:24]	CAN_FiBANK2[23:16]			
ID3	CAN_FiBANK1[15:8]	CAN_FiBANK1[7:0]			
ID4	CAN_FiBANK2[31:24]	CAN_FiBANK2[23:16]			
映射	STDID[10:3]	STDID[2:0]	RTR	IDE	EXTID[17:15]

图13.15 过滤器位宽和过滤模式配置

其中，每组过滤器可以提供两种过滤器位宽配置：一种是 32 位过滤器，用于匹配由 11 位 STDID 和 18 位 EXTID 组成的 29 位扩展标识符、1 个 IDE 位和 1 个 RTR 位，共 31 位有效位。另一种是 2 个 16 位过滤器，用于匹配 11 位标准标识符、RTR、IDE 和 EXTID[17:15]，共 16 位。可以在软件中通过设置过滤器位宽配置寄存器（CAN_FSCFG）的方式来选择不同过滤器的位宽。

每组过滤器可以提供两种不同的过滤模式：一种是标识符掩码过滤模式，该模式将目标报文标识符作为 ID 寄存器，然后将 ID 寄存器中的某几位作为掩码寄存器，需要 ID 寄存器和掩码寄存器相互配合，才能完成总线上接收的报文过滤功能，即只要 CAN 总线上接收的报文标识符经过掩码寄存器过滤后与 ID 寄存器相匹配，就能通过标识符掩码过滤；另一种是标识符列表过滤模式，该模式采用由多个候选目标标识符组成的 ID 列表，只要总线上接收的报文标识符与列表中的任何一个 ID 相匹配，就能通过标识符列表过滤。可以在软件中通过修改过滤器模式配置寄存器（CAN_FMCFG）的方式来选择过滤器的不同过滤模式。

过滤器优先级遵循以下规则：32 位位宽的过滤器的优先级高于 16 位位宽的过滤器。位宽相同的情况下，标识符列表模式的优先级高于标识符掩码模式优先级。位宽和模式都相同的情况下，过滤器索引序号小的优先级高。当 CAN 控制单元从总线上接收报文时，该报文标识符通过上述过滤器优先级规则完成与 CAN 过滤器的匹配过程，如果匹配成功，则该报文将与所匹配的过滤器的序号一起保存在接收 FIFO 邮箱中，可以通过访问接收 FIFO 邮箱数据长度寄存器（CAN_RXDLEN）中的 FMIDX 位获取；如果匹配失败，则该报文将被硬件自动丢弃。

在软件中，可以配置过滤器激活寄存器（CAN_FACT）来选择激活不同的过滤器组，应用程序没有用到的过滤器组要保持在禁用状态；可以通过配置过滤器 FIFO 关联寄存器（CAN_FFASS），独立地将过滤器组与接收 FIFO0 或者接收 FIFO1 关联；可以配置过滤器控制寄存器（CAN_FCTRL）来设置过滤器的初始化模式或正常模式。注意，只有当过滤器处于初始化模式，才能对过滤器的位宽、过滤模式和接收 FIFO 关联进行配置。

7. CAN 出错管理

CAN 协议描述的出错管理，完全由硬件通过发送错误计数器和接收错误计数器来实现，其值根据错误的情况增加或者减少。在软件中，通过读取错误状态寄存器（CAN_ERRSTS）中的发送错误计数器 TXERRCNT 和接收错误计数器 RXERRCNT，可以判断 CAN 通信网络的稳定性。错误状态寄存器（CAN_ERRSTS）中还提供了当前错误状态的详细信息，通过设置 CAN 中断使能寄存器（CAN_INTEN），当检测到 CAN 错误时，软件可以灵活地控制中断的产生。

当发送错误计数器的值大于 255 时，CAN 控制器将进入离线状态，此时 CAN_ERRSTS 中的 BOFLG 位由硬件自动置 1，处于离线状态的 CAN 控制器将无法接收和发送报文。在软件中，若设置主控制寄存器（CAN_MCTRL）中的 ALBOFFM 位为 1，则处于离线状态下的 CAN 控制器将自动从离线状态恢复；若将 ALBOFFM 位设置为 0，则软件必须将

CAN_MCTRL 中的 INITREQ 位置 1，随后清 0，CAN 控制器才能从离线状态恢复。

13.2.2　CAN 编程要点

APM32E103 微控制器库文件 apm32f10x_can.h 和 apm32f10x_can.c 提供了 CAN 外设相关的各种结构体以及库函数，从而简化了 CAN 外设的配置与使用。初始化结构体和初始化库函数配合使用是 APM32E103 微控制器库文件的精髓所在，理解了各种初始化结构体每个成员变量的含义，也就理解了 APM32E103 微控制器芯片上外设的控制。

1. CAN 初始化结构体

CAN 初始化结构体内容，代码如下：

```
    /**
     * @brief CAN config structure definition
     */
    typedef struct
    {
        uint8_t     timeTrigComMode;      //!< Enable or disable the time
triggered communication mode
        uint8_t     autoBusOffManage;     //!< Enable or disable the automatic
bus-off management
        uint8_t     autoWakeUpMode;       //!< Enable or disable the automatic
wake-up mode
        uint8_t     nonAutoRetran;        //!< Enable or disable the
non-automatic retransmission mode
        uint8_t     rxFIFOLockMode;       //!< Enable or disable the Receive
FIFO Locked mode.
        uint8_t     txFIFOPriority;       //!< Enable or disable the transmit
FIFO priority
        CAN_MODE_T  mode;                 //!< Specifies the CAN operating
mode.
        CAN_SJW_T   syncJumpWidth;        /** Specifies the maximum number of
time quanta the CAN hardware
                                           * is allowed to lengthen or shorten
a bit to perform resynchronization.
                                           */
        CAN_TIME_SEGMENT1_T timeSegment1; //!< Specifies the number of time
quanta in Bit Segment 1
        CAN_TIME_SEGMENT2_T timeSegment2; //!< Specifies the number of time
quanta in Bit Segment 2
        uint16_t        prescaler;        //!< Specifies the length of a time
quantum. It can be 1 to 1024
    } CAN_Config_T;
```

这些结构体成员的说明如下（括号中的文字是 APM32E103 微控制器标准库中定义的宏变量或者枚举值）。

（1）timeTrigComMode。该成员用于设置是否激活时间触发功能（DISABLE/ENABLE），时间触发功能在某些 CAN 标准中会用到。

（2）autoBusOffManage。该成员用于设置是否激活自动离线管理功能（DISABLE/ENABLE），激活自动离线管理功能后，当 CAN 控制单元由于出错而进入离线状态时，系统能够自动恢复，而无须软件干预。

（3）autoWakeUpMode。该成员用于设置是否激活自动唤醒功能（DISABLE/ENABLE），激活自动唤醒功能后，CAN 控制器会在检测到总线活动后自动唤醒。

（4）nonAutoRetran。该成员用于设置是否激活自动重传功能（DISABLE/ENABLE），激活自动重传功能后，CAN 控制器会一直发送报文，直到该报文发送成功。

（5）rxFIFOLockMode。该成员用于设置是否激活锁定接收 FIFO 功能（DISABLE/ENABLE），激活锁定接收 FIFO 功能后，如果接收 FIFO 进入溢出状态，新接收的报文将被自动丢弃，否则新接收的报文将会覆盖接收 FIFO 中的旧报文。

（6）txFIFOPriority。该成员用于设置是否使能发送 FIFO 优先级的判定方法（DISABLE/ENABLE），如果使能，将以报文请求发送的先后顺序作为发送 FIFO 优先级判定的方法，否则将以报文中标识符作为发送 FIFO 优先级判定的方法。

（7）mode。该成员用于设置 CAN 控制器的通信模式，可以设置为正常模式（CAN_MODE_NORMAL）、环回模式（CAN_MODE_LOOPBACK）、静默模式（CAN_MODE_SILENT）和静默环回模式（CAN_MODE_SILENT_LOOPBACK）。

（8）syncJumpWidth。该成员用于设置 CAN 控制器在位同步过程中的重新同步跳转宽度（SJW）的极限长度，可以设置为 1～4 个 Tq（CAN_SJW_1/2/3/4）。

（9）timeSegment1。该成员用于设置 CAN 控制器在位同步过程中的 BS1 段的长度，可以设置为 1～16 个 Tq（CAN_TIME_SEGMENT1_1/2/3…/15/16）。

（10）timeSegment2。该成员用于设置 CAN 控制器在位同步过程中的 BS2 段的长度，可以设置为 1～8 个 Tq（CAN_TIME_SEGMENT2_1/2/3…/7/8）。

（11）prescaler。该成员用于设置 CAN 控制器的时钟分频因子，从而可以调节位同步过程中 1 个 Tq 的时长，这里设置的时钟分频因子的值最终会减 1 后再写入 CAN 位时序寄存器（CAN_BITTIM）中的 BRPSC[9:0]。

配置完 CAN 初始化结构体对象后，将其作为函数参数，通过调用库函数 CAN_Config 将该初始化结构体对象参数写入 CAN 控制寄存器，从而实现 CAN 的初始化。读者可以通过阅读该库函数源码的方式，进一步加强对 CAN 初始化过程的深入理解。

2. CAN 发送和接收结构体

在利用 CAN 发送或者接收报文时，需要向发送邮箱写入报文信息或者从接收 FIFO 中读取报文信息，利用 APM32E103 微控制器标准库提供的发送结构体和接收结构体以及相

关工具函数，可以方便地完成 CAN 的发送报文和接收报文功能，代码如下：

```
       /**
        * @brief  CAN Tx message structure definition
        */
       typedef struct
       {
          uint32_t          stdID;       //!< Specifies the standard identifier.
It can be 0 to 0x7FF
          uint32_t          extID;       //!< Specifies the extended identifier.
It can be 0 to 0x1FFFFFFF
          CAN_TYPEID_T      typeID;
          CAN_RTXR_T        remoteTxReq;
          uint8_t           dataLengthCode;//!< Specifies the data length code.
It can be 0 to 8
          uint8_t           data[8];     //!< Specifies the data to be transmitted.
It can be 0 to 0xFF
       } CAN_TX_MESSAGE_T;
       /**
        * @brief  CAN Rx message structure definition*/
       typedef struct
       {
          uint32_t          stdID;       //!< Specifies the standard identifier.
It can be 0 to 0x7FF
          uint32_t          extID;       //!< Specifies the extended identifier.
It can be 0 to 0x1FFFFFFF
          uint32_t          typeID;
          uint32_t          remoteTxReq;
          uint8_t           dataLengthCode;     //!< Specifies the data length
code.      It can be 0 to 8
          uint8_t           data[8];            //!< Specifies the data to be
transmitted. It can be 0 to 0xFF
          uint8_t           filterMatchIndex;   //!< Specifies the filter match
index.    It can be 0 to 0xFF
       } CAN_RX_MESSAGE_T;
```

其中，发送结构体 CAN_TX_MESSAGE_T 成员的说明如下（括号中的文字是 APM32E103 微控制器标准库中定义的宏变量或者枚举值）。

（1）stdID。该成员用于设置发送报文中的 11 位标准标识符，可设置的标识符范围是 0～0x7FF。

（2）extID。该成员用于设置发送报文中的 29 位扩展标识符，可设置的标识符范围是 0～0x1FFFFFFF。

（3）typeID。该成员用于设置发送报文中的标识符扩展位 IDE，可以配置为标准标识符类型（CAN_TYPEID_STD），表示报文为标准帧格式，报文中的标识符将使用stdID成员配置值；也可以配置为扩展标识符类型（CAN_TYPEID_EXT），表示报文为扩展帧格式，报文中的标识符将使用extID成员配置值。

（4）remoteTxReq。该成员用于设置发送报文中的远程传输请求位RTR，可以配置为远程请求数据帧类型（CAN_RTXR_DATA），表示本报文是数据帧；也可以配置为远程请求遥控帧类型（CAN_RTXR_REMOTE），表示本报文是遥控帧。

（5）dataLengthCode。该成员用于设置发送数据帧中的数据长度码DLC，可设置的值范围为0～8。当发送的报文为遥控帧时，该成员的值为0。

（6）data[8]。该成员用于设置发送数据帧中的数据域字节内容。

当需要使用CAN发送报文时，可以在软件中把发送报文的内容填充到上述发送结构体对象中，然后调用APM32E103微控制器库函数CAN_TxMessage，将该发送结构体对象写入CAN中的发送邮箱，从而完成发送报文操作。

接收结构体CAN_RX_MESSAGE_T中的成员与发送结构体中的成员类似，但接收结构体成员不需要进行设置，当CAN收到报文时，在软件中可以直接调用APM32E103微控制器库函数CAN_RxMessage，将接收FIFO中的报文内容读取到预先定义的接收结构体对象中，然后可以在软件中直接访问接收结构体对象成员，来获取接收到的报文内容。接收结构体比发送结构体多出一个成员filterMatchIndex，该成员存储了当前报文所匹配到的过滤器编号，在软件中可以用该成员来简化程序处理。

3. CAN过滤器结构体

在APM32E103微控制器芯片中，CAN只提供了14个可独立配置的过滤器组。利用APM32E103微控制器标准库提供的过滤器结构体以及相关工具函数，可以方便地完成CAN的过滤器的配置，代码如下：

```
/**
 * @brief    CAN filter config structure definition
 */
typedef struct
{
    uint8_t          filterNumber;       //!< Specifies the filter
number. It can be 0 to 13
    uint16_t         filterIdHigh;       //!< Specifies the filter
identification number.It can be 0 to 0xFFFF
    uint16_t         filterIdLow;        //!< Specifies the filter
identification number.It can be 0 to 0xFFFF
    uint16_t         filterMaskIdHigh;   //!< Specifies the filter mask
identification.  It can be 0 to 0xFFFF
    uint16_t         filterMaskIdLow;    //!< Specifies the filter mask
identification.  It can be 0 to 0xFFFF
```

```
        uint16_t          filterActivation;   //!< Specifies the filter
Activation. It can be ENABLE or DISABLE
        CAN_FILTER_FIFO_T   filterFIFO;
        CAN_FILTER_MODE_T   filterMode;
        CAN_FILTER_SCALE_T  filterScale;
    } CAN_FILTER_CONFIG_T;
```

这些结构体成员的说明如下（括号中的文字是 APM32E103 微控制器标准库中定义的宏变量或者枚举值）。

（1）filterNumber。该成员用于设置过滤器组的编号，即表示本次过滤器配置需要操作的是哪一组过滤器，CAN 一共有 28 组过滤器可供设置，对于 APM32E103 微控制器芯片，CAN 只提供了 14 组过滤器，所以可供配置的参数范围为 0～13。

（2）filterIdHigh。该成员用于设置需要过滤的目标报文标识符。如果当前过滤器位宽为 32 位，则该成员存储的是标识符的高 16 位。如果当前过滤器位宽为 16 位，则该成员存储的是一个完整的标识符。

（3）filterIdLow。该成员和 filterIdHigh 一样，用于设置需要过滤的目标报文标识符。如果当前过滤器位宽为 32 位，则该成员存储的是标识符的低 16 位。如果当前过滤器位宽为 16 位，则该成员存储的也是一个完整的标识符。

（4）filterMaskIdHigh。该成员可用于设置需要过滤的目标报文的掩码或者目标报文标识符，这取决于当前过滤器组的过滤模式的设置。如果工作在标识符掩码过滤模式，则该成员存储的是与 filterIdHigh 对应的掩码。如果工作在标识符列表过滤模式，则该成员存储的是目标报文标识符，其配置方式与 filterIdHigh 一样。

（5）filterMaskIdLow。该成员与 filterMaskIdHigh 一样，可用于设置需要过滤的目标报文的掩码或者目标报文标识符，同样取决于当前过滤器组的过滤模式的设置。如果工作在标识符掩码过滤模式，则该成员存储的是与 filterIdLow 对应的掩码。如果工作在标识符列表过滤模式，则该成员存储的是目标报文标识符，其配置方式与 filterIdLow 一样。

filterIdHigh、filterIdLow、filterMaskIdHigh 和 filterMaskIdLow 4 个成员本质上是共同完成过滤器组对应的 2 个 32 位的 CAN_F*i*BANK1 寄存器和 CAN_F*i*BANK2 寄存器的设置，可以结合图 13.15 中过滤器位宽和过滤器模式的配置进行理解。在对上述 4 个成员进行赋值的时候，需要注意不同位宽以及过滤模式对应的寄存器位映射关系，确保设置的值与 STDID、EXTID、IDE 和 RTR 各部分位映射正确。

（6）filterActivation。该成员用于设置是否激活当前过滤器组（DISABLE/ENABLE）。

（7）filterFIFO。该成员用于设置当前过滤器组需要关联到哪个接收 FIFO，可以配置为接收 FIFO 0（CAN_FILTER_FIFO_0），或者接收 FIFO 1（CAN_FILTER_FIFO_1）。关联接收 FIFO 设置后，当报文通过当前过滤器组匹配后，该报文就会保存到指定的关联接收 FIFO 中。

（8）filterMode。该成员用于设置当前过滤器组的过滤模式，可以配置为标识符掩码过滤模式（CAN_FILTER_MODE_IDMASK），或者标识符列表过滤模式（CAN_FILTER_MODE_IDLIST）。

（9）filterScale。该成员用于设置当前过滤器组的过滤器位宽，可以配置为 16 位位宽过滤器（CAN_FILTER_SCALE_16BIT），或者 32 位位宽过滤器（CAN_FILTER_SCALE_32BIT）。

配置该过滤器结构体对象后，将其作为函数参数，通过调用库函数 CAN_ConfigFilter 将其设置的结构体对象参数写入 CAN 相关寄存器，从而完成 CAN 过滤器组的配置。读者可以通过阅读该库函数源码的方式，进一步加强对 CAN 过滤器初始化过程的深入理解。

13.3 APM32E103 CAN 编程

13.3.1 目标

CAN 编程实例

此实例介绍如何在环回（Loopback）模式下配置 CAN 通信，可以向自己发送消息，然后将接收的消息与传输的消息进行比较，轮询传输和中断传输的结果将通过 USART1 显示在串口助手上。

本实例实现的功能为：若轮询传输成功，LED2 亮起，串口打印 CAN1 polling test is PASSED，否则 LED2 熄灭，打印输出 CAN1 polling test is FAILED；若中断传输成功，LED3 亮起，串口打印 CAN1 interrupt test is PASSED，否则 LED3 熄灭，打印输出 CAN1 interrupt test is FAILED。

13.3.2 工作原理

CAN 的模式选择环回模式，在此模式下，信号不经过收发器，发出的数据也会被 CAN 本身接收回来，如图 13.16 所示。因此，只需要一个开发板，检查接收的数据和发送的数据是否一样，就能测试发送是否成功。

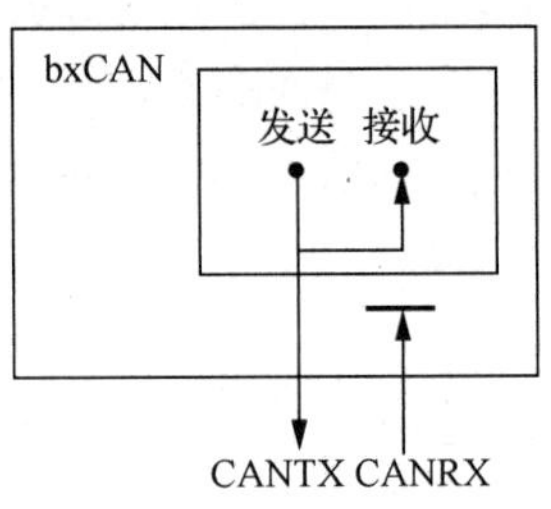

图 13.16　环回模式

13.3.3 编程要点及代码分析

1. 编程要点

（1）使能 CAN 外设的时钟。
（2）配置 CAN 外设的工作模式、位时序以及波特率。
（3）配置过滤器的工作方式。
（4）编写测试程序，收发报文并校验。

2. 代码分析

由于篇幅有限，本篇只针对部分核心代码进行说明（完整代码请参考 geehy 官网，APM32E103 微控制器的 SDK 中 CAN 模块的例程 CAN_LoopBack。）

（1）配置 CAN。进行 CAN 寄存器初始化、CAN 单元初始化等相关配置，主要是把 CAN 的模式设置成 LOOPBACK 工作模式以及设置波特率等。代码如下：

```
    /* CAN register init */
       CAN_Reset(CANx);
       CAN_ConfigStructInit(&CAN_ConfigStructure);

       /* CAN cell init */
       CAN_ConfigStructure.autoBusOffManage=DISABLE;
       CAN_ConfigStructure.autoWakeUpMode=DISABLE;
       CAN_ConfigStructure.nonAutoRetran=DISABLE;
       CAN_ConfigStructure.rxFIFOLockMode=DISABLE;
       CAN_ConfigStructure.txFIFOPriority=DISABLE;
       N_ConfigStructure.mode=CAN_MODE_LOOPBACK;
    波特率为 /* Baudrate=(apb1Clock*1000)/(prescaler*(timeSegment1+
timeSegment2+3))=500 kbit/s */
       CAN_ConfigStructure.syncJumpWidth=CAN_SJW_1;
       CAN_ConfigStructure.timeSegment1=CAN_TIME_SEGMENT1_2;
       CAN_ConfigStructure.timeSegment2=CAN_TIME_SEGMENT2_3;
       CAN_ConfigStructure.prescaler=56;
    CAN_Config(CANx, &CAN_ConfigStructure);
```

（2）配置 CAN 的过滤器。过滤器配置的重点是配置 ID 和掩码，设置筛选器的编号为 0，筛选器的工作模式为掩码模式，代码将筛选器第 0 组配置成 32 位的掩码模式，并且把它的输出连接到接收 FIFO 0，若通过了筛选器的匹配，报文会被存储到接收 FIFO 0，对结构体赋值完毕后，调用库函数 CAN_ConfigFilter 把每个筛选器组的参数写入寄存器。代码如下：

```
    /* CAN filter init */
    CAN_FilterStruct.filterNumber=0;
    CAN_FilterStruct.filterMode=CAN_FILTER_MODE_IDMASK;
    CAN_FilterStruct.filterScale=CAN_FILTER_SCALE_32BIT;
    CAN_FilterStruct.filterIdHigh=0x0000;
    CAN_FilterStruct.filterIdLow=0x0000;
    CAN_FilterStruct.filterMaskIdHigh=0x0000;
    CAN_FilterStruct.filterMaskIdLow=0x0000;
    CAN_FilterStruct.filterFIFO=CAN_FILTER_FIFO_0;
    CAN_FilterStruct.filterActivation=ENABLE;
    CAN_ConfigFilter(&CAN_FilterStruct);
```

（3）发送报文设置。代码将报文设置成标准模式的数据帧，ID 为 0x11，数据段的长度为 2，数据内容为 0xFECA，在实际应用中可根据自己的需求对报文内容进行设置。当设置好报文内容后，可以调用库函数 CAN_TxMessage 将该报文存储到发送邮箱。代码如下：

```
TxMessage.stdID=0x11;
TxMessage.remoteTxReq=CAN_RTXR_DATA;
TxMessage.typeID=CAN_TYPEID_STD;
TxMessage.dataLengthCode=2;
TxMessage.data[0]=0xCA;
TxMessage.data[1]=0xFE;
TransmitMailbox=(CAN_TX_MAILBIX_T)CAN_TxMessage(CANx, &TxMessage);
```

（4）接收报文设置。设置完成报文内容后，可调用库函数 CAN_RxMessage 从邮箱中读出报文。代码如下：

```
   /* receive */
RxMessage.stdID=0x00;
RxMessage.typeID=CAN_TYPEID_STD;
RxMessage.dataLengthCode=0;
RxMessage.data[0]=0x00;
RxMessage.data[1]=0x00;
CAN_RxMessage(CANx, CAN_RX_FIFO_0, &RxMessage);
```

（5）接收报文的中断服务函数。若 CAN 接收的报文经过筛选器匹配后被存储到 FIFO 0 中，并引起中断，进入中断服务函数，则调用库函数 CAN_RxMessage 把报文从 FIFO 复制到接收报文结构体 RxMessage 中，并且比较接收的报文 ID 是否与我们预期接收的一致，一致就设置标志 intFlag=1，否则为 0。代码如下：

```
   void CAN1_RxIsr()
{
    CAN_RxMessage_T RxMessage;
    /* receive */
    RxMessage.stdID=0x00;
    RxMessage.extID=0x00;
    RxMessage.typeID=0;
    RxMessage.dataLengthCode=0;
    RxMessage.data[0]=0x00;
    RxMessage.data[1]=0x00;
    CAN_RxMessage(CAN1,CAN_RX_FIFO_0,&RxMessage);
    if((RxMessage.extID==0x1234)&&(RxMessage.typeID==CAN_TYPEID_EXT)
     && (RxMessage.dataLengthCode==2)&&(RxMessage.data[0]==0xDE)&&
(RxMessage.data[1]==0xCA))
```

```
        {
            intFlag = 1;
        }
        else
        {
            intFlag = 0;
    }
```

（6）配置接收中断。代码如下：

```
    void NVIC_Configuration(void)
    {
        NVIC_EnableIRQRequest(USBD1_LP_CAN1_RX0_IRQn,0,0);}
```

13.3.4　下载验证

（1）下载目标程序。

将目标程序编译完成后下载到开发板微控制器的 Flash 存储器中，完成串口线的连接，复位运行即可查看运行结果。

（2）运行结果。

观察开发板上 LED2 和 LED3 的情况及串口调试助手窗口打印内容，如图 13.17 和图 13.18 所示，LED2 和 LED3 均亮起，串口打印内容与预期符合。

图 13.17　开发板指示灯

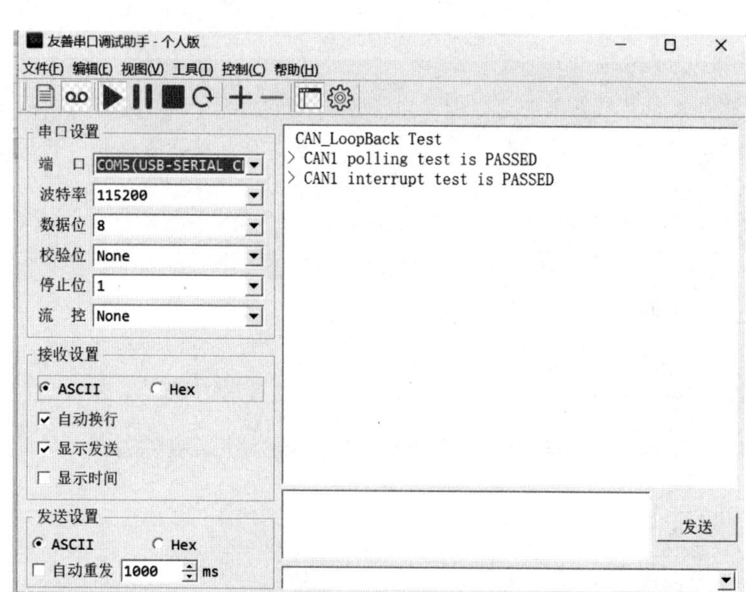

图 13.18　串口调试助手窗口

本章小结

本章主要介绍 CAN 的原理和应用。首先介绍了 CAN 协议，涵盖了 CAN 相关的典型概念，如 CAN 总线网络、CAN 控制单元、CAN 差分信号、CAN 波特率及位同步等内容，然后介绍了 CAN 的协议层和 CAN 消息帧等内容，从而在理论层面对 CAN 的学习有个系统的掌握；针对 CAN 控制器进行了重点介绍，尤其对 CAN 的功能和相关配置进行了讲解，能够理解并学会配置 CAN 的工作模式、通信模式、时序、波特率、接收数据和发送数据、过滤器以及中断等功能；介绍了 CAN 相关的结构体以及库函数。最后通过 CAN 编程实验，涵盖 CAN 实例的实例目标、硬件设计以及软件设计等环节，并对编程要点和关键代码进行分析，通过实例运行结果进行验证，从而基本掌握对 CAN 应用的编程与实践。

习题 13

1. CAN 总线网络拓扑结构有哪些？
2. CAN 的工作模式有哪些？
3. CAN 的通信模式有哪些？
4. CAN 通信波特率为 1Mbit/s，如何配置能够实现？

第 14 章

EMMC 控制器和 USB 接口

本章介绍 EMMC 控制器与 USB 接口两个模块，EMMC 控制器帮助我们拓展 APM32E103 微控制器的存储空间，使微控制器可以适应存储更多数据的应用场景。APM32E103 微控制器具有 USB 接口，可以实现 APM32E103 微控制器与 USB 协议的其他设备之间控制与通信功能。

14.1　EMMC 控制器

通过前面的学习可以知道，APM32E103 微控制器芯片包含 512KB 的 Flash 与 128KB 的 SRAM，当这样的存储空间不能满足我们的需要时，可以外接其他存储芯片，如使用内嵌式存储器标准规格（Embedded Multi Media Card，EMMC）控制器。

14.1.1　EMMC 控制器介绍

EMMC 包括静态存储控制器（Static Memory Controller，SMC）、动态存储控制器（Dynamic Memory Controller，DMC）。SMC 负责控制 SRAM、PSRAM、NandFlash、NorFlash、PCCard；DMC 负责控制 SDRAM。APM32E103ZC 与 APM32E103ZE 系列芯片的 EMMC 支持上述所有类别存储器的控制。表 14.1 列出了 APM32E103 微控制器芯片对 EMMC 的支持情况。

表 14.1　APM32E103 微控制器芯片对 EMMC 的支持

产品	APM32E103×C×E									
型号	CC	CE	CC	CE	RC	RE	VC	VE	ZC	ZE
封装	QFN48		LQFP48		LQFP64		LQFP100		LQFP144	
存储控制器（EMMC）	无						有（不支持SDRAM）		有（支持SDRAM）	

SMC 是用来管理扩展静态存储器的外设，可以将 AHB 传输信号转换到适当的外部设备上。如图 14.1 所示，经过 EMMC 处理后，AHB 总线可以与外部的 NORFlash 信号、公用信号、NANDFlash 信号和 PC 卡信号兼容通信。

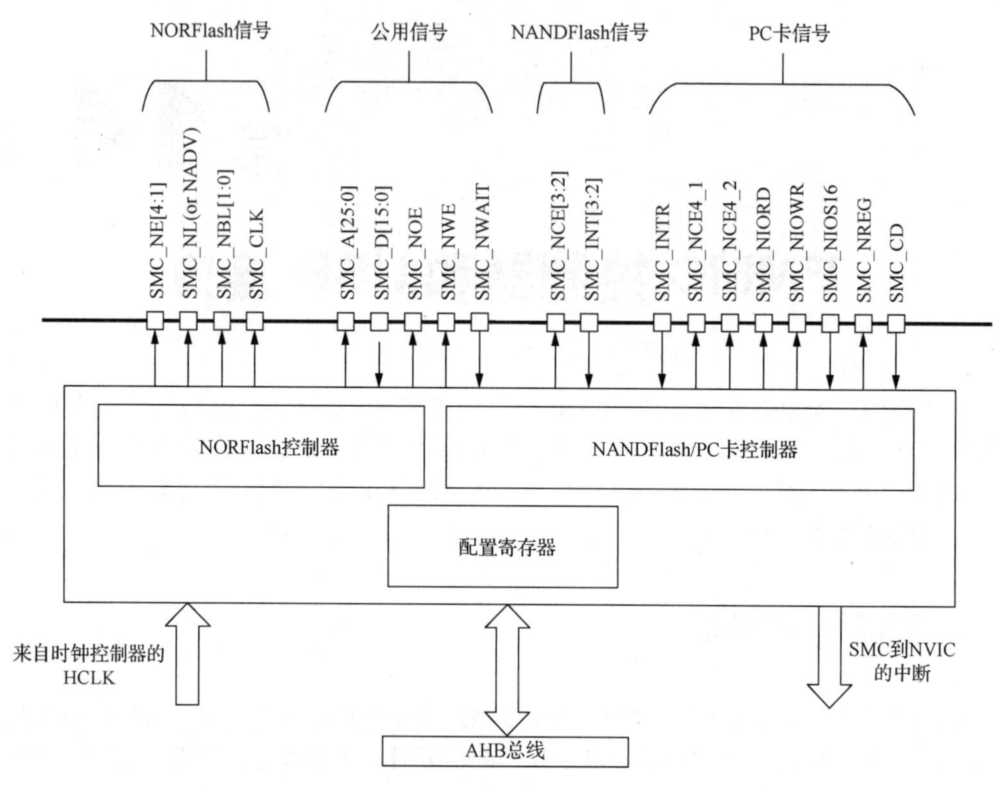

图 14.1 SMC 结构图

SMC 内部包含 4 个存储块，每个存储块都对应控制不同类型的存储器，通过片选信号加以区分。APM32E103 微控制器给每个存储块同样分配了独立的地址区，具体分类情况如表 14.2 所示。

表 14.2 外部设备地址映射表

起始地址	结束地址	存储块	支持存储器类型
0x60000000	0x6FFFFFFF	存储块 1（4×64MB）	NOR/PSRAM
0x70000000	0x7FFFFFFF	存储块 2（4×64MB）	NAND
0x80000000	0x8FFFFFFF	存储块 3（4×64MB）	NAND
0x90000000	0x9FFFFFFF	存储块 4（4×64MB）	PC 卡

DMC 是一个动态存储控制器，外接片外 SDR-SDRAM。如图 14.2 所示，DMC 通过存储接口单元和主机接口单元两级实现片外 SDR-SDRAM 信号与 AHB 总线的结合。

DMC 在控制 SDRAM 时，所分配的地址与 SMC 支持 NOR/PSRAM 的地址相同，均使用存储块 1，起始地址为 0x60000000，结束地址为 0x6FFFFFFF。

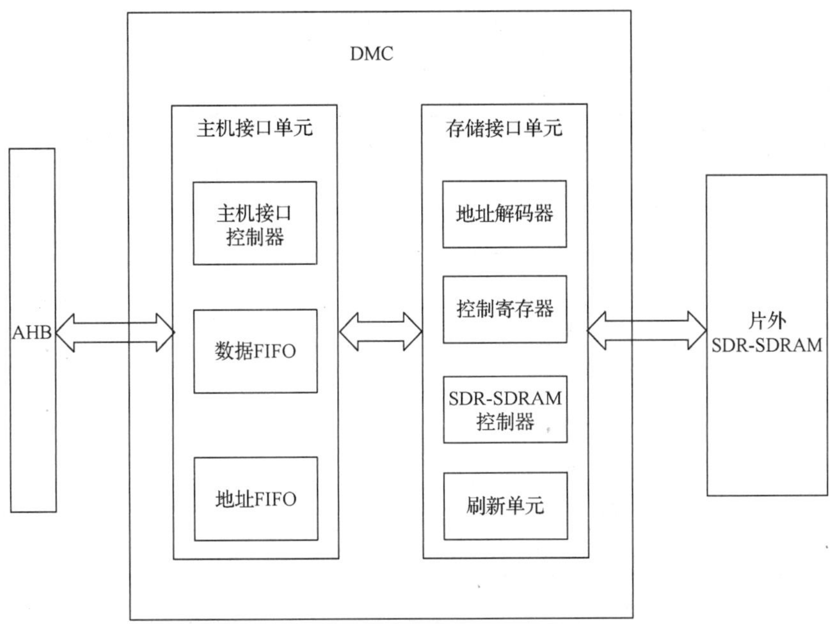

图 14.2　DMC 结构框图

14.1.2　EMMC 控制器实例

下面以 DMC 控制 SDRAM 为例，展示 APM32E103 微控制器芯片 EMMC 模块的使用。

1. 主要功能

DMC 控制 SDRAM 芯片需要用到大量的引脚，需要先了解 SDRAM 的引脚与芯片 GPIO 引脚的对应连接关系。本实例中使用的是 M12L64164A 存储器芯片，使用时按照 DMC 引脚定义进行连接后，便可以通过 EMMC 读写其内部的存储空间。

2. 硬件连接

EMMC 控制器包含 DMC 与 SMC，实例是以 DMC 控制 SDRAM 芯片为例的，表 14.3 所示为 DMC 用到的引脚的定义。

表 14.3　DMC 引脚

信号名称	输入/输出	引脚名称	属性
A0	输出	PF13	地址 bit[0]位
A1	输出	PF14	地址 bit[1]位
A2	输出	PF15	地址 bit[2]位
A3	输出	PG0	地址 bit[3]位

续表

信号名称	输入/输出	引脚名称	属性
A4	输出	PE8	地址 bit[4]位
A5	输出	PE9	地址 bit[5]位
A6	输出	PE10	地址 bit[6]位
A7	输出	PE11	地址 bit[7]位
A8	输出	PE12	地址 bit[8]位
A9	输出	PE13	地址 bit[9]位
A10	输出	PF12	地址 bit[10]位
D0	输入/输出	PG12	双向数据传输 bit[0]位
D1	输入/输出	PG13	双向数据传输 bit[1]位
D2	输入/输出	PG14	双向数据传输 bit[2]位
D3	输入/输出	PG15	双向数据传输 bit[3]位
D4	输入/输出	PE3	双向数据传输 bit[4]位
D5	输入/输出	PE5	双向数据传输 bit[5]位
D6	输入/输出	PE6	双向数据传输 bit[6]位
D7	输入/输出	PF0	双向数据传输 bit[7]位
D8	输入/输出	PC10	双向数据传输 bit[8]位
D9	输入/输出	PC11	双向数据传输 bit[9]位
D10	输入/输出	PD2	双向数据传输 bit[10]位
D11	输入/输出	PD3	双向数据传输 bit[11]位
D12	输入/输出	PD4	双向数据传输 bit[12]位
D13	输入/输出	PD5	双向数据传输 bit[13]位
D14	输入/输出	PD6	双向数据传输 bit[14]位
D15	输入/输出	PG9	双向数据传输 bit[15]位
BA	输出	PF11	Bank 地址位
CLK	输出	PE15	时钟线
CKE	输出	PB11	时钟使能线
LDQM	输入	PF10	16 位数据写入选择位
UNQM	输入	PB10	16 位数据读取选择位
NWE	输出	PF6	写使能选择位
NCAS	输出	PF5	列地址位选通命令
NRAS	输出	PF4	行地址位选通命令
NCS	输出	PF2	片选位

3. 程序流程图

图 14.3 所示为 EMMC 程序流程图。

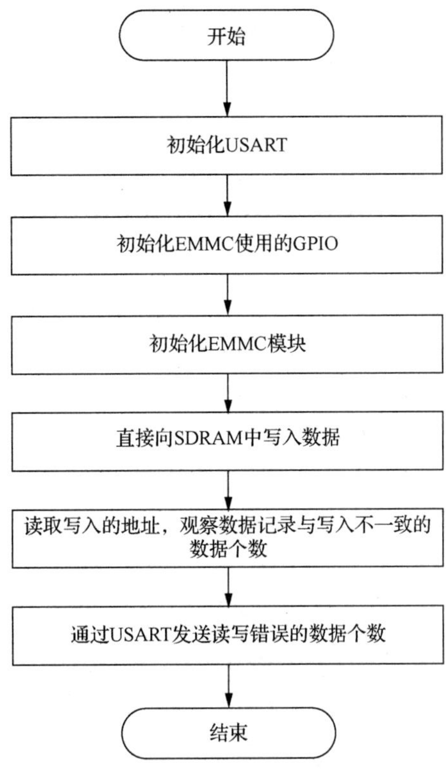

图 14.3　EMMC 程序流程图

4. 代码实现

代码如下：

```
//main.c
#include <stdio.h>
#include "dmc_sdram.h"
#include "apm32e10x_usart.h"
int main(void)
{
    uint32_t Conut;
    /* 初始化 USART */
    USART_init(USART1);
    /* 初始化 EMMC 使用的 GPIO */
    SDRAM_GPIOConfig();
    /* 初始化 EMMC 模块 */
```

```
    SDRAM_DMCConfig();
    /* 通过 EMMC 写入并读取检验数据 */
    Conut = SDRAM_Byte_Test();
    /* 通过串口发送读写错误数据的个数 */
    printf("出现读写错误的个数为：%d\r\n", Conut);
    while (1)
    {
    }
}
/* 重写 fputc 函数 */
int fputc(int ch, FILE* f)
{
    /* 通过串口发送一字节数据 */
    USART_TxData(USART1, (uint8_t)ch);
        /* 等待数据发送完成 */
    while (USART_ReadStatusFlag(USART1, USART_FLAG_TXBE) == RESET);
    return (ch);
}
//dmc_sdram.h
#ifndef __DMC_SDRAM_H
#define __DMC_SDRAM_H
#include "apm32e10x.h"
#include <string.h>
#include <stdio.h>
/* 需要开启的时钟 */
#define  RCM_SDRAM_GPIO_PERIPH (RCM_APB2_PERIPH_AFIO  | \
                                RCM_APB2_PERIPH_GPIOB | \
                                RCM_APB2_PERIPH_GPIOC | \
                                RCM_APB2_PERIPH_GPIOD | \
                                RCM_APB2_PERIPH_GPIOE | \
                                RCM_APB2_PERIPH_GPIOF | \
                                RCM_APB2_PERIPH_GPIOG)
#define  RCM_SDRAM_PERIPH (RCM_AHB_PERIPH_SMC)
/* 外接 SDRAM 的起止地址 */
#define SDRAM_START_ADDR ((uint32_t)0x60000000)
#define SDRAM_END_ADDR ((uint32_t)0x60200000)
void SDRAM_DMCConfig(void);
void SDRAM_GPIOConfig(void);
uint32_t SDRAM_Byte_Test(void);
```

```
void SDRAM_WriteByte(uint32_t address,uint8_t data);
#endif
//dmc_sdram.c
#include "dmc_sdram.h"
#include "apm32e10x_dmc.h"
#include "apm32e10x_gpio.h"
#include "apm32e10x_rcm.h"
/* 按字节读写 SDRAM 并校验 */
uint32_t SDRAM_Byte_Test(void)
{
    uint32_t Addr=0;
    uint32_t i=0;
    /* 向 SDRAM 中的全部地址写入 0x55 */
    for (Addr=SDRAM_START_ADDR; Addr<SDRAM_END_ADDR; Addr+=0x1)
    {
        SDRAM_WriteByte(Addr,(uint8_t)0x55);
    }
    /* 读取 SDRAM 的全部地址并记录不是 0x55 的个数 */
    for (Addr=SDRAM_START_ADDR; Addr<SDRAM_END_ADDR; Addr+=0x1)
    {
        if (*(__IO uint8_t*)(Addr)!=0x55)
        {
            i++;
        }
    }
    return i;
}
/* 向对应地址写入一字节数据 */
void SDRAM_WriteByte(uint32_t address,uint8_t data)
{
    *(uint8_t*)address=data;
}
/* 初始化 EMMC 使用的 GPIO 引脚 */
void SDRAM_GPIOConfig(void)
{
    GPIO_Config_T gpioConfig;
    RCM_EnableAPB2PeriphClock(RCM_SDRAM_GPIO_PERIPH);
        /* 将 EMMC 使用的 GPIO 引脚配置为复用模式 */
    gpioConfig.speed=GPIO_SPEED_50MHz;
```

```
        gpioConfig.mode=GPIO_MODE_AF_PP;
        gpioConfig.pin=GPIO_PIN_10|GPIO_PIN_11;
        GPIO_Config(GPIOB,&gpioConfig);
        gpioConfig.pin=GPIO_PIN_11|GPIO_PIN_12;
        GPIO_Config(GPIOC, &gpioConfig);
        /* …… */
    /* 开启表 14.3DMC 引脚，此处不再赘述 */
    }
    /* 初始化 EMMC 模块 */
    void SDRAM_DMCConfig(void)
    {
        DMC_Config_T dmcConfig;
        RCM_EnableAHBPeriphClock(RCM_SDRAM_PERIPH);
        /* 配置时钟相位、SDRAM 存储容量等信息 */
        dmcConfig.bankWidth=DMC_BANK_WIDTH_1;
        dmcConfig.clkPhase=DMC_CLK_PHASE_REVERSE;
        dmcConfig.colWidth=DMC_COL_WIDTH_8;
        dmcConfig.memorySize=DMC_MEMORY_SIZE_2MB;
        dmcConfig.rowWidth=DMC_ROW_WIDTH_11;
        DMC_ConfigTimingStructInit(&dmcConfig.timing);
        /* 初始化 EMMC */
        DMC_Config(&dmcConfig);
        /* 开启 EMMC 的 DMC 功能 */
        DMC_Enable();
    }
```

完成上述代码，并将工程烧录进 APM32E103 微控制器中。芯片开始工作后，可以通过串口工具读取 APM32E103 微控制器 USART 发送的结果。

14.2 USB 接口

APM32E103 微控制器提供符合全速 USB2.0 接口设备的协议标准及技术规范，可以实现微控制器与计算机之间使用 USB2.0 协议进行通信的功能，可以满足同步传输、中断传输、控制传输与批量传输的需要。本小节将对其中的一部分功能进行介绍。

14.2.1 USB 应用场景

与前面介绍的各个模块不同的是，通用串行总线（Universal Serial Bus，USB）是一个通信接口。日常接触到的鼠标、键盘、打印机、U 盘、数码相机、充电器等都使用 USB

接口来传输数据或供电。USB 作为通用串行总线，可以为多类设备建立连接。表 14.4 所示为 USB 设备类映射表。

表 14.4　USB 设备类映射表

类代码	用途	功能描述
00h	设备类	Use class information in the Interface Descriptors
01h	接口类	Audio
02h	设备/接口	Communications and CDC Control
03h	接口类	HID（Human Interface Device）
05h	接口类	Physical
06h	接口类	Image
07h	接口类	Printer
08h	接口类	Mass Storage
09h	设备类	Hub
0Ah	接口类	CDC-Data
0Bh	接口类	Smart Card
0Dh	接口类	Content Security
0Eh	接口类	Video
0Fh	接口类	Personal Healthcare
10h	接口类	Audio/Video Devices
11h	设备类	Billboard Device Class
12h	接口类	USB Type-C Bridge Class
13h	接口类	USB Bulk Display Protocol Device Class
14h	接口类	MCTP over USB Protocol Endpoint Device Class
3Ch	接口类	I3C Device Class
DCh	设备/接口	Diagnostic Device
E0h	接口类	Wireless Controller
EFh	设备/接口	Miscellaneous
FEh	接口类	Application Specific
FFh	设备/接口	Vendor Specific

根据定义，USB 协议可以对上述多种设备进行识别，应用在各种通信场景中。

14.2.2 USB 模拟 HID 设备实例

1. 主要功能

使用 APM32E103 微控制器的 USB 模块，模拟实际的鼠标与计算机进行交互，与 APM32E103 微控制器芯片的 GPIO 口外接的按键进行交互，按下对应的按键，芯片将会向计算机发送对应的指令，控制计算机鼠标指针的左右移动。

2. 硬件连线

芯片 USB 模块的 DP 与 DN 引脚被接到 MINI_USB 接口上，再通过 USB 线连接计算机。本实例中芯片将充当低速 USB 设备，会将图 14.4 中的三极管 Q1 导通，实现 DP 引脚的上拉。外部将 PA1 与 PA0 引脚与按键连接。

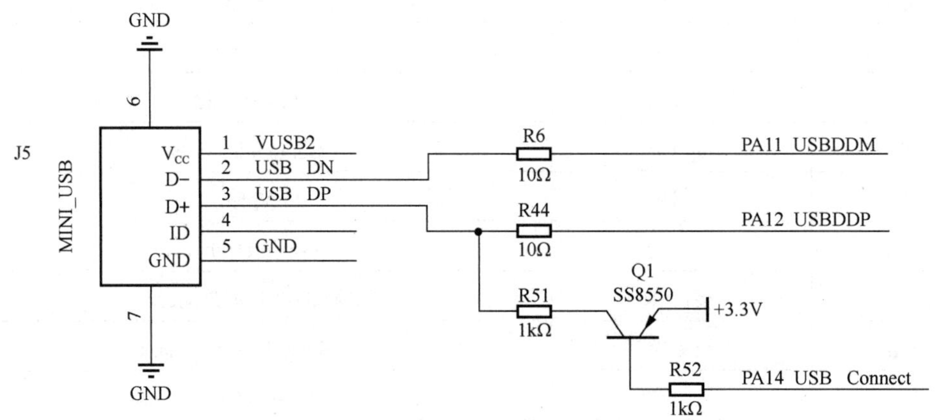

图 14.4 USB 接口电路连接图

3. 程序流程图

如图 14.5 所示，对 USB 和 GPIO 进行初始化后，就进入对两个按键 GPIO 接口进行轮询的状态，当按键被按下后，就会发送对应信息模拟鼠标左键或右键被按下。同时主机有 IN 或 OUT 指令传递，通过 USB 中断来进行相应的处理。USB 接口连接计算机后，计算机作为主机就会传递对应的指令来对设备进行读取和配置，并建立对应的通信。

USB主函数
开始
初始化USB控制变量
初始化USB硬件与GPIO按键引脚
读取按键按下的情况
按键1被按下？
Y
N
通过USB发送鼠标左键按下的数据
按键2被按下？
Y
N
通过USB发送鼠标右键按下的数据

USB中断服务函数
接收到主机IN/OUT指令，USB中断触发
发生CTR中断？
Y
N
根据控制命令接收或发送数据
端点0收到SETUP标准请求？
Y
N
根据主机请求发送描述符，设置地址或设置配置
发生RST中断？
Y
N
复位USB端口
发生SUS中断？
Y
N
挂起USB，芯片进入低功耗模式
发生WKUP中断？
Y
N
APM32E103微控制器初始化，USB启动
结束中断

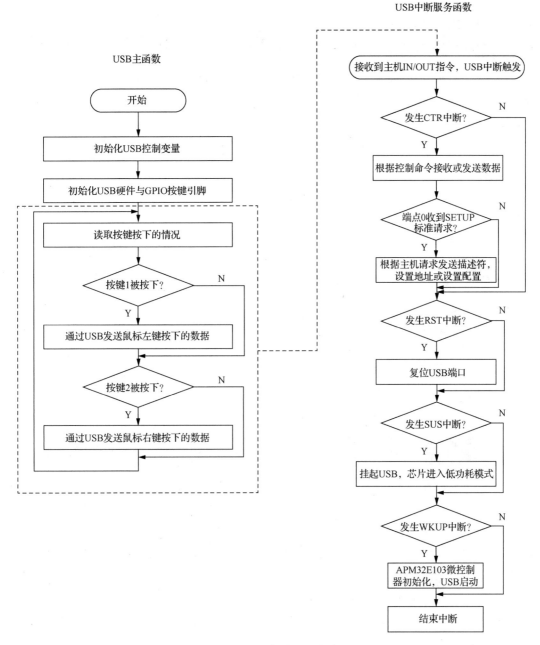

图 14.5 HID 设备编程程序流程图

4. 代码实现

实现 USB 功能模拟鼠标对计算机进行控制，涉及大量的代码，下面列出的代码为主体代码。对 HID 类特殊请求协议、USB 基本协议、USB 寄存器调用以及鼠标设备的各类描述符，本书未给出，完整的可执行的工程可以从极海官网下载。

```
//main.c
#include "usbd_hid.h"
int main(void)
{
    /* 初始化 USB 控制变量、USB 硬件与 GPIO 模块 */
    HidMouse_Init();
    while(1)
    {
        /* 轮询读取按键 IO，根据按键情况发送对应的信息模拟光标的左移与右移 */
        HidMouse_Proc();
    }
}
//usbd_hid.h
#ifndef __USBD_HID_H
#define __USBD_HID_H
enum
{
    HID_MOUSE_KEY_NULL,
    HID_MOUSE_KEY_LEFT,
    HID_MOUSE_KEY_RIGHT,
    HID_MOUSE_KEY_UP,
    HID_MOUSE_KEY_DOWN,
};
/* 描述符参数：包含描述符的数组名与长度 */
typedef struct
{
    const uint8_t* pDesc;
    uint8_t size;
} USBD_Descriptor_T;
/* 有参数函数指针变量类型 */
typedef void (*USBD_ReqHandler_T)(USBD_DevReqData_T*);
typedef void (*USBD_EPHandler_T)(uint8_t ep);
/* 无参数函数指针变量类型 */
typedef void (*USBD_StdReqHandler_T)(void);
typedef void (*USBD_CtrlTxStatusHandler_T)(void);
typedef void (*USBD_CtrlRxStatusHandler_T)(void);
typedef void (*USBD_ResetHandler_T)(void);
typedef void (*USBD_InterruptHandler_T)(void);
/* 类特殊请求响应函数集参数 */
typedef struct
{
    USBD_StdReqHandler_T getConfigurationHandler;
    USBD_StdReqHandler_T getDescriptorHandler;
```

```
    USBD_StdReqHandler_T getInterfaceHandler;
    USBD_StdReqHandler_T getStatusHandler;
    USBD_StdReqHandler_T setAddressHandler;
    USBD_StdReqHandler_T setConfigurationHandler;
    USBD_StdReqHandler_T setDescriptorHandler;
    USBD_StdReqHandler_T setFeatureHandler;
    USBD_StdReqHandler_T setInterfaceHandler;
    USBD_StdReqHandler_T clearFeatureHandler;
} USBD_StdReqCallback_T;
/* USB 初始化参数 */
typedef struct
{
    USBD_Descriptor_T* pDeviceDesc;
    USBD_Descriptor_T* pConfigurationDesc;
    USBD_Descriptor_T* pStringDesc;
    USBD_Descriptor_T* pQualifierDesc;
    USBD_Descriptor_T* pHidReportDesc;
    USBD_StdReqCallback_T* pStdReqCallback;
    USBD_ReqHandler_T stdReqExceptionHandler;
    USBD_ReqHandler_T classReqHandler;
    USBD_ReqHandler_T vendorReqHandler;
    USBD_CtrlTxStatusHandler_T txStatusHandler;
    USBD_CtrlRxStatusHandler_T rxStatusHandler;
    USBD_EPHandler_T    outEpHandler;
    USBD_EPHandler_T    inEpHandler;
    USBD_ResetHandler_T resetHandler;
    USBD_InterruptHandler_T intHandler;
} USBD_InitParam_T;
void HidMouse_Init(void);
void HidMouse_Proc(void);
#endif
//usbd_hid.c
#include "usbd_hid.h"
/* 端点状态 */
static uint8_t s_statusEP=1;
/* USB 配置状态 */
static uint8_t s_usbConfigStatus=0;
/* 初始化输入按键 GPIO */
void HidMouse_GPIOInit(void)
{
    GPIO_Config_T gpioConfigStruct;
    RCM_EnableAPB2PeriphClock(RCM_APB2_PERIPH_GPIOA);
    gpioConfigStruct.mode=GPIO_MODE_IN_PU;
```

```
    gpioConfigStruct.pin=GPIO_PIN_0|GPIO_PIN_1;
    gpioConfigStruct.speed=GPIO_SPEED_50MHz;
    GPIO_Config(GPIOA, &gpioConfigStruct);
}
/* 根据按键按下的情况模拟鼠标向计算机发送信息 */
void HidMouse_Write(uint8_t key)
{
    int8_t x=0;
    int8_t y=0;
    uint8_t buffer[4]={0, 0, 0, 0};
    /* 根据按键按下的情况调整发送给计算机的数据 */
    switch(key)
    {
        case HID_MOUSE_KEY_LEFT:
            x-=10;
        break;
        case HID_MOUSE_KEY_RIGHT:
            x+=10;
        break;
        case HID_MOUSE_KEY_UP:
            y-=10;
        break;
        case HID_MOUSE_KEY_DOWN:
            y+=10;
        break;
        default:
            return;
    }
    /* 将数据写入缓冲区并发送 */
    buffer[1]=x;
    buffer[2]=y;
    s_statusEP=0;
    USBD_TxData(USBD_EP_1, buffer, sizeof(buffer));
}
/* 读取两个按键的状态 */
uint8_t HidMouse_ReadKey(void)
{
    /* PA0 键被按下返回光标右移*/
    if(!GPIO_ReadInputBit(GPIOA, GPIO_PIN_0))
    {
        return HID_MOUSE_KEY_RIGHT;
    }
    /* PA1 键被按下返回光标左移 */
```

```
    if(!GPIO_ReadInputBit(GPIOA, GPIO_PIN_1))
    {
        return HID_MOUSE_KEY_LEFT;
    }
    return HID_MOUSE_KEY_NULL;
}
void HidMouse_Proc(void)
{
    uint8_t key=HID_MOUSE_KEY_NULL;
    /* 根据 USB 状态判断是否继续进行 USB 通信 */
    if(!s_usbConfigStatus)
    {
        return;
    }
    /* 获取两个按键按下的情况 */
    key=HidMouse_ReadKey();
    if(key!=HID_MOUSE_KEY_NULL)
    {
        if(s_statusEP)
        {
            /* 端点正常工作时根据按键按下情况发送对应的信息 */
            HidMouse_Write(key);
        }
    }
}
/* USB 硬件初始化 */
void USBD_HardWareInit(void)
{
    /* 配置并开启 USB 时钟 */
    RCM_ConfigUSBCLK(RCM_USB_DIV_1_5);
    RCM_EnableAPB1PeriphClock(RCM_APB1_PERIPH_USB);
    /* 配置 USB 中断 */
    EINT_Config_T EINT_ConfigStruct;
    EINT_ConfigStruct.mode=EINT_MODE_INTERRUPT;
    EINT_ConfigStruct.line=EINT_LINE_18;
    EINT_ConfigStruct.trigger=EINT_TRIGGER_RISING;
    EINT_ConfigStruct.lineCmd=ENABLE;
    EINT_Config(&EINT_ConfigStruct);
    /* 配置中断优先级并使能中断 */
    NVIC_EnableIRQRequest(USBD1_LP_CAN1_RX0_IRQn, 2, 0);
    NVIC_EnableIRQRequest(USBDWakeUp_IRQn, 1, 0);
}
void USBD_Init(USBD_InitParam_T* param)
```

```
{
    /* 将 USB 控制变量根据设置进行初始化 */
    g_usbDev.pDeviceDesc=param->pDeviceDesc;
    g_usbDev.pConfigurationDesc=param->pConfigurationDesc;
    g_usbDev.pStringDesc=param->pStringDesc;
    g_usbDev.pQualifierDesc=param->pQualifierDesc;
    g_usbDev.pHidReportDesc=param->pHidReportDesc;
    g_usbDev.pStdReqCallback=param->pStdReqCallback;
    g_usbDev.classReqHandler=param->classReqHandler;
    g_usbDev.vendorReqHandler=param->vendorReqHandler;
    g_usbDev.stdReqExceptionHandler=param->stdReqExceptionHandler;
    g_usbDev.txStatusHandler=param->txStatusHandler;
    g_usbDev.rxStatusHandler=param->rxStatusHandler;
    g_usbDev.inEpHandler=param->inEpHandler;
    g_usbDev.outEpHandler=param->outEpHandler;
    g_usbDev.resetHandler=param->resetHandler;
    g_usbDev.intHandler=param->intHandler;
    /* 硬件初始化并开启 USB 模块 */
    USBD_HardWareInit();
    USBD_PowerOn();
}
/* Hid 鼠标初始化 */
void HidMouse_Init(void)
{
    USBD_InitParam_T usbParam;
    USBD_InitParamStructInit(&usbParam);
    /* HID 类特殊请求的处理函数（未给出）*/
    usbParam.classReqHandler=USBD_ClassHandler;
    /* 获取描述符请求的处理函数（未给出）*/
    usbParam.stdReqExceptionHandler=HidMouse_ReportDescriptor;
    /* Hid 鼠标接口复位函数（未给出）*/
    usbParam.resetHandler=HidMouse_Reset;
    /* 端点配置为发送模式的处理函数（未给出）*/
    usbParam.inEpHandler=HidMouse_EPHandler;
    /* 设备描述符、配置描述符、字符串描述符相关数组（未给出，可查阅 HID 鼠标设备的
相关描述符并按自己的需求进行填充）*/
    usbParam.pDeviceDesc=(USBD_Descriptor_T *)&g_deviceDescriptor;
    usbParam.pConfigurationDesc=(USBD_Descriptor_T *)&g_configDescriptor;
    usbParam.pStringDesc=(USBD_Descriptor_T *)g_stringDescriptor;
    /* 标准请求的回调函数集 */
    usbParam.pStdReqCallback=&s_stdCallback;
    /* 将 USB 控制变量初始化并初始化 USB 模块硬件 */
    USBD_Init(&usbParam);
```

```
    /* 按键 GPIO 初始化 */
    HidMouse_GPIOInit();
}
//usbd_interrupt.c
#include "usbd_hid.h"
/* 声明本文件中定义的函数 */
static void USBD_LowPriorityProc(void);
static void USBD_ResetIsrHandler(void);
static void USBD_SuspendIsrHandler(void);
static void USBD_ResumeIsrHandler(void);
/* USB 中断服务函数 */
void USBD1_LP_CAN1_RX0_IRQHandler(void)
{
/* 完成一次正确的数据传输 */
#if(USB_INT_SOURCE & USBD_INT_CTR)
    if (USBD_ReadIntFlag(USBD_INT_CTR))
    {
        USBD_LowPriorityProc();
    }
#endif
/* 检测到复位信号 */
#if(USB_INT_SOURCE & USBD_INT_RST)
    if(USBD_ReadIntFlag(USBD_INT_RST))
    {
        USBD_ClearIntFlag(USBD_INT_RST);
        USBD_ResetIsrHandler();
    }
#endif
/* 分组缓冲区溢出 */
#if USB_INT_SOURCE & USBD_INT_PMAOU
    if(USB_ReadIntFlag(USB_INT_PMAOU))
    {
        USB_ClearIntFlag(USB_INT_PMAOU);
    }
#endif
/* 发生传输错误 */
#if USB_INT_SOURCE & USBD_INT_ERR
    if(USB_ReadIntFlag(USB_INT_ERROR))
    {
        USB_ClearIntFlag(USB_INT_ERROR);
    }
#endif
/* 检测到唤醒信号 */
```

```
#if USB_INT_SOURCE & USBD_INT_WKUP
    if(USBD_ReadIntFlag(USBD_INT_WKUP))
    {
        USBD_ResumeIsrHandler();
        USBD_ClearIntFlag(USBD_INT_WKUP);
    }
#endif
/* 检测到挂起请求 */
#if USB_INT_SOURCE & USBD_INT_SUS
    if(USBD_ReadIntFlag(USBD_INT_SUS))
    {
        USBD_SuspendIsrHandler();
        USBD_ClearIntFlag(USBD_INT_SUS);
    }
#endif
/* 检测到 SOF 分组 */
#if USB_INT_SOURCE & USBD_INT_SOF
    if(USB_ReadIntFlag(USB_INT_SOF))
    {
        USB_ClearIntFlag(USB_INT_SOF);
    }
#endif
/* 未收到期望的 SOF 分组 */
#if USB_INT_SOURCE & USBD_INT_ESOF
    if(USB_ReadIntFlag(USB_INT_ESOF))
    {
        USB_ClearIntFlag(USB_INT_ESOF);
    }
#endif
}
/* 正确传输的响应函数 */
static void USBD_LowPriorityProc(void)
{
    USBD_EP_T ep;
    /* 检查正确传输的中断标识是否置位 */
    while(USBD_ReadIntFlag(USBD_INT_CTR))
    {
        /* 读取数据传输端点 */
        ep=(USBD_EP_T)USBD_ReadEP();
        /* 端点 0 的数据处理方式 */
        if (ep==0)
        {
            /* 处理数据时将端点配置为未准备好的状态 */
```

```
                USBD_SetEPTxRxStatus(USBD_EP_0, USBD_EP_STATUS_NAK, USBD_EP_
STATUS_NAK);
                /* 判断传输方向 */
                if(USBD_ReadDir()==0)
                {
                    /* 方向为 IN 时，将端点 0 配置为发送模式将缓冲区的数据发送出去 */
                    USBD_ResetEPTxFlag(USBD_EP_0);
                    USBD_CtrlInProcess();
                }
                else
                {
                    /* 方向为 OUT 时，判断接收到数据的类型 */
                    if(USBD_ReadEPSetup(USBD_EP_0)==SET)
                    {
                        /* 接收到标准请求的 SETUP 数据，进行解析和响应 */
                        USBD_ResetEPRxFlag(USBD_EP_0);
                        USBD_SetupProcess();
                    }
                    else
                    {
                        /* 将接收数据存入缓冲区 */
                        USBD_ResetEPRxFlag(USBD_EP_0);
                        USBD_CtrlOutProcess();
                    }
                }
            }
            /* 其他端点的数据处理方式 */
            else
            {
                /* 将接收数据存入缓冲区或发送缓冲区中的数据 */
                if(USBD_ReadEPRxFlag(ep))
                {
                    USBD_ResetEPRxFlag(ep);
                    USBD_DataOutProcess(ep);
                }
                if(USBD_ReadEPTxFlag(ep))
                {
                    USBD_ResetEPTxFlag(ep);
                    USBD_DataInProcess(ep);
                }
            }
        }
    }
```

```
/* 收到复位信号的响应函数 */
static void USBD_ResetIsrHandler(void)
{
    uint8_t i;
    USBD_EPConfig_T epConfig;
    /* 初始化 USB 控制变量 */
    g_usbDev.configurationNum=USB_CONFIGURATION_NUM;
    g_usbDev.curConfiguration=0;
    g_usbDev.curInterface=0;
    g_usbDev.curAlternateSetting=0;
    g_usbDev.curFeature=0;
    g_usbDev.ctrlState=USBD_CTRL_STATE_WAIT_SETUP;
 g_usbDev.inBuf[USBD_EP_0].maxPackSize=USB_EP0_PACKET_SIZE;
 g_usbDev.outBuf[USBD_EP_0].maxPackSize=USB_EP0_PACKET_SIZE;
    USBD_SetBufferTable(USB_BUFFER_TABLE_ADDR);
    /* 初始化端点 0 的 IN 模式 */
    epConfig.epNum=USBD_EP_0;
    epConfig.epType=USBD_EP_TYPE_CONTROL;
    epConfig.epKind=DISABLE;
    epConfig.epBufAddr=USB_EP0_TX_ADDR;
 epConfig.maxPackSize=g_usbDev.inBuf[USBD_EP_0].maxPackSize;
    epConfig.epStatus=USBD_EP_STATUS_NAK;
    USBD_OpenInEP(&epConfig);
    /* 初始化端点 0 的 OUT 模式 */
    epConfig.epBufAddr=USB_EP0_RX_ADDR;
epConfig.maxPackSize=g_usbDev.outBuf[USBD_EP_0].maxPackSize;
    epConfig.epStatus=USBD_EP_STATUS_VALID;
    USBD_OpenOutEP(&epConfig);
    /* USB 复位，将端点 1 配置为 IN 模式并复位为中断传输模式 */
    if(g_usbDev.resetHandler)
    {
        g_usbDev.resetHandler();
    }
    /* 复位所有端点的地址 */
    for(i=0; i<USB_EP_MAX_NUM; i++)
    {
        USBD_SetEpAddr((USBD_EP_T)i, i);
    }
    /* 初始化设备地址 */
    USBD_SetDeviceAddr(0);
    /* 使能 USB 设备 */
    USBD_Enable();
}
```

```
/* 收到挂起信号的响应函数 */
static void USBD_SuspendIsrHandler(void)
{
    uint8_t i;
    uint16_t bakEP[8];
#if USB_LOW_POWER_SWITCH
    uint32_t bakPwrCR;
    uint32_t tmp;
#endif
    /* 记录下各个端点的状态 */
    for(i=0;i<8;i++)
    {
        bakEP[i]=(uint16_t)USBD->EP[i].EP;
    }
    /* 使能 USB 复位中断 */
    USBD_EnableInterrupt(USBD_INT_RST);
    USBD_SetForceReset();
    USBD_ResetForceReset();
        /* 复位中断被置位后执行下一步 */
    while(USBD_ReadIntFlag(USBD_INT_RST) == RESET);
    /* 恢复各端点的状态 */
    for(i=0;i<8;i++)
    {
        USBD->EP[i].EP=bakEP[i];
    }
    /* 挂起 USB */
    USBD_SetForceSuspend();
   /* 根据设置是否开启芯片的低功耗模式 */
#if USB_LOW_POWER_SWITCH
    USBD_SetLowerPowerMode();
    bakPwrCR=PMU->CTRL;
    tmp=PMU->CTRL;
    tmp&=(uint32_t)0xfffffffc;
    tmp|=PMU_REGULATOR_LOWPOWER;
    PMU->CTRL=tmp;
    SCB->SCR |= SCB_SCR_SLEEPDEEP_Msk;
    if(USBD_ReadIntFlag(USBD_INT_WKUP) == RESET)
    {
        __WFI();
     SCB->SCR&=(uint32_t)~((uint32_t)SCB_SCR_SLEEPDEEP_Msk);
    }
    else
```

```
    {
        USBD_ClearIntFlag(USBD_INT_WKUP);
        USBD_ResetForceSuspend();
        PMU->CTRL=bakPwrCR;
     SCB->SCR&=(uint32_t)~((uint32_t)SCB_SCR_SLEEPDEEP_Msk);
    }
#endif
}
/* 收到重启信号的响应函数 */
static void USBD_ResumeIsrHandler(void)
{
#if USB_LOW_POWER_SWITCH
    USBD_ResetLowerPowerMode();
#endif
    /* 挂起状态进入若进入低功耗模式需要先初始化芯片 */
    SystemInit();
    /* 重启 USB 模块 */
    USBD_SetRegCTRL(USB_INT_SOURCE);
}
```

完成代码并将工程烧录进 APM32E103 微控制器中，将开发板的 USB 接口通过 USB 线与计算机连接，通过计算机的设备管理器可以看到，计算机已经将 APM32E103 微控制器识别为鼠标设备，该设备的名称、生产商等属性与设置的描述符是匹配的。按下 PA0 按键，可以看到屏幕上的光标右移，按下 PA1 按键，可以看到屏幕上的光标左移。

本 章 小 结

本章我们介绍了 APM32E103 微控制器中 EMMC 控制器和 USB 接口的使用，这两个外设模块的结构都较为复杂，需要反复练习，才能正确掌握它们的使用方法。

习题 14

1. 按照本章介绍的方法，使用 EMMC 外接最大的 SDRAM 是多少？
2. 根据本章介绍的鼠标编程实例，简述 USB 编程的步骤。

第 **15** 章

其他外设应用实例

本章将介绍多个外设的使用方法，每个外设都包括至少一个实例，以帮助大家快速了解该外设的使用方法。本章对每个外设的功能只做了大致的描述，如有需要，可以查看 APM32E103 微控制器数据手册对某个外设进行更加深入的学习。

15.1 SysTick

APM32E103 微控制器的内核，包含一个系统滴答定时器（SysTick），该定时器结构简单，时钟源与系统时钟一致，该定时器启动后，从初始值开始一直减到 0，再从重装载（RELOAD）寄存器中自动重装载定时器的计数初值，然后不断重复这一过程。

下面通过使用 SysTick 来制作一个延时函数，并使用这个延时函数使 LED 按照固定的频率闪烁。图 15.1 所示为 SysTick 制作延时函数程序流程图。

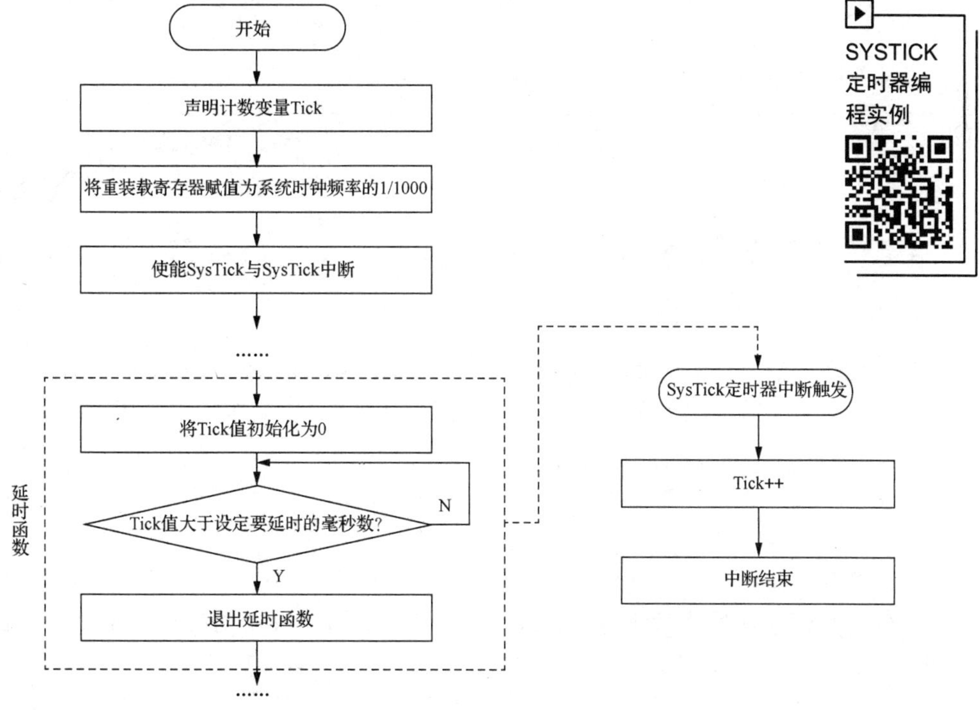

图 15.1　SysTick 制作延时函数程序流程图

在程序开始后，将定时器的 RELOAD 寄存器赋值为系统时钟频率的 1/1000，此时每 1ms 会触发一次 SysTick 中断。在中断服务函数中，累加全局变量 Tick 的值。Tick 值每增加 1，就代表经过了 1ms，在延时函数的循环判断中检测到变量 Tick 的值大于设定要延时的毫秒数，就退出延时函数。

根据上述延时函数，实现 LED 按固定周期闪烁的代码如下：

```
#include "apm32e10x.h"
#include "apm32e10x_gpio.h"
/* 声明ms计数变量 */
volatile uint32_t tick=0;
/* 声明延时函数 */
void Delay(void);
/* main函数 */
int main(void)
{
    /* 将LED2的GPIO初始化为输出模式 */
    APM_MINI_LEDInit(LED2);
    /* 初始化SysTick */
    SysTick_Config(SystemCoreClock/1000);
    while(1)
    {
        APM_MINI_LEDToggle(LED2);
        Delay();
    }
}
/* 延时函数 */
void Delay(void)
{
    /* 初始化ms计数变量 */
    tick=0;
    /* 检查计数变量是否超过500ms */
    while(tick<500);
}
```

初始化定时器时，会开启定时器中断，每运行 SystemCoreClock/1000 个时钟周期，即 1ms 时间，就会触发一次中断，执行一次中断服务函数。中断服务函数代码如下：

```
void SysTick_Handler(void)
{
    tick++;
}
```

将代码全部编译后烧录进 APM32E103 微控制器中，可以观察到开发板上的 LED 每秒闪烁一次。

15.2　看门狗定时器

看门狗定时器被用来检测程序是否正常运行，启用看门狗定时器后，需要程序在固定时间内进行重装载，当程序出错并且无法重装载看门狗定时器时，看门狗定时器会复位微控制器。APM32E103 微控制器芯片包含两个看门狗定时器模块，独立看门狗定时器（Independent Watchdog Timer，IWDT）与窗口看门狗定时器（Windows Watchdog Timer，WWDT）。IWDT 由独立的内部低速时钟作为时钟源，即使是在主时钟失效的情况下，它仍然有效。WWDT 由系统时钟分频后作为时钟源，适合对定时精度要求更高的场景。

下面通过介绍一个 IWDT 的实例，来认识看门狗定时器的应用方式。

整个实例程序包含按键中断、SysTick 和 IWDT 三部分，IWDT 初始化并使能后，由 SysTick 制作的延时函数来让程序每隔一定的时间就会刷新 IWDT 一次，保证 IWDT 不触发芯片复位。当按键被按下后，程序会优先执行按键中断，使得 SysTick 停止工作，延时函数的延时时间被延长，IWDT 将会触发芯片复位。IWDT 运行程序流程图如图 15.2 所示。

看门狗定时器编程实例

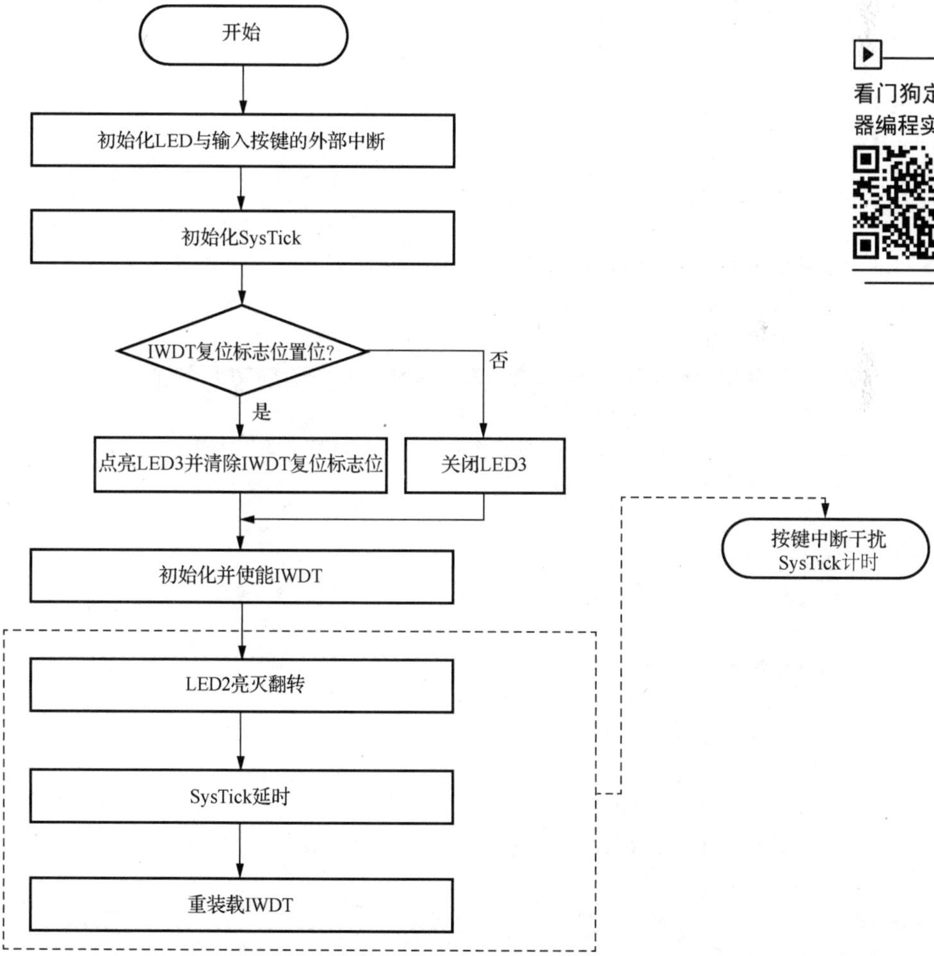

开始
初始化LED与输入按键的外部中断
初始化SysTick
IWDT复位标志位置位?
是
点亮LED3并清除IWDT复位标志位
否
关闭LED3
初始化并使能IWDT
LED2亮灭翻转
SysTick延时
重装载IWDT
按键中断干扰SysTick计时

图 15.2　IWDT 运行程序流程图

初始化 IWDT 并定时进行重装载，通过按键停止重装载触发复位的代码如下：

```
int main(void)
{
    /* 初始化 LED 对应的 GPIO 引脚 */
    APM_MINI_LEDInit(LED2);
    APM_MINI_LEDInit(LED3);
    /* 将按键配置为外部中断，中断优先级高于 SysTick 的中断 */
    APM_MINI_PBInit(BUTTON_KEY1,BUTTON_MODE_EINT);
    /* 初始化 SysTick */
    SysTick_Config(SystemCoreClock/1000);
    /* 判断是否发生了 IWDT 触发的复位 */
    if(RCM_ReadStatusFlag(RCM_FLAG_IWDTRST)==SET)
    {
        /* 开启 LED3，清除 IWDT 复位标志 */
        APM_MINI_LEDOn(LED3);
        RCM_ClearStatusFlag();
    }
    else
    {
        /* 关闭 LED3 */
        APM_MINI_LEDOff(LED3);
    }
    /* 使能对 IWDT 寄存器的写操作 */
    IWDT_EnableWriteAccess();
    /* 将分频系数配置为 32 */
    /* 内部低速时钟为 40kHz，分频后为 1.25kHz，提供 IWDT 的时钟 */
    IWDT_ConfigDivider(IWDT_DIVIDER_32);
    /* 装载 IWDT，使能后 300 个时钟周期内不被重装载，芯片将会复位 */
    IWDT_ConfigReload(300);
    /* 使能 IWDT */
    IWDT_Enable();
    while(1)
    {
        /* 翻转 LED2 的亮灭 */
        APM_MINI_LEDToggle(LED2);
        /* 使用 SysTick 进行延时 */
        Delay();
        /* 重装载 IWDT */
        IWDT_Refresh();
    }
}
/* 延时函数 */
void Delay(void)
```

```
{
    TimingDelay = 0;
    while(TimingDelay<200);
}
/* SysTick 中断服务函数 */
/* 由于按键中断被配置为更高的优先级，按键中断触发后此中断服务函数无法执行 */
void SysTick_Handler(void)
{
    TimingDelay++;
}
```

将代码编译并烧录进 APM32E103 微控制器中，可以观察到 LED2 不断闪烁，程序在正常运行。按下按键，由于无法正常对 IWDT 进行重装载，触发了芯片复位，可以观察到黄灯在芯片复位后亮起。

15.3　Flash 及 ISP、IAP 编程

MCU 芯片在使用前，需要烧录相应的软件代码。除了使用各种烧录器进行烧录，在实际应用场景中，还有其他各种烧录方法。本节将介绍 APM32E103 微控制器芯片支持的两种烧录方式：在系统编程（In System Programming，ISP）与在应用编程（In Application Programming，IAP）。ISP 可以不依赖编程器就将代码烧录进 APM32E103 微控制器，在实际应用中可以节省工序。IAP 可以在芯片正常工作的情况下，将应用代码进行更新，这种方法非常适用于代码升级的应用场景。

15.3.1　APM32E103 微控制器芯片启动方式介绍

由于 ARM Cortex-M3 处理器内核的 CPU 从 I-Code Bus（指令总线）获取复位向量，导致启动只能从代码区开始，最为典型的是从 Flash 存储器启动。但是，APM32E103 微控制器实现了一个特殊的机制，通过配置 BOOT[1:0]引脚参数，可以拥有 3 种不同的启动模式，即从 Flash 存储器、系统存储器、内置 SRAM。被选作启动区域的存储器是由启动模式决定的。启动模式配置及其访问方式如表 15.1 所示。

表 15.1　启动模式配置及其访问方式

启动模式选择引脚		启动模式	访问模式
BOOT0	BOOT1		
X	0	主闪存存储器（Flash）	主闪存存储器被映射到启动空间，但仍然能够在它原有的地址访问它，即闪存存储器的内容可以在两个地址区域被访问
0	1	系统存储器	系统存储器被映射到启动空间，但仍然能够在它原有的地址访问它
1	1	内置 SRAM	只能在开始的地址区访问 SRAM

15.3.2 ISP 编程实验

内嵌的启动程序由芯片厂商在生产线上写入并存放在系统存储区域，通过 USRAT1 或 USART2（重映射）启动程序，可以对 Flash 存储器进行重新编程。

当把启动模式调整为系统存储器启动时，将芯片通过串口与计算机连接，就可以通过串口烧录软件将 HEX 文件烧录进 APM32E103 微控制器中，步骤如下。

（1）将芯片 BOOT0 引脚接低电平，BOOT1 引脚接高电平。

（2）烧录需要的 HEX 文件可以通过 KEIL 软件自动生成。单击 KEIL 软件菜单栏中的魔术棒按钮，进入 Options for Target 'Target1'界面，选择 Output 选项卡，选中 Create HEX File 复选框，如图 15.3 所示。编译一遍工程，即可在对应路径下找到生成的 HEX 文件，如图 15.4 所示。

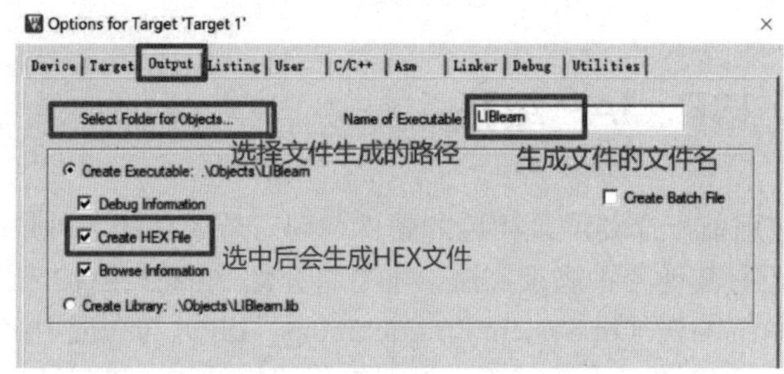

图 15.3　生成 HEX 文件时的配置

查看

›3 › Objects

名称	修改日期	类型	大小
gpio_drv.o	2022/8/8 13:33	O 文件	370 KB
LIBlearn.axf	2022/8/29 10:42	AXF 文件	282 KB
LIBlearn.build_log.htm	2023/2/23 15:41	Microsoft Edge ...	2 KB
LIBlearn.hex	2022/8/29 10:42	Intel 十六进制文件	6 KB
LIBlearn.htm	2022/8/29 10:42	Microsoft Edge ...	25 KB
LIBlearn.lnp	2022/8/29 10:42	LNP 文件	2 KB
LIBlearn.sct	2022/7/9 13:09	Windows Script ...	1 KB

图 15.4　生成的 HEX 文件

（3）配置好串口烧录工具，将 HEX 文件通过串口烧录工具进行发送。

（4）使用串口线连接计算机与芯片，结合串口烧录工具完成对芯片的烧录，如图 15.5 所示。

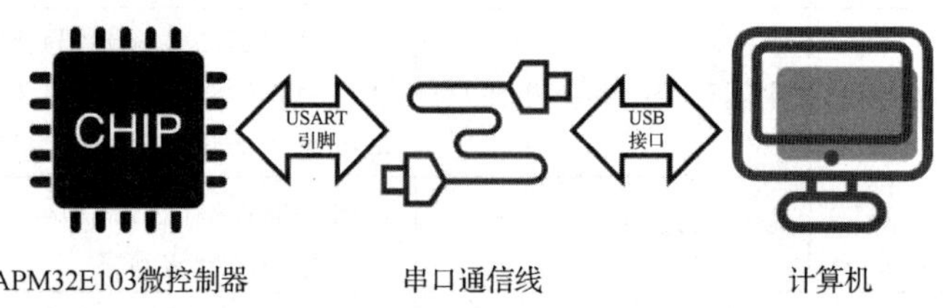

图 15.5　烧录时的连接状况

（5）将两个 BOOT 引脚的电平恢复到主闪存存储器启动的模式下。给芯片重新上电，芯片开始执行新的代码。

15.3.3　IAP 编程实例

程序在 APM32E103 微控制器上运行时，需要两个不同的区域来存放指令代码和数据，即代码区和数据区。一般代码区存放在 ROM 类（非易失）存储器，数据区存放在 RAM 类（易失）存储器，因此也被称为 ROM 区与 RAM 区，如图 15.6 所示。

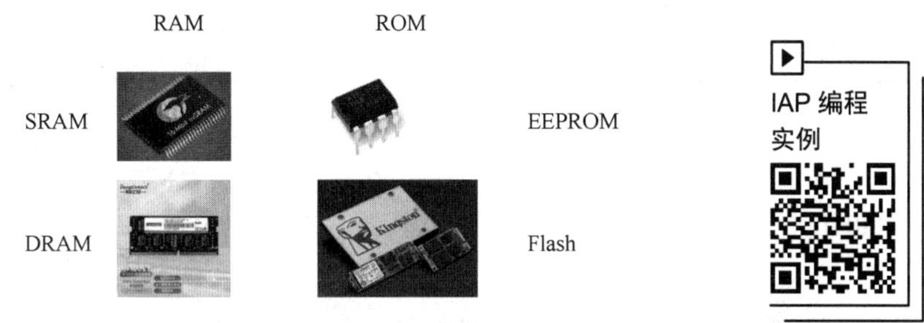

图 15.6　不同类型的存储器

APM32E103 微控制器芯片有 2 个存储器：Flash 与 SRAM。APM32E103 微控制器芯片给 Flash 分配的起始地址为 0x08000000，结束地址由该款芯片 Flash 容量大小决定。芯片的 SRAM 作为 RAM 类存储器，负责存储代码运行过程中的数据。微控制器给 SRAM 分配的起始地址为 0x20000000，结束地址由该款芯片 SRAM 容量大小决定。ROM 区的分配设置如图 15.7 所示。

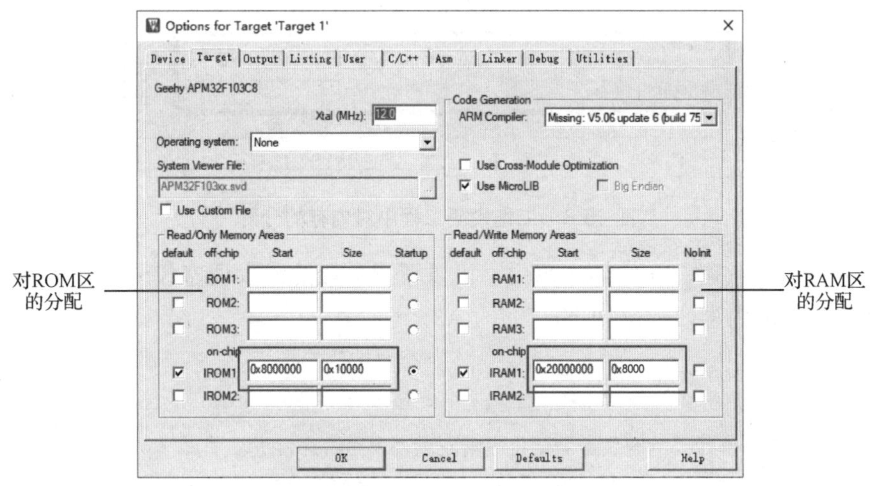

图 15.7　ROM 区的分配设置

IAP 编程是指程序在运行过程中对芯片存储代码的区域进行修改的一种编程方式。IAP 编程一般分为编程引导代码和工作代码，APM32E103 微控制器进入 IAP 编程模式后，通过编程引导代码将新的工作代码写入设定好的区域，然后执行新的工作代码。

为了避免编程引导代码和工作代码互相干扰，在编写代码前，为它们分配好各自的内存区域，如表 15.2 所示。在分配空间时，要了解 RAM 和 ROM 的空间大小，预估编程引导代码和工作代码的占用空间大小，避免出现溢出状况。根据分配规则、空间大小和实际需求分配内存的占用空间。

表 15.2　工程内存分布表

	编程引导代码		工作代码	
	起始地址	分配空间大小	起始地址	分配空间大小
RAM	0x20000000	0x8000	0x20008000	0x8000
ROM	0x08000000	0x10000	0x08010000	0x10000

做好内存分配后，就可以构建工作代码工程与编程引导代码工程。

（1）在 IDE 中配置工作代码的内存分配。如图 15.8 所示，配置 ROM 区起始地址为 0x08010000，大小为 64KB。配置 RAM 区起始地址为 0x20008000，大小为 32KB。

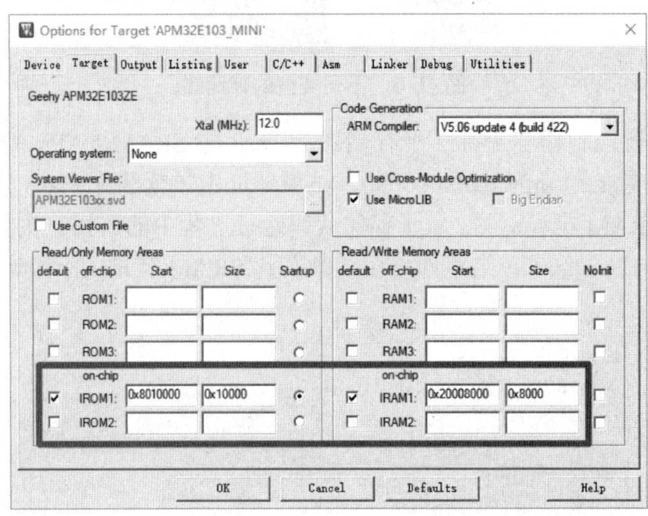

图 15.8　工作代码工程中对内存的分配

（2）生成工作代码。在实际应用中，可以根据自己的需求调整代码，本实例中代码仅包含 GPIO 翻转的内容，代码如下：

```
int main(void)
{
    /* 在工作代码的开头，需要将中断向量表偏移寄存器进行重置 */
    SCB->VTOR=0x08000000|(0x10000&(uint32_t)0xFFFFFE00);
    APM_MINI_LEDInit(LED2);
    APM_MINI_LEDInit(LED3);
    while(1)
    {
        Delay();
        APM_MINI_LEDToggle(LED2);
```

```
            APM_MINI_LEDToggle(LED3);
        }
    }
```

配置完成后就可以对工程进行编译，但此时编译后的文件不能直接烧录进芯片，需要借助编程引导代码工程，将编译后的文件写入存储器指定的位置后，代码才可以在微控制器中运行。

在工作代码编译完成后，使用 fromelf 工具，将编译生成的.axf 文件转为直接可以写入 Flash 存储器的 bin 文件。如图 15.9 所示，fromelf 工具在 KEIL 中可以通过用户命令来调用。先在 IDE 安装目录下找到 fromelf 工具在计算机内的存储路径，再找到编译生成的.axf 文件在计算机内的存储路径，将图 15.9 的示例命令中 fromelf 工具与.axf 文件的存储路径进行替换，即可得到可以生成 bin 文件的用户命令。

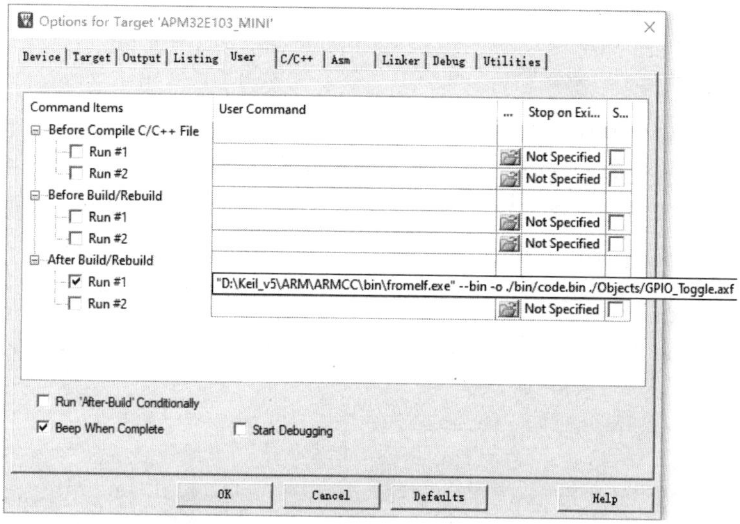

图 15.9　配置生成编译后的 bin 文件

bin 文件生成后，工作代码部分就全部完成了，开始编写编程引导代码。

对 USART 进行初始化并配置接收中断，代码如下：

```
    /* 开启 USART 与对应 GPIO 引脚的时钟 */
    RCM_EnableAPB2PeriphClock((RCM_APB2_PERIPH_T)(RCM_APB2_PERIPH_GPIOA |
RCM_APB2_PERIPH_USART1));
    /* 初始化 GPIO 引脚 */
    GPIO_ConfigStruct.mode=GPIO_MODE_AF_PP;
    GPIO_ConfigStruct.pin=GPIO_PIN_9;
    GPIO_ConfigStruct.speed=GPIO_SPEED_50MHz;
    GPIO_Config(GPIOA, &GPIO_ConfigStruct);
    /* 初始化 USART 配置 */
    USART_ConfigStruct.baudRate=115200;
    USART_ConfigStruct.hardwareFlow=USART_HARDWARE_FLOW_NONE;
```

```
USART_ConfigStruct.mode=USART_MODE_TX;
USART_ConfigStruct.parity=USART_PARITY_NONE;
USART_ConfigStruct.stopBits=USART_STOP_BIT_1;
USART_ConfigStruct.wordLength=USART_WORD_LEN_8B;
USART_Config(USART1,&USART_ConfigStruct);
/* 初始化USART中断接收功能*/
NVIC_ConfigPriorityGroup(NVIC_PRIORITY_GROUP_2);
USART_EnableInterrupt(USART1,USART_INT_RXBNE);
NVIC_EnableIRQRequest(USART1_IRQn, 0, 0);
/* 初始化USART中断服务线 */
USART_ConfigLINBreakDetectLength(USART1,USART_LBDL_10B);
/* 使能中断服务线 */
USART_EnableLIN(USART1);
/* 使能USART */
USART_Enable(USART1);
```

同时需要配置好中断服务函数，由于本实例中通过IAP烧录的代码总量较小，当接收到USART发送来的代码数据时，本实例中将数据暂时存放在一个大数组中。当需要烧录的数据超过SRAM可分配的容量时，在接收的同时就需要使用DMA模块或其他方式将数据存放进对应的Flash区域。下面是本实例中可以使用的中断服务函数。

```
/* 声明接收寄存器数据的中间变量 */
uint8_t rxdata;
/* 确认接收标志位状态 */
if (USART_ReadIntFlag(USART1,USART_INT_RXBNE)==SET)
{
    /* 将数据存储进rx_buf数组,该数组声明为全局变量数组,本实例中该数组大小为25KB,
该数组的大小受限于芯片SRAM可分配的空间的大小 */
    rxdata=USART1->DATA_B.DATA;
    if (rx_cnt<USART_REC_LEN)
    {
        rx_buf[g_usart_rx_cnt]=rxdata;
        rx_cnt++;
    }
}
```

接收的代码数据需要写入指定的Flash区域，本实例中按照之前的内存分配，将接收的数据写入的起始地址为0x08010000。

```
uint8_t *IAPCodeBuff=rx_buf;
/* 解锁Flash，使其可以擦除或写入 */
FMC_Unlock();
/* 确定需要擦除的页数 */
NbrOfPage=(IAPCode_END_ADDR - IAPCode_START_ADDR) / FLASH_PAGE_SIZE;
```

```
/* 清除 Flash 状态标志位 */
FMC_ClearStatusFlag((FMC_FLAG_T)(FMC_FLAG_OC|FMC_FLAG_PE| FMC_FLAG_WPE));
/* 擦除需要写入的页 */
for(EraseCounter=0; EraseCounter<NbrOfPage; EraseCounter++)
{
    FMC_ErasePage(IAPCode_START_ADDR+(FLASH_PAGE_SIZE * EraseCounter));
}
/* 将串口接收到的数据写入 Flash 指定区域 */
Address=IAPCode_START_ADDR;
for(Address=0; Address<(IAPCode_START_ADDR+Length); Address+=4)
{
    temp=(uint32_t)IAPCodeBuff[3]<<24;
    temp|=(uint32_t)IAPCodeBuff[2]<<16;
    temp|=(uint32_t)IAPCodeBuff[1]<<8;
    temp|=(uint32_t)IAPCodeBuff[0];
    IAPCodeBuff+=4;
    FMC_ProgramWord(Address,temp);
}
FMC_Lock();
```

上面的程序将通过串口接收的工作代码工程写入 Flash 指定区域。下面的代码将程序跳转到指定的位置开始执行，跳转之后，APM32E103 微控制器就开始执行工作代码了。

```
/* 定义一个函数类型的变量类型 */
typedef void (*iapfun)(void);
/* 定义一个函数类型的变量 */
iapfun jump2app;
/* 定义一个用于程序跳转的函数 */
void iap_load_app(uint32_t IAPCodeaddr)
{
    /* 检查栈顶地址是否在 SRAM 内部 */
    if (((*(volatile  uint32_t *)IAPCodeaddr)&0x2FFE0000)==0x20000000)
    {
        /* 用户代码区第二个字为程序开始地址 */
        jump2app = (iapfun)*(volatile uint32_t *)(IAPCodeaddr+4);
        /* 初始化堆栈指针(用户代码区的第一个字用于存放栈顶地址) */
        __set_MSP(*(volatile uint32_t *)IAPCodeaddr);
        /* 跳转到工作代码 */
        jump2app();
    }
}
```

为了上述的代码可以顺利执行，还需要增加按键控制或指令控制来作为交互输入，协调工作代码的接收、Flash 的写入和程序的跳转，在此不再赘述相关代码。如图 15.10 所示，编程引导代码工程启动后会通过按键或指令输入来判断是否需要更新工作代码，以及工作代码数据是否发送完毕，让程序正确地跳转至工作代码区。

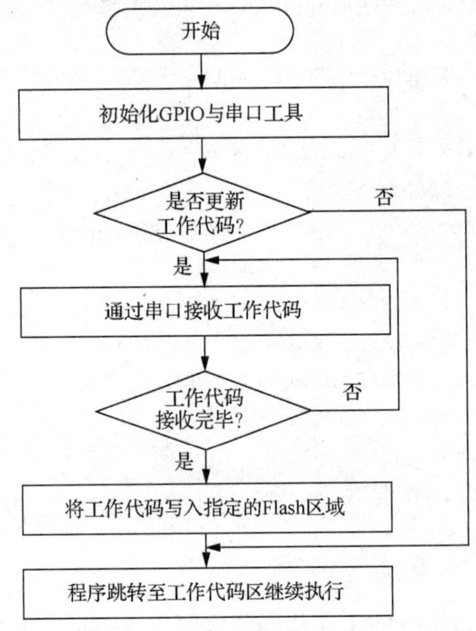

图 15.10　编程引导代码工程流程图

正常编译编程引导代码无错误发生时，将代码烧录进 APM32E103 微控制器。发送指令或按下按键使程序进入通过 USART 接收工作代码的状态。使用计算机的串口工具，将前面生成的工作代码的 bin 文件发送到微控制器。此时，编程引导代码会把工作代码的数据更新到指定区域并跳转执行。观察微控制器，可以看到工作代码能正确执行。

15.4　浮点运算单元

APM32E103 微控制器具备较强的计算能力，搭载了独立的浮点运算单元，可以较快地执行对浮点数的数学运算。

15.4.1　APM32E103 微控制器的 FPU

由于浮点数与整数在存储和计算时的方式不同，当处理器需要进行浮点数运算时，需要将浮点数按照 IEEE-754 标准进行存储和运算，这将耗费大量的时间。

为了应对浮点运算的需求，APM32E103 微控制器芯片搭载了浮点运算单元（Floating Point Unit，FPU），可以大大缩短浮点数运算所需要花费的时间。FPU 支持单精度加法、减法、乘法、除法、乘方和累加，以及平方根的运算。同时，它还提供定点和浮点数据格式之间的转换，以及浮点常数指令。FPU 包含的算法有 CMP、SUM、SUB、PRDCT、MAC、DIV、INVSQRT、SUMSQ、DOT、浮点到整数转换和整数到浮点转换。

15.4.2　浮点运算单元编程实例

下面介绍一个使用 FPU 进行浮点运算的实例。

本实例中，使用两种方法来计算从 0 到 π 的部分有理数的正弦值，其中一种方法是直接调用 C 语言 math 库中的正弦函数，另一种方法是使用 APM32E103 微控制器的 FPU，使用定时器记录完成运算需要花费的时间，将时间结果通过串口工具发送到计算机。通过对两种方法计算所花费的时间进行比较，便可以看出 FPU 在浮点数运算中发挥的作用。

本实例中使用到的 sin()函数与 sc_math_sin()函数分别需要调用 main.h 与 sc_math.h 两个头文件。

```
#include "sc_math.h"
#include "main.h"
```

首先对需要调用的各个模块进行初始化，开启 FPU 时钟，并配置 FPU 预分频系数。

```
RCM_EnableAHBPeriphClock(RCM_AHB_PERIPH_FPU);
RCM->CFG|=BIT27;
```

开启 USART，方便通过串口观察结果。

```
/* 开启 USART 与对应 GPIO 引脚的时钟 */
    RCM_EnableAPB2PeriphClock((RCM_APB2_PERIPH_T)(RCM_APB2_PERIPH_GPIOA |
RCM_APB2_PERIPH_USART1));
    /* 初始化 GPIO 引脚 */
        GPIO_ConfigStruct.mode=GPIO_MODE_AF_PP;
        GPIO_ConfigStruct.pin=GPIO_PIN_9;
        GPIO_ConfigStruct.speed=GPIO_SPEED_50MHz;
        GPIO_Config(GPIOA,&GPIO_ConfigStruct);
        /* 初始化 USART 配置 */
        USART_ConfigStruct.baudRate=115200;
        USART_ConfigStruct.hardwareFlow=USART_HARDWARE_FLOW_NONE;
        USART_ConfigStruct.mode=USART_MODE_TX;
        USART_ConfigStruct.parity=USART_PARITY_NONE;
        USART_ConfigStruct.stopBits=USART_STOP_BIT_1;
        USART_ConfigStruct.wordLength=USART_WORD_LEN_8B;
        USART_Config(USART1,&USART_ConfigStruct);
        /* 使能 USART */
        USART_Enable(USART1);
```

复写 fputc 函数，fputc 函数和 printf 函数的输出结果会被映射到芯片的 USART。

```
int fputc(int ch,FILE* f)
{
/** send a byte of data to the serial port */
USART_TxData(USART1,(uint8_t)ch);
/** wait for the data to be send  */
```

```
while (USART_ReadStatusFlag(USART1,USART_FLAG_TXBE)==RESET);
return (ch);
}
```

开启定时器，用于计数，读取并直接调用C语言math库中的正弦函数和使用APM32E103微控制器的FPU分别计算正弦函数值的时间。

```
/* 使能定时器时钟 */
RCM_EnableAPB2PeriphClock(RCM_APB2_PERIPH_TMR1);
/* 初始化定时器配置 */
baseConfig.clockDivision=TMR_CLOCK_DIV_1;
baseConfig.countMode=TMR_COUNTER_MODE_UP;
baseConfig.division=0;
baseConfig.period=49999;
TMR_ConfigTimeBase(TMR1, &baseConfig);
/* 使能定时器 */
TMR_Enable(TMR1);
```

使用定时器记录FPU进行正弦计算所需要的时间，并通过串口工具将时间输出。

```
/* 将计数变量置零 */
databuff=0;
printf("calculate begin:\r\n");
/* 读取正弦计算开始时定时器的值 */
pre=TMR1->CNT;
/* 使用 FPU 模块进行正弦计算 */
for(s=-PI;s<0;s=s+0.5)
{
    ans[databuff]=sc_math_sin(s);
    databuff++;
}
/* 读取正弦计算结束时定时器的值 */
aft=TMR1->CNT;
/* 输出正弦计算所用的时间 */
printf("FPU calculate time:%d ticks \r\n ",aft-pre);
```

使用定时器记录在不使用FPU的情况下进行正弦计算所需要的时间，同样通过串口工具将时间输出。

```
/* 将计数变量置零 */
databuff=0;
/* 读取正弦计算开始时定时器的值 */
pre=TMR1->CNT;
/* 进行正弦计算 */
for(s=-PI; s<0; s=s+0.5)
```

```
    {
        ans[databuff]=sin(s);
        databuff++;
    }
    /* 读取正弦计算结束时定时器的值 */
    aft=TMR1->CNT;
    /* 输出正弦计算所用的时间 */
    printf("Normally calculate time:%d ticks \r\n ",aft-pre);
```

将代码全部编译后烧录进 APM32E103 微控制器芯片，串口按照实际配置进行连接，观察计算机的串口工具回传的数据，就可以知道使用 FPU 与不使用 FPU 计算正弦函数值所需要的时钟周期数。在给定时器设置固定工作频率的状况下，可以根据时钟周期数推算实际的计算时间，如图 15.11 所示。

```
calculate begin:
FPU calculate time:1135 ticks
Normally calculate time:34047 ticks
```

图 15.11　浮点运算单元实验串口工具接收的数据

在 sc_math 头文件中，提供了可直接调用的 FPU 进行各种浮点数运算的函数，有兴趣的读者可以调用其他函数，观察其他浮点运算在使用 FPU 与不使用 FPU 两种情况下所需要花费的时间。

```
    extern float sc_math_sin(float x);
    extern float sc_math_cos(float x);
    extern float sc_math_tan(float x);
    extern float sc_math_asin(float x);
    extern float sc_math_acos(float x);
    extern float sc_math_atan(float x);
    extern float sc_math_atan2(float y, float x);
    extern float sc_math_invsqrt(float x);
    extern float sc_math_mac(float x, float y, float z);
    extern float sc_math_sum_N(float* x, unsigned char n);
    extern float sc_math_sub_N(float* x, unsigned char n);
    extern float sc_math_prdct(float* x, unsigned char n);
    extern float sc_math_sumsq(float* x, unsigned char n);
```

15.5　功耗管理

在稳定工作的基础上，功耗也是一切微控制器都需要关注的指标，如何在满足实际需求的同时拥有尽可能低的功耗，一直是各类微控制器的共同追求。

15.5.1 供电方案

APM32E103 微控制器的供电有 4 个电源域，分别是 V_{DD} 电源域、V_{DDA} 电源域、1.3V 电源域和备份电源域。

（1）V_{DD} 电源域由外部引脚 V_{DD}/V_{SS} 提供，给电压调节器、待机电路、IWDT、HSECLK、I/O（除 PC13、PC14、PC15 引脚外）、唤醒逻辑供电。

（2）V_{DDA} 电源域由外部引脚 V_{DDA}/V_{SSA}、$V_{REF}+/V_{REF}-$ 提供，给 ADC、DAC、HSICLK、LSICLK、TempSensor、PLL、复位模块供电。

（3）1.3V 电源域由电压调节器提供，给内核、Flash、SRAM、数字外设供电。

（4）备份电源域由两个模块提供，当 V_{DD} 连接外部电源时，后备电源域由 V_{DD} 电源域提供，当 V_{DD} 未连接外部电源时，备份电源域由外部引脚 V_{BAT} 提供。备份电源给 LSECLK（晶体谐振器）、RTC、备份寄存器、RCM_BDCTRL 寄存器、PC13、PC14、PC15 供电。图 15.12 所示为 APM32E103 微控制器电源控制结构框图。

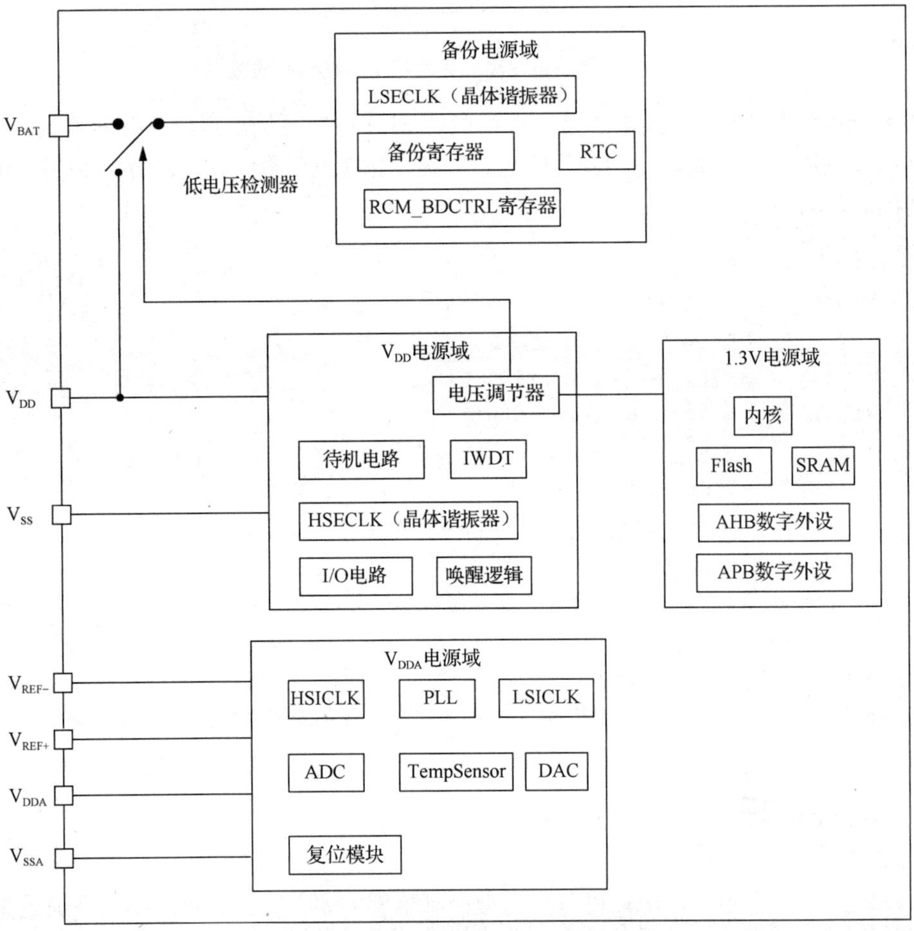

图 15.12　APM32E103 微控制器电源控制结构框图

根据各个电源域的工作情况，APM32E103 微控制器芯片具有运行、睡眠、停止和待机 4 种工作模式。根据不同应用场景对功耗需求的不同，可以选择不同的工作模式或不同工作模式交替运行来节省功耗。芯片在上电复位后进入运行模式，此时所有的模块都可以正常使用，在其他条件相同时，运行模式的功耗最大。当不需要所有模块都处在运行状态时，就可以选择进入睡眠、停止或待机模式，以降低功耗。这 3 种模式的电源消耗、进入方式、唤醒方式对各个电源域的影响也不同。睡眠模式、停止模式和待机模式的差异如表 15.3 所示。

表 15.3　睡眠模式、停止模式与待机模式的差异

模式	说明	进入方式	唤醒方式	电压调节器	对 1.3V 区域时钟的影响	对 V_{DD} 区域时钟的影响
睡眠	ARM Cortex-M3 处理器内核停止，所有外设包括内核的外设仍在工作	调用 WFI 命令	任一中断	开	只关闭内核时钟，对其他时钟以及 ADC 的时钟没有影响	无
		调用 WFE 命令	唤醒事件	开		无
停止	所有的时钟都已停止	PDDSCFG 和 LPDSCFG 位+SLEEPDEEP 位+WFI 或 WFE	任一外部中断	开启或处于低功耗模式	关闭所有 1.3V 区域的时钟	HSICLK 和 HSECLK 的振荡器关闭
待机	1.3V 电源关闭	PDDSCFG 位+SLEEPDEEP 位+WFI 或 WFE	WKUP 引脚的上升沿、RTC 闹钟事件、NRST 引脚上的外部复位、IWDT 复位	关	无	无

下面通过讲解进入睡眠模式和待机模式两个实例，介绍 APM32E103 微控制器芯片进入低功耗模式的流程步骤。

15.5.2　SLEEP 模式编程实例

在低功耗模式下，烧录器无法直接对微控制器进行烧录，如果程序引导 APM32E103 微控制器进入低功耗模式前，没有对退出低功耗模式（唤醒）做相应的配置，那么进入低功耗模式后将无法再次烧录代码，使微控制器无法继续使用。建议初次学习低功耗模式时，在工程 main 函数中添加一定时间的延时设置，如果芯片不慎进入无法唤醒和烧录的状态，可以在复位瞬间，即微控制器执行延时代码，未进入低功耗模式时完成烧录。

1．主要功能

通过两个按键 KEY1 与 KEY2 控制芯片进入 SLEEP 模式与从 SLEEP 模式唤醒。

2. 程序流程图

图15.13所示为本实例所用的SLEEP模式编程程序流程图。

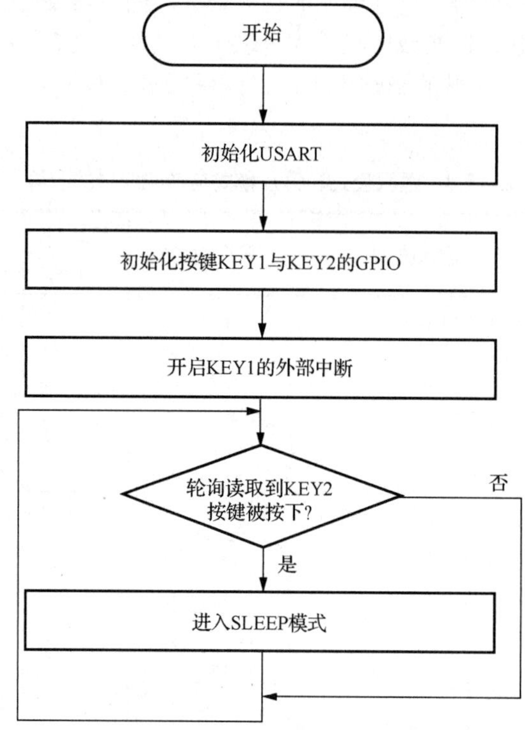

图15.13 SLEEP模式编程程序流程图

3. 代码实现

从表15.3中可以看出，进入睡眠模式有调用WFI指令或WFE指令两种方式。这两个指令是ARM内核指令，用于让内核进入低功耗模式，根据调用WFI指令或WFE指令时内核寄存器与电源管理寄存器相关位配置的不同，可以进入睡眠模式、停止模式或待机模式。在进入睡眠模式时，这两个指令的区别是WFI指令需要用中断唤醒，而WFE指令需要用事件唤醒。

在进入低功耗模式前，先对唤醒方式进行配置，本实例使用WFI进入睡眠模式，因此任意中断即可唤醒，这里我们配置一个简单的GPIO输入中断。

```
GPIO_Config_T     GPIO_configStruct;
EINT_Config_T     EINT_configStruct;
/* 使能引脚时钟，使用中断时需开启复用时钟 */
RCM_EnableAPB2PeriphClock(RCM_APB2_PERIPH_GPIOA | RCM_APB2_PERIPH_AFIO);
/* 将对应引脚配置为上拉输入模式 */
GPIO_configStruct.mode=GPIO_MODE_IN_PU;
GPIO_configStruct.pin=KEY1_GPIO_PIN;
```

```
    GPIO_Config(KEY1_GPIO_PORT, &GPIO_configStruct);
    /* 开启中断控制线 */
GPIO_ConfigEINTLine(KEY1_GPIO_PORT_SOURCE, KEY1_GPIO_PIN_SOURCE);
    /* 初始化中断线 */
    EINT_configStruct.line=KEY1_EINT_LINE;
    EINT_configStruct.mode=EINT_MODE_INTERRUPT;
    EINT_configStruct.trigger=EINT_TRIGGER_FALLING;
    EINT_configStruct.lineCmd=ENABLE;
    EINT_Config(&EINT_configStruct);
    /* 将中断使能为优先等级最低的中断 */
    NVIC_EnableIRQRequest(KEY1_EINT_IRQn,0x0f,0x0f);
```

本实例中使用 GPIO 中断仅为将 APM32E103 微控制器从睡眠模式中唤醒，可以不对中断服务函数进行重定义，APM32E103 微控制器从睡眠模式唤醒后，会先执行中断服务函数中的代码，再回到进入睡眠模式前的位置继续执行指令。

为了观察实例产生的现象，可以通过串口工具发送的数据来确定代码目前所处的状态，通过按键输入来控制进入睡眠模式。USART 配置的过程前文已有较详细的描述，此处不再赘述。

调用 WFI 指令，进入睡眠模式。

```
    printf("按下按键 KEY2，将进入睡眠模式\r\n");
    while(1)
    {
        if(GPIO_ReadInputBit(KEY2_PORT,KEY2_PIN)==BIT_RESET)
        {
            printf("即将进入睡眠模式，通过按键 KEY1 中断唤醒\r\n ");
            __WFI();
            printf("已从睡眠模式中唤醒，按下按键 KEY2，重新进入睡眠模式\r\n ");
        }
    }
```

将代码全部编译后烧录进 APM32E103 微控制器，串口工具按照实际配置进行连接，根据提示，按下按键让 APM32E103 微控制器进入睡眠模式，并通过外部按键中断唤醒。睡眠模式实例串口工具接收的数据如图 15.14 所示。

```
按下按键KEY2，将进入睡眠模式
即将进入睡眠模式，通过按键KEY1中断唤醒
已从睡眠模式中唤醒，按下按键KEY2，重新进入睡眠模式
即将进入睡眠模式，通过按键KEY1中断唤醒
已从睡眠模式中唤醒，按下按键KEY2，重新进入睡眠模式
即将进入睡眠模式，通过按键KEY1中断唤醒
已从睡眠模式中唤醒，按下按键KEY2，重新进入睡眠模式
即将进入睡眠模式，通过按键KEY1中断唤醒
已从睡眠模式中唤醒，按下按键KEY2，重新进入睡眠模式
```

图 15.14　睡眠模式实例串口工具接收的数据

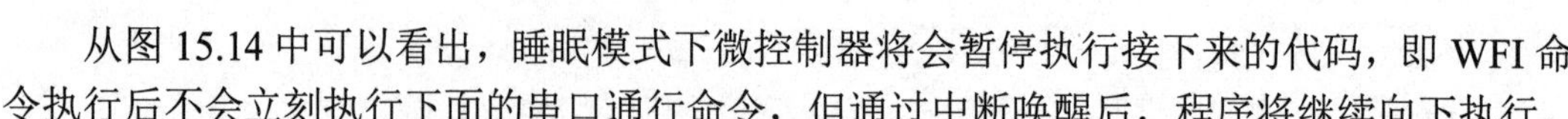

从图15.14中可以看出，睡眠模式下微控制器将会暂停执行接下来的代码，即WFI命令执行后不会立刻执行下面的串口通行命令，但通过中断唤醒后，程序将继续向下执行。

15.5.3 STANDBY模式编程实例

STANDBY模式编程实例

待机模式与睡眠模式有一个很大的区别，待机模式无论通过什么方式唤醒，对程序而言都是进行了一次重新启动，这意味着在进入待机模式之后执行的代码将永远不会被执行，唤醒后微控制器会从程序最开始的位置执行，编写程序时需要注意这一点。

1. 主要功能

进入STANDBY模式并唤醒，观察STANDBY模式的进入与唤醒过程。

2. 程序流程图

图15.15所示为本实例STANDBY模式编程程序流程图。

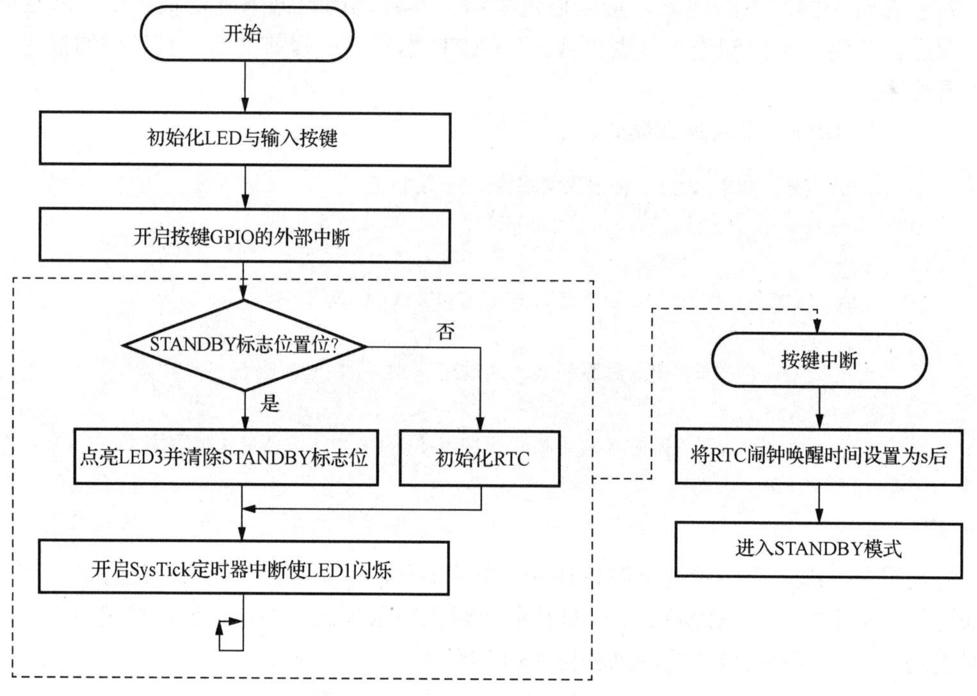

图15.15 STANDBY模式编程流程图

3. 代码实现

在进入低功耗模式之前，先对唤醒方式进行配置。本实例中使用RTC定时器的闹钟功能进行唤醒，因此需要对RTC进行初始化。由于RTC的相关配置数据存放在备份寄存器，在从待机模式唤醒后，相关配置数据仍会被保留，因此在初始化RTC之前，先对STANDBY标志位进行判断，若微控制器是新上电启动，则需要对RTC进行初始化；若微控制器是经过STANDBY模式后被复位重启，则微控制器在本轮重启前已完成对RTC的初始化，无

须再对 RTC 进行初始化。RTC 初始化完成后，微控制器开始等待按键中断，按键中断触发后开启 RTC 的闹钟功能，最后进入 STANDBY 模式。

```
/* 判断待机标志 */
if(PMU_ReadStatusFlag(PMU_FLAG_SB)==SET)
{
    /* LED3 亮起时，表明已进入待机模式 */
    APM_MINI_LEDOn(LED3);
    /* 清除待机标志 */
    PMU_ClearStatusFlag(PMU_FLAG_SB);
    RTC_WaitForSynchro();
}
else
{
/* 关闭备份寄存器的写保护 */
BAKPR_Reset();
/* 开启内部低速时钟并配置为 RTC 的时钟源 */
RCM_EnableLSI();
while(RCM_ReadStatusFlag(RCM_FLAG_LSIRDY)==RESET);
RCM_ConfigRTCCLK(RCM_RTCCLK_LSI);
RCM_EnableRTCCLK();
RTC_WaitForSynchro();
/* 配置 RTC 的预分频系数 */
RTC_ConfigPrescaler(40000);
RTC_WaitForLastTask();
}
```

开启一个按键中断，在中断服务函数中对 RTC 定时器的闹钟功能进行初始化，并进入待机模式。进入待机模式需要对 PDDSCFG 位和 SLEEPDEEP 位进行配置，此处调用库函数实现。

```
/* 读取并判断中断线是否被挂起 */
if(EINT_ReadIntFlag(KEY1_BUTTON_EINT_LINE)!=RESET)
{
    /* 清除中断服务线 */
    EINT_ClearIntFlag(KEY1_BUTTON_EINT_LINE);
    APM_MINI_LEDOn(LED2);
    /* 初始化 RTC 闹钟功能，定时为 5s 后闹钟响起，唤醒芯片 */
    RTC_ClearStatusFlag(RTC_FLAG_SEC);
    while(RTC_ReadStatusFlag(RTC_FLAG_SEC)==RESET);
    RTC_ConfigAlarm(RTC_ReadCounter()+5);
    RTC_WaitForLastTask();
    /* 进入待机模式 */
```

```
    PMU_EnterSTANDBYMode();
    }
```

初始化内部定时器中断，按照一定的频率翻转 GPIO 引脚控制的 LED，在未进入待机模式或已经被唤醒时，LED 就会进行有规律的闪烁。

```
/* 初始化定时器中断 */
SysTick_Config((SystemCoreClock/32));
SysTick_ConfigCLKSource(SYSTICK_CLK_SOURCE_HCLK_DIV8);
NVIC_SetPriority(SysTick_IRQn,0X04);
```

在中断服务函数中翻转 LED。

```
/* 在定时器中断服务函数中翻转 LED */
APM_MINI_LEDToggle(LED2);
```

完成上述代码，并将工程烧录进微控制器中。微控制器开始工作后，可以观察到 LED2 开始闪烁。按下按键进入待机模式，LED2 停止闪烁。等待 5s，芯片从待机模式中被唤醒，LED2 重新开始闪烁，LED3 也亮起。重复按下按键，可以观察到微控制器重复进入待机模式并唤醒的现象。

本 章 小 结

在本章中，介绍了 APM32E103 微控制器的 SysTick 定时器、看门狗定时器、ISP 与 IAP 编程方法、浮点运算单元、低功耗模式。

习题 15

1. 除了使用 SysTick 定时器，还有什么方法可以得到一个可靠的延时函数？
2. 使用看门狗定时器时，平常说的“喂狗”是指什么操作？
3. 参考进入 STANDBY 模式的方法，简述进入 STOP 模式需要的步骤。

参考文献

陈启军，余有灵，张伟，等，2011．嵌入式系统及其应用：基于 Cortex-M3 内核和 STM32F103 系列微控制器的系统设计与开发[M]．上海：同济大学出版社．

黄克亚，2020．ARM Cortex-M3 嵌入式原理及应用：基于 STM32F103 微控制器[M]．北京：清华大学出版社．

LABROSSE J J，2012．嵌入式实时操作系统 μC/OS-III应用开发：基于 STM32 微控制器[M]．何小庆，张爱华，译．北京：北京航空航天大学出版社．

刘火良，杨森，2017．STM32 库开发实战指南：基于 STM32F103[M]．2 版．北京：机械工业出版社．

刘龙，高照玲，田华，2022．STM32 单片机原理与项目实战[M]．北京：人民邮电出版社．

彭刚，秦志强，姚昱，2016．基于 ARM Cortex-M3 的 STM32 系列嵌入式微控制器应用实践[M]．2 版．北京：电子工业出版社．

孙光，2019．基于 STM32 的嵌入式系统应用[M]．北京：人民邮电出版社．

王益涵，孙宪坤，史志才，2016．嵌入式系统原理及应用：基于 ARM Cortex-M3 内核的 STM32F103 系列微控制器[M]．北京：清华大学出版社．

YIU J，2015．ARM Cortex-M3 与 Cortex-M4 权威指南：第 3 版[M]．吴常玉，曹孟娟，王丽红，译．北京：清华大学出版社．

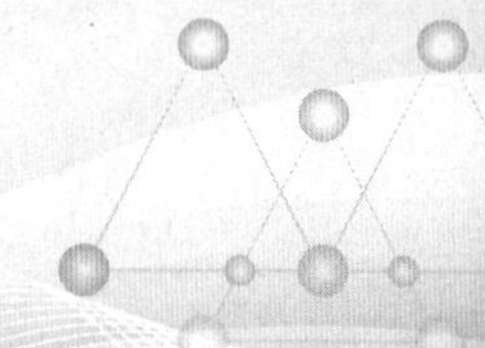

特别鸣谢

珠海极海半导体有限公司（简称“极海”）是一家致力于开发工业级/车规级微控制器、高性能模拟与混合信号 IC 及系统级芯片的集成电路设计型企业。极海拥有 20 年集成电路设计经验和嵌入式系统开发能力，致力于构建多元化产品阵营及完善生态体系，通过提供核心可靠的芯片产品及方案，推动国产芯片行业的技术创新和产业升级。

极海专注于微控制器（MCU）领域，产品线围绕 MCU 及 MCU+产品展开，形成了以 APM32 工业级通用 MCU、G32R 实时控制 MCU/DSP、G32A 汽车通用 MCU 为核心的三大微控制器产品线，目前已实现高端、中端、低端市场的全面覆盖，横跨多个应用领域，可提供丰富的 Cortex-M0+/M3/M4F/M52 内核选择，具备低功耗、高性能、高集成度和高可移植性等优势，细分为超值型、主流型、高性能、实时控制、车规级五大产品系列。在此基础上，极海进一步拓展产品线，针对微控制器周边主要器件的热门应用需求，如专用电机领域推出了电机控制专用 MCU/SoC，以及电机专用栅极驱动器，凭借优异的功耗、能效和集成度，推动电机市场向节能、高效、智能方向发展。

面向快速发展的新能源汽车领域，极海精准布局，推出了汽车通用/专用 MCU、专用传感器及驱动控制 IC，全系列汽车产品具备高效运算处理性能、丰富外设资源和灵活配置模式，且通过了 AEC-Q100 车规可靠性认证和 ISO 26262 ASIL-B 功能安全产品认证，可满足日益增长的汽车电子多样化应用开发创新需求。

了解极海更多产品信息，可登录如下平台：

极海官网

极海开发者社区

极海官方 B 站